Analytische und konstruktive Differentialgeometrie

Von

Dr. Erwin Kruppa
o. Professor an der Technischen Hochschule in Wien

Mit 75 Textabbildungen

Springer-Verlag Wien GmbH
1957

ISBN 978-3-7091-7868-3 ISBN 978-3-7091-7867-6 (eBook)
DOI 10.1007/978-3-7091-7867-6

Ursprünglich erschienen bei Springer-Verlag in Viena 1957
Softcover reprint of the hardcover 1st edition 1957

Vorwort

Das vorliegende Lehrbuch „*Analytische und konstruktive Differentialgeometrie*" gliedert sich in zwei Teile. Der erste Teil „*Analytische Differentialgeometrie*" ist eine Einführung in die analytische, allgemeine Theorie der Raumkurven und Flächen, der Strahlflächen, Strahlkongruenzen und Strahlkomplexe im euklidischen Raum. Er soll eine ausreichende Grundlage für ein tieferes Eindringen in die Differentialgeometrie liefern. Diese Zweckbestimmung läßt naturgemäß dem Verfasser nur wenig freien Spielraum. Doch wurden manche Einzelheiten neu gestaltet. Insbesondere wurde die Theorie der Strahlflächen in einer von mir in einigen Arbeiten entwickelten Methode dargestellt, die die Theorie der Raumkurven als Sonderfall der Theorie der Strahlflächen erscheinen läßt.

Im zweiten Teil „*Konstruktive Differentialgeometrie*" wird in der Differentialgeometrie die seit den Uranfängen der Geometrie geübte Methode angewendet, die das im Geiste möglichst klar gedachte, wenn möglich graphisch versinnlichte geometrische Objekt mittels *Synthese* und *Rechnung* erforscht. In ihrer Frühzeit war die Differentialgeometrie stark anschaulich-konstruktiv ausgerichtet. Diese Richtung mußte aber in den Hintergrund treten, je mehr die moderne Entwicklung in abstrakte Gebiete führte, die sich nur wenig oder gar nicht anschaulich erfassen lassen. Sie kam auch unverdient in Mißkredit, als mißbräuchlich in ihrem Namen viel Unfug mit „unendlich kleinen Größen" getrieben wurde. Es liegt in der Natur der Sache, daß in der Differentialgeometrie die anschaulich-konstruktive Methode nur auf einer analytischen Grundlage angewendet werden kann, da ihre Begriffsbildungen auf Voraussetzungen über Differenzierbarkeit beruhen. Die auf diesem Wege zu gewinnenden Ergebnisse sind daher bloß Ergänzungen zur analytischen Theorie.

Für die Gestaltung des zweiten Teiles des Buches war der Gedanke maßgebend, ein der anschaulich-konstruktiven Denkweise adäquates Stoffgebiet zu behandeln, wodurch erreicht wurde, daß sich der analytische und der konstruktive Teil dem Stoffe nach fast nicht überschneiden. Letzterer bringt Ergänzungen zur Kurven-Flächentheorie, die zum Teil in die dritte Differentiationsordnung führen, behandelt die konformen und projektiven Bilder der auf den Flächen konstanten Gaussschen Krümmungsmaßes herrschenden inneren Geometrien sowie Kurven und Flächen im Sinne der darstellenden Geometrie und bildet mit einem Kapitel über kinematische Differentialgeometrie eine Brücke zur Mechanik. Schließlich macht er den Leser mit besonderen Kurven und Flächen bekannt.

In der vorhandenen Lehrbuchliteratur der Differentialgeometrie wird die anschaulich-konstruktive Denkweise im Bestreben, die analytische Methode in möglichster Reinheit zur Geltung zu bringen, meistens mit Absicht zurückgedrängt. Demgegenüber will das vorliegende Buch, besonders in seinem zweiten Teil, den Leser im Gebiet der Differentialgeometrie an die Anschauung, den natürlichen Urquell der geometrischen Forschung, heranführen, ohne Einschränkungen in der mathematischen Strenge zuzulassen. Der Verfasser bedauert, daß er im Hinblick auf die Druckkosten das Buch nicht umfangreicher gestalten konnte. Er hofft jedoch, daß trotzdem der erste Teil als eine abgerundete, nicht zu eng begrenzte Einführung in die analytische Differentialgeometrie bewertet werden wird, und daß der zweite Teil in genügender Weise Wesen und Tragweite der anschaulich-konstruktiven Denkweise in der Differentialgeometrie zum Ausdruck bringt.

An Vorkenntnissen werden beim Leser Vertrautheit mit der Differentialrechnung und einige grundlegende Begriffe der projektiven Geometrie vorausgesetzt. Durch besonders zahlreiche Rückverweisungen soll der Anfänger in die Lage versetzt werden, jede angedeutete Rechnung selbständig durchzuführen.

Bei der Reinschrift und beim Zeichnen der Textfiguren unterstützten mich meine Mitarbeiter an meinem Hochschulinstitut, die Herren Doz. Dr. R. Bereis, Doz. DDr. H. Brauner, Dr. K. Vanek und Fr. Wrtilek; sie haben auch die Beseitigung mancher Mängel veranlaßt. Ihnen, sowie dem *Springer-Verlag in Wien* für seine entgegenkommende Haltung spreche ich hiemit meinen verbindlichsten Dank aus.

Wien, im Februar 1957

Erwin Kruppa

Inhaltsverzeichnis

Einleitung

Grundbegriffe der Vektorrechnung

A. Analytische Differentialgeometrie

Seite

Einleitung

Grundbegriffe der Vektorrechnung

§ 1. **Der Vektorbegriff.** Eine Strecke AB des Raumes, auf der eine Pfeilspitze in B die Richtung von A nach B kennzeichnet, heißt *Pfeil* $\overrightarrow{AB}$.

Die Zusammenfassung aller Pfeile gleicher Länge und gleicher Richtung ergibt den Begriff „Vektor".

In der Folge werden Vektoren mit deutschen Buchstaben bezeichnet. Wird eine Längeneinheit gewählt, so kommt der Strecke AB eine positive Maßzahl zu. Sie heißt der Betrag $|\mathfrak{v}|$ des durch den Pfeil $\overrightarrow{AB}$ bestimmten Vektors $\mathfrak{v}$. Somit kann man auch sagen: *Ein Vektor ist die Zusammenfassung einer positiven Zahl und einer Richtung zu einem neuen Begriff.*

Da ein Pfeil $\overrightarrow{AB}$ eindeutig einen Vektor $\mathfrak{v}$ bestimmt, wird zur Vereinfachung des schriftlichen und mündlichen Ausdrucks ein Pfeil $\overrightarrow{AB}$ auch als Vektor $\overrightarrow{AB}$ mit dem „Anfangspunkt" A und dem „Endpunkt" B bezeichnet, obwohl der den Vektor $\mathfrak{v}$ darstellende Pfeil durch jeden anderen Pfeil gleicher Länge und Richtung ersetzt werden kann.

Auf der Trägergeraden eines Pfeiles $\overrightarrow{AB}$ gibt es zwei Richtungen. Entspricht dem Pfeil $\overrightarrow{AB}$ der Vektor $\mathfrak{v}$, so wird der dem Pfeil $\overrightarrow{BA}$ entsprechende Vektor mit $-\mathfrak{v}$ bezeichnet. Ist λ eine beliebige positive Zahl, so bedeutet $\lambda\,\mathfrak{v}$ den Vektor, der mit $\mathfrak{v}$ gleichgerichtet ist und dessen Betrag $\lambda\,|\mathfrak{v}|$ ist. Für $\lambda < 0$ bedeutet $\lambda\,\mathfrak{v}$ den Vektor, der zu $\mathfrak{v}$ entgegengesetzt gerichtet ist und dessen Betrag $|\lambda|\,|\mathfrak{v}|$ ist. Es ist also $-\mathfrak{v} = (-1)\,\mathfrak{v}$. $\lambda\,\mathfrak{v}$ heißt das *Produkt* von $\mathfrak{v}$ mit λ, die Bildung von $\lambda\,\mathfrak{v}$ die *Multiplikation* von $\mathfrak{v}$ mit λ.

Es wird sich als notwendig erweisen, diesen Vorgang auch auf den Fall $\lambda = 0$ auszudehnen. Wegen $0\,|\mathfrak{v}| = 0$ gelangen wir zu Pfeilen, bei denen Anfangs- und Endpunkt zusammenfallen. Sie lassen sich zum Begriff „*Nullvektor*" zusammenfassen, dem somit alle Punkte des Raumes ohne Zuordnung einer Richtung entsprechen. Zur Bezeichnung des Nullvektors wird das Zahlzeichen 0 verwendet.

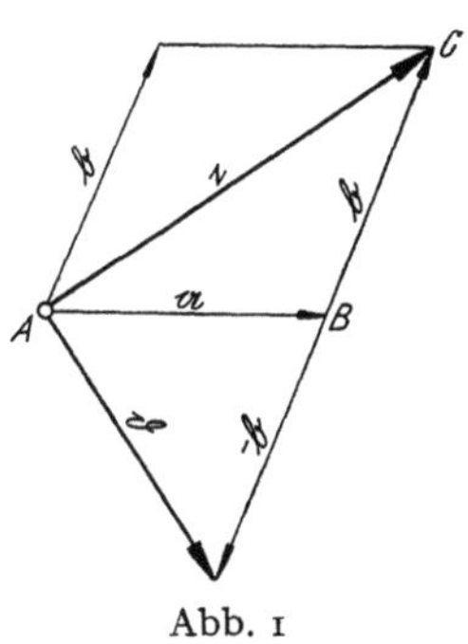

Abb. 1

§ 2. **Addition von Vektoren.** Zwei Vektoren $\mathfrak{a}$ und $\mathfrak{b}$ kann man einen dritten Vektor $\mathfrak{c}$ durch folgende Konstruktion zuordnen: Ist A ein beliebiger Raumpunkt (Abb. 1), so hat der Pfeil $A, \mathfrak{a}$ eine Spitze B und der Pfeil $B, \mathfrak{b}$ eine Spitze C. Der Pfeil $\overrightarrow{AC}$ bestimmt einen Vektor $\mathfrak{c}$. Man sagt, $\mathfrak{c}$ ist die Summe von $\mathfrak{a}$ und $\mathfrak{b}$ und schreibt $\mathfrak{c} = \mathfrak{a} + \mathfrak{b}$. Vertauscht man bei diesem Vorgang $\mathfrak{a}$ und $\mathfrak{b}$, so ergibt sich derselbe Vektor $\mathfrak{c}$. Diese Vektoraddition läßt sich auf beliebig viele Summanden $\mathfrak{a}_1, \mathfrak{a}_2, \ldots, \mathfrak{a}_n$ ausdehnen, wobei ein Vertauschen der Summanden, ebenso eine

Zusammenfassung einiger Summanden zu einer Teilsumme auf die Gesamtsumme ohne Einfluß ist. *Die Vektoraddition ist also kommutativ und assoziativ.*

Unter der *Differenz* zweier Vektoren $\mathfrak{a}, \mathfrak{b}$ versteht man, § 1, den Vektor $\mathfrak{d} = \mathfrak{a} + (-\mathfrak{b})$, wofür man $\mathfrak{d} = \mathfrak{a} - \mathfrak{b}$ schreibt. Diese Operation (Abb. 1) heißt *Subtraktion.* Ist $\mathfrak{a}_1 + \mathfrak{a}_2 + \dots + \mathfrak{a}_n = \mathfrak{c}$, so ist $\mathfrak{a}_1 + \mathfrak{a}_2 + \dots + \mathfrak{a}_n - \mathfrak{c} = 0$, worin das Zeichen 0 den Nullvektor bedeutet.

§ 3. **Innere (skalare) Multiplikation.** *Unter dem inneren oder skalaren Produkt „$\mathfrak{a}$ in $\mathfrak{b}$" zweier Vektoren $\mathfrak{a}, \mathfrak{b}$ versteht man die Zahl:*

$$\mathfrak{a}\,\mathfrak{b} = |\mathfrak{a}|\,|\mathfrak{b}| \cos \sphericalangle\, \mathfrak{a}\,\mathfrak{b}. \tag{1}$$

Es ist $\mathfrak{a}\,\mathfrak{b} = 0$, wenn wenigstens einer der drei Fälle $\mathfrak{a} = 0$, $\mathfrak{b} = 0$, $\sphericalangle\, \mathfrak{a}\,\mathfrak{b} = \pi/2$ eintritt. Es gelten die Sätze:

Satz 1: *Für $\mathfrak{a} \neq 0$, $\mathfrak{b} \neq 0$ ist nach Gl. (1) $\mathfrak{a}\,\mathfrak{b} = 0$ das Kennzeichen für $\mathfrak{a} \perp \mathfrak{b}$.*

Satz 2: $\mathfrak{a}\,\mathfrak{b}$ *ist positiv oder negativ, je nachdem der im Intervall* $(0, \pi)$ *gemessene Winkel der Richtungen von $\mathfrak{a}$ und $\mathfrak{b}$ kleiner oder größer als $\pi/2$ ist.*

Satz 3: *Für $|\mathfrak{b}| = 1$ ist $\mathfrak{a}\,\mathfrak{b}$ die Maßzahl der Normalprojektion des Vektors $\mathfrak{a}$ auf eine orientierte Gerade mit der Richtung von $\mathfrak{b}$; sie ist positiv oder negativ, je nachdem $\sphericalangle\, \mathfrak{a}\,\mathfrak{b}$ spitz oder stumpf ist.*

Satz 4: *Es ist $\mathfrak{a}\,\mathfrak{b} = \mathfrak{b}\,\mathfrak{a}$ (kommutatives Gesetz).* Man schreibt $\mathfrak{a}\,\mathfrak{a} = \mathfrak{a}^2$. Es ist $\mathfrak{a}^2 = |\mathfrak{a}|^2$ die *Norm* von $\mathfrak{a}$.

Satz 5: *Es ist $(\mathfrak{a}_1 + \mathfrak{a}_2 + \dots + \mathfrak{a}_n)\,\mathfrak{b} = \mathfrak{a}_1\,\mathfrak{b} + \mathfrak{a}_2\,\mathfrak{b} + \dots + \mathfrak{a}_n\,\mathfrak{b}$ (distributives Gesetz).*

Auf den Beweis dieses Satzes sei verzichtet[1]. Aus ihm folgt

Satz 6: $(\mathfrak{a} + \mathfrak{b})\,(\mathfrak{c} + \mathfrak{d}) = \mathfrak{a}\,\mathfrak{c} + \mathfrak{b}\,\mathfrak{c} + \mathfrak{a}\,\mathfrak{d} + \mathfrak{b}\,\mathfrak{d}$.

§ 4. **Äußere (vektorielle) Multiplikation von zwei Vektoren, Determinante von drei Vektoren, Grundformeln.** Es seien $\mathfrak{a}, \mathfrak{b}$ zwei Vektoren $\neq 0$. Lassen wir sie von einem Punkt O ausstrahlen, so spannen die Pfeile $O, \mathfrak{a}$ und $O, \mathfrak{b}$ ein Parallelogramm mit dem Flächeninhalt $c = |\mathfrak{a}|\,|\mathfrak{b}| \sin \sphericalangle\, \mathfrak{a}\,\mathfrak{b}$ auf. Ist nun $\mathfrak{c}$ der Vektor, dessen Betrag das eben erklärte c ist, dessen Richtung sowohl zu $\mathfrak{a}$ als auch zu $\mathfrak{b}$ normal ist und mit den gegebenen Vektoren ein *Rechtssystem*[2] in der Reihenfolge $\mathfrak{a}, \mathfrak{b}, \mathfrak{c}$ bildet, so heißt $\mathfrak{c}$ das *äußere* oder *Vektorprodukt* der Vektoren $\mathfrak{a}, \mathfrak{b}$. Man schreibt[3]:

$$\mathfrak{c} = \mathfrak{a} \times \mathfrak{b} \tag{1}$$

und spricht $\mathfrak{a}$ ex $\mathfrak{b}$. Dabei kommt es auf die Reihenfolge der „Faktoren" $\mathfrak{a}, \mathfrak{b}$ an. Es ist gemäß der Definition

$$\mathfrak{a} \times \mathfrak{b} = -(\mathfrak{b} \times \mathfrak{a}). \tag{2}$$

Das Vektorprodukt ist also nicht kommutativ, sondern *alternierend.*

In Gl. (1) ist $\mathfrak{c}$ der Nullvektor, wenn wenigstens einer der folgenden Fälle zutrifft: $\mathfrak{a} = 0$, $\mathfrak{b} = 0$, $\mathfrak{a}$ und $\mathfrak{b}$ gleich oder entgegengesetzt gerichtet.

Sind drei Vektoren $\mathfrak{a}, \mathfrak{b}, \mathfrak{c}$ in dieser Aufeinanderfolge gegeben, so heißt das innere Produkt von $\mathfrak{a}$ in $\mathfrak{b} \times \mathfrak{c}$, also

$$\mathfrak{a}\,(\mathfrak{b} \times \mathfrak{c}) = (\mathfrak{a}\,\mathfrak{b}\,\mathfrak{c}) \tag{3}$$

die *Determinante* von $\mathfrak{a}, \mathfrak{b}, \mathfrak{c}$. Auch die Namen *Tripelprodukt, Spatprodukt, gemischtes Produkt* sind gebräuchlich. Läßt man $\mathfrak{a}, \mathfrak{b}, \mathfrak{c}$ von einem Punkt O

---

[1] Der Leser beweise ihn später auf Grund der Schlußbemerkung in § 5, S. 4.

[2] Läßt man $\mathfrak{a}, \mathfrak{b}, \mathfrak{c}$ von einem Punkt O ausstrahlen, so liegen sie in dieser Reihenfolge wie der Daumen, der Zeigefinger und der Mittelfinger der rechten Hand. Von der Pfeilspitze von $O, \mathfrak{c}$ aus erscheint die über die Parallelogrammfläche führende Drehung von $O, \mathfrak{a}$ nach $O, \mathfrak{b}$ als positive Drehung (entgegen dem Uhrzeigersinn).

[3] Statt $\mathfrak{a} \times \mathfrak{b}$ wird auch $[\mathfrak{a}\,\mathfrak{b}]$ geschrieben.

ausstrahlen, so lassen sich diese drei Strecken zu einem Parallelepiped (Spat) ergänzen und man erkennt aus den Definitionen des inneren und äußeren Produkts, daß $(\mathfrak{a}\,\mathfrak{b}\,\mathfrak{c})$ dem Betrage nach den Rauminhalt dieses Spats angibt und positiv oder negativ ist, je nachdem $\mathfrak{a}, \mathfrak{b}, \mathfrak{c}$ in dieser Reihenfolge ein Rechts- oder Linkssystem bilden. Da diese Deutung die zyklische Vertauschung im Zyklus $\mathfrak{a}, \mathfrak{b}, \mathfrak{c}$ zuläßt, ist

$$(\mathfrak{a}\,\mathfrak{b}\,\mathfrak{c}) = (\mathfrak{b}\,\mathfrak{c}\,\mathfrak{a}) = (\mathfrak{c}\,\mathfrak{a}\,\mathfrak{b}). \tag{4}$$

Aus der Definition der Determinante von drei Vektoren folgt ihr Verschwinden in folgenden Fällen: 1. Einer der Vektoren, etwa $\mathfrak{a} = 0$. 2. Für zwei der Vektoren, etwa $\mathfrak{a}$ und $\mathfrak{b}$, gelte $\mathfrak{b} = \alpha\,\mathfrak{a}$. 3. Für einen der Vektoren, etwa $\mathfrak{c}$, gelte $\mathfrak{c} = \alpha\,\mathfrak{a} + \beta\,\mathfrak{b}$. Somit ist

$$(0\,\mathfrak{b}\,\mathfrak{c}) = (\mathfrak{a}, \alpha\,\mathfrak{a}, \mathfrak{c}) = (\mathfrak{a}, \mathfrak{b}, \alpha\,\mathfrak{a} + \beta\,\mathfrak{b}) = 0. \tag{5}$$

Die Produktbildungen inneres Produkt, Vektorprodukt und Determinante führen zu folgenden Grundformeln der Vektorrechnung, die nun ohne Beweise[1] für späteren Gebrauch zusammengestellt werden.

$$\mathfrak{a} \times (\mathfrak{b} + \mathfrak{c}) = (\mathfrak{a} \times \mathfrak{b}) + (\mathfrak{a} \times \mathfrak{c}), \qquad (\mathfrak{a} + \mathfrak{b}) \times \mathfrak{c} = (\mathfrak{a} \times \mathfrak{c}) + (\mathfrak{b} \times \mathfrak{c}) \tag{6}$$

(distributives Gesetz).

$$\mathfrak{a} \times (\mathfrak{b} + \lambda\,\mathfrak{a}) = \mathfrak{a} \times \mathfrak{b} \qquad \text{für beliebige Zahlen } \lambda. \tag{7}$$

Aus Gl. (7) folgt

$$(\mathfrak{a}, \mathfrak{b} + \lambda\,\mathfrak{a}, \mathfrak{c}) = (\mathfrak{a}\,\mathfrak{b}\,\mathfrak{c}). \tag{7a}$$

$$(\mathfrak{a} + \mathfrak{b}) \times (\mathfrak{c} + \mathfrak{d}) = (\mathfrak{a} \times \mathfrak{c}) + (\mathfrak{b} \times \mathfrak{c}) + (\mathfrak{a} \times \mathfrak{d}) + (\mathfrak{b} \times \mathfrak{d}). \tag{8}$$

Die Regeln (6), (8) gelten entsprechend, wenn die auf den linken Seiten stehenden Vektorsummen mehr als zwei Summanden enthalten.

$$\mathfrak{a} \times (\mathfrak{b} \times \mathfrak{c}) = (\mathfrak{a}\,\mathfrak{c})\,\mathfrak{b} - (\mathfrak{a}\,\mathfrak{b})\,\mathfrak{c} \qquad (\text{„Entwicklungssatz“}). \tag{9}$$

$$(\mathfrak{a} \times \mathfrak{b})\,(\mathfrak{c} \times \mathfrak{d}) = (\mathfrak{a}\,\mathfrak{c})\,(\mathfrak{b}\,\mathfrak{d}) - (\mathfrak{a}\,\mathfrak{d})\,(\mathfrak{b}\,\mathfrak{c}). \tag{10}$$

Ein Sonderfall von Gl. (10) ist die *Identität von Lagrange:*

$$(\mathfrak{a} \times \mathfrak{b})^2 = (\mathfrak{a}^2\,\mathfrak{b}^2) - (\mathfrak{a}\,\mathfrak{b})^2. \tag{11}$$

$$(\mathfrak{a} \times \mathfrak{b}) \times (\mathfrak{c} \times \mathfrak{d}) = (\mathfrak{a}\,\mathfrak{b}\,\mathfrak{d})\,\mathfrak{c} - (\mathfrak{a}\,\mathfrak{b}\,\mathfrak{c})\,\mathfrak{d}. \tag{12}$$

§ 5. **Vektorrechnung und Koordinatengeometrie.** $O; x\,y\,z$ sei ein rechtwinkliges Achsenkreuz mit drei gleichen Einheitsstrecken auf den Achsen. Einen Vektor mit dem Betrag 1 nennt man Einheitsvektor oder Einsvektor. Es seien nun $\mathfrak{i}, \mathfrak{j}, \mathfrak{k}$ die drei Einsvektoren in den Richtungen der positiven Achsen x, y, z, die ein Rechtssystem bilden sollen. Es ist:

$$\mathfrak{i}^2 = \mathfrak{j}^2 = \mathfrak{k}^2 = 1, \qquad \mathfrak{i}\,\mathfrak{j} = \mathfrak{j}\,\mathfrak{k} = \mathfrak{k}\,\mathfrak{i} = 0. \tag{1}$$

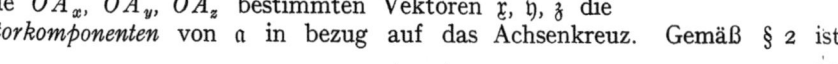

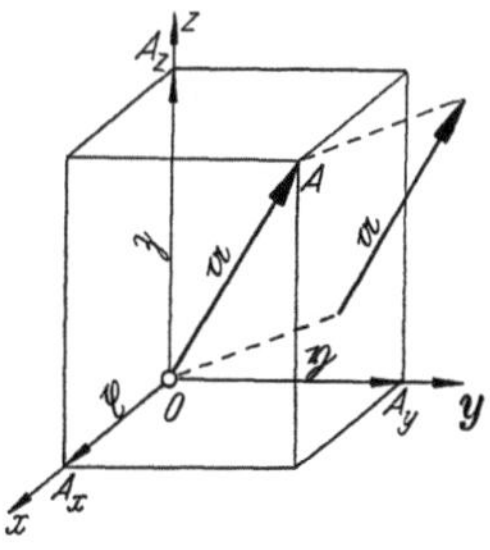

Abb. 2

Ist $\mathfrak{a}$ ein Vektor, so kann er (Abb. 2) durch den von O ausstrahlenden Pfeil $\overrightarrow{OA}$ dargestellt werden. OA ist die Diagonale eines Parallelepipeds, dessen Kanten die Achsenrichtungen x, y, z und auf den Achsen außer O die Ecken A_x, A_y, A_z haben. Wir nennen nun die durch die Pfeile $\overrightarrow{OA_x}, \overrightarrow{OA_y}, \overrightarrow{OA_z}$ bestimmten Vektoren $\mathfrak{x}, \mathfrak{y}, \mathfrak{z}$ die *Vektorkomponenten* von $\mathfrak{a}$ in bezug auf das Achsenkreuz. Gemäß § 2 ist

$$\mathfrak{a} = \mathfrak{x} + \mathfrak{y} + \mathfrak{z}. \tag{2}$$

[1] Siehe Schlußbemerkung in § 5.

Die Koordinaten x, y, z des Punktes A sollen als *Koordinaten* oder *Zahlkomponenten* des Vektors $\mathfrak{a}$ bezeichnet werden.

Es ist $x = \mathfrak{a}\,\mathfrak{i}$, $y = \mathfrak{a}\,\mathfrak{j}$, $z = \mathfrak{a}\,\mathfrak{k}$, so daß nach Gl. (2) jeder Vektor die Darstellungen

$$\mathfrak{a} = x\,\mathfrak{i} + y\,\mathfrak{j} + z\,\mathfrak{k} = (\mathfrak{a}\,\mathfrak{i})\,\mathfrak{i} + (\mathfrak{a}\,\mathfrak{j})\,\mathfrak{j} + (\mathfrak{a}\,\mathfrak{k})\,\mathfrak{k} \tag{$3_{1,2}$}$$

gestattet. Für $\mathfrak{a}^2$ folgt daraus gemäß Gl. (1) oder unmittelbar aus der Abbildung

$$\mathfrak{a}^2 = x^2 + y^2 + z^2. \tag{4}$$

Multipliziert man einen Vektor $\mathfrak{a}$ mit der Zahl $(1 : |\mathfrak{a}|)$, so erhält man den Einsvektor $\mathfrak{A}$ der Richtung von $\mathfrak{a}$. Diesen Vorgang nennt man auch das *Normieren* von $\mathfrak{a}$. Für einen Einsvektor $\mathfrak{A}$ sind die Koordinaten $\mathfrak{A}\,\mathfrak{i} = a_1$, $\mathfrak{A}\,\mathfrak{j} = a_2$, $\mathfrak{A}\,\mathfrak{k} = a_3$ die *Richtungskosinus* der Richtung von $\mathfrak{A}$, für die nach Gl. (4)

$$a_1^2 + a_2^2 + a_3^2 = 1 \tag{5}$$

gilt.

Wir haben nun die bereits besprochenen Begriffsbildungen mit Vektoren mittels ihrer Koordinaten auszudrücken. Haben n Vektoren $\mathfrak{a}_i$ die Koordinaten x_i, y_i, z_i, so folgt aus der Erklärung der Vektoraddition in Abb. 1 und aus der obigen Formel (3_1)

$$\mathfrak{a}_1 + \mathfrak{a}_2 + \ldots + \mathfrak{a}_n = \left(\sum x_i\right)\mathfrak{i} + \left(\sum y_i\right)\mathfrak{j} + \left(\sum z_i\right)\mathfrak{k}. \tag{6}$$

Für zwei Vektoren $\mathfrak{a}_1 = x_1\,\mathfrak{i} + y_1\,\mathfrak{j} + z_1\,\mathfrak{k}$ und $\mathfrak{a}_2 = x_2\,\mathfrak{i} + y_2\,\mathfrak{j} + z_2\,\mathfrak{k}$ folgt mittels skalarer Multiplikation und Gl. (1)

$$\mathfrak{a}_1\,\mathfrak{a}_2 = x_1\,x_2 + y_1\,y_2 + z_1\,z_2, \tag{7}$$

woraus sich für $\mathfrak{a}_1 = \mathfrak{a}_2 = \mathfrak{a}$ wieder Gl. (4) ergibt.

Die vektorielle Multiplikation $\mathfrak{a}_1 \times \mathfrak{a}_2$ erfordert zunächst die Feststellung:

$$\begin{aligned} \mathfrak{i} \times \mathfrak{i} &= \mathfrak{j} \times \mathfrak{j} = \mathfrak{k} \times \mathfrak{k} = 0, \\ \mathfrak{j} \times \mathfrak{k} &= \mathfrak{i},\ \mathfrak{k} \times \mathfrak{i} = \mathfrak{j},\ \mathfrak{i} \times \mathfrak{j} = \mathfrak{k}. \end{aligned} \tag{8}$$

Damit erhält man aus der obigen Darstellung von $\mathfrak{a}_1$ und $\mathfrak{a}_2$

$$\mathfrak{a}_1 \times \mathfrak{a}_2 = (y_1\,z_2 - y_2\,z_1)\,\mathfrak{i} + (z_1\,x_2 - z_2\,x_1)\,\mathfrak{j} + (x_1\,y_2 - x_2\,y_1)\,\mathfrak{k} \tag{9}$$

oder in Determinantenschreibweise:

$$\mathfrak{a}_1 \times \mathfrak{a}_2 = \begin{vmatrix} \mathfrak{i} & \mathfrak{j} & \mathfrak{k} \\ x_1 & y_1 & z_1 \\ x_2 & y_2 & z_2 \end{vmatrix}. \tag{9a}$$

Die *Identität von Lagrange* § 4 Gl. (11) lautet nach Gln. (4), (7), (9)

$$\begin{aligned} &(y_1 z_2 - y_2 z_1)^2 + (z_1\,x_2 - z_2\,x_1)^2 + (x_1\,y_2 + x_2\,y_1)^2 = \\ &= (x_1^2 + y_1^2 + z_1^2)\,(x_2^2 + y_2^2 + z_2)^2 - (x_1\,x_2 + y_1\,y_2 + z_1\,z_2)^2. \end{aligned} \tag{10}$$

Für drei Vektoren $\mathfrak{a}_1, \mathfrak{a}_2, \mathfrak{a}_3$ erhält man nach § 4 Gln. (3), (4) für die Determinante $(\mathfrak{a}_1\,\mathfrak{a}_2\,\mathfrak{a}_3) = \mathfrak{a}_3\,(\mathfrak{a}_1 \times \mathfrak{a}_2)$, somit nach Gln. (7) und (9a)

$$(\mathfrak{a}_1\,\mathfrak{a}_2\,\mathfrak{a}_3) = \begin{vmatrix} x_1 & y_1 & z_1 \\ x_2 & y_2 & z_2 \\ x_3 & y_3 & z_3 \end{vmatrix}.$$

Der eben besprochene Zusammenhang zwischen den Grundbegriffen der Vektorrechnung und der analytischen Geometrie in kartesischen Koordinaten ist ein sehr geeignetes Instrument, um die im voranstehenden zum Teil ohne Beweis angeführten Rechenregeln der Vektorrechnung nachträglich zu beweisen, was jedoch dem Leser überlassen bleibe.

§ 6. Linear abhängige Vektoren. *n vom Nullvektor verschiedene Vektoren $\mathfrak{a}_i$ ($i = 1, 2, \ldots, n$) heißen „linear abhängig" wenn es n nicht zugleich verschwindende Zahlen λ_i gibt, für die $\lambda_1 \mathfrak{a}_1 + \lambda_2 \mathfrak{a}_2 + \ldots + \lambda_n \mathfrak{a}_n = 0$ ist.*

$n = 2$: Für zwei linear abhängige Vektoren $\mathfrak{a}, \mathfrak{b}$ kann nach den obigen Voraussetzungen etwa $\mathfrak{b} = \mu\, \mathfrak{a}$ gesetzt werden. $\mathfrak{a}$ und $\mathfrak{b}$ haben daher dieselbe oder entgegengesetzte Richtung. Durch skalare Multiplikation mit $\mathfrak{a}$ oder $\mathfrak{b}$ erhält man $\mu = \mathfrak{a}\,\mathfrak{b} : \mathfrak{a}^2 = \mathfrak{b}^2 : \mathfrak{a}\,\mathfrak{b}$.

$n = 3$: Für drei linear abhängige Vektoren $\mathfrak{a}, \mathfrak{b}, \mathfrak{c}$ darf nach obigem etwa $\mathfrak{c} = \mu_1 \mathfrak{a} + \mu_2 \mathfrak{b}$ gesetzt werden. Durch skalare Multiplikation mit $\mathfrak{a}$ und $\mathfrak{b}$ entstehen die Gleichungen $\mathfrak{c}\,\mathfrak{a} = \mu_1 \mathfrak{a}^2 + \mu_2 \mathfrak{a}\,\mathfrak{b}$ und $\mathfrak{c}\,\mathfrak{b} = \mu_1 \mathfrak{a}\,\mathfrak{b} + \mu_2 \mathfrak{b}^2$, aus denen μ_1, μ_2 berechnet werden können, wenn die Determinante dieses Gleichungssystems $\mathfrak{a}^2 \mathfrak{b}^2 - (\mathfrak{a}\,\mathfrak{b})^2$, d. i. nach § 4 Gl. (11) $(\mathfrak{a} \times \mathfrak{b})^2$ von Null verschieden ist. Wegen $\mathfrak{a} \neq 0$, $\mathfrak{b} \neq 0$ haben $\mathfrak{a}$ und $\mathfrak{b}$ in diesem Fall verschiedene Richtungen. μ_1, μ_2 sind in der angegebenen Weise durch $\mathfrak{a}, \mathfrak{b}, \mathfrak{c}$ darstellbar und man kann $\mu_1 \mathfrak{a}$ und $\mu_2 \mathfrak{b}$ als die „*Komponenten* von $\mathfrak{c}$ für die Richtungen von $\mathfrak{a}$ und $\mathfrak{b}$" bezeichnen. Ist $(\mathfrak{a} \times \mathfrak{b})^2 = 0$, so ist auch $(\mathfrak{a} \times \mathfrak{b}) = 0$, weshalb wegen $\mathfrak{a} \neq 0$, $\mathfrak{b} \neq 0$ $\mathfrak{a}$ und $\mathfrak{b}$ gleiche oder entgegengesetzte Richtung haben, also linear abhängig sind. Aus $\mathfrak{b} = \alpha\, \mathfrak{a}$, ($\alpha \neq 0$) folgt aber dann, daß auch $\mathfrak{c}$ von $\mathfrak{a}$ und von $\mathfrak{b}$ linear abhängig ist. *Drei linear abhängige Vektoren $\mathfrak{a}, \mathfrak{b}, \mathfrak{c}$ sind daher zu einer Ebene oder zu einer Geraden parallel. Die lineare Abhängigkeit von drei Vektoren $\mathfrak{a}, \mathfrak{b}, \mathfrak{c}$ kann daher durch*

$$(\mathfrak{a}\,\mathfrak{b}\,\mathfrak{c}) = 0 \tag{1}$$

ausgedrückt werden.

$n = 4$: Für vier linear abhängige Vektoren $\mathfrak{a}, \mathfrak{b}, \mathfrak{c}, \mathfrak{d}$ (alle $\neq 0$) kann etwa $\mathfrak{d} = \alpha\, \mathfrak{a} + \beta\, \mathfrak{b} + \gamma\, \mathfrak{c}$ gesetzt werden. Multipliziert man diese Gleichung skalar der Reihe nach mit $\mathfrak{b} \times \mathfrak{c}$, $\mathfrak{c} \times \mathfrak{a}$ und $\mathfrak{a} \times \mathfrak{b}$, so erhält man nach § 4 Gl. (5) $(\mathfrak{d}\,\mathfrak{b}\,\mathfrak{c}) = \alpha\,(\mathfrak{a}\,\mathfrak{b}\,\mathfrak{c})$, $(\mathfrak{d}\,\mathfrak{c}\,\mathfrak{a}) = \beta\,(\mathfrak{b}\,\mathfrak{c}\,\mathfrak{a})$, $(\mathfrak{d}\,\mathfrak{a}\,\mathfrak{b}) = \gamma\,(\mathfrak{c}\,\mathfrak{a}\,\mathfrak{b})$. Sind $\mathfrak{a}, \mathfrak{b}, \mathfrak{c}$ linear unabhängig, d. h. nach dem oben Gesagten $(\mathfrak{a}\,\mathfrak{b}\,\mathfrak{c}) \neq 0$, so sind α, β, γ in der soeben angegebenen Weise durch $\mathfrak{a}, \mathfrak{b}, \mathfrak{c}, \mathfrak{d}$ darstellbar und $\alpha\, \mathfrak{a}$, $\beta\, \mathfrak{b}$, $\gamma\, \mathfrak{c}$ können als die *Komponenten von* $\mathfrak{d}$ in den Richtungen von $\mathfrak{a}, \mathfrak{b}, \mathfrak{c}$ bezeichnet werden. Es gilt also der Satz: *Jeder Vektor des Raumes ist von drei beliebigen linear unabhängigen Vektoren linear abhängig.*

Dieser Satz macht die Betrachtung der Fälle $n > 4$ überflüssig.

§ 7. Punkte, Gerade und Ebene in Vektorsymbolik. Wählt man einen festen Punkt O, so bestimmt jeder Raumpunkt X einen Pfeil $\overrightarrow{OX}$, der einen Vektor $\mathfrak{x}$, den *Ortsvektor* von X, bestimmt. Dem Punkt O ist der Nullvektor als Ortsvektor zugeordnet.

Sind A, B zwei Raumpunkte mit den Ortsvektoren $\mathfrak{a}, \mathfrak{b}$, so lassen sich die Punkte $X(\mathfrak{x})$ der *Verbindungsgeraden* $(A\,B)$ mittels eines Parameters v so darstellen:

$$\mathfrak{x} = \mathfrak{a} + v\,(\mathfrak{b} - \mathfrak{a}). \tag{1}$$

Sind $A(\mathfrak{a})$, $B(\mathfrak{b})$, $C(\mathfrak{c})$ drei nicht auf einer Geraden liegende Punkte, so kann man die Punkte $X(\mathfrak{x})$ der Verbindungsebene $(A\,B\,C)$ mittels der Parameter u, v so darstellen:

$$\mathfrak{x} = \mathfrak{a} + u\,(\mathfrak{b} - \mathfrak{a}) + v\,(\mathfrak{c} - \mathfrak{a}). \tag{2}$$

Daraus folgt nach § 6, daß $\mathfrak{x} - \mathfrak{a}$, $\mathfrak{b} - \mathfrak{a}$, $\mathfrak{c} - \mathfrak{a}$ linear abhängig sind, so daß

$$(\mathfrak{x} - \mathfrak{a},\ \mathfrak{b} - \mathfrak{a},\ \mathfrak{c} - \mathfrak{a}) = 0 \tag{3}$$

gilt. Gl. (3) ist die *Gleichung der Ebene*, $(\mathfrak{b} - \mathfrak{a}) \times (\mathfrak{c} - \mathfrak{a})$ ihr Normalenvektor.

Es sei (Abb. 3) α eine gegebene Ebene, O der Nullpunkt der Ortsvektoren, $\mathfrak{N}$ der Einsvektor einer der beiden zu α normalen Richtungen und A ein beliebiger Raumpunkt. Sind A_1 und O_1 die Fußpunkte der aus A und O auf α gefällten Lote, so sind A_1A und O_1O die Abstände der Punkte A und O von α und wir setzen fest, daß ihre Maßzahlen a und p positiv oder negativ seien, je nachdem die Richtung vom Fußpunkt zum Raumpunkt mit der Richtung von $\mathfrak{N}$ übereinstimmt oder entgegengesetzt ist. Die Vektoren $\overrightarrow{O_1O}, \overrightarrow{OA}, \overrightarrow{A_1A}$ sind daher der Reihe nach $p\,\mathfrak{N}$, $\mathfrak{x}$, $a\,\mathfrak{N}$ und der Vektor $\overrightarrow{O_1A_1}$ ist $p\,\mathfrak{N} + \mathfrak{x} - a\,\mathfrak{N}$. Multipliziert man ihn skalar mit dem zu ihm normalen Vektor $\mathfrak{N}$, so erhält man

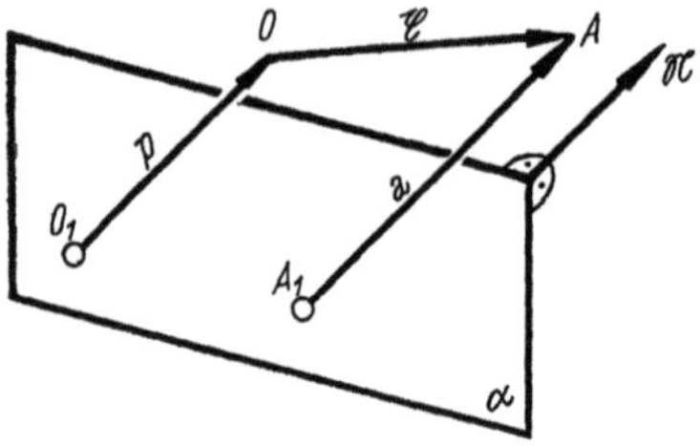

Abb. 3

$$a = \mathfrak{N}\,\mathfrak{x} + p. \tag{4}$$

Gl. (4) ist also die Formel für den Abstand a eines Punktes A mit dem Ortsvektor $\mathfrak{x}$ von der Ebene α, die durch den Normalenvektor $\mathfrak{N}$ und ihren Abstand p vom Nullpunkt gegeben ist. Liegt A in α, so ist $a = 0$, und aus Gl. (4) entsteht die *Hessesche Normalform* der Gleichung der Ebene

$$\mathfrak{N}\,\mathfrak{x} + p = 0. \tag{5}$$

Hat $\mathfrak{x}$ die Koordinaten x, y, z, $\mathfrak{N}$ die Koordinaten a_1, a_2, a_3 (Richtungskosinus der Richtung von $\mathfrak{N}$), so ist (§ 5) $\mathfrak{N}\,\mathfrak{x} = a_1 x + a_2 y + a_3 z$, was in Gln. (4) und (5) die bekannten Formeln der analytischen Geometrie ergibt[1].

Nach Gl. (5) ist

$$\mathfrak{a}\,\mathfrak{x} + C = 0 \tag{6}$$

die Gleichung einer Ebene. Bei Division durch $|\mathfrak{a}|$ entsteht aus Gl. (6) die Hessesche Normalform (5).

§ 8. **Differentiation eines Vektors nach einem Parameter.** Es sei ein von einem Parameter u abhängiger Vektor $\mathfrak{x}$ gegeben, also $\mathfrak{x} = \mathfrak{x}(u)$. Seine Koordinaten in bezug auf ein rechtwinkliges Achsenkreuz seien differenzierbare Funktionen $x(u), y(u), z(u)$. Wir sagen dann, daß $\mathfrak{x}$ ein nach dem Parameter u differenzierbarer Vektor ist. Der Begriff des *Differentialquotienten* läßt sich unmittelbar auf $\mathfrak{x}(u)$ übertragen. Man erklärt:

$$\dot{\mathfrak{x}} = \mathfrak{x}' = \frac{d\mathfrak{x}}{du} = \lim_{h \to 0} \frac{\mathfrak{x}(u+h) - \mathfrak{x}(u)}{h} \tag{1}$$

als *Ableitung* oder *Differentialquotient* von $\mathfrak{x}$ nach u. Geht man auf die Koordinaten über, setzt man also $\mathfrak{x} = x(u)\,\mathfrak{i} + y(u)\,\mathfrak{j} + z(u)\,\mathfrak{k}$, so ergibt sich aus Gl. (1)

$$\dot{\mathfrak{x}} = \dot{x}\,\mathfrak{i} + \dot{y}\,\mathfrak{j} + \dot{z}\,\mathfrak{k}. \tag{2}$$

Aus Gl. (2) folgt für die höheren Ableitungen

$$\mathfrak{x}^{(n)} = x^{(n)}\,\mathfrak{i} + y^{(n)}\,\mathfrak{j} + z^{(n)}\,\mathfrak{k}. \tag{3}$$

Differentiationsregeln:

Aus $\mathfrak{x} = \mathfrak{a}(u) + \mathfrak{b}(u)$ folgt $\dot{\mathfrak{x}} = \dot{\mathfrak{a}} + \dot{\mathfrak{b}}$. (4)

Aus $\mathfrak{x} = \lambda(u)\,\mathfrak{a}(u)$ folgt $\dot{\mathfrak{x}} = \dot{\lambda}\,\mathfrak{a} + \lambda\,\dot{\mathfrak{a}}$. (5)

[1] p wird oft durch $\overrightarrow{OO_1}$ definiert. In diesem Fall muß p in Gl. (4) und Gl. (5) durch $-p$ ersetzt werden.

In voller Analogie zur bekannten Produktregel der Differentialrechnung gilt:

$$\frac{d}{du}(\mathfrak{x}\,\mathfrak{y}) = \dot{\mathfrak{x}}\,\mathfrak{y} + \mathfrak{x}\,\dot{\mathfrak{y}}, \tag{6}$$

$$\frac{d}{du}(\mathfrak{x} \times \mathfrak{y}) = (\dot{\mathfrak{x}} \times \mathfrak{y}) + (\mathfrak{x} \times \dot{\mathfrak{y}}), \tag{7}$$

$$\frac{d}{du}(\mathfrak{x}\,\mathfrak{y}\,\mathfrak{z}) = (\dot{\mathfrak{x}}\,\mathfrak{y}\,\mathfrak{z}) + (\mathfrak{x}\,\dot{\mathfrak{y}}\,\mathfrak{z}) + (\mathfrak{x}\,\mathfrak{y}\,\dot{\mathfrak{z}}). \tag{8}$$

Aus $\dot{\mathfrak{x}} = y_1(u)\,\mathfrak{i} + y_2(u)\,\mathfrak{j} + y_3(u)\,\mathfrak{k}$ folgt

$$\mathfrak{x} = \left(\int y_1\,du\right)\mathfrak{i} + \left(\int y_2\,du\right)\mathfrak{j} + \left(\int y_3\,du\right)\mathfrak{k} + \mathfrak{C}, \tag{9}$$

worin $\mathfrak{C}$ einen willkürlichen konstanten Vektor bedeutet.

Für eine spätere Anwendung behandeln wir die folgende Aufgabe: *Es ist ein Vektor $\mathfrak{x}$ als Funktion eines Parameters u aus der gegebenen Differentialgleichung $\ddot{\mathfrak{x}} = \lambda(u)\,\dot{\mathfrak{x}}$ zu ermitteln.* Mit $\mathfrak{x} = x_1(u)\,\mathfrak{i} + \mathfrak{x}_2(u)\,\mathfrak{j} + x_3(u)\,\mathfrak{k}$ entspricht sie den drei Differentialgleichungen $\ddot{x}_i = \lambda(u)\,\dot{x}_i$ $(i = 1, 2, 3)$. Diese haben die Zwischenintegrale $\dot{x}_i = c_i\,e^{\int \lambda\,du}$ und somit die Integrale $x_i = c_i \int e^{\int \lambda\,du} du + C_i$. Fassen wir die Integrationskonstanten c_i und C_i zu Vektoren $\mathfrak{c}$ und $\mathfrak{C}$ zusammen, so erhält man

$$\mathfrak{x}_i = \left(\int e^{\int \lambda\,du}\,du\right)\mathfrak{c} + \mathfrak{C} \tag{10}$$

als Lösung der Aufgabe.

A. Analytische Differentialgeometrie

Vorbemerkung. Für den gesamten Inhalt des Buches gelten die folgenden Voraussetzungen, die im Einzelfall nicht wiederholt werden: *Alle auftretenden Funktionen werden grundsätzlich als stetig differenzierbar bis zur jeweils benötigten Ordnung vorausgesetzt. Alle Betrachtungen beziehen sich grundsätzlich auf reelle Gebilde im reellen Raum.* Gelegentliche *Erweiterungen auf den komplexen Raum* werden in jedem Einzelfall besonders hervorgehoben; die dabei auftretenden Funktionen werden dann als *analytische Funktionen* vorausgesetzt.

I. Raumkurven

§ 9. Differenzierbare Kurven, Tangente, Bogenlänge. Ist ein Ortsvektor $\mathfrak{x}(u)$ eine nicht konstante Funktion des Parameters u, so ist $\mathfrak{x} = \mathfrak{x}(u)$ eine Parameterdarstellung einer Kurve, die gemäß der obigen Vorbemerkung als *differenzierbare Kurve* zu bezeichnen ist. Kurven, die in einer Ebene liegen, heißen *ebene Kurven.* Unter einer Kurve soll stets eine *Raumkurve* verstanden werden, falls sie nicht ausdrücklich als ebene Kurve bezeichnet wird.

Die Differenzierbarkeit gestattet es, jedem Kurvenpunkt P eine durch ihn gehende Gerade zuzuordnen, die man die *Tangente* der Kurve c in P nennt: *Beschreibt ein Punkt Q von c irgendeine konvergente Punktfolge auf c mit dem Grenzpunkt P, so konvergieren die Verbindungsgeraden (PQ) nach einer von der Auswahl der Punktfolge unabhängigen Grenzlage:*

$$t = \lim_{Q \to P} (PQ), \tag{1}$$

der Tangente in P. Oder kürzer: *Die Tangente in P an c ist die Grenzlage der Geraden (PQ), wenn sich Q auf c dem Punkt P unbeschränkt nähert.*

Sind nun u und $u + \Delta u$ die Parameterwerte von P und Q, so sind die Ortsvektoren $\mathfrak{X}$ nach den Punkten der Geraden (PQ) nach § 7 Gl. (1)

$$\mathfrak{X} = \mathfrak{x}(u) + \frac{\mathfrak{x}(u + \Delta u) - \mathfrak{x}(u)}{\Delta u}\, v.$$

$Q \to P$ entspricht $\Delta u \to 0$. Die gesuchte Tangente ist daher für $\dot{\mathfrak{x}} \neq 0$:

$$\mathfrak{X} = \mathfrak{x}(u) + \dot{\mathfrak{x}}(u)\, v. \tag{2}$$

In rechtwinkligen Koordinaten kann statt Gl. (2)

$$\frac{X - x(u)}{\dot{x}(u)} = \frac{Y - y(u)}{\dot{y}(u)} = \frac{Z - z(u)}{\dot{z}(u)} \tag{2a}$$

geschrieben werden.

Liegt eine ebene Kurve in der xy-Ebene, so lautet die Gleichung der Kurventangente nach Gl. (2a)

$$Y - y(u) = \frac{\dot{y}(u)}{\dot{x}(u)}\,(X - x(u)). \tag{2b}$$

Wir definieren nun den Begriff der *Bogenlänge:*

Man bezeichnet einen Kurvenparameter als „Bogenlänge" (und bevorzugt zu seiner Bezeichnung den Buchstaben s), wenn für je zwei beliebige Punkte $P(s)$, $Q(s + \Delta s)$ der Kurve

$$\lim_{Q \to P} \frac{\Delta s}{\bar{s}} = 1 \tag{3}$$

gilt, wenn $\bar{s}$ die Entfernung $\overline{PQ}$ bedeutet.

Sind $\Delta x, \Delta y, \Delta z$ die *rechtwinkligen* Koordinaten von $\Delta \mathfrak{x} = \mathfrak{x}(u + \Delta u) - \mathfrak{x}(u)$, so ist

$$\bar{s} = |\Delta \mathfrak{x}| = \sqrt{\Delta x^2 + \Delta y^2 + \Delta z^2}. \tag{4}$$

Nach Gl. (3) ist $\lim\limits_{\Delta u \to 0} \frac{\Delta s}{\Delta u} = \lim \frac{\bar{s}}{\Delta u}$, woraus mittels Gl. (4)

$$ds : du = \sqrt{\dot{x}^2 + \dot{y}^2 + \dot{z}^2} = \sqrt{\dot{\mathfrak{x}}^2} \tag{5}$$

folgt. Aus Gl. (5) ergibt sich durch Integration die Formel für die Bogenlänge:

$$s = \int \sqrt{\dot{x}^2 + \dot{y}^2 + \dot{z}^2}\, du = \int \sqrt{\dot{\mathfrak{x}}^2}\, du. \tag{6}$$

Sind $P_0(u_0)$ und $P(u)$ zwei bestimmte Punkte der Kurve, so ist nach Gl. (6)

$$\widehat{P_0 P} = \int_{u_0}^{u} \sqrt{\dot{\mathfrak{x}}^2}\, du = \int_{u_0}^{u} \sqrt{\dot{x}^2 + \dot{y}^2 + \dot{z}^2}\, du \tag{7}$$

die Länge des Bogens $s = \widehat{P_0 P}$. Damit ist jedem Punkt P von c eindeutig ein s-Wert zugeordnet.

Wird die Bogenlänge s selbst als Parameter gewählt — die Differentiation nach s soll stets durch einen Strich bezeichnet werden — so ist nach Gl. (5)

$$\mathfrak{x}'^2 = 1. \tag{8}$$

$\mathfrak{x}'$ ist also ein Einsvektor. $\dot{\mathfrak{x}}$ und $\mathfrak{x}'$ haben die Richtung der im Sinn wachsender u und auch wachsender s [Wurzel in Gl. (5) positiv] orientierten Kurve. Man sagt: $\dot{\mathfrak{x}}$ ist *ein* Tangentenvektor, $\mathfrak{x}'$ ist *der* Tangentenvektor.

§ 10. Schmiegebene. (Q_k) und (R_k) seien zwei Punktfolgen auf einer Raumkurve c, die beide gegen denselben Grenzpunkt P konvergieren mögen. Für jedes k sei σ_k die P, Q_k, R_k verbindende Ebene. *Es soll nun gezeigt werden, daß σ_k für $k \to \infty$ im allgemeinen gegen eine bestimmte Ebene σ, die „Schmiegebene" von P, konvergiert, die von der Auswahl der Punktfolgen (Q_k) und (R_k) unabhängig ist.* Diese Erklärung der Schmiegebene soll symbolisch durch

$$\sigma = \lim_{Q, R \to P} (P Q R) \tag{1}$$

gekennzeichnet werden. u_0, u_1, u_2 seien die Werte des Kurvenparameters u in den Punkten P, Q, R der Kurve $\mathfrak{x} = \mathfrak{x}(u)$. Eine Ebene, § 7 Gl. (6), $\mathfrak{a}\,\mathfrak{x} + C = 0$, geht durch diese drei Punkte, wenn die Funktion $F(u) = \mathfrak{a}\,\mathfrak{x}(u) + C$ in u_0, u_1, u_2 Nullstellen hat. Für jede besondere Lage des Punktedrillings $P\,Q_k\,R_k$ begrenzen zwei der Werte u_0, u_1, u_2 ein Intervall $\mathfrak{J}$, in dessen Innerem der dritte liegt. Wegen der Nullstellen von $F(u)$ in u_0, u_1, u_2 muß daher nach dem Mittelwertsatz der Differentialrechnung die Ableitung $dF : du = \dot{F}(u)$ im Inneren von $\mathfrak{J}$ für mindestens zwei Werte v_1, v_2 von u verschwinden. Aus demselben Grund muß $\ddot{F}(u)$ für mindestens einen Wert w von u zwischen v_1 und v_2 verschwinden. Wenn Q_k und R_k mit $k \to \infty$ gegen P konvergieren, so konvergieren u_1, u_2, v_1, v_2, w gegen u_0.

Für die Grenzlage σ der Ebenen σ_k gilt daher $F(u_0) = \dot{F}(u_0) = \ddot{F}(u_0) = 0$, d. i. $\mathfrak{a}\,\mathfrak{x}(u) + C = 0$, $\mathfrak{a}\,\dot{\mathfrak{x}}(u) = 0$, $\mathfrak{a}\,\ddot{\mathfrak{x}}(u) = 0$, worin $\mathfrak{a}$ einen Normalenvektor von σ bedeutet und u statt u_0 gesetzt ist. Nimmt man zu diesen Gleichungen noch die Gleichung $\mathfrak{a}\,\mathfrak{X} + C = 0$ von σ hinzu, so gelten die Gleichungen $\mathfrak{a}(\mathfrak{X} - \mathfrak{x}) = 0$, $\mathfrak{a}\,\dot{\mathfrak{x}} = 0$, $\mathfrak{a}\,\ddot{\mathfrak{x}} = 0$. Demnach kann als Normalenvektor der Schmiegebene $\mathfrak{a} = \dot{\mathfrak{x}} \times \ddot{\mathfrak{x}}$ gesetzt werden, womit sich die *Gleichung der Schmiegebene* als

$$(\mathfrak{X} - \mathfrak{x},\ \dot{\mathfrak{x}}\,\ddot{\mathfrak{x}}) = 0 \tag{2}$$

ergibt. Für die Existenz der Schmiegebene muß daher $\dot{\mathfrak{x}} \times \ddot{\mathfrak{x}} \neq 0$ vorausgesetzt werden. Wäre auf der Kurve überall $\dot{\mathfrak{x}} \times \ddot{\mathfrak{x}} = 0$, d. h. $\ddot{\mathfrak{x}} = \lambda(u)\,\dot{\mathfrak{x}}$, so wäre $\mathfrak{x}$ nach § 8 Gl. (10) von der Form $\mathfrak{x} = f(u)\,\mathfrak{c} + \mathfrak{C}$. Die Kurve ist dann eine Gerade.

Setzt man in Gl. (2) für $\mathfrak{X}$ einen Punkt $\mathfrak{x} + v\,\dot{\mathfrak{x}}$ der Tangente t von P, so ist Gl. (2) erfüllt. Die Schmiegebene enthält daher die Tangente von P, was übrigens aus Gl. (1) unmittelbar hervorgeht. Es ist daher naheliegend, den Grenzprozeß (1) zur Erzeugung der Schmiegebene σ in der folgenden Weise abzuändern:

$$\sigma = \lim_{Q \to P} (t\,Q). \tag{3}$$

$(t\,Q)$ bedeutet darin die Ebene, die die Tangente t von P mit einem Kurvenpunkt Q verbindet. Diese Ebene geht durch die Punkte P, die Punkte der Tangente t und Q mit den Ortsvektoren $\mathfrak{x}(u)$, $\mathfrak{x}(u) + v\,\dot{\mathfrak{x}}(u)$ und $\mathfrak{x}(u+h)$. Die Gleichung von $(t\,Q)$ ist daher nach § 7 Gl. (3) $(\mathfrak{X} - \mathfrak{x},\ \dot{\mathfrak{x}},\ \mathfrak{x}(u+h) - \mathfrak{x}(u)) = 0$. Darin kann man nach der Formel von TAYLOR $\mathfrak{x}(u+h) - \mathfrak{x}(u) = h\,\dot{\mathfrak{x}} + \frac{h^2}{2}\,\ddot{\mathfrak{x}} + h^3(*)$ setzen. Man erhält zunächst unter Beachtung von § 4 Gl. (5) $(\mathfrak{X} - \mathfrak{x},\ \dot{\mathfrak{x}},\ \frac{h^2}{2}\,\ddot{\mathfrak{x}} + h^3(*)) = 0$, woraus mittels Division durch $h^2/2$ und des nachherigen Grenzüberganges $h \to 0$ tatsächlich die Gl. (2) der Schmiegebene entsteht.

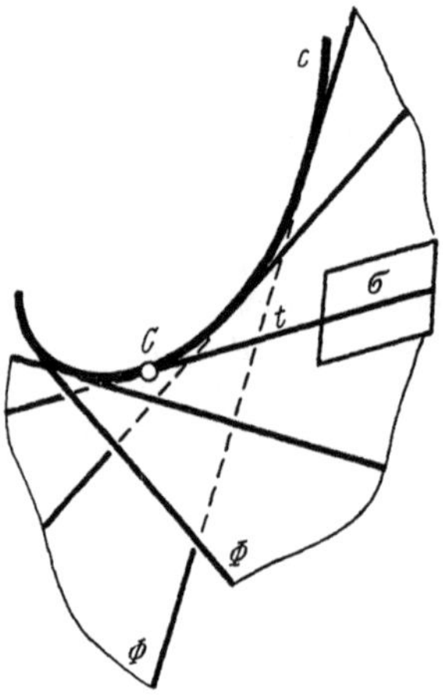

Abb. 4

§ 11. Torsen. Die von den Tangenten t einer Raumkurve c gebildete Fläche heißt die *Tangentenfläche* Φ von c. Wir beschränken uns hier darauf, anschaulich (Abb. 4) festzustellen[1], daß c auf Φ eine scharfe Kante bildet. c heißt daher die *Gratlinie* von Φ, die Punkte C von c heißen *Gratpunkte*. Die Tangenten t von c sind die *Erzeugenden* von Φ. Ist die Kurve c durch $\mathfrak{x} = \mathfrak{x}(u)$ gegeben, so hat die Tangentenfläche die Parameterdarstellung

$$\mathfrak{X} = \mathfrak{x}(u) + v\,\dot{\mathfrak{x}}(u). \tag{1}$$

Setzt man in Gl. (1) $v = v(u)$, so wird dadurch eine auf Φ liegende Kurve ausgewählt. Sie hat Tangentenvektoren $\dot{\mathfrak{X}} = (1 + \dot{v})\,\dot{\mathfrak{x}} + v\,\ddot{\mathfrak{x}}$. Betrachtet man nun alle Tangentenvektoren in einem Punkt $P(u_0, v_0)$ von Φ, so sind diese $\dot{\mathfrak{X}}$ von zwei festen Vektoren $\dot{\mathfrak{x}}, \ddot{\mathfrak{x}}$ linear abhängig, wofür man $(\dot{\mathfrak{X}}\,\dot{\mathfrak{x}}\,\ddot{\mathfrak{x}}) = 0$ schreiben kann. Ersetzt man darin $\dot{\mathfrak{X}}$ durch $\mathfrak{X} - (\mathfrak{x}(u_0) + v_0\,\dot{\mathfrak{x}}(u_0))$, wobei jetzt $\mathfrak{X}$ den Ortsvektor nach einem beliebigen Punkt der Tangente $(P\dot{\mathfrak{X}})$ bedeutet, so erhält man gemäß § 4 Gl. (7a)

$$(\mathfrak{X} - \mathfrak{x},\ \dot{\mathfrak{x}}\,\ddot{\mathfrak{x}}) = 0. \tag{2}$$

[1] Beweis in § 77, S. 96.

Gl. (2) ist nach dieser Erklärung die Gleichung einer Ebene, die alle Tangenten enthält, die sich in P an alle durch P gehenden, auf Φ liegenden Kurven legen lassen. Man nennt sie die *Tangential-* oder *Berührebene* von Φ in P. Gl. (2) enthält v_0 nicht. Das bedeutet, daß die Ebene (2) Φ in allen Punkten der Erzeugenden $u = u_0$ „berührt". Der Vergleich von Gl. (2) mit § 10 Gl. (2) lehrt:

Die Schmiegebene in einem Punkt C einer Raumkurve c ist die Berührebene ihrer Tangentenfläche in allen Punkten P der Tangente von c in C.

Einer *Kegelfläche* mit der Spitze S (Ortsvektor $\mathfrak{s}$) können wir die Parameterdarstellung

$$\mathfrak{X} = \mathfrak{s} + v\,\mathfrak{x}(u) \tag{3}$$

zuordnen. Für Kurven $v = v(u)$ auf der Kegelfläche sind demnach $\dot{\mathfrak{X}} = \dot{v}\,\mathfrak{x} + v\,\dot{\mathfrak{x}}$ Tangentenvektoren. Die einem festen Punkt $P(u_0, v_0)$ des Kegels zugehörigen Tangentenvektoren $\dot{\mathfrak{X}}$ sind daher von den in P festen Vektoren $\mathfrak{x}$, $\dot{\mathfrak{x}}$ linear abhängig, wofür man $(\dot{\mathfrak{X}}\,\mathfrak{x}\,\dot{\mathfrak{x}}) = 0$ setzen kann. Setzt man darin wie oben für $\dot{\mathfrak{X}}$ den Vektor $\mathfrak{X} - (\mathfrak{s} + v_0\,\mathfrak{x}(u_0))$, so erhält man gemäß § 4 Gl. (7a) die Gleichung der *Tangentialebene des Kegels* in P:

$$(\mathfrak{X} - \mathfrak{s}, \mathfrak{x}\,\dot{\mathfrak{x}}) = 0. \tag{4}$$

Darin kommt v nicht vor. Das bedeutet, daß alle Punkte seiner Erzeugenden $u = u_0$ dieselbe Tangentialebene (4) haben.

Eine *Zylinderfläche*, deren Erzeugende zu einem festen Vektor $\mathfrak{c}$ parallel sind, gestattet die Parameterdarstellung

$$\mathfrak{X} = \mathfrak{x}(u) + v\,\mathfrak{c}. \tag{5}$$

Seine Erzeugenden ($u =$ konst.) schneiden die Kurve $\mathfrak{x} = \mathfrak{x}(u)$. Durch eine Wiederholung des obigen Gedankenganges erhält man für die *Tangentialebene in einem Zylinderpunkt:*

$$(\mathfrak{X} - \mathfrak{x}, \dot{\mathfrak{x}}\,\mathfrak{c}) = 0. \tag{6}$$

Sie enthält v nicht, gilt daher für alle Punkte einer Erzeugenden $u = u_0$.

Tangentenflächen, Kegel und Zylinder bilden eine besondere Flächenklasse. Man bezeichnet sie als *Torsen*. Ihre Berührebenen bilden ein nur von einem Parameter abhängiges System. Wir merken noch den folgenden naheliegenden Satz an, der erst in § 75 bewiesen wird.

Die Ebenen irgendeines einparametrigen, differenzierbaren Systems von Ebenen umhüllen eine Torse.

Ist das System dieser Ebenen nach § 7 Gl. (6) durch

$$\mathfrak{a}(u)\,\mathfrak{x} + f(u) = 0 \tag{7$_1$}$$

gegeben, woraus durch zweimalige Differentiation nach u

$$\dot{\mathfrak{a}}\,\mathfrak{x} + \dot{f} = 0, \qquad \ddot{\mathfrak{a}}\,\mathfrak{x} + \ddot{f} = 0 \tag{7$_{2,3}$}$$

entsteht, so liefern Gln. $(7_{1,2})$ die Erzeugenden und Gln. $(7_{1,2,3})$ die Gratpunkte der Torse bzw. die Spitze oder Erzeugendenrichtung im Falle eines Kegels oder Zylinders: Beweis in § 75.

§ 12. Die Ableitungsgleichungen des Kegels, konische Krümmung. Es sei $\mathfrak{e}(s_1)$ ein von einem Parameter s_1 abhängiger Einsvektor. Läßt man ihn von einem festen Punkt O ausstrahlen, so bilden die Pfeilspitzen auf der Einheitskugel um O eine Kurve c_1, das *sphärische Bild* des Kegels $(O\,\mathfrak{e}(s_1))$. Wir wollen nun annehmen, daß s_1 die Bogenlänge auf c_1 sei und bezeichnen daher (§ 9) die Ableitungen nach s_1 mit Strichen. $\mathfrak{e}'$ ist dann, § 9 Gl. (8), der Einsvektor der Tangenten von c_1. Es gilt also

$$\mathfrak{e}^2 = 1, \qquad \mathfrak{e}\,\mathfrak{e}' = 0, \qquad \mathfrak{e}'^2 = 1. \tag{1$_{1,2,3}$}$$

Der Kegel $(O\,\mathfrak{e})$, der O mit c_1 verbindet, hat die Parameterdarstellung

$$\mathfrak{x} = v\,\mathfrak{e}(s_1). \tag{2}$$

Seine Berührebene längs einer Erzeugenden $e(s_1)$ ist nach § 11 Gl. (4) $(\mathfrak{X}\,\mathfrak{e}\,\mathfrak{e}') = 0$.

Wir bezeichnen nun

$$\mathfrak{e}' = \mathfrak{n} \text{ und } \mathfrak{e} \times \mathfrak{n} = \mathfrak{z}. \tag{3$_{1,\,2}$}$$

Wegen Gl. (1_2) ist $\mathfrak{e} \perp \mathfrak{e}'$. $\mathfrak{e}, \mathfrak{n}, \mathfrak{z}$ bilden daher ein Rechtssystem von paarweise aufeinander normalen Einsvektoren. Wir nennen $\mathfrak{e}, \mathfrak{n}, \mathfrak{z}$ das *begleitende Dreibein* und die Geraden $(O\,\mathfrak{e})$, $(O\,\mathfrak{n})$, $O(\mathfrak{z})$ das *begleitende Dreikant* des Kegels. Für ein festes s_1 ist $(O\,\mathfrak{e})$ die *Erzeugende* e des Kegels, $(O\,\mathfrak{n})$ die in der Berührebene von e liegende, zu e in O normale Gerade n — sie soll *Tangentialnormale* heißen — und $(O\,\mathfrak{z})$ die Normale z zur Berührebene.

Nach Gl. (3_1) ist $\mathfrak{e}' = \mathfrak{n}$. Es sollen nun auch $\mathfrak{n}'$ und $\mathfrak{z}'$ berechnet werden. Nach dem am Ende von § 6 stehenden Lehrsatz dürfen wir $\mathfrak{z}'$ in der Form $\mathfrak{z}' = A_1\,\mathfrak{e} + A_2\,\mathfrak{n} + A_3\,\mathfrak{z}$ ansetzen, mit noch nicht näher bekannten Zahlen A_i. Multipliziert man diese Gleichung skalar mit $\mathfrak{z}$, so folgt aus $\mathfrak{z}^2 = 1$, $\mathfrak{z}\,\mathfrak{z}' = 0$, $\mathfrak{z}\,\mathfrak{e} = \mathfrak{n}\,\mathfrak{z} = 0$ das Verschwinden von A_3. Es ist also $\mathfrak{z}' = A_1\,\mathfrak{e} + A_2\,\mathfrak{n}$. Multipliziert man diese Gleichung skalar mit $\mathfrak{e}$, so erhält man $\mathfrak{e}\,\mathfrak{z}' = A_1$. Nun ist aber $\mathfrak{e}\,\mathfrak{z} = 0$, woraus $\mathfrak{e}'\,\mathfrak{z} + \mathfrak{e}\,\mathfrak{z}' = 0$ folgt. Wegen Gl. (3_1) ist demnach $\mathfrak{e}\,\mathfrak{z}' = A_1 = 0$. Damit haben wir $\mathfrak{z}' = A_2\,\mathfrak{n}$ erhalten.

Wir bezeichnen nun mit c_3 die sphärische Kurve auf der Einheitskugel um O, die von den Spitzen der Pfeile $O\,\mathfrak{z}$ gebildet wird. Die Bogenlänge auf c_3 sei s_3. Nach § 9 Gl. (5) ist $ds_3 : ds_1 = \sqrt{\mathfrak{z}'^2}$. Wir haben also:

$$\mathfrak{z}' = A_2\,\mathfrak{n}, \qquad \mathfrak{z}'^2 = (ds_3 : ds_1)^2. \tag{4$_{1,\,2}$}$$

Gl. (4_1) besagt, daß die Tangentenvektoren $\mathfrak{n}$ und $\mathfrak{z}'$ in entsprechenden Punkten von c_1 und c_3 gleich oder entgegengesetzt gerichtet sind. Die Richtung von $\mathfrak{n}$ ist die Richtung wachsender s_1 auf c_1. *Für die Richtung wachsender s_3 auf c_3 setzen wir fest, daß sie zur Richtung von $\mathfrak{n}$ entgegengesetzt ist.* Nach Gln. $(4_{1,\,2})$ ist dann $A_2 = -(ds_3 : ds_1)$ zu setzen. Man bezeichnet

$$\varkappa_2 = ds_3 : ds_1 \tag{5}$$

als die *konische Krümmung* des Kegels. Weiterhin ergibt sich aus $\mathfrak{n} = \mathfrak{z} \times \mathfrak{e}$, § 8 Gl. (7), $\mathfrak{n}' = (\mathfrak{z}' \times \mathfrak{e}) + (\mathfrak{z} \times \mathfrak{e}')$ und nach Gln. (3), (4), (5) $\mathfrak{n}' = -\mathfrak{e} + \varkappa_2\,\mathfrak{z}$. Die gesuchten *Ableitungsgleichungen* für $\mathfrak{e}, \mathfrak{n}, \mathfrak{z}$ sind also:

$$\mathfrak{e}' = \mathfrak{n}, \qquad \mathfrak{n}' = -\mathfrak{e} + \varkappa_2\,\mathfrak{z}, \qquad \mathfrak{z}' = -\varkappa_2\,\mathfrak{n}. \tag{6}$$

Mittels Gl. (6) lassen sich auch alle höheren Ableitungen von $\mathfrak{e}, \mathfrak{n}, \mathfrak{z}$ durch $\mathfrak{e}, \mathfrak{n}, \mathfrak{z}$ und die Ableitungen von $\varkappa_2$ ausdrücken.

Es kann bewiesen werden, § 60, daß zu einer willkürlich vorgegebenen Gleichung $\varkappa_2 = \varkappa_2(s_1)$ ein einziger Kegel, abgesehen von seiner besonderen Lage im Raum, gehört. Man nennt diese Gleichung die *natürliche Gleichung* des Kegels.

Das *Vorzeichen der konischen Krümmung $\varkappa_2$ eines orientierten Kegels* läßt folgende anschauliche Deutung zu. Die Berührebene τ des Kegels längs der Erzeugenden $e(s_1)$ ist nach § 7 Gl. (6) $\mathfrak{X}\,\mathfrak{z}(s_1) = 0$. Der Abstand a des Kegelpunktes mit dem Ortsvektor $\mathfrak{e}(s_1 + h)$ ist nach § 7 Gl. (4) $a = \mathfrak{e}(s_1 + h)\,\mathfrak{z}(s_1)$. Aus $\mathfrak{e}(s_1 + h) = \mathfrak{e} + h\,\mathfrak{e}' + \frac{h^2}{2}\,\mathfrak{e}'' + \frac{h^3}{6}\,\mathfrak{e}''' + h^4(*)$ folgt daher mittels Gl. (6) $a = \frac{h^2}{2}\,\varkappa_2 + \frac{h^3}{6}\,\varkappa_2' + h^4(*)$. Somit hat a, falls $\varkappa_2 \neq 0$, nächst e das Vorzeichen von $\varkappa_2$. Der Kegel liegt also für $\varkappa_2 > 0$ in der nächsten Umgebung von e auf der Seite der Berührebene τ, auf der ihr Normalenpfeil $O\,\mathfrak{z}$ liegt. Also gilt:

Für eine Kegelerzeugende e mit $\varkappa_2 > 0$ *liegt der Kegel in der nächsten Umgebung von e auf der durch* $\mathfrak{z}$ *bestimmten positiven Seite der Berührebene von e, für* $\varkappa_2 < 0$ *auf der anderen Seite. Für* $\varkappa_2 = 0$, $\varkappa_2' \neq 0$ *durchsetzt der Kegel seine Berührebene in e; e ist dann eine „Wendeerzeugende" des Kegels.*

Besonders bedeutungsvoll für die Differentialgeometrie des Kegels ist der Vektor

$$\mathfrak{d} = \varkappa_2 \mathfrak{e} + \mathfrak{z}, \tag{7}$$

der *Darbouxsche Vektor.* Es ist nach Gl. (7) $\mathfrak{d} \times \mathfrak{e} = \mathfrak{n}$, $\mathfrak{d} \times \mathfrak{n} = -\mathfrak{e} + \varkappa_2 \mathfrak{z}$, $\mathfrak{d} \times \mathfrak{z} = -\varkappa_2 \mathfrak{n}$, so daß die Ableitungsgleichungen (6) mittels $\mathfrak{d}$ die einfache Gestalt

$$\mathfrak{e}' = \mathfrak{d} \times \mathfrak{e}, \qquad \mathfrak{n}' = \mathfrak{d} \times \mathfrak{n}, \qquad \mathfrak{z}' = \mathfrak{d} \times \mathfrak{z} \tag{8}$$

annehmen.

Ist $\sphericalangle\, \mathfrak{d}\, \mathfrak{e} = \alpha$, so folgt aus Gl. (7)

$$\operatorname{ctg} \alpha = \varkappa_2. \tag{9}$$

Wir betrachten nun den Kegel $(O\,\mathfrak{d})$, der entsteht, wenn man aus dem Punkt O alle Darbouxschen Vektoren $\mathfrak{d}$ ausstrahlen läßt. Es ist der Kegel $\mathfrak{X} = v\,\mathfrak{d}(s_1)$. Seine Berührebene für ein festes s_1 ist nach § 11 Gl. (4) $(\mathfrak{X}\,\mathfrak{d}\,\mathfrak{d}') = 0$. Aus Gln. (7) und (6) folgt $\mathfrak{d}' = \varkappa_2' \mathfrak{n}$, womit sich für die Normale der Berührebene $\mathfrak{d} \times \mathfrak{d}' = \varkappa_2' \mathfrak{n}$ ergibt. Das bedeutet, daß die Berührebene des Kegels $(O\,\mathfrak{d})$ für ein festes s_1 die Ebene ist, die auf der Berührebene des Kegels $(O\,\mathfrak{e})$ in der zugehörigen Erzeugenden $e(s_1)$ normal steht, da diese den Normalenvektor $\mathfrak{n}$ hat. Wir können daher sagen:

Der Kegel $(O\,\mathfrak{d})$ *ist der von den Normalebenen des Kegels* $(O\,\mathfrak{e})$ *umhüllte „Evolutenkegel" von* $(O\,\mathfrak{e})$.

Für einen *Drehkegel* ist $\varkappa_2$ konstant und die Gerade der Richtung von $\mathfrak{d}$ durch die Kegelspitze ist die Achse des Kegels.

§ 13. Krümmung, Torsion, konische Krümmung einer Raumkurve; Frenetsche Formeln. Es sei $\mathfrak{x} = \mathfrak{x}(s)$ eine Raumkurve c, s die Bogenlänge. Läßt man die Tangentenvektoren $\mathfrak{t} = \mathfrak{x}'$ vom Nullpunkt der Ortsvektoren ausstrahlen, so bilden die Pfeilspitzen auf der Einheitskugel um O eine Kurve c_1, die man das *Tangentenbild* von c nennt. Der Kegel $(O\,c_1)$, dessen Erzeugenden zu den Tangenten von c parallel sind, ist der *Richtkegel* von c. Wegen $\mathfrak{x}'^2 = 1$ sind die $\mathfrak{x}'$ die Ortsvektoren nach den Punkten von c_1 und $\mathfrak{x}''$ Tangentenvektoren von c_1. Die Berührebenen des Richtkegels sind daher $(\mathfrak{X}\,\mathfrak{x}'\,\mathfrak{x}'') = 0$. Nun hat aber nach § 10 Gl. (2) die Schmiegebene in einem Punkt von c die Gleichung $(\mathfrak{X} - \mathfrak{x}, \mathfrak{x}'\,\mathfrak{x}'') = 0$. Es gilt also:

Die Tangente und die Schmiegebene in einem Kurvenpunkt sind zur entsprechenden Erzeugenden und Berührebene des Richtkegels parallel.

In § 12 wurde das begleitende Dreibein $\mathfrak{e}, \mathfrak{n}, \mathfrak{z}$ eines Kegels erklärt. Wir bilden nun das begleitende Dreibein des Richtkegels und nennen es das *begleitende Dreibein der Raumkurve*; seine Vektoren mögen $\mathfrak{t}$, $\mathfrak{h}$, $\mathfrak{b}$ heißen. Für einen Punkt P der Kurve ist $(P\,\mathfrak{t})$ die Tangente t. Nach dem eben genannten Lehrsatz ist $(P\,\mathfrak{h})$ die Gerade h durch P, die in der Schmiegebene von P zu t normal ist. h heißt die *Hauptnormale* von P. Schließlich ist die Gerade $b = (P\,\mathfrak{b})$ in P zur Schmiegebene normal und heißt die *Binormale*; sie ist zu t und h normal. t, h, b bilden das *begleitende Dreikant* im Kurvenpunkt P. Die Ebene $(t\,h)$ ist die *Schmiegebene*, die Ebene $(h\,b)$ nennen wir die *Normalebene* und die Ebene $(b\,t)$ die *rektifizierende Ebene* in P. Letztere Bezeichnung wird in § 56, Ende, gerechtfertigt werden.

Läßt man vom Nullpunkt O die Binormalenvektoren $\mathfrak{b}(s)$ ausstrahlen, so bilden die Pfeilspitzen eine Kurve auf der Einheitskugel um O, die man das *Binormalenbild* c_3 der Kurve c nennt.

Nach § 12 Gl. (6) lauten die Ableitungsgleichungen des Richtkegels nach der Bogenlänge s_1 des Tangentenbildes c_1:

$$\frac{d\mathfrak{t}}{ds_1} = \mathfrak{h}, \qquad \frac{d\mathfrak{h}}{ds_1} = -\mathfrak{t} + \varkappa_2\, \mathfrak{b}, \qquad \frac{d\mathfrak{b}}{ds_1} = -\varkappa_2\, \mathfrak{h}; \tag{1_{1,2,3}}$$

darin ist $\varkappa_2 = ds_3 : ds_1$. Das Minuszeichen in Gl. (1_3) beruht auf der in § 12 festgesetzten Richtung der wachsenden s_3 auf c_3. Jedem Punkt der Raumkurve c sind durch sein $\mathfrak{t}$ und $\mathfrak{b}$ die Punkte $P_1(s_1)$ auf c_1 und $P_3(s_3)$ auf c_3 zugeordnet; es sind also s_1 und s_3 Funktionen von s. Man nennt:

$$ds_1 : ds \;= \varkappa \text{ die } \textit{Krümmung}, \tag{2}$$

$$ds_3 : ds \;= \varkappa_1 \text{ die } \textit{Torsion}, \tag{3}$$

$$ds_3 : ds_1 = \varkappa_2 \text{ die } \textit{konische Krümmung} \tag{4}$$

der Raumkurve. Nach Gln. (2), (3), (4) ist

$$\varkappa_1 = \varkappa\, \varkappa_2. \tag{5}$$

Aus Gln. (1) ergeben sich die Ableitungsgleichungen für $\mathfrak{t}, \mathfrak{h}, \mathfrak{b}$ nach der Bogenlänge s, die *Frenetschen Formeln*, durch Multiplikation mit $ds_1 : ds = \varkappa$ und Gl. (5):

$$\mathfrak{t}' = \varkappa\, \mathfrak{h}, \qquad \mathfrak{h}' = -\varkappa\, \mathfrak{t} + \varkappa_1\, \mathfrak{b}, \qquad \mathfrak{b}' = -\varkappa_1\, \mathfrak{h}. \tag{6_{1,2,3}}$$

Das Vorzeichen von $\varkappa$ hängt von der Wahl der Orientierung der Hauptnormalen ab, die geometrische Bedeutung des Vorzeichens von $\varkappa_1$ wird in § 15 erklärt werden.

Nach § 12 Gl. (7) ist der *Darbouxsche Vektor* des Richtkegels $\varkappa_2\, \mathfrak{t} + \mathfrak{b}$. Multiplizieren wir ihn mit $\varkappa$, so entsteht nach Gl. (5) der Vektor $\varkappa_1\, \mathfrak{t} + \varkappa\, \mathfrak{b}$. Wir bezeichnen ihn mit $\mathfrak{d}$ und nennen

$$\mathfrak{d} = \varkappa_1\, \mathfrak{t} + \varkappa\, \mathfrak{b} \tag{7}$$

den *Darbouxschen Vektor* der Raumkurve. Mittels $\mathfrak{d}$ nehmen die *Frenetschen Formeln* (6), wie man direkt nachrechnet oder durch Multiplikation der Ableitungsgleichungen § 12 Gl. (8) mit $\varkappa = ds_1 : ds$ entnimmt, die einfache Form an:

$$\mathfrak{t}' = \mathfrak{d} \times \mathfrak{t}, \qquad \mathfrak{h}' = \mathfrak{d} \times \mathfrak{h}, \qquad \mathfrak{b}' = \mathfrak{d} \times \mathfrak{b}. \tag{8}$$

Aus Gln. (7) und (5) folgt für den spitzen Winkel $\alpha = \sphericalangle\, \mathfrak{t}\, \mathfrak{d}$

$$\operatorname{ctg} \alpha = |\varkappa_2|. \tag{9}$$

Macht man nun in einem Kurvenpunkt P die Gerade $(P\,\mathfrak{d})$ zur Achse eines Drehkegels, der die Schmiegebene von P längs der Tangente t berührt, so hat dieser Kegel dieselbe konische Krümmung $\varkappa_2$ wie die Kurve c in P und wie der Richtkegel von c in der der Tangente in P entsprechenden Erzeugenden. Man nennt daher diesen Drehkegel den *Krümmungskegel* der Kurve in P und seine Achse $(P\,\mathfrak{d})$ die Achse der *konischen Krümmung*. Diese Achsen erfüllen die Fläche

$$\mathfrak{X} = \mathfrak{x} + v\,(\varkappa_1\, \mathfrak{t} + \varkappa\, \mathfrak{b}). \tag{10}$$

In einem Punkt der Erzeugenden $(P\,\mathfrak{d})$ gibt es für die Kurve $v =$ konst. eine Tangente der Richtung $\mathfrak{X}_s = \partial \mathfrak{X} : \partial s = (1 + v\, \varkappa_1')\, \mathfrak{t} + v\, \varkappa'\, \mathfrak{b}$ und eine von der Richtung $\mathfrak{X}_v = \varkappa_1\, \mathfrak{t} + \varkappa\, \mathfrak{b}$, die in die Erzeugende $(P\,\mathfrak{d})$ fällt. Die von diesen beiden Tangenten aufgespannte Berührebene hat einen Normalenvektor $\mathfrak{X}_v \times \mathfrak{X}_s$, für den sich $\mathfrak{h}$, der Normalenvektor der rektifizierenden Ebene, ergibt. Für ein festes s berührt die rektifizierende Ebene daher die Fläche (10) in allen Punkten der in ihr liegenden Geraden $(P\,\mathfrak{d})$. Die Fläche (10) wird daher von den rektifizierenden Ebenen der Kurve umhüllt und heißt die *rektifizierende Torse*.

Mit $\mathfrak{x}' = \mathfrak{t}$ folgt aus Gl. (6_1) $\mathfrak{x}'' = \varkappa\,\mathfrak{h}$ und

$$\varkappa^2 = \mathfrak{x}''^2. \tag{11}$$

Aus Gl. (11) erkennt man: $\varkappa = 0$ *kennzeichnet die Geraden.*

Aus $\mathfrak{x}' = \mathfrak{t}$ folgt, wenn $1 : \varkappa$ mit ϱ bezeichnet wird, $\varrho\,\mathfrak{x}'' = \mathfrak{h}$. Ferner ist $\mathfrak{b} = \mathfrak{t} \times \mathfrak{h} = \varrho(\mathfrak{x}' \times \mathfrak{x}'')$, also $\mathfrak{b}' = \varrho'(\mathfrak{x}' \times \mathfrak{x}'') + \varrho(\mathfrak{x}' \times \mathfrak{x}''')$. Somit ist nach Gln. $(6_{1,3})$, (11) und den Rechenregeln in § 4:

$$\varkappa_1 = -\mathfrak{b}'\mathfrak{h} = \frac{(\mathfrak{x}'\,\mathfrak{x}''\,\mathfrak{x}''')}{\mathfrak{x}''^2}. \tag{$12_{1,2}$}$$

Wir haben bisher stets die Kurve c durch den Ortsvektor $\mathfrak{x}(s)$ als Funktion der Bogenlänge s angenommen, weil dadurch die Formeln der Kurventheorie ihre einfachste Gestalt annehmen. Die Umrechnung von Gln. (11) und (12) auf einen allgemeinen Kurvenparameter liefert:

$$\varkappa^2 = \frac{(\dot{\mathfrak{x}} \times \ddot{\mathfrak{x}})^2}{(\dot{\mathfrak{x}}^2)^3}, \qquad \varkappa_1 = \frac{(\dot{\mathfrak{x}}\,\ddot{\mathfrak{x}}\,\dddot{\mathfrak{x}})}{(\dot{\mathfrak{x}} \times \ddot{\mathfrak{x}})^2}. \tag{$13_{1,2}$}$$

Für eine ebene Kurve $x = x(s)$, $y = y(s)$ bzw. $x = x(t)$, $y = y(t)$ bzw. $y = y(x)$ ergibt sich

$$\varkappa = -x'' : y' = y'' : x' = (\dot{x}\,\ddot{y} - \ddot{x}\,\dot{y}) : (\dot{x}^2 + \dot{y}^2)^{3/2} = \frac{d^2y}{dx^2} : \left(1 + \left(\frac{dy}{dx}\right)^2\right)^{3/2}. \tag{$14_{1,2,3,4}$}$$

$\varkappa_1$ verschwindet gemäß Gl. (12_1) in allen Punkten einer ebenen Kurve wegen $\mathfrak{b}' = 0$, insbesondere auf einer Geraden wegen $\mathfrak{x}'' = 0$. Aus Gl. (12_1) folgert man, daß auf einer Raumkurve $\varkappa_1$ nur in einzelnen Punkten verschwinden kann.

§ 14. Krümmungskreis und Schmiegkugel. Es sei $\mathfrak{x} = \mathfrak{x}(s)$ die Gleichung einer Raumkurve c, s die Bogenlänge. Wir wählen auf c einen festen Punkt $P(s_0)$ und drei weitere Punkte $Q(s_1)$, $R(s_1)$, $S(s_3)$. Durch diese vier Punkte ist im allgemeinen eine Kugel $\bar{\mathfrak{K}}$ bestimmt. Wir ermitteln nun die Grenzlage von $\bar{\mathfrak{K}}$, wenn Q, R, S auf c gegen P konvergieren. Ist $\bar{\mathfrak{m}}$ der Ortsvektor nach dem Mittelpunkt $\bar{M}$ von $\bar{\mathfrak{K}}$, $\bar{r}$ der Radius von $\bar{\mathfrak{K}}$, so ist $(\mathfrak{x} - \bar{\mathfrak{m}})^2 - \bar{r}^2 = 0$ die Gleichung von $\bar{\mathfrak{K}}$. Sie ist befriedigt, wenn wir für $\mathfrak{x}$ die Ortsvektoren der vier genannten Punkte einsetzen, d. h. die Funktion $F(s) = (\mathfrak{x}(s) - \bar{\mathfrak{m}})^2 - \bar{r}^2$ hat für $s = s_0, s_1, s_2, s_3$ Nullstellen. Für jede beliebige Lage von P, Q, R, S gibt es unter diesen vier s-Werten zwei, zwischen denen die beiden übrigen liegen. Sie bestimmen daher ein Intervall, in dessen Innerem nach dem Mittelwertsatz der Differentialrechnung mindestens drei Nullstellen u_1, u_2, u_3 von $F'(s)$, weiterhin mindestens zwei Nullstellen v_1, v_2 von $F''(s)$ und schließlich mindestens eine Nullstelle w von $F'''(s)$ liegen müssen. Da beim Grenzübergang diese Intervalle in den Punkt $s = s_0$ übergehen, gelten für den Grenzfall daselbst die Gleichungen $F' = F'' = F''' = 0$ oder ausgeführt, wenn s, $\mathfrak{m}$, r statt s_0, $\bar{\mathfrak{m}}$, $\bar{r}$ gesetzt und die FRENETschen Formeln § 13 Gl. (6) angewendet werden:

$$(\mathfrak{x}(s) - \mathfrak{m})^2 - r^2 = 0, \quad (\mathfrak{x} - \mathfrak{m})\,\mathfrak{t} = 0, \quad \varkappa\,(\mathfrak{x} - \mathfrak{m})\,\mathfrak{h} + 1 = 0,$$
$$(\mathfrak{x} - \mathfrak{m})\,(-\varkappa^2\,\mathfrak{t} + \varkappa'\,\mathfrak{h} + \varkappa\,\varkappa_1\,\mathfrak{b}) = 0. \tag{$1_{1,2,3,4}$}$$

Gln. $(1_{1,2,3,4})$ bestimmen die gesuchte Kugel

$$\mathfrak{K} = \lim_{Q,R,S \to P} (P\,Q\,R\,S), \tag{2}$$

die man die *Schmiegkugel* von c in P nennt. Die drei Punkte P, Q, R bestimmen die Ebene $(P\,Q\,R)$ und einen Kreis $(P\,Q\,R)_k$. Da beim Grenzübergang $(P\,Q\,R)$

in die Schmiegebene von P übergeht (§ 10), wird aus dem Kreis $(PQR)_k$ der Schnittkreis

$$k = \lim_{Q,\,R \to P} (PQR)_k \tag{3}$$

der Schmiegebene mit der Schmiegkugel. k ist der *Krümmungskreis* in P. Nach Gl. (3) berührt er die Tangente $t = \lim_{Q \to P} (PQ)$ in P. Sein Mittelpunkt K, *der Krümmungsmittelpunkt* oder *Krümmungsmitte* der Kurve in P, liegt demnach auf der Hauptnormalen h von P.

Gl. (1_2) bestätigt, daß der Schmiegkugelradius PM zur Tangente t in P normal ist. Der Fußpunkt des Lotes aus der Kugelmitte M auf die Schmiegebene in P ist der auf h liegende Mittelpunkt K des Krümmungskreises. Aus Gl. (1_3) in der Form $(\mathfrak{m} - \mathfrak{x})\,\mathfrak{h} = 1 : \varkappa$ erkennt man, daß sein Radius $\varrho = PK$, der *Krümmungsradius*

$$\varrho = 1 : \varkappa \tag{4}$$

ist. *ϱ ist positiv oder negativ, je nachdem $\overrightarrow{PK}$ mit $\mathfrak{h}$ gleich oder entgegengesetzt gerichtet ist.* Dieses Vorzeichen hängt also bloß von der willkürlichen Orientierung der Hauptnormalen ab. Der Ortsvektor nach der Krümmungsmitte K ist nach dem Gesagten

$$\mathfrak{k} = \mathfrak{x} + \varrho\,\mathfrak{h}. \tag{5}$$

Durch Ausführung der skalaren Multiplikation in Gl. (1_4) ergibt sich mittels Gln. ($1_{2,\,3}$) $(\mathfrak{m} - \mathfrak{x})\,\mathfrak{b} = -\varkappa' : \varkappa^2 \varkappa_1$. Die Normalprojektion $\overrightarrow{PM'}$ des Pfeiles PM auf die orientierte Binormale hat daher die Länge $-\varkappa' : \varkappa^2 \varkappa_1$. Der Ortsvektor nach dem Mittelpunkt M der Schmiegkugel ist demnach

$$\mathfrak{m} = \mathfrak{x} + \frac{1}{\varkappa}\,\mathfrak{h} - \frac{\varkappa'}{\varkappa^2 \varkappa_1}\,\mathfrak{b}. \tag{6}$$

Mittels Gl. (5) und dem *Torsionsradius*

$$\varrho_t = 1 : \varkappa_1 \tag{7}$$

wird aus Gl. (6):

$$\mathfrak{m} = \mathfrak{x} + \varrho\,\mathfrak{h} + \varrho_t\,\varrho'\,\mathfrak{b}, \tag{8}$$

woraus für den *Radius R der Schmiegkugel*

$$R^2 = \varrho^2 + \varrho_t^2\,\varrho'^2 \tag{9}$$

folgt.

§ 15. Die kanonischen Gleichungen einer Raumkurve, das Vorzeichen der Torsion. Entwickelt man die Gleichung $\mathfrak{x} = \mathfrak{x}(s)$ einer Raumkurve in der Umgebung eines ihrer Punkte P ($s = 0$) nach der TAYLORschen Formel, so erhält man, wenn man P zum Nullpunkt der Ortsvektoren macht,

$$\mathfrak{x} = \mathfrak{x}'\,s + \frac{1}{2!}\,\mathfrak{x}''\,s^2 + \frac{1}{3!}\,\mathfrak{x}'''\,s^3 + \ldots (*)\,s^n. \tag{1}$$

Mittels der FRENETschen Formeln lassen sich die Ableitungen $\mathfrak{x}^{(n)}$ durch ihre Koordinaten im begleitenden Dreibein $\mathfrak{t}, \mathfrak{h}, \mathfrak{b}$ systematisch berechnen. Es ist $\mathfrak{x}' = \mathfrak{t}$, $\mathfrak{x}'' = \varkappa\,\mathfrak{h}$; $\mathfrak{x}''' = -\varkappa^2\,\mathfrak{t} + \varkappa'\,\mathfrak{h} + \varkappa\,\varkappa_1\,\mathfrak{b}$ usw. Wählen wir nun das begleitende Dreikant $(P\,\mathfrak{t}\,\mathfrak{h}\,\mathfrak{b})$ als rechtwinkliges Achsenkreuz x, y, z, so läßt sich aus Gl. (1) die Darstellung der Kurve in der Umgebung von P in bezug auf dieses Achsenkreuz gewinnen. Es ist $\mathfrak{t} = (1, 0, 0)$, $\mathfrak{h} = (0, 1, 0)$, $\mathfrak{b} = (0, 0, 1)$, $\mathfrak{x}' = (1, 0, 0)$, $\mathfrak{x}'' = (0, \varkappa, 0)$, $\mathfrak{x}''' = (-\varkappa^2, \varkappa', \varkappa\,\varkappa_1)$ usw. Man sieht, daß man dieses Verfahren, unbeschränkte Differenzierbarkeit vorausgesetzt, beliebig fortsetzen kann und daß sich alle $\mathfrak{x}^{(n)}$ rational durch $\varkappa$, $\varkappa_1$ und deren Ableitungen entsprechend hoher Ordnung darstellen lassen. Auf diesem Wege ergeben sich beliebig viele Anfangsglieder der TAYLORschen Entwicklung für $x(s)$, $y(s)$, $z(s)$, d. i. die *kanonische Darstellung der Kurve* in der Umgebung von P für das begleitende Dreikant von P als Achsenkreuz:

$$\begin{aligned} x &= s - \frac{\varkappa^2}{6} s^3 + (*), \\ y &= \frac{\varkappa}{2} s^2 + \frac{\varkappa'}{6} s^3 + (*), \\ z &= \frac{\varkappa \varkappa_1}{6} s^3 + (*). \end{aligned} \qquad (2_{1,2,3})$$

Je zwei dieser Gleichungen liefern den Normalriß der Kurve auf eine der drei Ebenen des begleitenden Dreikants des Punktes P. So entnimmt man aus Gln. $(2_{1,2,3})$:

Sind in einem Kurvenpunkt P Krümmung und Torsion von Null verschieden, so gilt: Der Normalriß der Kurve c auf die Schmiegebene $(x\,y)$ des Punktes P hat in P einen regulären Punkt mit der Tangente $(P\,\mathfrak{t})$; der Normalriß von c auf die Normalebene $(y\,z)$ hat in P eine Spitze 1. Art mit der Tangente $(P\,\mathfrak{h})$; der Normalriß von c auf die rektifizierende Ebene hat in P einen Wendepunkt mit der Tangente $(P\,\mathfrak{t})$.

Gln. $(2_{1,2,3})$ geben auch Aufschluß über die *geometrische Bedeutung des Vorzeichens der Torsion* $\varkappa_1$. Nehmen wir an, daß die Hauptnormale, d. i. die y-Achse, vom Kurvenpunkt P gegen seine Krümmungsmitte K gerichtet ist! Es ist dann $\varkappa > 0$. Wenn nun in P ein Beobachter auf der positiven Seite der Schmiegebene $(x\,y)$ steht und den Blick gegen K richtet, so liegt nach seinem Urteil die Kurve für $\varkappa_1 > 0$ gemäß Gl. (2_3) links von P, $(s < 0)$ unter der Schmiegebene, $(z < 0)$ rechts von P, $(s > 0)$ über der Schmiegebene, $(z > 0)$. Für $\varkappa_1 < 0$ befindet sie sich links von P oberhalb, rechts von P unterhalb der Schmiegebene. Für $\varkappa_1 > 0$ heißt die Kurve *rechtsgewunden*, für $\varkappa_1 < 0$ *linksgewunden*.

§ 16. Berührung höherer Ordnung. Es seien zwei Kurven c_1 $(\mathfrak{x} = \mathfrak{x}(u))$ und c_2 $(\mathfrak{y} = \mathfrak{y}(v))$ gegeben. Gelten für $u = u_0$, $v = v_0$ und denselben Nullpunkt der Ortsvektoren die Gleichungen $\mathfrak{x}(u_0) = \mathfrak{y}(v_0)$ und $\dot{\mathfrak{x}}(u_0) = \dot{\mathfrak{y}}(v_0)$ — wo der Punkt links die Ableitung nach u, rechts nach v andeutet —, so haben c_1 und c_2 den *Punkt P* $(u = u_0,\ v = v_0)$ und in diesem die Tangente gemeinsam; c_1 und c_2 berühren sich also in P. Wir definieren nun den Begriff der *Berührung n-ter Ordnung zweier Kurven: Zwei Kurven $\mathfrak{x} = \mathfrak{x}(u)$, $\mathfrak{y} = \mathfrak{y}(v)$ haben in einem gemeinsamen Punkt P $(u = u_0,\ v = v_0)$ eine Berührung n-ter Ordnung, wenn neben $\mathfrak{x}(u_0) = \mathfrak{y}(v_0)$ die Gleichungen $\dot{\mathfrak{x}}(u_0) = \dot{\mathfrak{y}}(v_0)$, $\ddot{\mathfrak{x}}(u_0) = \ddot{\mathfrak{y}}(v_0)$, $\dddot{\mathfrak{x}}(u_0) = \dddot{\mathfrak{y}}(v_0)$ usw. bis $\mathfrak{x}^{(n)}(u_0) = \mathfrak{y}^{(n)}(v_0)$ gelten, während $\mathfrak{x}^{(n+1)}(u_0) \neq \mathfrak{y}^{(n+1)}(v_0)$ ist.*

Wir zeigen nun, daß diese Definition eine geometrische Beziehung zwischen den beiden Kurven ausdrückt. Wird die Differentiation nach der Bogenlänge s durch einen Strich bezeichnet, so ist $\mathfrak{x}' = \dot{\mathfrak{x}}\,u'$, woraus $1 = \dot{\mathfrak{x}}^2\,u'^2$ folgt. Differenzieren wir diese beiden Gleichungen nach s, so erhält man: $\mathfrak{x}'' = \ddot{\mathfrak{x}}\,u'^2 + \dot{\mathfrak{x}}\,u''$ und $u'' = -\dot{\mathfrak{x}}\,\ddot{\mathfrak{x}} : (\dot{\mathfrak{x}}^2)^2$. Die drei letzten Gleichungen lehren, daß sich die n-te Ableitung von $\mathfrak{x}$ nach der Bogenlänge s aus den Ableitungen $\dot{\mathfrak{x}}, \ddot{\mathfrak{x}}, \ldots, \mathfrak{x}^{(n)}$ nach u berechnen läßt. Wenn demnach zwei Kurven die obige Bedingung für die Berührung n-ter Ordnung erfüllen, so werden ihre TAYLORschen Entwicklungen [§ 15 Gl. (2)] nach der Bogenlänge in den Anfangsgliedern bis einschließlich der Glieder n-ter Ordnung übereinstimmen, wenn wir den Nullpunkt der Ortsvektoren in den gemeinsamen Punkt P legen und die Bogenlänge s von P $(s = 0)$ aus für beide Kurven in derselben Richtung wachsen lassen.

Für $n \geqq 2$ haben die beiden Kurven in P wegen § 10 Gl. (2) eine gemeinsame Schmiegebene und daher ein gemeinsames begleitendes Dreikant, das für beide in derselben Weise orientiert werden kann. Es werden dann nach dem Gesagten auch die kanonischen Gleichungen § 15 (2) für beide Kurven bis einschließlich der Glieder n-ter Ordnung übereinstimmen, und wir können aus ihnen die geometrische Bedeutung der Berührung n-ter Ordnung in P für $n \geqq 2$ herauslesen.

Eine Berührung 2. Ordnung in P heißt *Oskulation.* Die beiden Kurven haben in diesem Fall in P außer dem begleitenden Dreikant, wie man aus § 15 Gl. (2) entnimmt, auch $\varkappa$ gemeinsam, so daß *zwei sich in einem Punkt oskulierende Kurven daselbst den Krümmungskreis gemeinsam haben.*

Eine Berührung 3. Ordnung heißt *Hyperoskulation.* Nach § 15 Gl. (2) haben die Kurven im Berührpunkt das begleitende Dreikant, $\varkappa, \varkappa', \varkappa_1$, also auch den Krümmungskreis und die Schmiegkugel gemeinsam. Berührungen 1., 2., ..., n-ter Ordnung nennt man auch zwei-, drei-, ..., $(n+1)$-punktig.

Die Theorie der Raumkurven wird im V. Kapitel im Zusammenhang mit den Regelflächen (Strahlflächen) weitergeführt werden.

II. Längen, Winkel und Flächeninhalte auf krummen Flächen; flächentreue und konforme Abbildungen

§ 17. Flächenbegriff, Berührebene. Es sei

$$\mathfrak{x} = \mathfrak{x}(u, v) \tag{1}$$

ein von zwei unabhängigen Veränderlichen u, v eines u,v-Bereiches $\mathfrak{B}$ abhängiger Vektor. Wir nehmen an[1], daß $\mathfrak{x}(u, v)$ so oft nach u und v partiell differenzierbar seien, wie wir es in jedem einzelnen Fall wünschen. Wenn wir die Vektoren $\mathfrak{x}(u, v)$ für alle u,v-Paare aus $\mathfrak{B}$ von einem Nullpunkt ausstrahlen lassen, so bilden die Pfeilspitzen eine *„differenzierbare" Fläche Φ.* Die Kurven auf Φ, für die $v =$ konst. gilt, heißen *u-Linien,* die Kurven für $u =$ konst. *v-Linien.*

Werden u und v als differenzierbare Funktionen $u = u(t)$, $v = v(t)$ eines Parameters t in einem gemeinsamen t-Intervall angenommen, so ist durch $\mathfrak{x} = \mathfrak{x}(u(t), v(t))$ eine auf Φ gelegene Kurve c, eine *„Flächenkurve"*, gegeben. In einem Punkt P von c ist

$$\dot{\mathfrak{x}} = \mathfrak{x}_u \dot{u} + \mathfrak{x}_v \dot{v} \tag{2}$$

ein Tangentenvektor an c. $\mathfrak{x}_u = \partial \mathfrak{x} : \partial u$ und $\mathfrak{x}_v = \partial \mathfrak{x} : \partial v$ sind Tangentenvektoren an die u-Linie bzw. an die v-Linie durch P. $\dot{u} : \dot{v} = du : dv$ bestimmen nach Gl. (2) die Tangentenrichtung der Kurve c; in diesem Sinn wird in der Folge (du, dv) als Tangentenrichtung angesprochen werden. Unter der Annahme, daß

$$\mathfrak{x}_u \times \mathfrak{x}_v \neq 0 \tag{3}$$

(d. h. $\mathfrak{x}_u \neq 0$, $\mathfrak{x}_v \neq 0$ und $\mathfrak{x}_u, \mathfrak{x}_v$ weder gleich noch entgegengesetzt gerichtet), liegen nach Gl. (2) die Tangenten $(P\,\dot{\mathfrak{x}})$ der durch P gehenden Flächenkurven in einer Ebene, der *Tangential-* oder *Berührebene* von Φ in P. Da $\mathfrak{x}_u \times \mathfrak{x}_v$ ein zur Berührebene normaler Vektor ist, lautet die Gleichung der Berührebene in P $(\mathfrak{x}(u, v))$

$$(\mathfrak{X} - \mathfrak{x}, \mathfrak{x}_u \mathfrak{x}_v) = 0 \tag{4}$$

und

$$\frac{\mathfrak{x}_u \times \mathfrak{x}_v}{\sqrt{\mathfrak{x}_u^2 \mathfrak{x}_v^2 - (\mathfrak{x}_u \mathfrak{x}_v)^2}} = \mathfrak{N} \tag{5}$$

[1] Siehe Vorbemerkung S. 8.

ist der *Einsvektor der Flächennormalen*, § 4 Gl. (11). $\mathfrak{x}_u$ hat die Richtung wachsender u auf der u-Linie, $\mathfrak{x}_v$ die Richtung wachsender v auf der v-Linie. Vertauscht man die Bezeichnungen der Parameter u und v, so kehrt $\mathfrak{N}$ die Richtung um.

Der eingeführte Begriff „*Fläche*" soll nun mehrfachen Einschränkungen unterworfen werden, die im folgenden nicht immer wiederholt werden sollen. Der Begriff der „differenzierbaren" Fläche ist bereits erklärt worden. Wir setzen nun von der Fläche und der gewählten Parameterdarstellung voraus, daß in allen Punkten der Fläche (3) gilt. Damit hat jeder Punkt eine einzige Berührebene Gl. (4). Durch jeden Punkt der Fläche geht dann eine einzige u-Linie und eine einzige v-Linie, die sich dort nicht berühren.

Wir werden uns im folgenden meistens mit Begriffsbildungen beschäftigen, die sich auf eine Umgebung eines Flächenpunktes beziehen, die beliebig eingeschränkt werden kann *(Differentialgeometrie im kleinen)*. Wir können uns dann die Umgebung eines Flächenpunktes durch eine geschlossene, sich nicht selbst schneidende Randkurve begrenzt denken.

Begriffsbildungen, die sich auf den Gesamtverlauf von Flächen und Kurven im Raum beziehen, gehören zur *Differentialgeometrie im großen.*

Von einem Flächenstück werden wir immer voraussetzen, daß es *zweiseitig* sei, also zwei verschiedene Seiten besitze, die man etwa durch die Farben Rot und Blau unterscheiden könne. Seit A. F. Möbius 1858 gezeigt hat, daß es auch *einseitige Flächen* gibt, Flächen, auf denen eine Unterscheidung von zwei verschiedenen Seiten nicht möglich ist, sofern man sie in ihrem Gesamtverlauf und nicht in entsprechend begrenzten Teilstücken betrachtet, ist die obige Forderung der Zweiseitigkeit durchaus keine Selbstverständlichkeit.

Wir errichten nun in einem Punkt P einer zweiseitigen Fläche einen Halbstrahl n, der in P zu Φ normal ist. Führt man den Punkt P auf einer Flächenkurve c in einen anderen Flächenpunkt Q über, wobei n stets zu Φ normal bleibe, so erhalten wir in Q stets denselben Normalenhalbstrahl, gleichgültig, auf welchem Wege c P nach Q gebracht wurde. Schließt sich der Weg c in P, so kehrt n in seine Ausgangslage zurück. Damit erhalten durch die Orientierung einer einzigen Normalen einer zweiseitigen Fläche alle Normalen der Fläche eine bestimmte Orientierung. Die Fläche wird dadurch zu einer *orientierten Fläche.* Durch die Orientierung der Flächennormalen lassen sich die beiden Seiten einer zweiseitigen Fläche als „*positive*" und „*negative Seite*" unterscheiden, indem man festsetzt: *Wenn ein Punkt die orientierte Normale des Flächenpunktes P im Orientierungssinn durchläuft, so gelangt er beim Durchgang durch P von der negativen zur positiven Seite.*

Manchmal ist es notwendig, den Begriff „Fläche" auf *einfach zusammenhängende Flächen* einzuschränken. Darunter versteht man, daß ihre geschlossene und sich nicht selbst schneidende Randkurve sich in einen beliebigen Punkt der Fläche stetig zusammenziehen lassen soll, ohne dabei das Flächenstück zu verlassen. Im Inneren eines einfach zusammenhängenden Flächenstückes gibt es also keine „Löcher", auch keine einzelnen Punkte oder Kurven, die nicht zur Fläche gehören.

Hat man es mit einer Fläche zu tun, die den voranstehenden Bedingungen nicht genügt, so wird man sie in zweiseitige und einfach zusammenhängende Flächenstücke zerlegen können.

§ 18. Längenmessung, erste Differentialform. Ist wie in § 17 eine Flächenkurve c durch $u = u(t)$, $v = v(t)$ gegeben, so folgt aus § 17 Gl. (2) für das Bogendifferential ds

$$ds^2 = (\mathfrak{x}_u\, du + \mathfrak{x}_v\, dv)^2 = \mathfrak{x}_u^2\, du^2 + 2\, \mathfrak{x}_u\, \mathfrak{x}_v\, du\, dv + \mathfrak{x}_v^2\, dv^2. \tag{1}$$

Es ist üblich, die folgenden Bezeichnungen einzuführen:

$$\mathfrak{x}_u^2 = E, \qquad \mathfrak{x}_u \mathfrak{x}_v = F, \qquad \mathfrak{x}_v^2 = G. \tag{2}$$

Mithin ist:

$$ds^2 = E\, du^2 + 2\, F\, du\, dv + G\, dv^2 = (\mathrm{I}). \tag{3}$$

Die auf der rechten Seite von Gl. (3) stehende quadratische Form in du, dv, in der die Koeffizienten E, F, G Funktionen von u und v sind, ist von grundlegender Bedeutung. Man nennt sie die *erste Differentialform* oder *erste Grundform* der Flächentheorie. Da sie wegen $ds^2 > 0$ für jeden Punkt $P\,(u, v)$ und alle „*Fortschreitungsrichtungen*" du, dv, in P nur positive Werte annehmen kann[1], wird sie in der Sprache der Algebra als *positiv definit* bezeichnet. Diese Eigenschaft führt zu $E\,G - F^2 > 0$, was auch, § 4 Gl. (11), unmittelbar aus

$$E\,G - F^2 = \mathfrak{x}_u^2\, \mathfrak{x}_v^2 - (\mathfrak{x}_u\, \mathfrak{x}_v)^2 = (\mathfrak{x}_u \times \mathfrak{x}_v)^2 \tag{4}$$

folgt. Die Flächennormale hat nach § 17 Gl. (5) den Einsvektor

$$\mathfrak{N} = \frac{\mathfrak{x}_u \times \mathfrak{x}_v}{\sqrt{E\,G - F^2}}. \tag{5}$$

Die Wurzel in Gl. (5) ist positiv zu nehmen.

Die Flächenkurve c hat nach Gl. (3) zwischen ihren Punkten mit den Parameterwerten t_1, t_2 die Länge

$$l = \int_{t_1}^{t_2} \sqrt{E\, \dot{u}^2 + 2\, F\, \dot{u}\, \dot{v} + G\, \dot{v}^2}\, dt, \tag{6}$$

worin E, F, G gemäß $u = u(t)$, $v = v(t)$ Funktionen von t sind.

§ 19. **Winkelmessung.** Auf einer Fläche Φ seien eine Kurve c durch $u(t)$, $v(t)$ und eine Kurve c_1 durch $u_1(t_1)$, $v_1(t_1)$ gegeben. Wenn sie sich in einem Punkt P schneiden, so sind dort $d\mathfrak{x} = \mathfrak{x}_u\, du + \mathfrak{x}_v\, dv$ und $\delta\mathfrak{x} = \mathfrak{x}_u\, \delta u + \mathfrak{x}_v\, \delta v$ Tangentenvektoren an c bzw. c_1, wenn die Differentiale bezüglich t und t_1 durch d bzw. δ unterschieden werden.

Für den von c und c_1 in P gebildeten Winkel α gilt daher:

$$\cos\alpha = \frac{d\mathfrak{x}\, \delta\mathfrak{x}}{|d\mathfrak{x}|\, |\delta\mathfrak{x}|}, \qquad \sin\alpha = \frac{(d\mathfrak{x} \times \delta\mathfrak{x})\, \mathfrak{N}}{|d\mathfrak{x}|\, |\delta\mathfrak{x}|}. \tag{1}$$

Ausgeführt folgt aus Gl. (1) und § 18 Gln. (2), (3), (4), (5):

$$\cos\alpha = \frac{E\, du\, \delta u + F\, (du\, \delta v + dv\, \delta u) + G\, dv\, \delta v}{\sqrt{(E\, du^2 + 2\, F\, du\, dv + G\, dv^2)\, (E\, \delta u^2 + 2\, F\, du\, \delta v + G\, \delta v^2)}},$$
$$\sin\alpha = \frac{(du\, \delta v - dv\, \delta u)\, \sqrt{E\,G - F^2}}{\sqrt{(E\, du^2 + 2\, F\, du\, dv + G\, dv^2)\, (E\, \delta u^2 + 2\, F\, du\, \delta v + G\, \delta v^2)}}. \tag{2_{1,2}}$$

Für den Winkel ω der Parameterlinien du, $dv = 0$ und $\delta u = 0$, δv gilt nach Gl. $(2_{1,2})$:

$$\cos\omega = \frac{F}{\sqrt{E\,G}}, \qquad \sin\omega = \sqrt{\frac{E\,G - F^2}{E\,G}}. \tag{3_{1,2}}$$

Aus Gl. (3_1) folgt, daß $F = 0$ kennzeichnend dafür ist, daß sich die Parameterlinien in jedem Punkt rechtwinklig schneiden.

---

[1] Siehe Vorbemerkung S. 8.

§ 20. Parametertransformation, Flächenmessung. Das Parametersystem bewirkt nach Definition § 17 Gl. (5) eine Orientierung des Einsvektors der Flächennormalen. Es soll nun das Verhalten dieser Orientierung bei einer Parametertransformation untersucht werden. Durch

$$u = u(u_1, v_1), \qquad v = v(u_1, v_1) \tag{1$_1$}$$

mit

$$\frac{\partial u}{\partial u_1}\frac{\partial v}{\partial v_1} - \frac{\partial u}{\partial v_1}\frac{\partial v}{\partial u_1} = \frac{\partial(u, v)}{\partial(u_1 v_1)} = D \neq 0 \tag{1$_2$}$$

wird das Parametersystem (u, v) durch ein neues (u_1, v_1) ersetzt. D ist die *Jakobische Funktionaldeterminante* von (1_1). Die Bedingung (1_2) bewirkt, daß die Abbildung (1_1) der Bereiche (u, v) und (u_1, v_1) umkehrbar eindeutig ist. Nach Gl. (1) ist $\mathfrak{x}_{u_1} = \mathfrak{x}_u u_{u_1} + \mathfrak{x}_v v_{u_1}$, $\mathfrak{x}_{v_1} = \mathfrak{x}_u u_{v_1} + \mathfrak{x}_v v_{v_1}$, woraus sich unmittelbar mit § 18 Gl. (5)

$$\mathfrak{x}_{u_1} \times \mathfrak{x}_{v_1} = D\,(\mathfrak{x}_u \times \mathfrak{x}_v) = D\sqrt{EG - F^2}\,\mathfrak{N} \tag{2}$$

ergibt. Aus Gl. (2) folgt:

Satz 1: *Die Parametertransformation (1_1) läßt die Orientierung der Flächennormalen unverändert oder kehrt sie um, je nachdem die Jakobische Funktionaldeterminante D positiv oder negativ ist.*

Nach der Erklärung des Normalenvektors $\mathfrak{N}$ bilden $\mathfrak{x}_u$, $\mathfrak{x}_v$, $\mathfrak{N}$ in einem Flächenpunkt P ein Rechtssystem. Von der Spitze des Pfeiles $\overrightarrow{P\mathfrak{N}}$ aus erscheint daher die Drehung von $(P\,\mathfrak{x}_u)$ nach $(P\,\mathfrak{x}_v)$ positiv. So ist jedem Punkt der Fläche ein Umlaufsinn zugeordnet, der auf der positiven Seite der Fläche, § 17, positiv ist. Man kann daher dem Satz 1 auch folgende Fassung geben:

Satz 2: *Parametertransformationen sind „gleichsinnig" für $D > 0$, „gegensinnig" für $D < 0$.*

Der Tangentenvektor $\mathfrak{x}_u\,du$ an die u-Linie v = konst. hat den Betrag $\sqrt{x_u^2\,du^2}$ und ist somit das Bogendifferential der u-Linie; ebenso ist $|\mathfrak{x}_v\,dv|$ das Bogendifferential der v-Linie u = konst. Daher ist $(\mathfrak{x}_u \times \mathfrak{x}_v)\,\mathfrak{N}\,du\,dv$ der Flächeninhalt do des Parallelogramms, das im Flächenpunkt (u, v) von den Vektoren $\mathfrak{x}_u\,du$ und $\mathfrak{x}_v\,dv$ aufgespannt wird. Ist nun $\mathfrak{G}$ ein beschränktes Gebiet der Fläche, das einem Wertebereich $\mathfrak{B}(u, v)$ entspricht, so ist, § 18 Gln. (4), (5), der Flächeninhalt von $\mathfrak{G}$:

$$J = \int\limits_{\mathfrak{G}} do = \iint\limits_{\mathfrak{B}} (\mathfrak{x}_u\,\mathfrak{x}_v\,\mathfrak{N})\,du\,dv = \iint\limits_{\mathfrak{B}} \sqrt{EG - F^2}\,du\,dv. \tag{3}$$

Es ist vorteilhaft, auch Flächeninhalte mit einem Vorzeichen zu versehen. Das Gebiet $\mathfrak{G}$ sei einfach zusammenhängend, § 17, und von einer geschlossenen, doppelpunktfreien Randkurve c begrenzt. Erteilt man c einen Umlaufsinn, so heißt $\mathfrak{G}$ ein *orientiertes Gebiet.* Wir treffen nun die Festsetzung: *Ein orientiertes Gebiet $\mathfrak{G}$ einer orientierten Fläche hat einen positiven Flächeninhalt, wenn auf der positiven Seite der Fläche das Gebiet $\mathfrak{G}$ auf dem linken „Ufer" der orientierten Randkurve liegt.*

Nun geht bei einer Parametertransformation Gl. $(1_{1,2})$ das Doppelintegral (3), wenn darin $\sqrt{EG - F^2}$ mit W bezeichnet wird, über in

$$J = \iint\limits_{\mathfrak{B}_1} W(u(u_1, v_1), v(u_1, v_1))\,\frac{\partial(u, v)}{\partial(u_1 v_1)}\,du_1\,dv_1. \tag{3a}$$

Ist in Gl. (3) das Vorzeichen der Quadratwurzel entsprechend der Orientierung des Flächenstückes gesetzt worden, so folgt aus (3a) und Satz 1, daß (3a) auch das Vorzeichen des Flächeninhaltes für jede Parametertransformation richtig liefert.

§ 21. Abbildung einer Fläche auf eine andere. Sind zwei Flächen Φ, Φ_1

$$\mathfrak{x} = \mathfrak{x}(u, v), \qquad \mathfrak{x} = \mathfrak{x}_1(p, q) \tag{1}$$

gegeben und besteht zwischen den Wertebereichen der Parameter eine Zuordnung:

$$p = p(u, v), \qquad q = q(u, v), \qquad \frac{\partial(p, q)}{\partial(u, v)} = D \neq 0, \tag{$2_{1,2,3}$}$$

so wird durch Gl. (2) eine *Abbildung* der Punkte (u, v) von Φ auf die Punkte (p, q) von Φ_1 bewirkt. Gemäß (2_3) ist die Abbildung $(2_{1,2})$ umkehrbar eindeutig, so daß auch $u = u(p, q)$ und $v = v(p, q)$ gilt. Je nachdem D positiv oder negativ ist, heißt die Abbildung *gleichsinnig* oder *gegensinnig*.

Ist $u = u(t)$, $v = v(t)$ eine Kurve c auf Φ, so hat die entsprechende Kurve c_1 auf Φ_1 nach Gl. (2) die Parameterdarstellung $p = p(u(t), v(t))$, $q = q(u(t), v(t))$. Für die Tangentenrichtungen (du, dv), (dp, dq) in entsprechenden Punkten P und P_1 gilt somit

$$dp = p_u\, du + p_v\, dv, \qquad dq = q_u\, du + q_v\, dv. \tag{3}$$

Das Verhältnis $ds_1 : ds$ entsprechender Bogendifferentiale von c und c_1 in P und P_1 bezeichnet man sinngemäß als die *Längenverzerrung* des Linienelements $(u, v;\ du, dv)$. Nach § 18 Gln. (2), (3) ist $ds_1^2 = E_1\, dp^2 + 2\, F_1\, dp\, dq + G_1\, dq^2$. Mittels Gl. (3) entsteht daraus

$$\begin{gathered} ds_1^2 = A\, du^2 + 2\, B\, du\, dv + C\, dv^2, \\ A = E_1 p_u^2 + 2 F_1 p_u q_u + G_1 q_u^2, \quad C = E_1 p_v^2 + 2 F_1 p_v q_v + G_1 q_v^2, \\ B = E_1\, p_u\, p_v + F_1\, (p_u\, q_v + p_v\, q_u) + G_1\, q_u\, q_v. \end{gathered} \tag{$4_{1,2,3,4}$}$$

Dabei sind in E_1, F_1, G_1 die Veränderlichen p, q nach Gln. $(2_{1,2})$ durch u, v auszudrücken. Damit ergibt sich für die Längenverzerrung

$$\Lambda = \frac{ds_1}{ds} = \sqrt{\frac{A\, du^2 + 2\, B\, du\, dv + C\, dv^2}{E\, du^2 + 2\, F\, du\, dv + G\, dv^2}}\,. \tag{5}$$

Wir fragen nun nach den Veränderungen, die die Winkel auf Φ durch die Abbildung (2) auf Φ_1 erfahren. Im Punkt (u, v) von Φ seien (du, dv) und $(\delta u, \delta v)$ zwei Tangentenrichtungen, die einen Winkel α einschließen; auf Φ_1 seien im entsprechenden Punkt (dp, dq), $(\delta p, \delta q)$ die entsprechenden Tangentenrichtungen mit dem Winkel α_1, wobei

$$dp = p_u\, du + p_v\, dv, \quad dq = q_u\, du + q_v\, dv, \quad \delta p = p_u\, \delta u + p_v\, \delta v, \quad \delta q = q_u\, \delta u + q_v\, \delta v \tag{6}$$

ist. Für $\operatorname{tg} \alpha$ und $\operatorname{tg} \alpha_1$ erhält man mittels Gln. $(4_{2,3,4})$, (6) und § 19 Gln. $(2_{1,2})$

$$\begin{aligned} \operatorname{tg} \alpha &= \frac{(du\, \delta v - dv\, \delta u) \sqrt{E\, G - F^2}}{E\, du\, \delta u + F\, (du\, \delta v + dv\, \delta u) + G\, dv\, \delta v}, \\ \operatorname{tg} \alpha_1 &= \frac{(du\, \delta v - dv\, \delta u)\, (p_u\, q_v - p_v\, q_u) \sqrt{E_1 G_1 - F_1^2}}{A\, du\, \delta u + B\, (du\, \delta v + dv\, \delta u) + C\, dv\, \delta v}. \end{aligned} \tag{$7_{1,2}$}$$

Mit den Abkürzungen W, W_1 für die beiden Wurzeln, D für die Funktionaldeterminante und $\lambda = dv : du$, $\lambda^* = \delta v : \delta u$ ist $(7_{1,2})$:

$$\operatorname{tg} \alpha = \frac{(\lambda^* - \lambda)\, W}{E + F\, (\lambda + \lambda^*) + G\, \lambda\, \lambda^*}, \quad \operatorname{tg} \alpha_1 = \frac{(\lambda^* - \lambda)\, D\, W_1}{A + B\, (\lambda + \lambda^*) + C\, \lambda\, \lambda^*}. \tag{$7^*_{1,2}$}$$

Es sei $\mathfrak{G}$ ein orientiertes einfach zusammenhängendes Gebiet von Φ, $\mathfrak{G}_1$ das ihm auf Φ_1 durch die Abbildung (2) entsprechende Gebiet. J und J_1 seien ihre Flächeninhalte. Wir bilden nun das Verhältnis $(J_1 : J)$ und fragen nach seinem Grenzwert, wenn die Randkurven gegen ein Paar entsprechender Punkte P, P_1 von Φ und Φ_1 zusammenschrumpfen. Dieser Grenzwert Ω heiße die *Flächenverzerrung* in $P(u, v)$. Für J gilt § 20 Gl. (3). Das Doppelintegral für J_1 transformieren wir gemäß § 20 Gl. (3a) von den Veränderlichen p, q mittels Gl. (2) auf u, v. So erhält man durch Anwendung des Mittelwertsatzes für Doppelintegrale $\left(\iint\limits_{\mathfrak{B}} f(u, v)\, du\, dv = f(u_0, v_0) \iint\limits_{\mathfrak{B}} du\, dv\right)$ unmittelbar:

$$\Omega = \lim \frac{J_1}{J} = \sqrt{\frac{E_1 G_1 - F_1^2}{E G - F^2}}\, \frac{\partial(p, q)}{\partial(u, v)}. \tag{8}$$

§ 22. **Flächentreue Abbildungen.** Eine Abbildung $p = p(u, v)$, $q = q(u, v)$ einer Fläche Φ, $\mathfrak{x} = \mathfrak{x}(u, v)$, auf eine Fläche Φ_1, $\mathfrak{x} = \mathfrak{x}_1(u, v)$, heißt *flächentreu*, wenn die Flächeninhalte entsprechender Gebiete dem Betrage nach gleich sind. Die Flächenverzerrung Ω, § 21 Gl. (8), muß demnach ± 1 sein. Das gibt die Differentialgleichung der flächentreuen Abbildungen:

$$\sqrt{E_1 G_1 - F_2^2}\, \frac{\partial(p, q)}{\partial(u, v)} = \pm \sqrt{E G - F^2}. \tag{1}$$

Das folgende Beispiel ist dem *Landkartenentwurf* entnommen. Auf der Globuskugel seien u die geographische Länge, v die geographische Breite; in der Landkarte seien p, q rechtwinklige Koordinaten. Durch die Abbildungsgleichungen

$$p = u, \qquad q = \sin v \tag{2}$$

wird der sogenannte LAMBERTsche *Zylinderentwurf* ausgedrückt, wobei der Kugelradius $= 1$ gesetzt wurde. Dabei wird die Globuskugel mittels der Halbstrahlen, die von der Nord-Süd-Achse ausstrahlen und zu dieser normal sind, auf den Zylinder projiziert, der der Kugel längs des Äquators umschrieben ist, worauf der Zylinder verebnet wird. Aus der Parameterdarstellung der Kugel

$$\mathfrak{x}(u, v) = (\cos v \cos u)\, \mathfrak{i} + (\cos v \sin u)\, \mathfrak{j} + (\sin v)\, \mathfrak{k}$$

folgt $E = \mathfrak{x}_u^2 = \cos^2 v$, $F = \mathfrak{x}_u \mathfrak{x}_v = 0$, $G = \mathfrak{x}_v^2 = 1$, also $ds^2 = \cos^2 v\, du^2 + dv^2$. Für die Ebene in den rechtwinkligen Koordinaten p, q ist $ds_1^2 = dp^2 + dq^2$, also $E_1 = G_1 = 1$, $F_1 = 0$. Für die Funktionaldeterminante $D = p_u q_v - p_v q_u$ in Gl. (1) ergibt sich aus den Abbildungsgleichungen (2) $D = \cos v$. Ferner ist $EG - F^2 = \cos^2 v$, $E_1 G_1 - F_1^2 = 1$. Damit ist Gl. (1) befriedigt, die Abbildung also flächentreu.

§ 23. **Konforme Abbildungen krummer Flächen.** Eine Abbildung $p = p(u, v)$, $q = q(u, v)$ zwischen zwei Flächen Φ, $\mathfrak{x} = \mathfrak{x}(u, v)$, und Φ_1, $\mathfrak{x} = \mathfrak{x}_1(p, q)$ heißt *konform* oder *winkeltreu*, wenn die Winkel α, α_1 die entsprechende Kurvenpaare in entsprechenden Punkten bilden, dem Betrage nach gleich sind, also stets $\alpha_1 = \pm \alpha$ gilt. Demnach führt die Bedingung $\alpha_1 = \alpha$ nach § 21 Gl. $(7^*_{1,2})$ zur Gleichung

$$W[A + B(\lambda + \lambda^*) + C\lambda\lambda^*] = W_1 D[E + F(\lambda + \lambda^*) + G\lambda\lambda^*], \tag{1}$$

die für willkürliche Werte von $\lambda + \lambda^*$ und $\lambda\lambda^*$ erfüllt sein muß. Die Bedingungsgleichungen für die *gleichsinnig konformen Abbildungen* sind demnach:

$$W_1 D E = WA, \qquad W_1 D F = WB, \qquad W_1 D G = WC, \tag{2}$$

die nach § 21 Gl. (8) durch Heranziehung der Flächenverzerrung $\Omega = D\, W_1 : W$ übergehen in:

$$\Omega E = A, \qquad \Omega F = B, \qquad \Omega G = C. \tag{2a}$$

Für *gegensinnig konforme Abbildungen* ist eine Seite der Gln. (2) bzw. (2a) mit (-1) zu multiplizieren. Wenn man die Gln. (2a) der Reihe nach mit du^2, $2\,du\,dv$, dv^2 multipliziert und addiert, erhält man nach § 21 Gl. (5) den folgenden Zusammenhang zwischen der Flächenverzerrung Ω und der Längenverzerrung Λ bei den konformen Abbildungen:

$$\Omega = \Lambda^2. \tag{3}$$

Nach Gl. (3) ist die Längenverzerrung Λ in einem Paar entsprechender Punkte für alle Paare entsprechender Richtungen konstant. Dafür sagt man:

Eine konforme Abbildung bildet die infinitesimalen Umgebungen entsprechender Punkte ähnlich aufeinander ab.

Als Beispiel einer konformen Abbildung betrachten wir den Landkartenentwurf von MERCATOR. Es seien u, v die geographische Länge und Breite auf der Globuskugel (Radius $= 1$) und p, q rechtwinklige Koordinaten in der Landkarte. Die Abbildungsgleichungen lauten:

$$p = u, \qquad q = \ln \operatorname{tg}\left(\frac{\pi}{4} + \frac{v}{2}\right). \tag{4}$$

Es soll nun gezeigt werden, daß diese Abbildung konform ist. Nach § 22 (Ende) ist $E = \cos^2 v$, $F = 0$, $G = 1$; $E_1 = G_1 = 1$, $F_1 = 0$. Nach Gl. (4) ist $p_u = 1$, $p_v = 0$, $q_u = 0$, $q_v = 1 : \cos v$, $D = p_u q_v - p_v q_u = 1 : \cos v$ und somit nach § 21 Gl. (4) $A = 1$, $B = 0$, $C = 1 : \cos^2 v$. Damit erweisen sich die Bedingungsgleichungen (2) für die konforme Abbildung als befriedigt.

Als *stereographische Projektion* bezeichnet man die Zentralprojektion der Kugel aus einem Punkt P der Kugel auf eine zum Durchmesser durch P normale Ebene. Die stereographische Projektion aus dem Nordpol der Globuskugel (Radius $= 1$) auf die Äquatorebene hat die Abbildungsgleichungen — wenn u, v geographische Länge und Breite und p, q rechtwinklige Koordinaten in der Äquatorebene sind —

$$p = \cos u \operatorname{tg}\left(\frac{\pi}{4} + \frac{v}{2}\right), \qquad q = \sin u \operatorname{tg}\left(\frac{\pi}{4} + \frac{v}{2}\right). \tag{5}$$

Durch Anwendung des im voranstehenden Beispiel gezeigten Verfahrens ergibt sich, daß die stereographische Projektion gegensinnig konform ist.

§ 24. Konforme Abbildungen in der Ebene. Sind u, v und p, q rechtwinklige Koordinaten in zwei Ebenen, die auch zusammenfallen können, so folgen aus $ds^2 = du^2 + dv^2$ und $ds_1^2 = dp^2 + dq^2$ die Gleichungen $E = G = E_1 = G_1 = 1$, $F = F_1 = 0$. Ferner ist nach § 21 Gl. (4)

$$A = p_u^2 + q_u^2, \qquad B = p_u p_v + q_u q_v, \qquad C = p_v^2 + q_v^2. \tag{1}$$

Die Differentialgleichungen § 23 Gl. (2) ergeben: $p_u q_v - p_v q_u = p_u^2 + q_u^2 = p_v^2 + q_v^2$, $p_u p_v + q_u q_v = 0$. Nach der letzten Gleichung ist mit λ als Proportionalitätsfaktor $p_u = -\lambda q_v$, $q_u = \lambda p_v$. Geht man mit diesem Ansatz in die beiden anderen Gleichungen, so erhält man aus beiden $\lambda = -1$. Somit lauten die *Differentialgleichungen für die gleichsinnigen konformen Abbildungen* $p = p(u, v)$, $q = q(u, v)$ *in der Ebene;*

$$\frac{\partial p}{\partial u} = \frac{\partial q}{\partial v}, \qquad \frac{\partial p}{\partial v} = -\frac{\partial q}{\partial u}; \tag{2$_{1,2}$}$$

sie sind als die RIEMANN-CAUCHYschen *Differentialgleichungen* bekannt. Durch Differentiation von Gl. (2_1) nach u und von Gl. (2_2) nach v und durch Addition erhält man die LAPLACEsche *Differentialgleichung*

$$\frac{\partial^2 p}{\partial u^2} + \frac{\partial^2 p}{\partial v^2} = 0. \tag{3}$$

Auch für q gilt Gl. (3). Die Integrale der LAPLACEschen Differentialgleichung heißen *harmonische Funktionen*. Ist $p(u, v)$ als harmonische Funktion gegeben, so folgt nach Gln. ($2_{1,2}$) für q, d. i. $\int q_v\, dv + q_u\, du +$ konst.:

$$q = \int (p_u\, dv - p_v\, du) + \text{konst.} \tag{4}$$

Tatsächlich ist Gl. (3) die Bedingung, daß unter dem Integralzeichen ein vollständiges Differential steht. Die nur hinsichtlich einer additiven Konstanten unbestimmte Funktion (4) heißt die zur harmonischen Funktion $p(u, v)$ *konjugierte* harmonische Funktion.

III. Krümmung der Flächen

§ 25. **Die zweite Differentialform, Schmieglinien.** Auf einer Fläche $\mathfrak{x} = \mathfrak{x}(u, v)$ sei eine Kurve c, $u = u(s)$, $v = v(s)$, mit s als Bogenlänge gegeben. Für den Winkel φ zwischen der Hauptnormalen $\mathfrak{h}$ und der Flächennormalen $\mathfrak{N}$, § 17 Gl. (5), erhält man aus $\cos\varphi = \mathfrak{h}\,\mathfrak{N}$ mittels der FRENETschen Formel § 13 Gl. (6_1) $\varkappa \cos\varphi = \mathfrak{x}''\,\mathfrak{N}$. Wegen $\mathfrak{x}'\,\mathfrak{N} = 0$ ist $\mathfrak{x}''\,\mathfrak{N} + \mathfrak{x}'\,\mathfrak{N}' = 0$ und daher $\varkappa\cos\varphi = -\mathfrak{x}'\,\mathfrak{N}' = -(\mathfrak{x}_u\, u' + \mathfrak{x}_v\, v')(\mathfrak{N}_u\, u' + \mathfrak{N}_v\, v')$. Es ist also

$$\varkappa \cos\varphi = -\mathfrak{x}_u\,\mathfrak{N}_u\, u'^2 - (\mathfrak{x}_u\,\mathfrak{N}_v + \mathfrak{x}_v\,\mathfrak{N}_u)\, u'\, v' - \mathfrak{x}_v\,\mathfrak{N}_v\, v'^2. \tag{1}$$

Die beiden Glieder in der runden Klammer sind gleich. Differenziert man nämlich $\mathfrak{N}\,\mathfrak{x}_u = 0$ partiell nach v und $\mathfrak{x}_u\,\mathfrak{N}_v = 0$ partiell nach u, so erhält man nach Subtraktion $\mathfrak{x}_u\,\mathfrak{N}_v = \mathfrak{x}_v\,\mathfrak{N}_u$. Bezeichnet man mit

$$L = -\mathfrak{x}_u\,\mathfrak{N}_u, \qquad M = -\mathfrak{x}_u\,\mathfrak{N}_v = -\mathfrak{x}_v\,\mathfrak{N}_u, \qquad N = -\mathfrak{x}_v\,\mathfrak{N}_v, \tag{2}$$

so ist nach Gl. (1) und § 18 Gl. (3)

$$\varkappa \cos\varphi = \frac{L\, du^2 + 2\, M\, du\, dv + N\, dv^2}{E\, du^2 + 2\, F\, du\, dv + G\, dv^2}. \tag{3}$$

Setzt man $\sqrt{EG - F^2} = W$, so ist $\mathfrak{N} = (\mathfrak{x}_u \times \mathfrak{x}_v) : W$,

$$\mathfrak{N}_u = \frac{(\mathfrak{x}_{uu} \times \mathfrak{x}_v) + (\mathfrak{x}_u \times \mathfrak{x}_{uv})}{W} - \frac{W_u}{W^2}(\mathfrak{x}_u \times \mathfrak{x}_v),$$

$$\mathfrak{N}_v = \frac{(\mathfrak{x}_{uv} \times \mathfrak{x}_v) + (\mathfrak{x}_u \times \mathfrak{x}_{vv})}{W} - \frac{W_v}{W^2}(\mathfrak{x}_u \times \mathfrak{x}_v).$$

Somit ist nach Gl. (2)

$$WL = (\mathfrak{x}_{uu}\,\mathfrak{x}_u\,\mathfrak{x}_v), \quad WM = (\mathfrak{x}_{uv}\,\mathfrak{x}_u\,\mathfrak{x}_v), \quad WN = (\mathfrak{x}_{vv}\,\mathfrak{x}_u\,\mathfrak{x}_v); \tag{4}$$

$$L = \mathfrak{x}_{uu}\,\mathfrak{N}, \qquad M = \mathfrak{x}_{uv}\,\mathfrak{N}, \qquad N = \mathfrak{x}_{vv}\,\mathfrak{N}. \tag{4a}$$

Man nennt die quadratische Differentialform

$$L\, du^2 + 2\, M\, du\, dv + N\, dv^2 = (\mathrm{II}) \tag{5}$$

die *zweite Differentialform* oder *zweite Grundform* der Flächentheorie. Nach Gl. (3) ist für $\varkappa \neq 0$ das Verschwinden von Gl. (5), also die Differentialgleichung

$$L\, du^2 + 2\, M\, du\, dv + N\, dv^2 = 0 \tag{6}$$

kennzeichnend dafür, daß in jedem Punkt der Kurve c die Hauptnormale zur Flächennormalen normal ist, d. h. *daß die Schmiegebenen der Kurve Berührebenen der Fläche sind.* Solche Flächenkurven, die Gl. (6) genügen, heißen *Schmieglinien*, auch *Haupttangentenkurven*, *Wendelinien* oder *Asymptotenlinien.*

In einem bestimmten Punkt $P(u, v)$ der Fläche ist Gl. (6) eine quadratische Gleichung für $du : dv$. Die den beiden Wurzeln entsprechenden Tangentenvektoren $\mathfrak{x}_u\, du_{1,2} + \mathfrak{x}_v\, dv_{1,2}$ bestimmen in P die Tangenten der durch P gehenden Schmieglinien, die „Schmiegtangenten" von P. Wir sind damit zu einer Einteilung der Flächenpunkte in drei Klassen gelangt:

1. *Elliptische Punkte,* wenn $LN - M^2 > 0$ ist; keine reellen Schmiegtangenten.
2. *Hyperbolische Punkte,* wenn $LN - M^2 < 0$ ist; zwei reelle Schmiegtangenten.
3. *Parabolische Punkte,* wenn $LN - M^2 = 0$ ist; eine Schmiegtangente, für die $du : dv = - M : L$ ist.

§ **26. Die Meusniersche Formel.** Führt man mit $\varrho = 1 : \varkappa$ den Krümmungsradius ein, so lautet die Formel § 25 Gl. (3)

$$\frac{\cos\varphi}{\varrho} = \frac{L\,du^2 + 2\,M\,du\,dv + N\,dv^2}{E\,du^2 + 2\,F\,du\,dv + G\,dv^2} = \frac{(\mathrm{II})}{(\mathrm{I})}. \tag{1}$$

Die rechte Seite von Gl. (1) ist für einen festen Flächenpunkt $P(u, v)$ und eine feste Tangentenrichtung $(du : dv)$ konstant. Daraus folgt: *Alle Flächenkurven c_s (Abb. 5), die in P eine gemeinsame Tangente t und eine gemeinsame Schmiegebene σ besitzen, haben auch denselben Krümmungskreis.* Unter ihnen kommt auch die Schnittkurve der Fläche mit σ vor. Ihr Krümmungsradius ϱ ist demnach auch durch Gl. (1) gegeben. Für $\varphi = 0$ wird ϱ der Krümmungsradius des Schnittes c_n der Fläche mit der durch t und die Flächennormale n bestimmten Ebene (Abb. 5). Die ebenen Schnitte durch n nennt man die „*Normalschnitte*" der Fläche in P; ihre Krümmungsradien in P sollen in der Folge mit R bezeichnet werden. Nach Gl. (1) ist mithin:

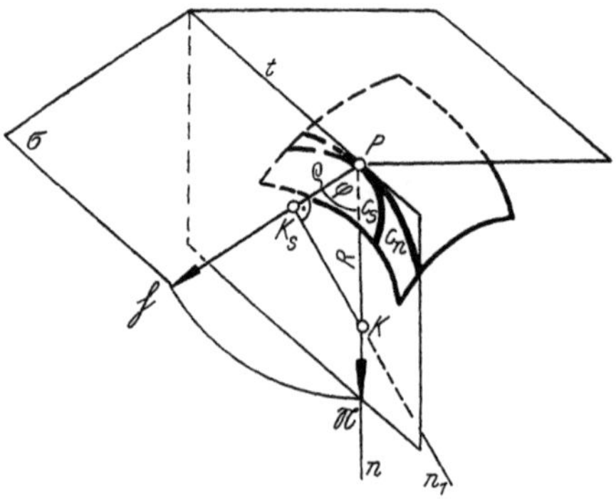

Abb. 5

$$\frac{1}{R} = \frac{L\,du^2 + 2\,M\,du\,dv + N\,dv^2}{E\,du^2 + 2\,F\,du\,dv + G\,dv^2} = \frac{(\mathrm{II})}{(\mathrm{I})}, \tag{2}$$

woraus nach Gl. (1) für $\varphi \neq \pi/2$ die *Formel von Meusnier*[1]

$$\varrho = R\cos\varphi \tag{3}$$

folgt. Gl. (3) läßt sich in Worten so ausdrücken (*Satz von Meusnier*, Abb. 5): *Errichtet man im Krümmungsmittelpunkt K_s des Punktes P einer Flächenkurve die Normale n_1 auf seine Schmiegebene σ, so schneidet n_1 die Flächennormale n von P im Krümmungsmittelpunkt K des die Kurve in P berührenden Normalschnittes.*

Aus Gl. (1) und § 25 Gl. (6) folgt, daß für Flächenkurven, die in P eine der beiden Schmiegtangenten berühren, $\varrho = \infty$ ist. Ihre Krümmungskreise in P arten daher in diese Schmiegtangente aus. Man sagt dafür auch, daß eine Schmiegtangente die Fläche *oskuliert* oder *dreipunktig berührt.* Die ebenen Schnitte einer

[1] I. B. MEUSNIER, Mémoire sur la courbure des surfaces, Mém. Sav. étr. 10 (1785, lu 1776).

Fläche, die durch eine Schmiegtangente gelegt werden, haben daher im Berührpunkt der Schmiegtangente im allgemeinen einen Wendepunkt.

§ 27. Die Eulersche Formel der Flächentheorie. Es soll nun die Formel § 26 (2) in rechtwinkligen Koordinaten x, y, z ausgedrückt werden, unter der Annahme, daß die xy-Ebene die Fläche Φ im Nullpunkt P berührt. Φ kann dann in der Umgebung von P durch eine Gleichung $z = z(x\,y)$ gegeben werden, deren TAYLORsche Entwicklung

$$z = {}^1/_2 (r\,x^2 + 2\,s\,x\,y + t\,y^2) + (*) \tag{1}$$

lautet, vorausgesetzt, daß die partiellen Ableitungen $r = z_{xx}$, $s = z_{xy}$, $t = z_{yy}$ nicht gleichzeitig verschwinden. Wir können $z = z(x, y)$ in die Parameterdarstellung $\mathfrak{x} = \mathfrak{x}(u, v)$ einordnen, indem wir $x = u$, $y = v$ und

$$\mathfrak{x} = u\,\mathfrak{i} + v\,\mathfrak{j} + z\,(u\,v)\,\mathfrak{k} \tag{2}$$

setzen. Mit $z_x = z_u = p$ und $z_y = z_v = q$ ist $\mathfrak{x}_u = \mathfrak{i} + p\,\mathfrak{k}$, $\mathfrak{x}_v = \mathfrak{j} + q\,\mathfrak{k}$, $\mathfrak{x}_u \times \mathfrak{x}_v = -p\,\mathfrak{i} - q\,\mathfrak{j} + \mathfrak{k}$, $\mathfrak{x}_{uu} = r\,\mathfrak{k}$, $\mathfrak{x}_{uv} = s\,\mathfrak{k}$, $\mathfrak{x}_{vv} = t\,\mathfrak{k}$.

Damit ergibt sich:

$$E = 1 + p^2, \quad F = p\,q, \quad G = 1 + q^2, \quad EG - F^2 = 1 + p^2 + q^2, \tag{3}$$

$$(\mathfrak{x}_{uu}\,\mathfrak{x}_u\,\mathfrak{x}_v) = r, \quad (\mathfrak{x}_{uv}\,\mathfrak{x}_u\,\mathfrak{x}_v) = s, \quad (\mathfrak{x}_{vv}\,\mathfrak{x}_u\,\mathfrak{x}_v) = t. \tag{3a}$$

Für L, M, N erhält man nach Gl. (3a) und § 25 Gl. (4)

$$\sqrt{1 + p^2 + q^2}\,L = r, \quad \sqrt{1 + p^2 + q^2}\,M = s, \quad \sqrt{1 + p^2 + q^2}\,N = t. \tag{4}$$

Im Nullpunkt $P(0, 0, 0)$ ist gemäß Gl. (1) $p = q = 0$ und daher nach Gln. (3) und (4) $E = G = 1$, $F = 0$, $L = r$, $M = s$, $N = t$. Daher gilt in P nach § 26 Gl. (2)

$$\frac{1}{R} = \frac{r\,dx^2 + 2\,s\,dx\,dy + t\,dy^2}{dx^2 + dy^2}. \tag{5}$$

Gl. (5) läßt sich durch eine Drehung des Achsenkreuzes um die z-Achse vereinfachen. Ist ω der noch unbestimmte Drehwinkel, so lautet der Übergang zu den neuen Koordinaten $(\bar{x}, \bar{y}, \bar{z})$ $x = \bar{x}\cos\omega - \bar{y}\sin\omega$, $y = \bar{x}\sin\omega + \bar{y}\cos\omega$, $z = \bar{z}$. Es ist somit: $x_{\bar{x}} = \cos\omega$, $x_{\bar{y}} = -\sin\omega$, $y_{\bar{x}} = \sin\omega$, $y_{\bar{y}} = \cos\omega$; ferner $z_{\bar{x}} = \bar{p} = p\cos\omega + q\sin\omega$, $z_{\bar{x}\bar{y}} = \bar{s} = \bar{p}_x\,x_{\bar{y}} + \bar{p}_y\,y_{\bar{y}} = s\,(\cos^2\omega - \sin^2\omega) + (t - r)\sin\omega\cos\omega$. Somit verschwindet $\bar{s}$, für den Drehwinkel ω_0, für den

$$\operatorname{tg} 2\,\omega_0 = \frac{2\,s}{r - t} \tag{6}$$

ist. $dx^2 + dy^2 = ds^2$ bleibt bei der Drehung unverändert. Lassen wir nach Ausführung der Drehung die Querstriche weg, so hat Gl. (5) die Form

$$\frac{1}{R} = \frac{r\,dx^2 + t\,dy^2}{ds^2}. \tag{5a}$$

Ist α der Winkel, den die Tangentenrichtung (dx, dy) in der Berührebene von P mit der (neuen) x-Achse einschließt, so ist $dx : ds = \cos\alpha$, $dy : ds = \sin\alpha$ und es gilt nach Gl. (5a)

$$\frac{1}{R} = r\cos^2\alpha + t\sin\alpha. \tag{7}$$

Wir nennen die Tangenten t_1, t_2 in P für $\alpha = 0$ und $\alpha = \pi/2$ *Krümmungstangenten*; meistens werden sie *Hauptkrümmungsrichtungen* genannt. Die Krümmungsradien in P der sie in P berührenden Normalschnitte heißen die *Haupt-*

krümmungsradien R_1, R_2 in P. Es ist also nach Gl. (7) $1 : R_1 = r$, $1 : R_2 = t$. Damit geht Gl. (7) in die *Eulersche Formel*[1] *der Flächentheorie* über:

$$\frac{1}{R} = \frac{\cos^2 \alpha}{R_1} + \frac{\sin^2 \alpha}{R_2}. \tag{8}$$

Aus § 25 Gl. (5) und § 26 Gl. (2) folgt der Satz:

Die Normalschnitte durch die Schmiegtangenten eines Punktes haben dort den Krümmungsradius $R = \infty$.

Ist in einem Flächenpunkt $R_1 = R_2$, so liefert Gl. (8) $R =$ konst. für alle Tangentenrichtungen in P. In einem solchen Punkt, *Nabelpunkt* genannt, kann man von Krümmungstangenten und Hauptkrümmungsradien nicht sprechen. *Eine Kugel hat lauter Nabelpunkte.*

In einem parabolischen Punkt ist $LN - M^2 = 0$ und somit nach Gl. (4) $rt - s^2 = 0$. Wegen $s = 0$ muß daher in Gl. (7) entweder r oder t verschwinden. Mit $t = 0$ liefert Gl. (7) für $\alpha = 0$ bzw. $\pi/2$, $1 : R_1 = r$, $1 : R_2 = 0$ oder $R_2 = \infty$. Somit nimmt Gl. (8) in einem parabolischen Punkt die Form:

$$\frac{1}{R} = \frac{\cos^2 \alpha}{R_1} \tag{9}$$

an. *Wegen* $R_2 = \infty$ *ist die Krümmungstangente* t_2 *die Schmiegtangente von* P. t_1 *ist zu ihr normal.*

Die Krümmungskreise der Normalschnitte in P, die die beiden Krümmungstangenten berühren, sind die beiden *Hauptkrümmungskreise* von P, ihre Mittelpunkte die *Hauptkrümmungsmitten.* Wenn zwei Flächen in einem gemeinsamen Punkt P gemeinsame Hauptkrümmungskreise besitzen, sagt man, daß sie sich in P *oskulieren.*

Werden die beiden Flächen Φ, $z = z(x, y)$ und Φ_1, $z = z_1(x, y)$ auf dasselbe Koordinatensystem bezogen und gelten in diesem und damit in jedem anderen für einen gemeinsamen Punkt P $(x, y, z = z_1)$ der Flächen die Gleichungen

$$\frac{\partial^i z}{\partial x^r \, \partial y^s} = \frac{\partial^i z_1}{\partial x^r \, \partial y^s}, \qquad i = r + s \text{ für } i = 1, 2, 3, \ldots, n, \tag{10}$$

während die entsprechenden partiellen Ableitungen $(n + 1)$-ter Ordnung nicht alle übereinstimmen, so sagt man, daß Φ, Φ_1 in P eine *Berührung n-ter Ordnung* haben.

Ist n mindestens gleich 2, so lassen Φ, Φ_1 in P Darstellungen (1) zu mit übereinstimmenden Gliedern 2. Ordnung. Φ_1, Φ_2 haben dann gemeinsame Hauptkrümmungskreise und oskulieren daher einander. Auch umgekehrt ist Oskulation eine Berührung von mindestens 2. Ordnung.

§ 28. Die Dupinsche Indikatrix. Die Krümmungsradien R aller Normalschnitte in einem Flächenpunkt, die nach § 26 Gl. (2) durch

$$\frac{1}{R} = \frac{L\,du^2 + 2\,M\,du\,dv + N\,dv^2}{E\,du^2 + 2\,F\,du\,dv + G\,dv^2} = \frac{(\mathrm{II})}{(\mathrm{I})} \tag{1}$$

gegeben werden, haben in einem elliptischen Punkt dasselbe Vorzeichen, weil (II) wegen $LN - M^2 > 0$ für keine Tangentenrichtung (du, dv) verschwinden kann. Daraus folgt: *In der Umgebung eines elliptischen Punktes P liegt die Fläche ganz auf einer Seite der Berührebene von P.*

In einem hyperbolischen Punkt P, $LN - M^2 < 0$, dagegen zerlegen die durch (II) $= 0$ bestimmten Schmiegtangenten das Büschel der durch P gehenden

[1] L. Euler, Recherches sur la courbure des surfaces. Mém. Acad. Berlin 16 (1760), veröffentlicht 1767.

Flächentangenten in zwei Gebiete, so daß die zu verschiedenen Gebieten gehörigen Krümmungsradien R entgegengesetztes Vorzeichen haben. Daraus folgt: *In der Umgebung eines hyperbolischen Punktes P liegen zwei Normalschnitte in P auf verschiedenen Seiten bzw. auf derselben Seite der Berührebene von P, je nachdem ihre Tangenten in P von den Schmiegtangenten von P getrennt werden oder nicht. Die Berührebene von P schneidet daher die Fläche in einer Kurve, die in P einen Doppelpunkt hat und dort von den Schmiegtangenten berührt wird.*

In einem parabolischen Punkt P haben die Krümmungsradien R für alle von der Schmiegtangente verschiedenen Flächentangenten dasselbe Vorzeichen. Daraus folgt: *In der Umgebung eines parabolischen Punktes liegen die die Schmiegtangente nicht berührenden Normalschnitte alle auf einer Seite der Berührebene von P; diese schneidet die Fläche nach einer Kurve, die in P im allgemeinen eine Spitze*[1] *hat und dort von der Schmiegtangente berührt wird.*

Wir tragen nun auf jeder Flächentangente durch P von P aus nach beiden Seiten die Strecke $PQ = r = \sqrt{kR}$ auf, wobei $|k|$ fest gewählt ist und das Vorzeichen von k der Bedingung $kR > 0$ entsprechen soll und fragen nach dem Ort der Punkte Q. Legen wir das Achsenkreuz in die Krümmungstangenten t_1, t_2 und sind x, y die Koordinaten von Q, so kann in der EULERschen Gleichung [§ 27 Gl. (8)] $\cos\alpha = x : \sqrt{kR}$ und $\sin\alpha = y : \sqrt{kR}$ gesetzt werden, wodurch

$$\frac{x^2}{R_1} + \frac{y^2}{R_2} = k \tag{2}$$

entsteht. Ist P ein *elliptischer Punkt*, so haben R_1, R_2 und k dasselbe Vorzeichen und Gl. (2) stellt eine *Ellipse* dar.

In einem *hyperbolischen Punkt* P ist in § 27 Gl. (7) wegen $s = 0$, $rt < 0$, weshalb die Hauptkrümmungsradien R_1, R_2 verschiedene Vorzeichen haben; k muß dann in den beiden von den Schmiegtangenten begrenzten Gebieten verschiedenes Vorzeichen haben. Gl. (2) stellt daher für $\pm k$ ein *Paar konjugierter Hyperbeln* dar. Die Schmiegtangenten sind ihre gemeinsamen Asymptoten, da für sie R unendlich wird.

Für einen *parabolischen Punkt* entsteht aus § 27 Gl. (9) für $\cos\alpha = x : \sqrt{kR}$

$$x = \pm\sqrt{kR_1}. \tag{3}$$

An die Stelle des Mittelpunktskegelschnittes Gl. (2) tritt also hier ein *Paar paralleler Geraden in den Abständen $\pm\sqrt{kR_1}$ von der Schmiegtangente, die zugleich Krümmungstangente ist.*

Man nennt (2) bzw. (3) die *Dupinsche Indikatrix*[2] des betrachteten Flächenpunktes P mit der Konstanten $|k|$. Die Symmetrieachsen der DUPINschen Indikatrizen sind die Krümmungstangenten; ihre Halbachsen haben die Längen $\sqrt{kR_1}$, $\sqrt{kR_2}$. Eine Änderung von k bewirkt bloß eine ähnliche Änderung der Indikatrix. Die Halbmesser $r = \sqrt{kR}$ haben zugleich mit R ihre Extremwerte in den Halbachsen der Indikatrix.

§ 29. Gaußsche und mittlere Krümmung, Krümmungslinien. Wir bringen die Gleichung § 28 (1) auf die Form:

$$(RL - E)\,du^2 + 2\,(RM - F)\,du\,dv + (RN - G)\,dv^2 = 0. \tag{1}$$

Für ein vorgegebenes R ist Gl. (1) eine quadratische Gleichung für jene Tangentenrichtungen (du, dv), in denen der Krümmungsradius des Normalschnittes

[1] Über den Nachweis der Spitze siehe etwa MÜLLER-KRUPPA, Lehrbuch der darstellenden Geometrie, 4. Aufl. Leipzig-Berlin 1936, 5. Aufl. Wien 1948, S. 54.

[2] CH. DUPIN, Développements de géométrie, Paris 1813, S. 48.

das gegebene R ist. Sie hat dann und nur dann eine Doppelwurzel $du : dv$, wenn R einen Hauptkrümmungsradius bedeutet, was mittels der DUPINschen Indikatrix unmittelbar verständlich ist. Die Bedingung für eine Doppelwurzel $du : dv$ in Gl. (1), nämlich

$$(RL - E)(RN - G) - (RM - F)^2 = 0 \tag{2}$$

oder

$$(EG - F^2)\frac{1}{R^2} - (EN - 2FM + GL)\frac{1}{R} + (LN - M^2) = 0 \tag{3}$$

liefert daher die Hauptkrümmungsradien R_1, R_2. Aus Gl. (3) ergeben sich die beiden folgenden wichtigen Begriffe:

$$K = \frac{1}{R_1 R_2} = \frac{LN - M^2}{EG - F^2}, \text{ die } \textit{Gaußsche Krümmung}, \tag{4}$$

$$H = \frac{1}{2}\left(\frac{1}{R_1} + \frac{1}{R_2}\right) = \frac{1}{2}\,\frac{EN - 2FM + GL}{EG - F^2}, \text{ die } \textit{mittlere Krümmung}. \tag{5}$$

Bei der nun folgenden Ermittlung der Krümmungstangenten eines Flächenpunktes bedienen wir uns des folgenden Hilfssatzes: Ist x_0 eine Doppelwurzel von $f(x) = a\,x^2 + b\,x + c = 0$, so ist x_0 auch eine Wurzel von $df : dx = 0$. Nun ist nach dem oben Gesagten $du : dv$ und ebenso $dv : du$ eine Doppelwurzel von Gl. (1), wenn für R ein Hauptkrümmungsradius gesetzt wird. Nach dem obigen Hilfssatz ergeben sich demnach durch Differentiation von Gl. (1) nach $du : dv$ bzw. $dv : du$ die beiden Gleichungen:

$$(RL - E)\,du + (RM - F)\,dv = 0, \qquad (RM - F)\,du + (RN - G)\,dv = 0, \tag{6}$$

$$R\,(L\,du + M\,dv) - (E\,du + F\,dv) = 0, \qquad R\,(M\,du + N\,dv) - (F\,du + G\,dv) = 0, \tag{7}$$

woraus durch Entfernen von R die gesuchte *Gleichung für die Richtung der Krümmungstangenten* im Punkt $P(u, v)$ entsteht, nämlich:

$$(FL - EM)\,du^2 + (GL - EN)\,du\,dv + (GM - FN)\,dv^2 = 0 \tag{8}$$

oder

$$\begin{vmatrix} dv^2 & -dv\,du & du^2 \\ E & F & G \\ L & M & N \end{vmatrix} = 0. \tag{9}$$

Als Differentialgleichung bestimmt Gl. (9) die Flächenkurven, deren Tangenten Krümmungstangenten sind, die *Krümmungslinien*. Sie bilden ein die Fläche doppelt überdeckendes Rechtwinkelnetz.

Im folgenden werden die erhaltenen Formeln in rechtwinkligen Koordinaten ausgedrückt, wozu § 27 heranzuziehen ist. Man erhält so aus Gln. (4), (5), (9), § 28 Gl. (1) nach § 27 Gln. (3), (4)

$$\frac{1}{R} = \frac{r\,dx^2 + 2\,s\,dx\,dy + t\,dy^2}{[(1 + p^2)\,dx^2 + 2\,p\,q\,dx\,dy + (1 + q^2)\,dy^2]\sqrt{1 + p^2 + q^2}}, \tag{10}$$

$$K = \frac{r\,t - s^2}{(1 + p^2 + q^2)^2}, \qquad H = \frac{1}{2}\,\frac{(1 + p^2)\,t - 2\,p\,q\,s + (1 + q^2)\,r}{(1 + p^2 + q^2)^{3/2}} \tag{11}$$

und als Differentialgleichung der Krümmungslinien:

$$\begin{vmatrix} dy^2 & -dy\,dx & dx^2 \\ 1 + p^2 & p\,q & 1 + q^2 \\ r & s & t \end{vmatrix} = 0. \tag{12}$$

§ 30. Konjugierte Tangenten. Die Berührebenen einer Fläche Φ in den Punkten einer auf ihr liegenden Kurve umhüllen *die Φ längs c umschriebene Torse $\mathfrak{T}$*. Ist w Kurvenparameter auf c, so ist $(\mathfrak{X} - \mathfrak{x}(w))\,\mathfrak{N}(w) = 0$ die Berührebene des Punktes $P(w)$ von c. Durch Differentiation nach w entsteht daraus wegen $\dot{\mathfrak{x}}\,\mathfrak{N} = 0$ die Gleichung $(\mathfrak{X} - \mathfrak{x})\,\dot{\mathfrak{N}} = 0$. Nach § 11 Gln. $(7_{1,2})$ ist nun die Erzeugende t_1 in P der Φ längs c umschriebenen Torse durch

$$(\mathfrak{X} - \mathfrak{x})\,\mathfrak{N} = 0, \qquad (\mathfrak{X} - \mathfrak{x})\,d\mathfrak{N} = 0 \tag{$1_{1,2}$}$$

bestimmt. Kennzeichnen $\delta u, \delta v$ die Richtung von t_1 in P und du, dv die Richtung der Tangente t an c in P, so ist in Gl. (1_2) $\mathfrak{X} - \mathfrak{x} = \mathfrak{x}_u\,\delta u + \mathfrak{x}_v\,\delta v$ und $d\mathfrak{N} = \mathfrak{N}_u\,du + \mathfrak{N}_v\,dv$ zu setzen, wodurch aus Gl. (1_2) $(\mathfrak{x}_u\,\delta u + \mathfrak{x}_v\,\delta v)(\mathfrak{N}_u\,du + \mathfrak{N}_v\,dv) = 0$ entsteht. Ausgeführt gibt dies nach § 25 Gl. (2)

$$L\,du\,\delta u + M\,(du\,\delta v + dv\,\delta u) + N\,dv\,\delta v) = 0. \tag{2}$$

An Gl. (2) ist bemerkenswert, daß im Punkt P die Erzeugende t_1 nur vom Linienelement $(P\,t)$ abhängt. Ferner bemerkt man, daß in Gl. (2) (du, dv) mit $(\delta u, \delta v)$ vertauscht werden darf. Daher kann auch t als Erzeugende einer Torse aufgefaßt werden, die Φ längs einer Kurve c_1 mit dem Linienelement $(P\,t_1)$ umschrieben ist. Man nennt ein solches Paar von Tangenten t, t_1 *konjugierte Tangenten*. Da Gl. (2) sowohl in (du, dv) als auch in $(\delta u, \delta v)$ linear ist und d mit δ vertauschbar ist, darf man in der Sprache der projektiven Geometrie sagen: *Die Paare konjugierter Tangenten in einem Flächenpunkt bilden eine Involution.* Nach dem Gesagten gilt der

Satz 1: *Wird einer Fläche längs einer Flächenkurve c eine Torse umschrieben, so sind in jedem Punkt P von c die Tangente t an c und die Erzeugende t_1 der Torse zwei konjugierte Tangenten.*

Eine Tangente t fällt mit ihrer konjugierten t_1 zusammen, wenn in Gl. (2) $du : dv = \delta u : \delta v$ ist. So erhalten wir $L\,du^2 + 2\,M\,du\,dv + N\,dv^2 = 0$, also nach § 25 Gl. (6) die *Schmiegtangenten*. In einem *parabolischen Punkt* artet die Involution konjugierter Tangenten aus. Wählt man nämlich als t die Schmiegtangente, für die nach § 25 $du : dv = -M : L$ gilt, so ist damit Gl. (2) wegen $LN - M^2 = 0$ für beliebiges $\delta u : \delta v$ identisch erfüllt.

Bezieht man die Fläche auf ein rechtwinkliges Achsenkreuz, dessen x- und y-Achse in den Krümmungstangenten des Flächenpunktes P liegen, so ist nach § 27 Gln. (4), (7) wegen $p = q = 0$, $L = r = 1 : R_1$, $M = 0$, $N = t = 1 : R_2$. Die Gl. (2) für die Involution konjugierter Tangenten geht somit über in $R_2\,dx\,\delta x + R_1\,dy\,\delta y = 0$. Sind nun α und α_1 die Winkel der konjugierten Tangenten t, t_1 gegen die erste Krümmungstangente (x-Achse), so lautet die letzte Gleichung:

$$\operatorname{tg}\alpha\,\operatorname{tg}\alpha_1 = - R_2 : R_1. \tag{3}$$

Vergleicht man Gl. (3) mit der Gleichung der DUPINschen Indikatrix in § 28 Gl. (2), so ergibt sich der

Satz 2: *Die Paare konjugierter Flächentangenten in einem elliptischen oder hyperbolischen Flächenpunkt sind die Paare konjugierter Durchmesser seiner Dupinschen Indikatrix (für beliebiges k).*

Nach dem über die Schmiegtangenten zuletzt Gesagten gilt nun:

Satz 3: *In einem hyperbolischen Flächenpunkt sind die Schmiegtangenten die Asymptoten der Indikatrix.*

§ 31. Die Ableitungsgleichungen von Weingarten[1]. Für den Einsvektor $\mathfrak{N}$ der Flächennormalen gelten wegen $\mathfrak{N}^2 = 1$ die Gleichungen $\mathfrak{N}\,\mathfrak{N}_u = 0$, $\mathfrak{N}\,\mathfrak{N}_v = 0$. Sind $\alpha_1, \alpha_2, \alpha_3$ und $\beta_1, \beta_2, \beta_3$ die Koordinaten von $\mathfrak{N}_u$ bzw. $\mathfrak{N}_v$ im Vektorendreibein $\mathfrak{x}_u\,\mathfrak{x}_v\,\mathfrak{N}$, § 6, also $\mathfrak{N}_u = \alpha_1\,\mathfrak{x}_u + \alpha_2\,\mathfrak{x}_v + \alpha_3\,\mathfrak{N}$ und $\mathfrak{N}_v = \beta_1\,\mathfrak{x}_u + \beta_2\,\mathfrak{x}_v + \beta_3\,\mathfrak{N}$, so erhält man durch skalare Multiplikation mit $\mathfrak{N}$ die Gleichungen $\mathfrak{N}\,\mathfrak{N}_u = \alpha_3 = 0$, $\mathfrak{N}\,\mathfrak{N}_v = \beta_3 = 0$. Durch skalare Multiplikation zuerst mit $\mathfrak{x}_u$, dann mit $\mathfrak{x}_v$ entsteht nach § 18 Gl. (2), § 25 Gl. (2)

$$\alpha_1 E + \alpha_2 F + L = 0, \qquad \alpha_1 F + \alpha_2 G + M = 0, \tag{1_1}$$

$$\beta_1 E + \beta_2 F + M = 0, \qquad \beta_1 F + \beta_2 G + N = 0. \tag{1_2}$$

Berechnet man α_1, α_2 aus Gl. (1_1) und β_1, β_2 aus (1_2), so folgen wegen $\alpha_3 = \beta_3 = 0$ die *Ableitungsgleichungen von Weingarten:*

$$\begin{aligned}(E\,G - F^2)\,\mathfrak{N}_u &= (F\,M - G\,L)\,\mathfrak{x}_u + (F\,L - E\,M)\,\mathfrak{x}_v,\\ (E\,G - F^2)\,\mathfrak{N}_v &= (F\,N - G\,M)\,\mathfrak{x}_u + (F\,M - E\,N)\,\mathfrak{x}_v.\end{aligned} \tag{2_{1,2}}$$

Aus Gln. $(2_{1,2})$ folgt:

$$\sqrt{E\,G - F^2}\,(\mathfrak{N}_u \times \mathfrak{N}_v) = (L\,N - M^2)\,\mathfrak{N}. \tag{3}$$

§ 32. Die Normalentorsen, Zentraflächen. Wir wollen nun auf einer gegebenen Fläche Φ, $\mathfrak{x} = \mathfrak{x}(u, v)$ die Kurven von der besonderen Art ermitteln, daß die Flächennormalen in ihren Punkten eine Torse — *Normalentorse* — bilden. Bilden sie die *Tangentenfläche* einer Raumkurve $\mathfrak{X} = \mathfrak{X}(s)$, auf der s die Bogenlänge bedeutet, so ist, wenn $\mathfrak{x} = \mathfrak{x}(s)$ die gegebene Kurve c auf Φ ist, $\mathfrak{X} = \mathfrak{x}(s) + \lambda(s)\,\mathfrak{N}(s)$. Differenziert man nach s, so entsteht wegen $\mathfrak{X}' = \mathfrak{N}$ die Gleichung $\mathfrak{N} = \mathfrak{x}' + \lambda'\,\mathfrak{N} + \lambda\,\mathfrak{N}'$. Skalare Multiplikation mit $\mathfrak{N}$ ergibt nun $1 = \lambda'$; also ist $\mathfrak{x}' + \lambda\,\mathfrak{N}' = 0$, d. i.

$$(\mathfrak{x}_u + \lambda\,\mathfrak{N}_u)\,du + (\mathfrak{x}_v + \lambda\,\mathfrak{N}_v)\,dv = 0. \tag{1}$$

Multipliziert man nun Gl. (1) skalar mit $\mathfrak{x}_u$ bzw. $\mathfrak{x}_v$, so entsteht nach § 18 Gl. (2), § 25 Gl. (2):

$$\begin{aligned}(\lambda\,L - E)\,du + (\lambda\,M - F)\,dv &= 0,\\ (\lambda\,M - F)\,du + (\lambda\,N - G)\,dv &= 0.\end{aligned} \tag{2_{1,2}}$$

Diese Gleichungen stimmen für $\lambda = R$ mit den Gleichungen § 29 (6) überein. Wir haben damit die Kurven der gesuchten Art in den Krümmungslinien von Φ gefunden. $\lambda = R_1$ bzw. R_2 bedeutet, daß die Hauptkrümmungsmitten eines Punktes P von Φ Gratpunkte der Normalentorsen sind, die zu den beiden durch P gehenden Krümmungslinien gehören.

Ist c, $\mathfrak{x} = \mathfrak{x}(s)$, auf Φ durch $u(t)$, $v(t)$ gegeben und bilden die Flächennormalen in ihren Punkten einen *Kegel* (Strahlbüschel), dessen Spitze (Scheitel) den Ortsvektor $\mathfrak{s}$ hat, so ist $\mathfrak{s} = \mathfrak{x}(t) + \lambda(t)\,\mathfrak{N}(t)$ und daher $0 = \dot{\mathfrak{x}} + \dot{\lambda}\,\mathfrak{N} + \lambda\,\dot{\mathfrak{N}}$. Durch skalare Multiplikation mit $\mathfrak{N}$ ergibt sich daraus $\dot{\lambda} = 0$ und damit $\dot{\mathfrak{x}} + \lambda\,\dot{\mathfrak{N}} = 0$. Somit gilt Gl. (1) auch in diesem Fall, was wieder zu der Tatsache führt, daß c Krümmungslinie sein muß. Aus $\dot{\lambda} = 0$ folgt wieder $\lambda = R = \text{konst.}$ Daraus folgt weiter, daß c eine *sphärische Krümmungslinie* ist, d. h. auf einer Kugel liegt. Diese berührt die Fläche längs c und ihr Mittelpunkt ist eine der beiden Hauptkrümmungsmitten für alle Punkte von c.

Es ist noch der Fall zu untersuchen, daß die Flächennormalen in den Punkten von c einen *Zylinder* bilden. Wir können ein solches Parametersystem auf Φ

[1] J. Weingarten, J. reine angew. Math. 59 (1861).

voraussetzen, daß c eine u-Linie ist. Die Bedingung, daß $\mathfrak{N}$ längs c fest sein soll, verlangt dann $\mathfrak{N}_u = 0$. Somit ist nach der Formel von WEINGARTEN § 31 (2) $F M - G L = 0$, $E M - F L = 0$. Zufolge der zweiten Gleichung zerfällt die Differentialgleichung der Krümmungslinien, § 29 (8), in zwei lineare Gleichungen, von denen die eine $dv = 0$ lautet. Daraus folgt wieder, daß c eine Krümmungslinie ist. Ferner folgen aus den beiden letzten Gleichungen wegen $E G - F^2 \neq 0$ die Gleichungen $L = 0$, $M = 0$. Auf c ist daher $L N - M^2 = 0$ und aus Gl. (2_1) folgt wegen $dv = 0$ für $\lambda = R = E : L = \infty$. c ist also nicht nur Krümmungslinie, sondern auch Schmieglinie und Ort parabolischer Punkte der Fläche. Damit ist bewiesen[1]:

Satz 1: *Die Krümmungslinien sind die einzigen Kurven einer Fläche, in denen die Flächennormalen Torsen bilden.*

Wenn wir von den Krümmungslinien mit zylindrischen Normalentorsen und den geraden Krümmungslinien auf Torsen absehen, so gilt für die Krümmungslinien und ihre Normalentorsen die Gl. (1), d. i. $d\mathfrak{x} + \lambda\, d\mathfrak{N}$, worin λ den zugehörigen Hauptkrümmungsradius bedeutet. Wenn wir nun die beiden Scharen von Krümmungslinien mit den Marken 1 und 2 kennzeichnen, so erhalten wir die Gleichungen von OLINDE RODRIGUES[2]:

$$d_1\mathfrak{x} + R_1\, d_1\mathfrak{N} = 0, \qquad d_2\mathfrak{x} + R_2\, d_2\mathfrak{N} = 0. \tag{3}$$

Die zu einer Fläche Φ, $\mathfrak{x} = \mathfrak{x}(u, v)$ gehörigen Flächen:

$$\mathfrak{x}_1 = \mathfrak{x} + R_1\,\mathfrak{N}, \qquad \mathfrak{x}_2 = \mathfrak{x} + R_2\,\mathfrak{N} \tag{4}$$

heißen die beiden Mäntel $M_{1,\,2}$ ihrer *Zentralfläche* oder *Evolutenfläche*. Sie bilden zusammen den Ort aller Hauptkrümmungsmittelpunkte von Φ. Nehmen wir an, daß die Normalentorsen einer Fläche Φ weder Kegel noch Zylinder sind, so bilden die Gratlinien der Normalentorsen der einen Schar $\{I\}$ von Krümmungslinien von Φ eine Kurvenschar $\{k_1\}$, die einen Mantel M_1 der Zentralfläche einfach überdeckt. Die Gratlinien $\{k_2\}$ der Normalentorsen der Krümmungslinien der anderen Schar $\{II\}$ bedecken ebenso M_2. Die Flächennormale in einem Punkt P von Φ berührt somit M_1 und M_2 in den Hauptkrümmungsmitten K_1 bzw. K_2 von P; es ist $PK_1 = R_1$, $PK_2 = R_2$. Die Normalentorsen der Krümmungslinien $\{I\}$ haben also ihre Gratlinien k_1 auf M_1 und berühren M_2 längs Kurven, die ein M_2 einfach überdeckendes Kurvensystem $\{b_1\}$ bilden. Entsprechend haben die Normalentorsen der Krümmungslinien $\{II\}$ die Gratlinien auf M_2 und berühren M_1 in einem System von Kurven $\{b_2\}$. Nach dem Satz 1 in § 30 gilt: *Auf M_1 bilden $\{k_1\}$, $\{b_2\}$, auf M_2 bilden $\{k_2\}$, $\{b_1\}$ je ein konjugiertes Netz*, d. h. die Tangenten an k_1 und b_2 in einem Punkt von M_1, entsprechend an k_2 und b_1 in einem Punkt von M_2, sind Paare konjugierter Flächentangenten.

Die voranstehenden Aussagen beziehen sich auf Flächen, die kein System von Krümmungslinien mit konischen oder zylindrischen Normalenflächen besitzen. Nehmen wir nun etwa an, eine Fläche Φ sei Hüllfläche einer einparametrigen Kugelschar, eine *Kanalfläche*. Φ wird dann von jeder Kugel der Schar längs eines Kreises c_1 berührt. Diese Kreise c_1 bilden ein System $\{I\}$ der Krümmungslinien, da die Flächennormalen längs c_1 einen Durchmesserkegel der berührenden Kugel bilden. Die zu den Krümmungslinien c_1 gehörigen Hauptkrümmungsmitten K_1 bilden daher keine Fläche M_1, sondern die Kurve, die von den Mittelpunkten der Kugeln der Kugelschar gebildet wird.

Durch jeden Punkt P einer *Drehfläche* geht ein Parallelkreis p und ein Meridian m. Die Flächennormalen in den Punkten von p bilden einen Drehkegel,

[1] G. MONGE, Application de l'analyse à la géométrie, Paris 1807, 5. Aufl. 1850, § 15.

[2] Corresp. Éc. polyt., Paris 3 (1816), S. 162.

dessen Spitze auf der Drehachse a liegt; die Flächennormalen in den Punkten von m umhüllen die Evolute m_1 von m, falls m von einem Kreis oder einer Geraden verschieden ist. Auch die m_1 umhüllenden Flächennormalen können wir als Torse ansehen. Also bilden die Meridiane und die Parallelkreise die Krümmungslinien der Drehfläche. Die von m_1 bei der Drehung erzeugte Drehfläche ist der zu den Meridianen m gehörige Mantel M_1 der Zentrafläche. Für die Parallelkreise tritt die Drehachse a an die Stelle des zugehörigen Mantels M_2 der Zentrafläche. Ist m ein Kreis, so tritt an die Stelle von M_1 der Bahnkreis des Mittelpunktes von m und an die Stelle von M_2 wieder die Drehachse a. Auf einer Kugel kann jede Kurve als Krümmungslinie angesehen werden und die Zentrafläche reduziert sich auf den Kugelmittelpunkt.

Wir beweisen nun die folgenden beiden Sätze von O. BONNET[1]:

Satz 2: *Ist die Schnittkurve c von zwei Flächen für beide eine Krümmungslinie, so schneiden sie sich längs c unter konstantem Winkel. — Schneiden sich zwei Flächen unter konstantem Winkel längs einer Kurve c, die auf einer von ihnen Krümmungslinie ist, so ist c auch Krümmungslinie der anderen.*

Die Einsvektoren $\mathfrak{N}$, $\mathfrak{N}_1$ der Flächennormalen erfüllen längs c die Gleichungen:

$$\mathfrak{N}\,\mathfrak{x}' = 0, \qquad \mathfrak{N}_1\,\mathfrak{x}' = 0, \qquad \mathfrak{N}\,\mathfrak{N}' = 0, \qquad \mathfrak{N}_1\,\mathfrak{N}_1' = 0. \tag{$5_{1,2,3,4}$}$$

Nach den Voraussetzungen des ersten Satzes gelten ferner gemäß Gl. (3)

$$\mathfrak{x}' = -\lambda\,\mathfrak{N}', \qquad \mathfrak{x}' = -\lambda_1\,\mathfrak{N}_1'. \tag{$6_{1,2}$}$$

Für einen konstanten Schnittwinkel α der Flächen ist $\mathfrak{N}\,\mathfrak{N}_1 = \cos\alpha$, somit

$$\mathfrak{N}'\,\mathfrak{N}_1 + \mathfrak{N}\,\mathfrak{N}_1' = 0. \tag{7}$$

Aus Gln. (5_2) und (6_1) folgt $\mathfrak{N}'\,\mathfrak{N}_1 = 0$; aus Gln. ($5_1$) und ($6_2$) folgt $\mathfrak{N}\,\mathfrak{N}_1' = 0$. Damit ist Gl. (7) erfüllt und der Beweis erbracht. Beim Beweis des zweiten Satzes treten dieselben Gleichungen in anderer Reihenfolge auf.

Noch vor der Veröffentlichung dieser beiden Sätze durch O. BONNET hat F. JOACHIMSTAL[2] die beiden folgenden Sätze bewiesen, die als Grenzfälle den BONNETschen Sätzen an die Seite zu stellen sind:

Schneidet eine Kugel (oder Ebene) eine Fläche nach einer Krümmungslinie, so schneiden sie sich unter konstantem Winkel. — Schneidet eine Kugel (oder Ebene) eine Fläche unter konstantem Winkel, so ist die Schnittkurve eine Krümmungslinie der Fläche.

§ 33. **Die sphärische Abbildung einer Fläche.** Wenn man die Einsvektoren $\mathfrak{N} = (\mathfrak{x}_u \times \mathfrak{x}_v) : \sqrt{EG - F^2}$ der Flächennormalen einer Fläche Φ, $\mathfrak{x} = \mathfrak{x}(u, v)$ als Ortsvektoren $\mathfrak{N} = \mathfrak{N}(u, v)$ mit dem Nullpunkt O deutet, so erhält man eine Abbildung der Fläche Φ auf die Einheitskugel mit der Mitte O, indem man jedem Flächenpunkt $P(u, v)$ die Spitze P_1 des Pfeiles $O\,\mathfrak{N}(u, v)$ zuordnet. Diese Abbildung heißt die *sphärische Abbildung* der Fläche; sie wird oft nach C. F. GAUSS benannt.

GAUSS[3] hat mittels dieser Abbildung dem nach ihm benannten Krümmungsmaß [§ 29 Gl. (4)]

$$K = \frac{1}{R_1 R_2} = \frac{LN - M^2}{EG - F^2} \tag{1}$$

[1] J. Éc. polyt., Paris (1853).

[2] J. reine angew. Math. 30 (1846).

[3] C. F. GAUSS, Disquisitiones generales circa superficies curvas, 1827, Art. 6 und 8. Diese Schrift ist für die Entwicklung der Differentialgeometrie von bahnbrechender Bedeutung gewesen.

eine Deutung gegeben, die eine Analogie zur Definition der Krümmung $\varkappa = ds_1 : ds$ einer Kurve [§ 13 Gl. (2)] herstellt, wo s_1 die Bogenlänge auf dem sphärischen Tangentenbild ist.

Ist Φ eine Torse, so haben alle Punkte einer Erzeugenden dieselbe Berührebene und daher einen gemeinsamen Normalenvektor $\mathfrak{N}$. Daraus folgt: *Das sphärische Bild einer Torse ist eine Kurve.* Schließen wir diesen Fall aus, so läßt sich um jeden Punkt P der Fläche Φ ein einfach zusammenhängendes Gebiet $\mathfrak{G}$ abgrenzen, dem eine ebensolche Umgebung $\mathfrak{G}_1$ des entsprechenden Punktes P_1 auf der Kugel zugeordnet ist. Die Flächennormale von P ist zum Kugeldurchmesser in P_1 parallel, doch können ihre Einsvektoren $\mathfrak{N}$ und $\mathfrak{N}_1$ gleich oder entgegengesetzt gerichtet sein. Die Richtung von $\mathfrak{N}$ ist die des Vektors $\mathfrak{x}_u \times \mathfrak{x}_v$; $\mathfrak{N}_1$ hat die Richtung von $\mathfrak{N}_u \times \mathfrak{N}_v$. Nach § 31 Gl. (3) ist

$$\sqrt{EG - F^2}\,(\mathfrak{N}_u \times \mathfrak{N}_v) = (LN - M^2)\,\mathfrak{N}; \tag{2}$$

die sphärische Abbildung ist daher in einem elliptischen Punkt gleichsinnig ($\mathfrak{N} = \mathfrak{N}_1$), *in einem hyperbolischen Punkt gegensinnig* ($\mathfrak{N} = -\mathfrak{N}_1$). Berechnen wir daher die Flächeninhalte J, J_1 der oben eingeführten entsprechenden Gebiete $\mathfrak{G}$ und $\mathfrak{G}_1$ nach § 20 Gl. (3) mit $\mathfrak{N}$ als Normalenvektor für beide Flächen:

$$J = \iint\limits_{\mathfrak{B}} (\mathfrak{x}_u\, \mathfrak{x}_v\, \mathfrak{N})\, du\, dv, \qquad J_1 = \iint\limits_{\mathfrak{B}} (\mathfrak{N}_u\, \mathfrak{N}_v\, \mathfrak{N})\, du\, dv, \tag{3}$$

so haben J und J_1 gleiches oder verschiedenes Vorzeichen, je nachdem $\mathfrak{G}$ „*elliptisch*“ oder „*hyperbolisch gekrümmt*“ ist.

Da $\mathfrak{G}$ und $\mathfrak{G}_1$ einfach zusammenhängende Gebiete sind, können ihre Randkurven durch das Innere dieser Gebiete auf ein Paar entsprechender Punkte zusammengezogen werden. Gauss bildet den Grenzwert $\lim (J_1 : J)$ bei diesem Grenzprozeß. Wenden wir auf die Integrale in Gl. (3) den Mittelwertsatz an, so ist

$$J = (\mathfrak{x}_u\, \mathfrak{x}_v\, \mathfrak{N}) \iint\limits_{\mathfrak{B}} du\, dv, \qquad J_1 = (\mathfrak{N}_u\, \mathfrak{N}_v\, \mathfrak{N}) \iint\limits_{\mathfrak{B}} du\, dv,$$

wo die vor dem Integral stehenden Determinanten für zwei nicht näher bekannte Punkte Q und Q_1 von $\mathfrak{G}$ bzw. $\mathfrak{G}_1$ zu nehmen sind, die also auch gegen P bzw. P_1 konvergieren. Beachtet man nun $(\mathfrak{x}_u\, \mathfrak{x}_v\, \mathfrak{N}) = \sqrt{EG - F^2}$ [§ 18 Gl. (4), (5)] und gemäß Gl. (2) $(\mathfrak{N}_u\, \mathfrak{N}_v\, \mathfrak{N}) = (LN - M^2) : \sqrt{EG - F^2}$, so ergibt sich:

$$\lim \frac{J_1}{J} = \frac{LN - M^2}{EG - F^2} = K, \tag{4}$$

also nach § 29 Gl. (4) das Gausssche Krümmungsmaß K von Φ in P. Man kann demnach sagen:

Die Gaußsche Krümmung ist die Flächenverzerrung (§ 21) bei der sphärischen Abbildung.

Die Abbildung ordnet jedem Punkt $P(\mathfrak{x})$ von Φ einen Punkt $P_1(\mathfrak{N})$ auf der Einheitskugel zu. Einer durch $d\mathfrak{x}$ bestimmten Fortschreitungsrichtung in P auf Φ entspricht die durch $d\mathfrak{N}$ bestimmte Richtung auf der Kugel. Es sei c eine Kurve durch P auf Φ, c_1 die entsprechende durch P_1 auf der Kugel; die Tangenten in P und P_1 sollen die durch $d\mathfrak{x}$ bzw. $d\mathfrak{N}$ bestimmten Richtungen haben. s, s_1 seien die Bogenlängen auf c bzw. c_1. Von dem Parametersystem (u, v) dürfen wir annehmen, daß von den beiden durch P gehenden Krümmungslinien von Φ die eine eine u-Linie, die andere eine v-Linie sei und weiterhin, daß auf diesen zwei Parameterlinien durch P u bzw. v die Bogenlängen bedeuten mögen. Es gilt dann für den Tangentenvektor $\mathfrak{t}$ von c in P $\mathfrak{t} = d\mathfrak{x} : ds = \mathfrak{x}_u\, u' + \mathfrak{x}_v\, v'$.

Ist $\alpha = \sphericalangle \mathfrak{x}_u \mathfrak{t}$, so ist, da $\mathfrak{x}_u, \mathfrak{x}_v$ zwei zueinander normale Einsvektoren sind, $\cos\alpha = \mathfrak{x}_u \mathfrak{t} = u'$ und $\sin\alpha = v'$, woraus $\operatorname{tg}\alpha = dv : du$ folgt. Der $\mathfrak{t}$ entsprechende Tangentenvektor der Kugel in P_1 sei $\mathfrak{t}_1 = d\mathfrak{N} : ds_1 = \mathfrak{N}_u (du : ds_1) + \mathfrak{N}_v (dv : ds_1)$, somit nach den Formeln von RODRIGUES [§ 32 (3)] $\mathfrak{t}_1 = -\mathfrak{x}_u (du : R_1 ds_1) - -\mathfrak{x}_v (dv : R_2 ds_1)$. Setzt man nun $\alpha_1 = \sphericalangle \mathfrak{x}_u \mathfrak{t}_1$, so ist $\cos\alpha_1 = \mathfrak{x}_u \mathfrak{t}_1 = -(du : R_1 ds_1)$ und $\sin\alpha = -(dv : R_2 ds_1)$, woraus wegen $\operatorname{tg}\alpha = dv : du$

$$\operatorname{tg}\alpha_1 = \frac{R_1}{R_2} \operatorname{tg}\alpha \tag{5}$$

folgt. Gl. (5) gibt die Beziehung zwischen entsprechenden Fortschreitungsrichtungen $(P\,\mathfrak{t})$, $(P_1\,\mathfrak{t}_1)$ auf Φ und auf der Kugel an. Aus Gl. (5) wie auch unmittelbar aus den Formeln von RODRIGUES folgt:

Satz 1: *In der sphärischen Abbildung einer Fläche ist jeder Krümmungstangente eine zu ihr parallele Kugeltangente zugeordnet.*

Ist α' der Winkel, den die zu t in P konjugierte Tangente mit der Krümmungstangente $(P\,\mathfrak{x}_u)$ bildet, so ist nach § 30 Gl. (3) $\operatorname{tg}\alpha \operatorname{tg}\alpha' = -R_2 : R_1$, woraus nach Gl. (5) $\operatorname{tg}\alpha_1 \operatorname{tg}\alpha' = -1$ folgt; in Worten:

Satz 2: *Die einer Flächentangente durch die sphärische Abbildung zugeordnete Kugeltangente ist normal zur konjugierten Flächentangente.*

Ferner folgt aus Gl. (5) für $R_1 = R_2$ (Nabelpunkt):

Satz 3: *Die Flächentangenten in einem Nabelpunkt sind zu den ihnen zugeordneten Kugeltangenten parallel.*

Für $R_1 = -R_2$ entnimmt man aus Gl. (5):

Satz 4: *Für einen Punkt mit $R_1 = -R_2$ ist die sphärische Abbildung gegensinnig winkeltreu.*

Flächen, auf denen in jedem Punkt $R_1 = -R_2$ gilt, heißen *Minimalflächen.* Sie werden nach Satz 4 durch die sphärische Abbildung auf die Kugel winkeltreu (konform), § 23, abgebildet.

§ 34. **Begleitendes Dreibein eines Streifens; geodätische Krümmung, Normalkrümmung, geodätische Torsion.** Die Berührebenen einer Fläche in den Punkten P einer Flächenkurve c bilden die der Fläche längs c *umschriebene Torse* $\mathfrak{S}$. Man nennt $\mathfrak{S}$ den *Flächenstreifen,* kürzer *Streifen* c. Als *begleitendes Dreikant des Streifens* erklärt man die folgenden drei paarweise aufeinander normalen Geraden in P. Die *Tangente* t von c in P, die zu t in der Berührebene von P normale Gerade t^*, die *Tangentialnormale* heiße, und die *Flächennormale* n in P. Wir orientieren t, t^*, n derart, daß die zugehörigen Einsvektoren $\mathfrak{t}, \mathfrak{t}^*, \mathfrak{N}$ ein Rechtssystem bilden. Die Lage des begleitenden Dreibeins $\mathfrak{t}, \mathfrak{t}^*, \mathfrak{N}$ des Streifens in bezug auf das begleitende Dreibein $\mathfrak{t}, \mathfrak{h}, \mathfrak{b}$ der Kurve c in P läßt sich, da $\mathfrak{t}$ beiden Dreibeinen angehört, durch den Winkel $\omega = \sphericalangle \mathfrak{t}^* \mathfrak{h}$ kennzeichnen; der positive Drehsinn für ω ist der, der $\mathfrak{t}^*$ nach $\mathfrak{N}$ und $\mathfrak{h}$ nach $\mathfrak{b}$ durch $\pi/2$ dreht. Es ist daher (Abb. 6)

$$\mathfrak{t}^* = \mathfrak{h}\cos\omega - \mathfrak{b}\sin\omega, \qquad \mathfrak{N} = \mathfrak{h}\sin\omega + \mathfrak{b}\cos\omega; \tag{1}$$

$$\mathfrak{b} = -\mathfrak{t}^*\sin\omega + \mathfrak{N}\cos\omega, \qquad \mathfrak{h} = \mathfrak{t}^*\cos\omega + \mathfrak{N}\sin\omega. \tag{2}$$

Differenziert man Gl. (1) nach der Bogenlänge s von c, so entsteht mittels der FRENETschen Formeln § 13 $(6_{2,3})$

$$\begin{aligned} \mathfrak{t}^{*\prime} &= -\mathfrak{t}\,\varkappa\cos\omega + (\varkappa_1 - \omega')(\mathfrak{h}\sin\omega + \mathfrak{b}\cos\omega), \\ \mathfrak{N}' &= -\mathfrak{t}\,\varkappa\sin\omega - (\varkappa_1 - \omega')(\mathfrak{h}\cos\omega - \mathfrak{b}\sin\omega). \end{aligned} \tag{3}$$

Man nennt die in Gl. (3) vorkommenden Ausdrücke:

$$\varkappa_g = \varkappa \cos \omega \quad \text{geodätische Krümmung,}$$
$$\varkappa_n = \varkappa \sin \omega \quad \text{Normalkrümmung,} \qquad (4_{1,2,3})$$
$$\tau_g = \varkappa_1 - \omega' \quad \text{geodätische Torsion.}$$

Stellt man den beiden Gln. (3) noch die FRENETsche Formel $\mathfrak{t}' = \varkappa\, \mathfrak{h}$ voran, so liefern sie mittels Gln. (1), (2) und (4) die *Ableitungsgleichungen des begleitenden Dreibeins* $\mathfrak{t}, \mathfrak{t}^*, \mathfrak{N}$ *des Streifens:*

$$\mathfrak{t}' = \varkappa_g \mathfrak{t}^* + \varkappa_n \mathfrak{N}, \quad \mathfrak{t}^{*\prime} = -\varkappa_g \mathfrak{t} + \tau_g \mathfrak{N}, \quad \mathfrak{N}' = -\varkappa_n \mathfrak{t} - \tau_g \mathfrak{t}^*. \qquad (5_{1,2,3})$$

Bildet man den Vektor

$$\mathfrak{d}^* = \tau_g \mathfrak{t} - \varkappa_n \mathfrak{t}^* + \varkappa_g \mathfrak{N}, \qquad (6)$$

so lassen sich die Ableitungsgleichungen (5) einfach so schreiben:

$$\mathfrak{t}' = \mathfrak{d}^* \times \mathfrak{t}, \quad \mathfrak{t}^{*\prime} = \mathfrak{d}^* \times \mathfrak{t}^*, \quad \mathfrak{N}' = \mathfrak{d}^* \times \mathfrak{N}. \qquad (7)$$

Demnach spielt der Vektor $\mathfrak{d}^*$ für das Dreibein $\mathfrak{t}, \mathfrak{t}^*, \mathfrak{N}$ dieselbe Rolle wie der DARBOUXsche Vektor $\mathfrak{d}$ bezüglich $\mathfrak{t}, \mathfrak{h}, \mathfrak{b}$; vgl. § 13 Gl. (7).

Die Bedeutung von $\varkappa_g$ und $\varkappa_n$ läßt sich auf folgendem konstruktivem Weg festhalten. Ist K (Abb. 6) die Krümmungmitte von c in P und errichtet man in K die Normale auf die Schmiegebene ($P\, \mathfrak{h}\, \mathfrak{t}$), so schneidet sie die Tangentialnormale t^* in einem Punkt K_g und die Flächennormale n in einem Punkt K_n. Ist c_g der *Normalriß von c auf die Berührebene der Fläche in P*, und wendet man den MEUSNIERschen Satz (§ 26) auf den projizierenden Zylinder an, so ergibt sich, daß K_g die Krümmungsmitte von P für den Normalriß c_g ist. Zwischen den Krümmungsradien ϱ und ϱ_g von c und c_g gilt $\varrho = \varrho_g \cos \omega$. Daraus folgt für die Krümmung $\varkappa_g$ von c_g, $\varkappa_g = \varkappa \cos \omega$, d. i. die geodätische Krümmung Gl. (4_1), in Worten:

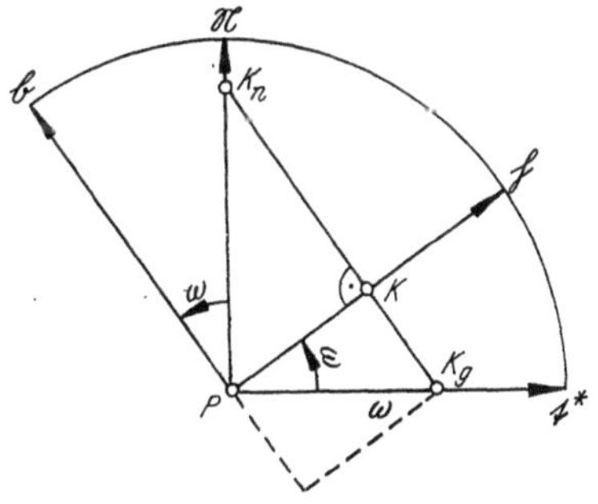

Abb. 6

Satz 1: $\varkappa_g$ *in P ist die Krümmung des Normalrisses von c auf die Tangentialebene von P und heißt deshalb auch Tangentialkrümmung.*

Projiziert man c normal auf die Normalschnittebene $\nu = (P\, \mathfrak{t}\, \mathfrak{N})$ und wendet man wieder den MEUSNIERschen Satz auf den projizierenden Zylinder an, so ist der oben eingeführte Punkt K_n (Abb. 6) die Krümmungsmitte des Normalrisses c_n von c auf ν. Nach dem MEUSNIERschen Satz ist K_n auch die Krümmungsmitte von P für den in ν liegenden Normalschnitt der Fläche. Es ist daher $P K_n = R$ und (Abb. 6) $\varrho = R \sin \omega$ oder $1 : R = \varkappa \sin \omega = \varkappa_n$, d. i. nach Gl. (4_2) die *Normalkrümmung*. Es gilt also für das Linienelement P, t von c:

Satz 2: $\varkappa_n$ *in P ist die Krümmung des Normalrisses der Kurve auf die Normalschnittebene durch t und zugleich die Krümmung des in ihr liegenden Normalschnittes.*

Multipliziert man Gl. (5_3) skalar mit $\mathfrak{t}^*$, so erhält man

$$\tau_g = -\mathfrak{t}^* \mathfrak{N}'. \qquad (8)$$

Demnach ist τ_g dem Betrage nach die Projektion von $\mathfrak{N}'$ auf die Tangentialnormale t^*. Die anschauliche Bedeutung von τ_g ist demnach folgende:

Satz 3: *Die geodätische Torsion einer Flächenkurve c in einem Linienelement P, t ist das Maß für das Heraustreten der Flächennormalen n in P aus der Normal-*

ebene (n t) für den Augenblick, in dem ein die Kurve durchlaufender Punkt seinen Durchgang durch P hat.

Aus Gl. (4_1) folgt wegen $\cos\omega = \mathfrak{t}^* \mathfrak{h} = (\mathfrak{N} \times \mathfrak{t})\, \mathfrak{h} = (\mathfrak{t}\, \mathfrak{h}\, \mathfrak{N})$ und der FRENETschen Formel $\mathfrak{x}'' = \varkappa\, \mathfrak{h}$

$$\varkappa_g = (\mathfrak{x}'\, \mathfrak{x}''\, \mathfrak{N}). \tag{9}$$

Für $\varkappa_n$ ergibt sich mittels des MEUSNIERschen Satzes ($R\, \mathfrak{h}\, \mathfrak{N} = \varrho$) bzw. des EULERschen Satzes und Satz 2

$$\varkappa_n = \mathfrak{x}''\, \mathfrak{N} = \frac{\cos^2\alpha}{R_1} + \frac{\sin^2\alpha}{R_2}. \tag{$10_{1,2}$}$$

Für τ_g gilt nach Gl. (8) und $\mathfrak{t}^* = \mathfrak{N} \times \mathfrak{t}$

$$\tau_g = (\mathfrak{x}'\, \mathfrak{N}\, \mathfrak{N}'). \tag{11}$$

Als *geodätische Linien* bezeichnet man die Kurven einer Fläche, auf denen in jedem Punkt die Schmiegebene durch die Flächennormale geht. Demnach fällt auf einer geodätischen Linie die Flächennormale mit der Hauptnormalen zusammen, und es ist in Gl. (4_1) $\omega = \pi/2$, also $\varkappa_g = 0$, was man ebenso aus Gl. (9) erkennt. Also gilt:

Satz 4: *Die geodätischen Linien sind durch $\varkappa_g = 0$ gekennzeichnet.*

Aus Gl. (10_2) und dem in § 27 ausgesprochenen Satz folgt:

Satz 5: *Die Schmieglinien sind durch $\varkappa_n = 0$ gekennzeichnet.*

Nach § 32 Gl. (3) gilt für das Fortschreiten auf einer Krümmungslinie, daß $\mathfrak{N}'$ und $\mathfrak{x}'$ gleich oder entgegengesetzt gerichtet sind; somit gilt nach Gl. (11):

Satz 6: *Die Krümmungslinien sind durch $\tau_g = 0$ gekennzeichnet.*

Für die geodätische Krümmung läßt sich eine Erklärung geben, die durch eine Nachbildung der Erklärung der Krümmung einer ebenen Kurve entsteht[1]. Es sei $\mathfrak{t}, \mathfrak{t}^*, \mathfrak{N}$ das begleitende Streifendreibein für eine Flächenkurve c in einem Punkt P. $\mathfrak{a}$ sei ein willkürlich gewählter, fester und zu $\mathfrak{N}$ normaler Einsvektor, der jedoch von $\mathfrak{t}$ linear unabhängig sei. Es sei $\varphi = \sphericalangle\, \mathfrak{t}\, \mathfrak{a}$, wo $\mathfrak{t}$ jedoch zunächst den Tangentenvektor in irgendeinem von P verschiedenen Punkt von c bedeuten soll. Durch Differentiation der Gleichung $\cos\varphi = \mathfrak{t}\, \mathfrak{a}$ nach der Bogenlänge s entsteht $-\varphi' \sin\varphi = \varkappa\, \mathfrak{a}\, \mathfrak{h}$. Wir nehmen nun diese Gleichung für den Punkt P und können dann für $\sin\varphi = \mathfrak{a}\, \mathfrak{t}^* \neq 0$ setzen, wodurch $-\varphi' = \varkappa\, \mathfrak{a}\, \mathfrak{h} : \mathfrak{a}\, \mathfrak{t}^*$ entsteht. Da $\mathfrak{a} \times \mathfrak{t}^*$ und $\mathfrak{t}^* \times \mathfrak{h}$ abgesehen von Zahlfaktoren λ_1, λ_2 mit $\mathfrak{N}$ bzw. $\mathfrak{t}$ übereinstimmen, ist $(\mathfrak{a} \times \mathfrak{t}^*)\, (\mathfrak{t}^* \times \mathfrak{h}) = 0$. Dies gibt nach § 4 Gl. (10), wenn wie eingangs $\sphericalangle\, \mathfrak{t}^*\, \mathfrak{h} = \omega$ gesetzt wird, $\cos\omega = \mathfrak{a}\, \mathfrak{h} : \mathfrak{a}\, \mathfrak{t}^*$. Damit ist

$$-\frac{d\varphi}{ds} = \varkappa \cos\omega = \varkappa_g. \tag{12}$$

Wir werden in § 47 auf Gl. (12) zurückkommen.

§ 35. **Die Christoffel-Symbole**[2]. Wir unterscheiden im folgenden die Ableitungen nach den Parametern u, v durch die Marken 1, 2, also: $\mathfrak{x}_u = \mathfrak{x}_1$, $\mathfrak{x}_{uv} = \mathfrak{x}_{12}$ usw. Als *Christoffel-Symbole 1. Art* bezeichnet man die Skalarprodukte:

$$\Gamma_{ik,l} = \Gamma_{ki,l} = \mathfrak{x}_l\, \mathfrak{x}_{ki} \quad (i, k, l = 1, 2). \tag{1}$$

Sie lassen sich, wie nun gezeigt werden soll, durch die ersten Ableitungen der Koeffizienten E, F, G der ersten Differentialform ausdrücken.

[1] E. KRUPPA, Zur geodätischen Krümmung und Parallelverschiebung. Jber. dtsch. MathVer. 37 (1928), S. 257—263.

[2] E. B. CHRISTOFFEL hat die „Drei-Indizes-Symbole" in J. reine angew. Math. 131 (1906) eingeführt, schrieb jedoch statt $\Gamma_{ik,l}$, $\Gamma_{ik}^{\ l}$ die Symbole $\left[{ik \atop l}\right]$ bzw. $\left\{{ik \atop l}\right\}$.

Aus $\mathfrak{x}_u^2 = E$ folgt: $\mathfrak{x}_u \mathfrak{x}_{uu} = \Gamma_{11,1} = {}^1/_2 E_u, \quad \mathfrak{x}_u \mathfrak{x}_{uv} = \Gamma_{12,1} = {}^1/_2 E_v.$ $(2_{1,2})$

Aus $\mathfrak{x}_v^2 = G$ folgt: $\mathfrak{x}_v \mathfrak{x}_{uv} = \Gamma_{12,2} = {}^1/_2 G_u, \quad \mathfrak{x}_v \mathfrak{x}_{vv} = \Gamma_{22,2} = {}^1/_2 G_v.$ $(3_{1,2})$

Aus $\mathfrak{x}_u \mathfrak{x}_v = F$ folgt: $\mathfrak{x}_{uu} \mathfrak{x}_v + \mathfrak{x}_u \mathfrak{x}_{uv} = F_u, \quad \mathfrak{x}_{uv} \mathfrak{x}_v + \mathfrak{x}_u \mathfrak{x}_{vv} = F_v$

oder $\Gamma_{11,2} + \Gamma_{12,1} = F_u, \quad \Gamma_{12,2} + \Gamma_{22,1} = F_v.$ $(4_{1,2})$

Nach Gln. (4_1) und (2_2) ist: $\Gamma_{11,2} = F_u - {}^1/_2 E_v,$ (5_1)

nach Gln. (4_2) und (3_1) ist: $\Gamma_{22,1} = F_v - {}^1/_2 G_u.$ (5_2)

Es ist also:

$$\begin{aligned} \Gamma_{11,1} &= {}^1/_2 E_u, & \Gamma_{12,1} &= {}^1/_2 E_v, & \Gamma_{22,1} &= F_v - {}^1/_2 G_u, \\ \Gamma_{11,2} &= F_u - {}^1/_2 E_v, & \Gamma_{12,2} &= {}^1/_2 G_u, & \Gamma_{22,2} &= {}^1/_2 G_v. \end{aligned} \tag{6}$$

Als *Christoffel-Symbole* 2. *Art* bezeichnet man sechs Symbole Γ_{ik}, die mit den Symbolen $\Gamma_{ik,l}$ durch folgende Gleichungen zusammenhängen:

$$\Gamma_{ik,1} = \Gamma_{ik}^1 E + \Gamma_{ik}^2 F, \qquad \Gamma_{ik,2} = \Gamma_{ik}^1 F + \Gamma_{ik}^2 G. \tag{7}$$

Aus Gl. (7) ergeben sich die Symbole 2. Art als:

$$\Gamma_{ik}^1 = \frac{\Gamma_{ik,1} G - \Gamma_{ik,2} F}{EG - F^2}, \qquad \Gamma_{ik}^2 = \frac{\Gamma_{ik,2} E - \Gamma_{ik,1} F}{EG - F^2}. \tag{8}$$

Setzt man in Gl. (8) die Ausdrücke (6) für die $\Gamma_{ik,l}$ ein, so erhält man:

$$\left.\begin{aligned} 2(EG - F^2)\Gamma_{11}^1 &= GE_u - 2FF_u + FE_v, \\ 2(EG - F^2)\Gamma_{11}^2 &= -FE_u + 2EF_u - EE_v, \\ 2(EG - F^2)\Gamma_{12}^1 &= GE_v - FG_u, \\ 2(EG - F^2)\Gamma_{12}^2 &= EG_u - FE_v, \\ 2(EG - F^2)\Gamma_{22}^1 &= -FG_v + 2GF_v - GG_u, \\ 2(EG - F^2)\Gamma_{22}^2 &= EG_v - 2FF_v + FG_u. \end{aligned}\right\} \tag{9}$$

§ 36. **Die Ableitungsgleichungen von Gauß.** Die CHRISTOFFEL-Symbole ermöglichen es, die zweiten Ableitungen von $\mathfrak{x}(u, v)$ durch ihre Koordinaten bezüglich der Vektoren $\mathfrak{x}_u, \mathfrak{x}_v, \mathfrak{N}$ einfach darzustellen. Setzen wir $\mathfrak{x}_{uu} = A\,\mathfrak{x}_u + B\,\mathfrak{x}_v + C\,\mathfrak{N}$ mit den noch unbekannten A, B, C an, so folgt daraus durch skalare Multiplikation mit $\mathfrak{N}$ nach § 25 Gl. (4a) $L = C$. Multipliziert man skalar mit $\mathfrak{x}_u$ bzw. $\mathfrak{x}_v$, so entsteht nach § 35 Gl. (1)

$$\Gamma_{11,1} = AE + BF, \qquad \Gamma_{11,2} = AF + BG,$$

woraus nach § 35 Gl. (8) $A = \Gamma_{11}^1$, $B = \Gamma_{11}^2$ folgt. Entsprechend kann $\mathfrak{x}_{uv}$ und $\mathfrak{x}_{vv}$ behandelt werden. So ergeben sich die *Ableitungsgleichungen von Gauß:*

$$\left.\begin{aligned} \mathfrak{x}_{uu} &= \Gamma_{11}^1 \mathfrak{x}_u + \Gamma_{11}^2 \mathfrak{x}_v + L\,\mathfrak{N}, \\ \mathfrak{x}_{uv} &= \Gamma_{12}^1 \mathfrak{x}_u + \Gamma_{12}^2 \mathfrak{x}_v + M\,\mathfrak{N}, \\ \mathfrak{x}_{vv} &= \Gamma_{22}^1 \mathfrak{x}_u + \Gamma_{22}^2 \mathfrak{x}_v + N\,\mathfrak{N}. \end{aligned}\right\} \tag{1}$$

§ 37. **Die Integrierbarkeitsbedingung von Gauß.** Die Formel § 29 (4) für das GAUSSsche Krümmungsmaß:

$$K = (LN - M^2) : (EG - F^2) \tag{1}$$

läßt sich, wenn man L, M, N nach § 25 Gl. (4) ausdrückt, schreiben:

$$(EG - F^2)^2 K = (\mathfrak{x}_{uu}\,\mathfrak{x}_u\,\mathfrak{x}_v)(\mathfrak{x}_{vv}\,\mathfrak{x}_u\,\mathfrak{x}_v) - (\mathfrak{x}_{uv}\,\mathfrak{x}_u\,\mathfrak{x}_v)^2.$$

Nach dem Multiplikationsverfahren für Determinanten ist somit

$$(EG-F^2)^2 K = \begin{vmatrix} \mathfrak{x}_{uu}\mathfrak{x}_{vv} & \mathfrak{x}_{uu}\mathfrak{x}_u & \mathfrak{x}_{uu}\mathfrak{x}_v \\ \mathfrak{x}_u\mathfrak{x}_{vv} & E & F \\ \mathfrak{x}_v\mathfrak{x}_{vv} & F & G \end{vmatrix} - \begin{vmatrix} \mathfrak{x}_{uv}^2 & \mathfrak{x}_{uv}\mathfrak{x}_u & \mathfrak{x}_{uv}\mathfrak{x}_v \\ \mathfrak{x}_u\mathfrak{x}_{uv} & E & F \\ \mathfrak{x}_v\mathfrak{x}_{uv} & F & G \end{vmatrix}.$$

Das Glied $\mathfrak{x}_{uv}^2\,(EG-F^2)$ der entwickelten zweiten Determinante läßt sich in die erste übertragen, wodurch

$$(EG-F^2)^2 K = \begin{vmatrix} \mathfrak{x}_{uu}\mathfrak{x}_{vv}-\mathfrak{x}_{uv}^2 & \mathfrak{x}_{uu}\mathfrak{x}_u & \mathfrak{x}_{uu}\mathfrak{x}_v \\ \mathfrak{x}_u\mathfrak{x}_{vv} & E & F \\ \mathfrak{x}_v\mathfrak{x}_{vv} & F & G \end{vmatrix} - \begin{vmatrix} 0 & \mathfrak{x}_{uv}\mathfrak{x}_u & \mathfrak{x}_{uv}\mathfrak{x}_v \\ \mathfrak{x}_u\mathfrak{x}_{uv} & E & F \\ \mathfrak{x}_v\mathfrak{x}_{uv} & F & G \end{vmatrix} \tag{2}$$

entsteht. Nach § 35 Gln (1), (6) ist

$$\Gamma_{11.2} = \mathfrak{x}_v\mathfrak{x}_{uu} = F_u - {}^1/_2 E_v, \qquad \Gamma_{12.2} = \mathfrak{x}_v\mathfrak{x}_{uv} = {}^1/_2 G_u.$$

Differenziert man die erste dieser Gleichungen nach v, die zweite nach u und subtrahiert man die sich ergebenden Gleichungen, so erhält man:

$$\mathfrak{x}_{uu}\mathfrak{x}_{vv} - \mathfrak{x}_{uv}^2 = -{}^1/_2 E_{vv} + F_{uv} - {}^1/_2 G_{uu}. \tag{3}$$

Nach Gl. (3) und § 35, Gln. (1), (6) wird demnach aus Gl. (2):

$$(EG-F^2)^2 K =$$

$$= \begin{vmatrix} -{}^1/_2 E_{vv} + F_{uv} - {}^1/_2 G_{uu} & {}^1/_2 E_u & F_u - {}^1/_2 E_v \\ F_v - {}^1/_2 G_u & E & F \\ {}^1/_2 G_v & F & G \end{vmatrix} - \begin{vmatrix} 0 & {}^1/_2 E_v & {}^1/_2 G_u \\ {}^1/_2 E_v & E & F \\ {}^1/_2 G_u & F & G \end{vmatrix}. \tag{4}$$

Die Gl. (4) zeigt die wichtige von GAUSS[1] entdeckte Tatsache, daß sich die GAUSSsche Krümmung durch E, F, G und deren Ableitungen bis zur 2. Ordnung ausdrücken läßt *(Theorema egregium)*. Sie ist grundlegend für die Theorie der Verbiegung der Flächen, der das nächste Kapitel gewidmet ist.

Drückt man in Gl. (4) K durch Gl. (1) aus und entwickelt man die Determinanten, so erhält man:

$$\begin{aligned} 4(EG-F^2)(LN-M^2) &= F(E_u G_v - E_v G_u - 2F_u G_u - 2E_v F_v + 4F_u F_v) + \\ &+ G(E_v^2 + E_u G_u - 2E_u F_v) + E(G_u^2 + E_v G_v - 2G_v F_u) + \\ &+ 2(EG-F^2)(2F_{uv} - E_{vv} - G_{uu}). \end{aligned} \tag{5}$$

Gl. (5) zeigt, daß E, F, G, L, M, N nicht unabhängig sind. Gl. (5) ist daher für das Problem, zu sechs gegebenen Funktionen $E(u, v), F(u, v), \ldots, N(u, v)$ eine Fläche $\mathfrak{x} = \mathfrak{x}(u, v)$ zu finden, eine Bedingungsgleichung, und zwar eine partielle Differentialgleichung für $\mathfrak{x}(u, v)$. Gl. (5) heißt in diesem Sinn die *Integrierbarkeitsbedingung von Gauß*[2]. Zwei weiteren Integrierbarkeitsbedingungen wenden wir uns nun zu.

§ 38. Die Integrierbarkeitsbedingungen von Mainardi[3] und Codazzi[4]. Für diese beiden Integrierbarkeitsbedingungen hat A. VOSS[5] die folgende Herleitung gegeben: Aus § 25 Gl. (4a) erhält man durch Differentiation

$$\begin{aligned} \mathfrak{x}_{uuv}\mathfrak{N} + \mathfrak{x}_{uu}\mathfrak{N}_v &= L_v, & \mathfrak{x}_{vvu}\mathfrak{N} + \mathfrak{x}_{vv}\mathfrak{N}_u &= N_u, \\ \mathfrak{x}_{uvu}\mathfrak{N} + \mathfrak{x}_{uv}\mathfrak{N}_u &= M_u, & \mathfrak{x}_{uvv}\mathfrak{N} + \mathfrak{x}_{uv}\mathfrak{N}_v &= M_v. \end{aligned} \tag{1}$$

[1] Disquisitiones etc., Art. 12; die Herleitung und Formgebung von Gl. (4) stammt jedoch von R. BALTZER, Leipzig. Ber., math.-naturwiss. Kl. 18 (1866).

[2] Führt man nach Gl. 1 auf der linken Seite von (5) K ein, so erhält man die von GAUSS (Disquisitiones, Art. 11) angegebene Formel für K.

[3] G. Ist. Lombardo 9 (1856), S. 395.

[4] Ann. Mat. pura appl. 2 (1868), S. 273.

[5] S.-B. bayer. Akad. Wiss. (1927).

Subtrahiert man die Gleichungen in der zweiten Zeile von (1) von den darüber stehenden, so erhält man:

$$\mathfrak{x}_{uu}\,\mathfrak{N}_v - \mathfrak{x}_{uv}\,\mathfrak{N}_u = L_v - M_u, \qquad \mathfrak{x}_{vv}\,\mathfrak{N}_u - \mathfrak{x}_{uv}\,\mathfrak{N}_v = N_u - M_v. \tag{2}$$

Drückt man in Gl. (2) $\mathfrak{x}_{uu}, \mathfrak{x}_{uv}, \mathfrak{x}_{vv}$ nach § 36 Gln. (1) aus und wendet man dann die Formeln § 25 (2) an, so entstehen die gesuchten Gleichungen:

$$\begin{aligned} L_v - M_u &= \Gamma_{12}^1 L + (\Gamma_{12}^2 - \Gamma_{11}^1) M - \Gamma_{11}^2 N, \\ M_v - N_u &= \Gamma_{22}^1 L + (\Gamma_{22}^2 - \Gamma_{12}^1) M - \Gamma_{12}^2 N, \end{aligned} \tag{3$_{1,2}$}$$

worin die Γ_{ik} in § 35 Gl. (9) gegeben wurden. Die Gl. $(3_{1,2})$ werden nach G. Mainardi und D. Codazzi benannt, die in den eingangs angeführten Arbeiten gleichwertige Gleichungen angegeben haben.

Unter Zugrundelegung der Integrierbarkeitsbedingungen von Gauss (§ 37), Mainardi und Codazzi ist es O. Bonnet[1] gelungen, das folgende nach ihm benannte Theorem zu beweisen: *Abgesehen von der besonderen Lage im Raum ist eine Fläche durch ihre beiden Differentialformen bestimmt, falls die Integrierbarkeitsbedingungen von Gauß, Mainardi und Codazzi erfüllt sind.*

§ 39. Dreifach orthogonale Flächensysteme. Wenn man die rechtwinkligen Koordinaten x, y, z der Raumpunkte als Funktionen von drei Parametern u, v, w ansetzt und annimmt, daß dadurch auch umgekehrt jedem besonderen (x, y, z) zumindest in einem beschränkten Raumgebiet ein (u, v, w) eindeutig zugeordnet ist, so kann man die u, v, w als im allgemeinen *krummlinige Koordinaten* der Raumpunkte bezeichnen. Fassen wir (x, y, z) zum Ortsvektor $\mathfrak{x}$ zusammen, so ist

$$\mathfrak{x} = \mathfrak{x}(u, v, w), \qquad \frac{\partial(x, y, z)}{\partial(u, v, w)} \neq 0. \tag{1}$$

Hält man in Gl. (1) einen der drei Parameter fest, so erhält man eine *Parameterfläche*. Der Raum oder das Raumgebiet wird also von den drei Systemen der Parameterflächen $u = \text{konst.}$, $v = \text{konst.}$, $w = \text{konst.}$ derart ausgefüllt, daß durch jeden Punkt eine Parameterfläche jedes Systems geht. Hält man zwei Parameter fest, so entsteht eine *Parameterlinie*. *Jede Parameterlinie ist der Schnitt von zwei Parameterflächen*; z. B. schneiden sich die Parameterflächen $v = v_0$ und $w = w_0$ in der u-Linie $\mathfrak{x} = \mathfrak{x}(u, v_0, w_0)$. Durch jeden Raumpunkt des betrachteten Raumgebietes geht eine u-, eine v- und eine w-Linie.

Oft verwendete krummlinige Koordinaten sind die räumlichen *Polarkoordinaten* r, λ, ψ, für die $x = r \sin\psi \cos\lambda$, $y = r \sin\psi \sin\lambda$, $z = r\cos\psi$ gilt. Die Parameterflächen sind die Kugeln $r = \text{konst.}$ um den Nullpunkt, die Ebenen $\lambda = \text{konst.}$ durch die z-Achse und die Drehkegel $\psi = \text{konst.}$, deren Spitze der Nullpunkt und deren Achse die z-Achse ist. Diese drei Systeme von Parameterflächen haben die besondere Eigenschaft, daß je zwei Parameterflächen, die verschiedenen Systemen angehören, sich rechtwinklig schneiden, eine Eigenschaft, die offenbar bloß besonderen Systemen krummliniger Koordinaten zukommt. Die Parameterflächen der räumlichen Polarkoordinaten bilden ein „*dreifach orthogonales Flächensystem*"; auch zu den Zylinderkoordinaten r, φ, z mit $x = r\cos\varphi$, $y = r\sin\varphi$, $z = z$ gehört ein solches System. Um diesen Begriff *allgemein* zu erklären, hat man zu Gl. (1) die Bedingungen hinzuzunehmen, daß sich je zwei der Flächen $\mathfrak{x} = \mathfrak{x}(u_0, v, w)$, $\mathfrak{x} = \mathfrak{x}(u, v_0, w)$ und $\mathfrak{x} = \mathfrak{x}(u, v, w_0)$ rechtwinklig schneiden. Dazu ist notwendig und hinreichend, daß die drei

[1] J. Éc. polyt., Paris, H. 42 (1867).

durch einen beliebigen Punkt gehenden Parameterlinien sich dort paarweise rechtwinklig schneiden, womit in jedem Punkt:

$$\mathfrak{x}_v\,\mathfrak{x}_w = 0, \qquad \mathfrak{x}_w\,\mathfrak{x}_u = 0, \qquad \mathfrak{x}_u\,\mathfrak{x}_v = 0 \tag{$2_{1,2,3}$}$$

gilt. Wir beweisen nun den *Satz von Ch. Dupin*[1]:

Die Flächen eines dreifach orthogonalen Systems schneiden sich paarweise in ihren Krümmungslinien.

Differenzieren wir die Gln. (2) der Reihe nach nach u, v, w, so entsteht:

$$\mathfrak{x}_{uv}\,\mathfrak{x}_w + \mathfrak{x}_{wu}\,\mathfrak{x}_v = 0, \qquad \mathfrak{x}_{vw}\,\mathfrak{x}_u + \mathfrak{x}_{uv}\,\mathfrak{x}_w = 0, \qquad \mathfrak{x}_{wu}\,\mathfrak{x}_v + \mathfrak{x}_{vw}\,\mathfrak{x}_u = 0.$$

Dies sind drei lineare homogene Gleichungen für $\mathfrak{x}_{uv}\,\mathfrak{x}_w$, $\mathfrak{x}_{vw}\,\mathfrak{x}_u$, $\mathfrak{x}_{wu}\,\mathfrak{x}_v$, mit nicht verschwindender Determinante, die nur durch

$$\mathfrak{x}_{uv}\,\mathfrak{x}_w = 0, \qquad \mathfrak{x}_{vw}\,\mathfrak{x}_u = 0, \qquad \mathfrak{x}_{wu}\,\mathfrak{x}_v = 0 \tag{$3_{1,2,3}$}$$

zu erfüllen sind. Nach Gln. $(2_{1,2})$ und (3_1) ist $\mathfrak{x}_w$ zu $\mathfrak{x}_v$, $\mathfrak{x}_u$ und $\mathfrak{x}_{uv}$ normal. Daher sind $\mathfrak{x}_u$, $\mathfrak{x}_v$, $\mathfrak{x}_{uv}$ linear abhängig. Daraus folgt $(\mathfrak{x}_{uv}\,\mathfrak{x}_u\,\mathfrak{x}_v) = 0$ und weiterhin nach § 25 Gl. (4) auf jeder (u, v)-Fläche $M = 0$. Auf jeder (u, v)-Fläche ist aber nach Gl. (2_3) auch $F = 0$. $M = F = 0$ *ist aber kennzeichnend dafür, daß die Parameterlinien Krümmungslinien sind,* denn durch diese Bedingungen geht die Differentialgleichung der Krümmungslinien [§ 29, Gl. (9)] in $du\,dv = 0$ über. Dasselbe gilt für die (v, w)- und die (w, u)-Flächen, was zu beweisen war.

§ 40. **Drehflächen konstanter Gaußscher Krümmung.** Wenn sich eine Kurve m, $z = z(x)$, um die z-Achse dreht, so beschreibt sie eine Drehfläche Φ (Abb. 7). Die Lagen, die sie dabei annimmt, sind die *Meridiane m,* die Kreise, die ihre Punkte beschreiben, die Parallelkreise p der Fläche.

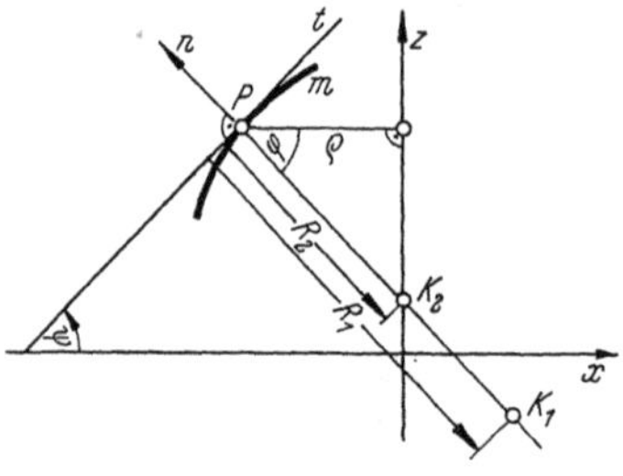

Abb. 7

Die Meridiane m und die Parallelkreise p sind die Krümmungslinien von Φ, § 32. Im Punkt P ist daher die Krümmungsmitte K_1 des Meridians m die eine Hauptkrümmungsmitte, die andere K_2 ist der Schnittpunkt der Drehachse z mit der Normalen n des Meridians in P, wie man sofort erkennt, wenn man die Meusniersche Formel $\varrho = R_2 \cos\varphi$, § 26 Gl. (3), auf den Parallelkreis durch P anwendet. Ist (Abb. 7) ψ der Winkel der Meridiantangente t gegen die x-Achse, s die Bogenlänge auf m, so gilt für die Hauptkrümmungsradien:

$$PK_1 = R_1 = ds : d\psi, \qquad PK_2 = R_2 = x : \sin\psi. \tag{1}$$

Es sollen nun die *Drehflächen konstanten Gaußschen Krümmungsmaßes K* ermittelt werden. Nach § 29 Gl. (4) ist $R_1\,R_2 =$ konst. anzusetzen. Nimmt man zu Gl. (1) noch $dx = ds \cos\psi$ hinzu, so lautet diese Bedingung:

$$R_1\,R_2 = \frac{x\,dx}{\sin\psi\cos\psi\,d\psi} = \text{konst.} = a = \frac{1}{K}. \tag{2}$$

Die Integration von Gl. (2) liefert unmittelbar:

$$2\,x^2 = -a\cos 2\,\psi + C = -2\,a\cos^2\psi + (a + C) = 2\,a\sin^2\psi - (a - C). \tag{3}$$

Multipliziert man Gl. (3) mit a und setzt man

$$\frac{2\,a}{a + C} = k^2, \qquad \frac{2\,a}{a - C} = k_1^2, \tag{$4_{1,2}$}$$

[1] Développements de géométrie, Paris 1813, S. 239.

so nimmt Gl. (3) die Form an:

$$x = \frac{1}{k} \sqrt{a\,(1 - k^2 \cos^2 \psi)} = \frac{1}{k_1} \sqrt{-a\,(1 - k_1^2 \sin^2 \psi)}. \qquad (5_{1,2})$$

Mittels $dz = \operatorname{tg} \psi\, dx$ ergibt sich nach Gl. (5)

$$z = \sqrt{a}\, k \int \frac{\sin^2 \psi\, d\psi}{\sqrt{1 - k^2 \cos^2 \psi}} = -\sqrt{-a}\, k_1 \int \frac{\sin^2 \psi\, d\psi}{\sqrt{1 - k_1^2 \sin^2 \psi}}. \qquad (6_{1,2})$$

Gln. (5) und (6) liefern die Parameterdarstellungen der möglichen Meridiankurven. Man bezeichnet bekanntlich die Integrale

$$\int_0^\alpha \frac{d\alpha}{\sqrt{1 - k^2 \sin^2 \alpha}} = F(k, \alpha), \quad \int_0^\alpha \sqrt{1 - k^2 \sin^2 \alpha}\, d\alpha = E(k, \alpha), \quad (0 < k < 1) \quad (7_{1,2})$$

als *elliptische Normalintegrale 1. bzw. 2. Gattung*, k ist ihr Modul. Es liegt nun die Aufgabe vor, die Integrale Gl. (6) durch die Normalintegrale Gl. (7) auszudrücken, da für diese Tafelwerke[1] vorhanden sind. Doch erfordert die Wahl von a und C in Gl. (4) für die reellen Lösungen die folgenden Fallunterscheidungen, die dann zu nebenstehenden Parameterdarstellungen der Meridiankurven führen:

$$\left.\begin{array}{lllll} I_1. & a > 0, & -a < C < a; & kx = \cos u, & z = E\left(\frac{1}{k}, u\right), \\ I_2. & a > 0, & a < C; & x = \sqrt{1 - k^2 \sin^2 u}, & z = (1 - k^2)\, F(k, u) - E(k, u), \\ I_3. & a > 0, & a = C; & x = \sqrt{a} \sin u, & z = \sqrt{a} \cos u. \end{array}\right\} \quad (8\text{a})$$

Diese sind die Meridiane der reellen Drehflächen konstanten positiven Krümmungsmaßes; I_3 führt zur Kugel. Für Drehflächen mit negativem konstantem Krümmungsmaß erhält man folgende Fälle:

$$\left.\begin{array}{lllll} II_1. & a < 0, & a < C < -a; & x = \cos u, & k_1 z = F\left(\frac{1}{k_1}, u\right) - E\left(\frac{1}{k_1}, u\right), \\ II_2. & a < 0, & -a < C; & x = \sqrt{1 - k_1^2 \sin^2 u}, & z = F(k_1, u) - E(k_1, u), \\ II_3. & a < 0, & -a = C; & & \text{Parameterdarstellung (9).} \end{array}\right\} \quad (8\text{b})$$

Im Fall II_3 ergibt sich aus Gl. (4_2) $k_1 = 1$ und damit aus Gln. (5_2) und (6_2) unmittelbar (nach Umkehrung des Vorzeichens von z) die *Traktrix von Huygens*[2]

$$x = \sqrt{-a} \cos u, \quad z = \sqrt{-a} \left(\int_0^u \frac{du}{\cos u} - \sin u \right) = \sqrt{-a} \left[\ln \operatorname{tg}\left(\frac{u}{2} + \frac{\pi}{4} \right) - \sin u \right]. \quad (9)$$

Durch die Drehung dieser Kurve (Abb. 8) um die z-Achse entsteht die *Pseudosphäre*, die einfachste reelle Drehfläche konstanten negativen Krümmungsmaßes. Aus Gl. (9) ergibt sich für $u = 0$, $x = \sqrt{-a}$, $z = 0$. Der Halbmesser des von der Spitze der Traktrix beschriebenen Parallelkreises ist $\sqrt{-(1:K)}$.

Die Fälle $(a > 0, C < -a)$, $(a > 0,\ C = -a)$, $(a < 0,\ C < a)$, $(a < 0,\ C = a)$ liefern keine reellen Flächen. Trotzdem ist der letzte Fall $a < 0$, $C = a$ bemerkenswert: Es ist nach Gl. (4_1) $k = 1$, und nach Gln. (5_1) und (6_1) $x = \sqrt{a} \sin u$, $z =$

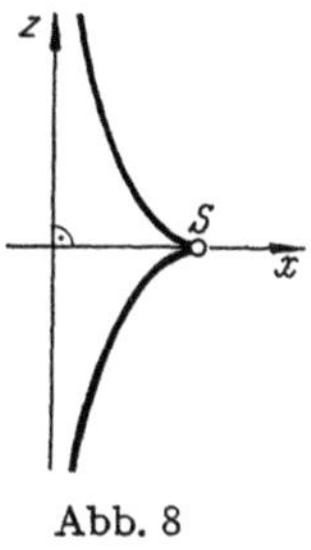

Abb. 8

[1] Jahnke-Emde, Funktionentafeln.
[2] Oeuvres, X., S. 407ff.; gleichzeitig fand auch Leibniz diese Kurve.

$= \sqrt{a}\cos u$, d. i. wegen $a < 0$ ein nullteiliger Kreis, aus dem durch Drehung um die z-Achse eine *nullteilige Kugel* (Mittelpunkt reell, Radius rein imaginär) entsteht.

§ 41. Die isotropen Kurven einer Fläche. Man kann Differentialgeometrie auch im *komplexen Raum* treiben, d. h. unter der Festsetzung, daß auch komplexe Koordinaten, Parameter, Funktionen und Gleichungen zur Erklärung der geometrischen Gebilde und Begriffe zugelassen werden. Dazu ist es notwendig, von den Funktionen vorauszusetzen, daß sie im komplexen Gebiet differenzierbar, d. h. daß sie „*analytisch*" seien. Das gibt zwar gegenüber unserem bisherigen Kurven- und Flächenbegriff eine Einschränkung, die jedoch reiche Früchte trägt, was im folgenden angedeutet werden soll.

Da für komplexe Zahlen x, y, z der Ausdruck $x^2 + y^2 + z^2$ verschwinden kann, ohne daß $x = y = z = 0$ gilt, gibt es im komplexen Raum Strecken, deren Länge Null ist, ohne daß ihre Endpunkte zusammenfallen, und entsprechend Vektoren, deren Betrag Null ist, ohne daß ihre Koordinaten verschwinden. Wir nennen einen solchen Vektor $\mathfrak{a}$, für den also $\mathfrak{a}^2 = 0$ und $\mathfrak{a} \neq 0$ gilt, einen *isotropen Vektor*. Ist $\mathfrak{a}$ ein isotroper Vektor, $\mathfrak{c}$ ein fester Vektor, v ein Parameter, so bestimmt der Ortsvektor

$$\mathfrak{x} = \mathfrak{c} + v\,\mathfrak{a} \qquad (\mathfrak{a}^2 = 0, \quad \mathfrak{a} \neq 0) \tag{1}$$

eine *isotrope Gerade* oder *Minimalgerade*. Für das Entfernungsquadrat von zwei verschiedenen Punkten v_1, v_2 von (1) erhält man $(v_2 - v_1)^2\,\mathfrak{a}^2 = 0$. Wird die Gleichung einer Ebene mit einem isotropen Normalenvektor angesetzt:

$$\mathfrak{a}\,\mathfrak{x} + C = 0 \qquad (\mathfrak{a}^2 = 0, \quad \mathfrak{a} \neq 0), \tag{2}$$

so erhält man eine *isotrope Ebene* oder *Minimalebene*.

Eine Kurve $\mathfrak{x} = \mathfrak{x}(u)$ heißt isotrop, wenn ihre Tangentenvektoren $\dot{\mathfrak{x}}$ isotrop sind, also $\dot{\mathfrak{x}}^2 = 0$, $\dot{\mathfrak{x}} \neq 0$ gilt. In rechtwinkligen Koordinaten hat man für $(d\mathfrak{x})^2 = 0$

$$dx^2 + dy^2 + dz^2 = 0 \tag{3}$$

zu schreiben. *Die isotropen Kurven sind also die Integralkurven der Mongeschen Differentialgleichung* (3). Nach Gl. (3) ist die Bogenlänge irgendeines isotropen Bogens stets Null.

Nach § 10 Gl. (2) ist $\dot{\mathfrak{x}} \times \ddot{\mathfrak{x}}$ ein Normalenvektor der Schmiegebene einer Raumkurve. Ist sie eine isotrope Kurve, so folgt aus $\dot{\mathfrak{x}}^2 = 0$ die Gleichung $\dot{\mathfrak{x}}\,\ddot{\mathfrak{x}} = 0$ und somit nach § 4 Gl. (11) $(\dot{\mathfrak{x}} \times \ddot{\mathfrak{x}})^2 = 0$. Somit gilt nach der obigen Erklärung der Minimalebene:

Die Schmiegebenen einer isotropen Kurve sind isotrope Ebenen.

Ist $\mathfrak{x} = \mathfrak{x}(u, v)$ eine analytische Fläche im komplexen Raum, so bestimmt nach Gl. (3) $ds^2 = 0$, d. i.

$$E\,du^2 + 2F\,du\,dv + G\,dv^2 = 0 \tag{4}$$

die auf ihr liegenden isotropen Kurven. Durch jeden Punkt der Fläche gehen nach Gl. (4) im allgemeinen zwei isotrope Kurven. Die isotropen Kurven bilden daher ein die Fläche doppelt überdeckendes Netz.

Bemerkenswerte Vereinfachungen im Formelapparat der Flächentheorie lassen sich dadurch erzielen, daß man die isotropen Kurven zu Parameterlinien macht. Auf der u-Linie (v = konst.) ist dann nach Gl. (4) $E = 0$; auf der v-Linie (u = konst.) $G = 0$. Damit nimmt die Formel § 37 (4) für die *Gaußsche Krümmung* K die einfachen Formen an:

$$K = \frac{F_u F_v - F_{uv} F}{F^3} = -\frac{1}{F}\,\frac{\partial^2 \ln F}{\partial u\,\partial v}. \tag{5}$$

Für die *mittlere Krümmung* H folgt wegen $E = G = 0$ nach § 29 Gl. (5)

$$H = M : F. \tag{6}$$

Die Differentialgleichung der Krümmungslinien § 29 Gl. (9) wird wegen $E = G = 0$ zu

$$L\,du^2 - N\,dv^2 = 0. \tag{7}$$

Die drei Integrabilitätsbedingungen § 37 Gl. (5), § 38 Gln. $(3_{1,2})$ nehmen die folgende einfache Form an:

$$F(LN - M^2) = FF_{uv} - F_u F_v, \quad F(M_u - L_v) = MF_u, \quad F(M_v - N_u) = MF_v. \tag{8}$$

Schließlich sei noch auf das Verhalten der isotropen Kurven einer Fläche bei konformen Abbildungen (§ 23) hingewiesen. Wird eine Fläche Φ, $\mathfrak{x} = \mathfrak{x}(u, v)$, auf eine andere Φ_1, $\mathfrak{x} = \mathfrak{x}(p, q)$, durch $p = p(u, v)$, $q = q(u, v)$ abgebildet, so kann jedem Punkt (p, q) von Φ_1 das Parameterpaar (u, v) des ihm auf Φ entsprechenden Punktes zugewiesen werden. Φ_1 erhält damit eine Darstellung $\mathfrak{x} = \mathfrak{x}_1(u, v)$. Nun liefern $\mathfrak{x}(u, v)$ und $\mathfrak{x}_1(u, v)$ für jedes (u, v) ein Paar entsprechender Punkte auf Φ und Φ_1. Aus den Bedingungsgleichungen § 23 Gl. (2) für die konforme Abbildung folgt $E : F : G = A : B : C$, worin nach § 21 Gl. (4) wegen $p = u$, $q = v$ die Gleichungen $A = E_1$, $B = F_1$, $C = G_1$ gelten. Damit geht die letzte Proportion in $E : F : G = E_1 : F_1 : G_1$ über, weshalb aus $ds^2 = 0$ $ds_1{}^2 = 0$ folgt. Es gilt also:

Die konformen Abbildungen zwischen zwei Flächen sind dadurch gekennzeichnet, daß die isotropen Kurven der einen in die isotropen Kurven der anderen übergehen.

§ 42. Schiebflächen, Minimalflächen. Sind $\mathfrak{x} = \mathfrak{x}(u)$ und $\mathfrak{y} = \mathfrak{y}(v)$ zwei Raumkurven c_1, c_2, so heißt die Fläche

$$\mathfrak{z} = \mathfrak{x}(u) + \mathfrak{y}(v) \tag{1}$$

Schiebfläche. Der Sinn dieser Bezeichnung liegt auf der Hand: Die u-Linien (v = konst.) der Fläche entstehen dadurch, daß auf c_1 alle Parallelverschiebungen mit den Schiebvektoren $\mathfrak{y}(v)$ ausgeübt werden, entsprechend die v-Linien (u = konst.), indem c_2 allen Parallelverschiebungen mit den Schiebvektoren $\mathfrak{x}(u)$ unterworfen wird. Daher läßt sich jede Parameterlinie in jede andere der gleichen Art durch Parallelverschiebung überführen. Diese besonderen Kurven der Schiebflächen nennt man ihre *Schiebkurven.*

Es sei nun c eine Kurve, die mit zwei Parametern u und v belegt sei. In

$$2\,\mathfrak{z} = \mathfrak{x}(u) + \mathfrak{x}(v) \tag{2}$$

sind dann die $\mathfrak{z}$ die Ortsvektoren nach den Mittelpunkten aller Sehnen von c. (2) ist daher die *Sehnenmittenfläche* von c; auch sie gehört nach Gl. (1) zu den Schiebflächen.

Aus Gl. (1) folgt $\mathfrak{z}_u = d\mathfrak{x}(u) : du$ und $\mathfrak{z}_v = d\mathfrak{y}(v) : dv$. Daraus folgt, daß in allen Punkten einer u-Linie (v = konst.) $\mathfrak{z}_v$ konstant ist, während in den Punkten einer v-Linie $\mathfrak{z}_u$ konstant ist. Das bedeutet, daß längs einer u-Linie der Fläche ein Zylinder umschrieben ist, dessen Erzeugenden die Tangenten der v-Linien in den Punkten dieser u-Linie sind. Umgekehrt bilden die Tangenten an die u-Linien in den Punkten einer v-Linie einen der Fläche umschriebenen Zylinder. Nach § 30, Satz 1, kann man daher sagen:

Die Schiebkurven einer Schiebfläche bilden ein Netz konjugierter Kurven.

Als *Minimalflächen* werden die Flächen bezeichnet, auf denen die mittlere Krümmung $H = 0$ ist, d. h. nach § 29 Gl. (5), auf denen in jedem Punkt $R_1 = -R_2$ ist. Über diese bemerkenswerten Flächen wurde in § 33 der Satz bewiesen, daß ihre sphärische Abbildung konform ist. Hier wollen wir noch ihren Zusammenhang mit den Schiebflächen und isotropen Kurven zeigen. Werden sie auf ihre isotropen Kurven bezogen, so ist, wie in § 41 gezeigt wurde, $E = G = 0$. Es ist aber nach § 41 Gl. (6) wegen $H = 0$ auch $M = 0$. Also ist nach § 25 Gl. (4a) $\mathfrak{z}_{uv} \mathfrak{N} = 0$. Aus $E = \mathfrak{z}_u^2 = 0$ und $G = \mathfrak{z}_v^2 = 0$ folgt $\mathfrak{z}_u \mathfrak{z}_{uv} = 0$ und $\mathfrak{z}_v \mathfrak{z}_{uv} = 0$. Zusammen mit der genannten Gleichung $\mathfrak{z}_{uv} \mathfrak{N} = 0$ besagen die letzten zwei Gleichungen, daß $\mathfrak{z}_{uv} = 0$ ist, weil sonst $\mathfrak{z}_{uv}$ zu den drei linear unabhängigen Vektoren $\mathfrak{z}_u, \mathfrak{z}_v, \mathfrak{N}$ normal sein müßte, was unmöglich ist. Aus $\mathfrak{z}_{uv} = 0$ folgt aber $\mathfrak{z} = \mathfrak{x}(u) + \mathfrak{y}(v)$. Nach Gl. (1) gilt somit der Satz:

Die Minimalflächen sind Schiebflächen mit ihren isotropen Kurven als Schiebkurven.

Anmerkungsweise sei noch erwähnt, daß die Minimalflächen die Lösungen für das folgende Variationsproblem sind: Man soll zu einer gegebenen geschlossenen Raumkurve ein durch sie begrenztes Flächenstück mit kleinstem Flächeninhalt ermitteln (PLATEAUsches Problem).

IV. Biegung von Flächen

§ 43. Isometrie und Biegung; einige Biegungsinvarianten. Wenn man in einem Buche blättert, so bemerkt man, daß die Blätter auch gekrümmte Gestalten annehmen können, bei denen sie keine Dehnungen oder innere Pressungen erfahren. Diese Wahrnehmung läßt die Frage entstehen, ob es möglich ist, einem Flächenstück Formänderungen zu erteilen, die zugleich *längentreu, winkeltreu* und *flächentreu*, kurz gesagt „*isometrisch*“ sind. Der gewöhnliche Sprachgebrauch besitzt für die Formänderung eines Flächenstückes das Wort „*Biegung*“ oder „*Verbiegung*“; in diesem Wort steckt zugleich die Vorstellung, daß die Formänderung allmählich (stetig) erfolgt. Bei der nun folgenden mathematischen Fassung des Begriffes „Verbiegung einer Fläche“ soll jedoch die Möglichkeit einer stetigen, isometrischen Überführung einer Fläche Φ in eine andere Φ_1 — die nicht zu ihr kongruent ist — außer acht gelassen werden. Wir definieren: *Eine Verbiegung oder Isometrie einer Fläche Φ auf eine zu Φ nicht kongruente Fläche Φ_1 ist eine umkehrbar eindeutige Abbildung der Punkte von Φ auf die Punkte von Φ_1, bei der die Kurven auf Φ längentreu den entsprechenden Kurven auf Φ_1 zugeordnet werden.*

Wir nehmen nun an, zwischen zwei Flächen Φ und Φ_1 bestehe eine isometrische Abbildung. Wie bei jeder Abbildung, dürfen wir ohne Einschränkung der Allgemeinheit annehmen, daß je zwei entsprechenden Punkten von Φ und Φ_1 immer dasselbe Wertepaar der Flächenparameter u, v zugeordnet ist. Es sind dann Φ und Φ_1 durch $\mathfrak{x} = \mathfrak{x}(u, v)$ und $\mathfrak{x} = \mathfrak{x}_1(u, v)$ gegeben. Für die Bogendifferentiale ds, ds_1 auf Φ bzw. Φ_1 gilt dann:

$$ds^2 = E\,du^2 + 2\,F\,du\,dv + G\,dv^2, \quad ds_1^2 = E_1\,du^2 + 2\,F_1\,du\,dv + G_1\,dv^2,$$

und da die Isometrie $ds = ds_1$ für alle Fortschreitungsrichtungen du, dv verlangt, ist für die isometrische Abbildung von Φ auf Φ_1 die Bedingung:

$$E = E_1, \qquad F = F_1, \qquad G = G_1 \tag{1}$$

für alle (u, v) notwendig und hinreichend.

Damit gewinnen wir einen Einblick in das Problem, zu einer gegebenen Fläche Φ alle Flächen Φ_1 („Biegungsflächen“) anzugeben, die sich auf Φ isometrisch abbilden lassen. Dazu hat man nach dem Theorem von BONNET (Ende § 38) zu den gegebenen E, F, G von Φ alle zulässigen zweiten Grundformen $L\,du^2 + 2\,M\,du\,dv + N\,dv^2$ aufzusuchen. Zulässig sind drei Funktionen L, M, N dann und nur dann, wenn sie mit den gegebenen E, F, G die Integrabilitätsbedingungen von GAUSS, § 37 Gl. (5), und von MAINARDI-CODAZZI, § 38 Gln. ($3_{1,2}$), erfüllen.

Alle Aussagen über eine Fläche Φ, die sich mittels der Koeffizienten E, F, G der ersten Grundform und ihren Ableitungen nach den Parametern u, v allein vollständig beschreiben lassen, gelten also auch für alle Biegungsflächen von Φ. Diese Begriffsbildungen werden daher als *biegungsinvariant* bezeichnet. Es ist üblich, die Flächentheorie, soweit sie sich mittels der ersten Grundform allein aufbauen läßt, als *innere Geometrie* der Flächen zu bezeichnen. Diese umfaßt damit alle Begriffsbildungen der Flächentheorie, die unabhängig sind von isometrischen Formänderungen, denen die Flächen in dem sie umgebenden äußeren Raum unterworfen werden können.

Biegungsinvariante Begriffsbildungen sind nach dem Gesagten — abgesehen von der Bogenlänge, deren Invarianz wir zur Definition der Isometrie herangezogen haben — der *Winkel*, § 19 Gln. $(2_{1,2})$, in dem sich zwei Kurven auf einer Fläche schneiden, der *Flächeninhalt*, § 20 Gl. (3), eines Flächenstückes und das *Gaußsche Krümmungsmaß* auf Grund der Darstellung § 37 Gl. (4). Die Erkenntnis von der Biegungsinvarianz der Gaussschen Krümmung (Theorema egregium) gehört zu den grundlegenden Beiträgen von C. F. Gauss zur Flächentheorie. Biegungsinvariant sind die Christoffel-Symbole, da sie gemäß § 35 Gln. (6) und (9) durch E, F, G und deren Ableitungen darstellbar sind. Biegungsinvariant sind auch die durch $ds^2 = 0$ gekennzeichneten *isotropen Kurven* einer Fläche (§ 41), d. h. *bei einer isometrischen Abbildung von Φ auf Φ_1 gehen die isotropen Kurven von Φ in die isotropen Kurven von Φ_1 über.*

§ 44. Die Biegungsinvarianz der geodätischen Krümmung. In § 34 Gl. (9) wurde für die geodätische Krümmung in einem Punkt einer Flächenkurve c die Formel

$$\varkappa_g = (\mathfrak{x}' \mathfrak{x}'' \mathfrak{N}) \tag{1}$$

angegeben. Das Vorzeichen von $\varkappa_g$ hängt daher von der Orientierung der Kurve und der Flächennormalen ab. Es ist:

$$\begin{gathered}\mathfrak{x}' = \mathfrak{x}_u u' + \mathfrak{x}_v v', \quad \mathfrak{x}'' = \mathfrak{x}_u u'' + \mathfrak{x}_v v'' + \mathfrak{x}_{uu} u'^2 + 2\mathfrak{x}_{uv} u'v' + \mathfrak{x}_{vv} v'^2, \\ \sqrt{EG - F^2}\,\mathfrak{N} = \mathfrak{x}_u \times \mathfrak{x}_v.\end{gathered} \tag{$2_{1,2,3}$}$$

Wenn man Gl. (2_1) mit Gl. (2_2) vektoriell und das Ergebnis skalar mit Gl. (2_3) multipliziert, so erhält man nach Gl. (1), § 4 Gl. (10), § 35 Gl. (1)

$$\begin{aligned}\varkappa_g \sqrt{EG - F^2} &= (EG - F^2)(u'v'' - u''v') + \\ &+ (Eu' + Fv')(\Gamma_{11,2} u'^2 + 2\Gamma_{12,2} u'v' + \Gamma_{22,2} v'^2) - \\ &- (Fu' + Gv')(\Gamma_{11,1} u'^2 + 2\Gamma_{12,1} u'v' + \Gamma_{22,1} v'^2).\end{aligned} \tag{3}$$

Gl. (3) vereinfacht sich durch die Verwendung der Christoffel-Symbole 2. Art, § 35 Gl. (7). Man erhält:

$$\begin{aligned}\varkappa_g (EG - F^2)^{-\frac{1}{2}} &= (u'v'' - u''v') + \Gamma_{11}^2 u'^3 - (\Gamma_{11}^1 - 2\Gamma_{12}^2) u'^2 v' + \\ &+ (\Gamma_{22}^2 - 2\Gamma_{12}^1) u' v'^2 - \Gamma_{22}^1 v'^3.\end{aligned} \tag{4}$$

In Gln. (3) und (4) lassen sich die Christoffel-Symbole durch E, F, G und deren Ableitungen ausdrücken. Beachtet man ferner, daß in Gln. (3) und (4) die die Flächenkurve definierenden Funktionen $u(s)$, $v(s)$ nach der Bogenlänge differenziert erscheinen, so offenbart sich in Gln. (3) und (4) die *Biegungsinvarianz der geodätischen Krümmung*. Gln. (3) und (4) lassen sich leicht auf einen allgemeinen Parameter t umrechnen. Es ist

$$\begin{gathered}u' = \dot u : \dot s, \quad u'' = (\ddot u\,\dot s - \dot u\,\ddot s) : \dot s^3, \quad v' = \dot v : \dot s, \quad v'' = (\ddot v\,\dot s - \dot v\,\ddot s) : \dot s^3, \\ \dot s^2 = E\dot u^2 + 2F\dot u\,\dot v + G\dot v^2.\end{gathered} \tag{5}$$

Beim Einsetzen in Gln. (3) und (4) fällt $\ddot{s}$ heraus und man erhält aus Gln. (3) und (4) für $\varkappa_g$:

$$\varkappa_g \sqrt{(EG - F^2)}\,(E\dot{u}^2 + 2F\dot{u}\dot{v} + G\dot{v}^2)^{\frac{3}{2}} =$$
$$= (EG - F^2)(\dot{u}\ddot{v} - \ddot{u}\dot{v}) + (E\dot{u} + F\dot{v})(\Gamma_{11,2}\dot{u}^2 + 2\Gamma_{12,2}\dot{u}\dot{v} + \Gamma_{22,2}\dot{v}^2) -$$
$$- (F\dot{u} + G\dot{v})(\Gamma_{11,1}\dot{u}^2 + 2\Gamma_{12,1}\dot{u}\dot{v} + \Gamma_{22,1}\dot{v}^2). \tag{6}$$

Mittels der $\Gamma_{ik}{}^l$ lautet Gl. (4):

$$\varkappa_g (EG - F^2)^{-\frac{1}{2}}(E\dot{u}^2 + 2F\dot{u}\dot{v} + G\dot{v}^2)^{\frac{3}{2}}$$
$$= (\dot{u}\ddot{v} - \ddot{u}\dot{v}) + \Gamma_{11}{}^2\dot{u}^3 - (\Gamma_{11}{}^1 - 2\Gamma_{12}{}^2)\dot{u}^2\dot{v} + (\Gamma_{22}{}^2 - 2\Gamma_{12}{}^1)\dot{u}\dot{v}^2 - \Gamma_{22}{}^1\dot{v}^3. \tag{7}$$

Die Darstellung Gl. (3) von $\varkappa_g$ mit der Bogenlänge s als unabhängiger Veränderlicher gestattet zwei vereinfachte Darstellungen. Differenziert man die Identität $\mathfrak{x}_u{}^2 u'^2 + 2\mathfrak{x}_u\mathfrak{x}_v u'v' + \mathfrak{x}_v{}^2 v'^2 = 1$ nach s, so erhält man

$$u'D_1 + v'D_2 = 0, \tag{$8_{1,2,3}$}$$

mit

$$D_1 = Eu'' + Fv'' + \Gamma_{11,1}u'^2 + 2\Gamma_{12,1}u'v' + \Gamma_{22,1}v'^2,$$
$$D_2 = Fu'' + Gv'' + \Gamma_{11,2}u'^2 + 2\Gamma_{12,2}u'v' + \Gamma_{22,2}v'^2.$$

Damit ergeben sich aus Gl. (3) nach leichter Rechnung für $\varkappa_g$ die beiden einfachen Darstellungen:

$$\varkappa_g\sqrt{EG - F^2} = \frac{-D_1}{v'} = \frac{D_2}{u'}. \tag{9}$$

Geschichtlich sei bemerkt, daß der Begriff geodätische Krümmung auf F. Minding zurückgehen dürfte, der 1830 seine Biegungsinvarianz erkannte. Die Benennung stammt von O. Bonnet (1848), die Formel (6) findet sich bei E. Beltrami (Werke I, S. 178).

§ 45. **Geodätische Linien.** In § 34 wurden die Kurven auf einer Fläche, die durch das Verschwinden der geodätischen Krümmung, $\varkappa_g = 0$, gekennzeichnet sind, als *geodätische Linien* der Fläche bezeichnet. Auf Grund der Formel § 34 (4_1) konnten sie als die Flächenkurven erklärt werden, auf denen in jedem Punkt die Hauptnormale mit der Flächennormalen zusammenfällt. Wegen der in § 44 bewiesenen Biegungsinvarianz von $\varkappa_g$ folgt aus der Gleichung $\varkappa_g = 0$ der geodätischen Linien, daß sie biegungsinvariant mit der Fläche verbunden sind. Die in § 44 entwickelten Formeln für $\varkappa_g$ liefern durch das Nullsetzen von $\varkappa_g$ Gleichungen der geodätischen Linien. Soll $v = v(u)$ eine geodätische Linie auf einer Fläche mit der ersten Grundform $E\,du^2 + 2F\,du\,dv + G\,dv^2$ sein, so muß $v(u)$ gemäß § 44 Gl. (7), indem man $u = t$, also $\dot{u} = 1$, $\ddot{u} = 0$ setzt, der *Differentialgleichung der geodätischen Linien*

$$\ddot{v} + \Gamma_{11}{}^2 - (\Gamma_{11}{}^1 - 2\Gamma_{12}{}^2)\dot{v} + (\Gamma_{22}{}^2 - 2\Gamma_{12}{}^1)\dot{v}^2 - \Gamma_{22}{}^1\dot{v}^3 = 0 \tag{1}$$

genügen. Ist u die Bogenlänge s auf der geodätischen Linie, so kann man die Differentialgleichung für $u = s$, $v = v(s)$ nach § 44 Gln. (9), ($8_{2,3}$) auf die folgenden beiden Arten anschreiben:

$$Fv'' + \Gamma_{11,1} + 2\Gamma_{12,1}v' + \Gamma_{22,1}v'^2 = 0 \tag{2}$$

oder

$$Gv'' + \Gamma_{11,2} + 2\Gamma_{12,2}v' + \Gamma_{22,2}v'^2 = 0. \tag{3}$$

Ist die Fläche in rechtwinkligen Koordinaten $z = f(x, y)$ gegeben, so ist mit den üblichen Abkürzungen p, q, r, s, t für die ersten und zweiten Ableitungen: $dz = p\,dx + q\,dy$, $ds^2 = dx^2 + dy^2 + dz^2 = (1 + p^2)\,dx^2 + 2\,p\,q\,dx\,dy + (1 + q^2)\,dy^2$, woraus für $u = x$, $v = y$ die Γ_{ik}^{l} nach § 35 Gl. (9) berechnet werden können. Für die geodätischen Linien $y = y(x)$, $z = f(x, y(x))$ erhält man so nach Gl. (1) die Differentialgleichung:

$$\ddot{y}\,(1 + p^2 + q^2) + q\,r - (p\,r - 2\,q\,s)\,\dot{y} + (q\,t - 2\,p\,s)\,\dot{y}^2 - p\,t\,\dot{y}^3 = 0. \quad (4)$$

Auf die geodätischen Linien führt auch eine klassische Aufgabe der Variationsrechnung, nämlich die Aufgabe, zwei Punkte einer Fläche durch den kürzesten auf ihr verlaufenden Kurvenbogen zu verbinden.

§ 46. Verebnung von Torsen. Es sei eine Raumkurve $\mathfrak{x} = \mathfrak{x}(s)$ mit s als Bogenlänge und ihre Tangentenfläche

$$\mathfrak{X} = \mathfrak{x}(s) + v\,\mathfrak{x}'(s) \quad (1)$$

gegeben. Aus Gl. (1) folgt mittels § 13 Gl. (6_1) $d\mathfrak{X} = \mathfrak{t}\,(ds + dv) + v\,\varkappa\,\mathfrak{h}\,ds$ und damit für das Quadrat des Bogendifferentials $d\sigma^2 = d\mathfrak{X}^2$

$$d\sigma^2 = (1 + \varkappa^2\,v^2)\,ds^2 + 2\,ds\,dv + dv^2. \quad (2)$$

Aus Gl. (2) folgt, daß alle Kurven, für die die Krümmung $\varkappa$ eine und dieselbe Funktion $\varkappa = \varkappa(s)$ der Bogenlänge ist, Tangentenflächen besitzen, die zueinander Biegungsflächen sind, wobei Punkte mit gleichen Parameterpaaren (s, v) einander entsprechen. Wir zeigen nun, daß durch die Gleichung $\varkappa = \varkappa(s)$ auch eine ebene Kurve bis auf ihre besondere Lage in der Ebene bestimmt ist; man nennt sie die „*natürliche Gleichung*“ der Kurve.

Ist φ der Winkel der Tangente einer ebenen Kurve c_1 gegen die x-Achse eines rechtwinkligen Achsenkreuzes, so ist $d\varphi = \varkappa(s)\,ds$, $\varphi = \int \varkappa(s)\,ds$, $dx = \cos\varphi\,ds$, $dy = \sin\varphi\,ds$, woraus sich die Parameterdarstellung der gesuchten Kurve

$$x = \int_a^s \cos\left(\int_b^s \varkappa\,ds\right) ds, \qquad y = \int_{a_1}^s \sin\left(\int_b^s \varkappa\,ds\right) ds \quad (3)$$

ergibt. Die Willkürlichkeit der unteren Grenzen a, a_1, b entspricht den Bewegungen von c_1 gegenüber dem Achsenkreuz. Die Tangentenfläche von c_1 ist ein Teil der Ebene, der sich entsprechend zu Gl. (1) in der Form $\mathfrak{X}_1 = \mathfrak{x}_1(s) + v\,\mathfrak{x}_1'(s)$ darstellen läßt. Nach dem oben Gesagten ergeben nun die Punkte mit gleichen Parameterpaaren (s, v) auf der Tangentenfläche Φ von c und in der Ebene eine isometrische Abbildung von Φ auf die Ebene, wobei man, um die umkehrbare Eindeutigkeit der Abbildung sicherzustellen, die Beschränkung auf begrenzte Flächenstücke vornehmen muß.

Auch Stücke von Kegeln und Zylindern lassen sich in ebene Gebiete verbiegen, wofür man auch „verebnen“ oder „abwickeln“ sagt. Ist ein Kegel $\mathfrak{X} = v\,\mathfrak{x}(s)$ gegeben, so kann ohne Einschränkung der Allgemeinheit $\mathfrak{x}^2 = 1$, also $\mathfrak{x}\,\mathfrak{x}' = 0$ angenommen werden. Damit ergibt sich für das Quadrat des Bogendifferentials $d\sigma^2 = v^2\,ds^2 + dv^2$ derselbe Ausdruck wie für Polarkoordinaten r, φ in der Ebene, wenn man $s = \varphi$ und $v = r$ setzt. Damit ist die Isometrie zwischen Kegel und Ebene nachgewiesen. $\mathfrak{X} = \mathfrak{x}(s) + v\,\mathfrak{c}$, wobei $\mathfrak{c}$ einen festen Einsvektor bedeutet, ist die Parameterdarstellung eines Zylinders. Wir können annehmen, daß die Kurve $\mathfrak{x} = \mathfrak{x}(s)$ die Erzeugenden des Zylinders rechtwinklig schneidet, daß also $\mathfrak{x}'\,\mathfrak{c} = 0$ ist. Unter dieser Annahme ergibt sich für das Quadrat des Bogendifferentials $d\sigma^2 = ds^2 + dv^2$ derselbe Ausdruck wie für rechtwinklige Koordinaten x, y in der Ebene, wenn man $x = s$, $y = v$ setzt. Also ist diese Abbildung des Zylinders auf die Ebene eine Verbiegung.

Schließlich beweisen wir den Satz: *Die Torsen sind die einzigen Flächen mit verschwindender Gaußscher Krümmung. Beweis*: Wir beziehen eine Fläche Φ

auf ein Parametersystem derart, daß die u-Linien (v = konst.) eine Schar der Schmieglinien bilden. Es ist dann nach § 25 Gl. (6) $L = 0$. Hat die Fläche verschwindende Krümmung, so ist nach § 29 Gl. (4) $LN - M^2 = 0$. Also ist auch $M = 0$. Aus der Ableitungsgleichung von WEINGARTEN, § 31 Gl. (2_1), folgt damit $\mathfrak{N}_u = 0$. Der Einsvektor der Flächennormalen ist daher eine Funktion $\mathfrak{N} = \mathfrak{N}(v)$ von v allein oder ein konstanter Vektor. Daraus folgt aber, daß die Berührebenen der Fläche im allgemeinen eine einparametrige Ebenenschar bilden. Die Fläche ist daher nach § 11 (Ende) eine Torse (oder eine Ebene).

Aus diesem Satz folgt weiterhin, *daß die Torsen die einzigen Flächen sind, die sich zumindest stückweise verebnen lassen.*

§ 47. **Geodätische Parallelverschiebung; biegungsinvariante Erklärung der geodätischen Krümmung.** Es können nun die in § 34 durchgeführten Betrachtungen über einen Flächenstreifen, bestehend aus einer Kurve c auf einer Fläche Φ und deren Berührebenen in den Punkten von c, weitergeführt werden, wobei der Begriff der Biegungsinvarianz in den Vordergrund gestellt werden soll. Nach § 34 Gl. (4_1) ist die geodätische Krümmung $\varkappa_g$ in einem Punkt P einer Flächenkurve c gegeben durch $\varkappa_g = \varkappa \cos \omega$, worin ω den Winkel zwischen der Berührebene der Fläche und der Schmiegebene der Kurve in P bedeutet. Für eine ebene Kurve ist daher $\omega = 0$ und $\varkappa_g = \varkappa$. Da nach § 44 die geodätische Krümmung biegungsinvariant ist, gilt der Satz: *Wird die einer Fläche Φ längs einer Kurve c umschriebene Torse verebnet, so geht c in eine ebene Kurve c_0 derart über, daß in entsprechenden Punkten von c* und *c_0 die geodätische Krümmung $\varkappa_g$ von c gleich der Krümmung $\varkappa_g$ von c_0 ist; ist insbesondere c eine geodätische Linie auf Φ, so ist c_0 eine Gerade* [$\varkappa_g = \varkappa_0 = 0$, § 13 Gl. ($14_4$)].

Wir legen nun durch die Punkte P_0 von c_0 parallele Geraden a_0. Da die Verebnung der Torse winkeltreu ist, entspricht in dieser Isometrie der Geraden a_0 in P_0 eine ganz bestimmte Flächentangente a in P auf c, so daß die Winkel von a und a_0 gegen die orientierten Tangenten von c bzw. c_0 in P und P_0 übereinstimmen. *Die den Parallelen a_0 in der Ebene so entsprechenden Flächentangenten a nennt man geodätisch-parallel längs c.* Durchläuft eine Flächentangente die zu ihr längs einer Flächenkurve c geodätisch-parallelen Tangenten, so spricht man von einer *geodätischen Parallelverschiebung längs c.* Dieser biegungsinvariante Begriff wird häufig als *Parallelverschiebung von Levi-Civita*[1] bezeichnet.

Ist nun φ der Winkel, den a_0 und a in entsprechenden Punkten P_0 und P mit den Tangenten von c_0 bzw. c bilden, s die Bogenlänge auf c_0 und c, so ist wegen der Isometrie und auf Grund des obigen Satzes $d\varphi : ds$ dem Betrage nach sowohl die Krümmung von c_0 in P_0 als auch die geodätische Krümmung $\varkappa_g$ von c in P. $\varkappa_g$ ist dadurch biegungsinvariant mittels der geodätischen Parallelverschiebung[2] erklärt.

Es sei $\mathfrak{a}$ ein Tangentenvektor von Φ in P. Wir stellen nun die Aufgabe, die geodätische Parallelverschiebung von $\mathfrak{a}$ längs einer durch P gehenden Flächenkurve c analytisch zu kennzeichnen. Wir können $\mathfrak{a}^2 = 1$ annehmen. Es ist dann, wenn $\mathfrak{t}$ der Tangentenvektor von c, $\mathfrak{N}$ der Flächennormalenvektor und $\varphi = \sphericalangle\, \mathfrak{a}\, \mathfrak{t}$ in P ist, $\mathfrak{t}\,\mathfrak{a} = \cos\varphi$, $(\mathfrak{t}\,\mathfrak{a}\,\mathfrak{N}) = \sin\varphi$. Durch Ableitung der letzten Gleichung nach der Bogenlänge s von c entsteht:

$$\varphi' \cos\varphi = (\mathfrak{t}'\,\mathfrak{a}\,\mathfrak{N}) + (\mathfrak{t}\,\mathfrak{a}'\,\mathfrak{N}) + (\mathfrak{t}\,\mathfrak{a}\,\mathfrak{N}'). \tag{1}$$

Die letzte Determinante in Gl. (1) verschwindet, weil die drei Vektoren wegen $\mathfrak{N}^2 = 1$ linear abhängig ist. Zur Berechnung von $(\mathfrak{t}'\,\mathfrak{a}\,\mathfrak{N})$ beachte man die

[1] Nozione di parallelismo. Rend. Circ. mat. Palermo 42 (1917), Lezioni di calcolo diff. ass., Roma 1925; deutsche Übersetzung von A. DUSCHEK, Berlin 1928, 2. Kap.

[2] J. LIPKA, Rend. Accad. Lincei 31 (1922).

FRESNET-Formel $\mathfrak{t}' = \varkappa\,\mathfrak{h}$ und $\mathfrak{h} \times \mathfrak{N} = \mathfrak{t}\cos\omega$, wenn, wie in § 34, ω der Winkel ist, den die Berührebene der Fläche mit dem Hauptnormalenvektor $\mathfrak{h}$ von c in P bildet. Somit geht Gl. (1) über in

$$\varphi' \cos\varphi = -\varkappa\cos\omega\cos\varphi + (\mathfrak{t}\,\mathfrak{a}'\,\mathfrak{N}). \tag{2}$$

Wird nun $\mathfrak{a}$ längs c geodätisch-parallel verschoben, so muß nach dem Gesagten $|\varphi'| = |\varkappa_g| = |\varkappa\cos\omega|$ gelten, und das ist nach Gl. (2) (für $\varphi \neq \pi/2$) der Fall, wenn $(\mathfrak{t}\,\mathfrak{a}'\,\mathfrak{N}) = 0$ ist. Gl. (2) geht dann über in:

$$-\varphi' = \varkappa\cos\omega = \varkappa_g, \tag{3}$$

womit zugleich über das Vorzeichen von $\varkappa_g$ und damit nach § 34 Gl. (9) über die Orientierung von $\mathfrak{N}$ entschieden wird (vgl. § 34 Gl. (12), wo $\mathfrak{a}$ fest). Aus $(\mathfrak{t}\,\mathfrak{a}'\,\mathfrak{N}) = 0$ folgt $\mathfrak{a}' = \lambda\,\mathfrak{t} + \mu\,\mathfrak{N}$, woraus (wegen $\mathfrak{a}^2 = 1$) $\mathfrak{a}'\,\mathfrak{a} = \lambda\cos\varphi = 0$, also $\lambda = 0$ folgt. $\mathfrak{a}'$ muß also mit $\mathfrak{N}$ gleiche oder entgegengesetzte Richtung haben, wofür wegen $\mathfrak{a}\,\mathfrak{a}' = 0$ auch gefordert werden kann, daß das skalare Produkt $\mathfrak{a}'\,\mathfrak{w}$ von $\mathfrak{a}'$ mit irgendeinem von $\mathfrak{a}$ verschiedenen Tangentenvektor $\mathfrak{w}$ der Fläche in P verschwinden muß. Da $\mathfrak{a}'$ von der Ableitung $\dot{\mathfrak{a}}$ von $\mathfrak{a}$ nach einem beliebigen Kurvenparameter t linear abhängig ist, lauten somit die *Bedingungsgleichungen für die geodätische Parallelverschiebung* eines Vektors $\mathfrak{a}$ (konstanten Betrages) *längs einer Flächenkurve c*

$$\mathfrak{a}\,\dot{\mathfrak{a}} = 0, \qquad \dot{\mathfrak{a}}\,\mathfrak{w} = 0, \tag{4}$$

worin $\mathfrak{w}$ ein beliebiger von $\mathfrak{a}$ verschiedener Tangentenvektor der Fläche im Kurvenpunkt ist.

Setzt man

$$\mathfrak{a} = a_1\,\mathfrak{x}_u + a_2\,\mathfrak{x}_v, \qquad \mathfrak{w} = w_1\,\mathfrak{x}_u + w_2\,\mathfrak{x}_v, \tag{5}$$

so ist $\dot{\mathfrak{a}} = \dot{a}_1\,\mathfrak{x}_u + \dot{a}_2\,\mathfrak{x}_v + a_1\,\dot{u}\,\mathfrak{x}_{uu} + (a_1\,\dot{v} + a_2\,\dot{u})\,\mathfrak{x}_{uv} + a_2\,\dot{v}\,\mathfrak{x}_{vv}$ und die Bedingungsgleichungen (4) nehmen mittels § 35 Gl. (1) die Form an:

$$a_1 P_1 + a_2 P_2 = 0, \qquad w_1 P_1 + w_2 P_2 = 0, \tag{6}$$

mit

$$P_1 = E\,\dot{a}_1 + F\,\dot{a}_2 + (\Gamma_{11,1}\,\dot{u} + \Gamma_{12,1}\,\dot{v})\,a_1 + (\Gamma_{12,1}\,\dot{u} + \Gamma_{22,1}\,\dot{v})\,a_2, \tag{7}$$

$$P_2 = F\,\dot{a}_1 + G\,\dot{a}_2 + (\Gamma_{11,2}\,\dot{u} + \Gamma_{12,2}\,\dot{v})\,a_1 + (\Gamma_{12,2}\,\dot{u} + \Gamma_{22,2}\,\dot{v})\,a_2. \tag{8}$$

Da $\mathfrak{a}, \mathfrak{w}$ linear unabhängig sind, folgt aus Gl. (6)

$$P_1 = 0, \qquad P_2 = 0. \tag{9}$$

Löst man die Gl. (9) nach $\dot{a}_1$, $\dot{a}_2$ auf, so nehmen nach § 35 Gl. (8) die *Differentialgleichungen (9) der geodätischen Parallelverschiebung* die einfachere Form an:

$$\begin{aligned} &\dot{a}_1 + (\Gamma_{11}{}^1\,\dot{u} + \Gamma_{12}{}^1\,\dot{v})\,a_1 + (\Gamma_{12}{}^1\,\dot{u} + \Gamma_{22}{}^1\,\dot{v})\,a_2 = 0,\\ &\dot{a}_2 + (\Gamma_{11}{}^2\,\dot{u} + \Gamma_{12}{}^2\,\dot{v})\,a_1 + (\Gamma_{12}{}^2\,\dot{u} + \Gamma_{22}{}^2\,\dot{v})\,a_2 = 0. \end{aligned} \tag{10$_{1,2}$}$$

Die Gln. ($10_{1,2}$) enthalten bloß E, F, G und ihre Ableitungen. Die geodätische Parallelverschiebung ist daher ein biegungsinvarianter Begriff.

§ 48. Geodätische Parameter, geodätische Polarkoordinaten. Wir berechnen zunächst die geodätische Krümmung $\varkappa_g^{(u)}$, $\varkappa_g^{(v)}$ der Parameterlinien der Fläche Φ, $\mathfrak{x} = \mathfrak{x}(u, v)$. Für eine u-Linie (v = konst.) ist $ds = \sqrt{E}\,du$, also $u' = E^{-1/2}$, $\mathfrak{x}' = \mathfrak{x}_u\,E^{-1/2}$, $2\,E^2\,\mathfrak{x}'' = 2\,E\,\mathfrak{x}_{uu} - E_u\,\mathfrak{x}_u$. Somit ist nach § 34 Gl. (9) $E^{3/2}\varkappa_g^{(u)} = (\mathfrak{x}_u\,\mathfrak{x}_{uu}\,\mathfrak{N}) = (\mathfrak{x}_u \times \mathfrak{x}_{uu})\,(\mathfrak{x}_u \times \mathfrak{x}_v) : \sqrt{E\,G - F^2}$, woraus nach § 4 Gl. (10) und § 35 Gln. (1), (6) sowie durch eine entsprechende Rechnung für $\varkappa_g^{(v)}$

$$\varkappa_g^{(u)} = -\frac{2\,E\,F_u - E\,E_v - F\,E_u}{2\,E\sqrt{E\,(E\,G - F^2)}}, \qquad \varkappa_g^{(v)} = \frac{-2\,G\,F_v + G\,G_u + F\,G_v}{2\,G\sqrt{G\,(E\,G - F^2)}} \tag{1$_{1,2}$}$$

folgt. Wir wählen nun auf Φ eine Kurve c. Durch jeden Punkt von c geht im allgemeinen eine einzige c rechtwinklig schneidende geodätische Linie. Wir können auf Φ ein solches Gebiet $\mathfrak{G}$ abgrenzen, in dem durch jeden Punkt eine einzige der genannten geodätischen Linien geht, die wir zu den u-Linien eines Parametersystems machen. Die v-Linien sollen diese u-Linien rechtwinklig schneiden, was nach § 19 Gl. (3_1) zu $F = 0$ führt. Da weiterhin für die geodätischen u-Linien $\varkappa_g^{(u)} = 0$ ist, folgt aus Gl. (1_1) $E_v = 0$. Somit ist E eine Funktion von u allein. Wenn nun die v-Linie c durch $u = u_0$ gekennzeichnet wird, so haben die u-Linien zwischen c und irgendeiner anderen v-Linie $u =$ konst. die gemeinsame Länge $\bar{u} = \int_{u_0}^{u} \sqrt{E}\, du$. Wir können diese Gleichung auch als eine Parametertransformation auffassen, durch die u in einen neuen Parameter $\bar{u}$ übergeführt wird. Da für die u-Linien $ds^2 = d\bar{u}^2 = \bar{E}\, d\bar{u}^2$ gilt, muß $\bar{E} = 1$ sein. Schreibt man nun statt $\bar{u}$, $\bar{E}$ wieder u, E, so muß für die neue Bedeutung von u als Bogenlänge auf den u-Linien $E = 1$ gelten. Wir nennen ein solches Parametersystem ein *geodätisches Parametersystem*. Nach dem Gesagten lautet die erste Grundform in einem geodätischen Parametersystem

$$ds^2 = du^2 + G(u, v)\, dv^2. \tag{2}$$

Ein wichtiges Parametersystem dieser Art, das allerdings einen singulären Punkt enthält, sind die *geodätischen Polarkoordinaten*. Wir können annehmen, daß die von einem Flächenpunkt O, *Pol* genannt, in allen Richtungen seiner Berührebene ausstrahlenden geodätischen Linien eine Umgebung $\mathfrak{G}$ von O einfach überdecken. Wir machen nun diese Linien zu den u-Linien eines Parametersystems. Das einer u-Linie zugeordnete $v =$ konst. sei der Winkel, den sie in O mit einer festen Richtung in der Berührebene von O bildet. Ist nun P ein Punkt der Fläche, so sei ihm als u die Länge des geodätischen Bogens $\widehat{OP}$ zugeordnet. Jede v-Linie, $u =$ konst., ist daher eine in sich geschlossene Kurve, deren Punkte von O gleiche geodätische Entfernung haben. Man nennt Flächenkurven dieser Art *Entfernungskreise*[1]. In O ist v unbestimmt; O ist daher ein singulärer Punkt des Parametersystems.

Wir beweisen nun, daß im System geodätischer Polarkoordinaten die Parameterlinien sich rechtwinklig schneiden, ebenso wie in der Ebene konzentrische Kreise vom Durchmesserbüschel rechtwinklig geschnitten werden. Da u die Bogenlänge auf den u-Linien bedeutet, ist nach der obigen Erläuterung $E = 1$, also $E_u = E_v = 0$. Da ferner die u-Linien geodätische Linien sind, ist $\varkappa_g^{(u)} = 0$, woraus durch Gl. (1_1) $F_u = 0$ folgt. F ist also eine Funktion $F(v)$ von v allein. Da ferner alle u-Linien durch O gehen und dort $u = 0$ gilt, ist der Ortsvektor $\mathfrak{x}(0, v)$ für beliebiges v der feste Ortsvektor von O. Somit ist $\mathfrak{x}_v(0, v) = 0$, woraus wegen $\mathfrak{x}_u \mathfrak{x}_v = F(v)$ die Gleichung $F(v) = F(0, v) = 0$ für beliebiges v folgt. Die Parameterlinien bilden daher nach § 19 Gl. (3) tatsächlich ein Rechtwinkelnetz. Wegen $E = 1$, $F = 0$ hat somit die erste Grundform für geodätische Polarkoordinaten die Form (2); das Verhalten von $G(u, v)$ im singulären Punkt O ($u = 0$, v unbestimmt) der Parameterdarstellung muß allerdings noch aufgeklärt werden.

Wir gehen von den geodätischen Polarkoordinaten u, v zu neuen Parametern u_1, v_1 durch

$$u_1 = u \cos v, \qquad v_1 = u \sin v \tag{3}$$

[1] Als *geodätische Kreise* bezeichnet man die Flächenkurven $\varkappa_g =$ konst., von denen in § 51, § 52 einiges gesagt werden wird.

über, die man *Normalkoordinaten* nennt. Für diese ist O ($u_1 = 0, v_1 = 0$) kein singulärer Punkt des Parametersystems. Aus Gl. (3) folgt $u^2 = u_1^2 + v_1^2$, $v = \operatorname{arc\,tg}(v_1 : u_1)$, $du = (u_1\,du_1 + v_1\,dv_1) : u$, $dv = (u_1\,dv_1 - v_1\,du_1) : u^2$. Damit geht Gl. (2) über in:

$$ds^2 = \left(\frac{u_1^2}{u^2} + \frac{G\,v_1^2}{u^4}\right) du_1^2 + 2\,u_1\,v_1 \left(\frac{1}{u^2} - \frac{G}{u^4}\right) du_1\,dv_1 + \left(\frac{v_1^2}{u^2} + \frac{G\,u_1^2}{u^4}\right) dv_1^2. \quad (4)$$

Die Potenzreihenentwicklung von $G(u, v)$ nach Potenzen von u muß daher in den Anfangsgliedern so beschaffen sein, daß die in den runden Klammern von Gl. (4) stehenden Funktionen für $u = 0$ regulär bleiben. Dieser Bedingung kann nur durch

$$G(u, v) = u^2 + u^4 f(u, v) \quad (5)$$

entsprochen werden, wie man durch Einsetzen in Gl. (4) erkennt, wobei sich $f(u, v)$ in O, d. i. für $u = 0$ regulär verhalten muß. Mit Gl. (5) nimmt die erste Grundform (2) in geodätischen Polarkoordinaten die Form an:

$$ds^2 = du^2 + (u^2 + u^4 f(u, v)\,dv^2. \quad (6)$$

Schließlich berechnen wir die geodätische Krümmung $\varkappa_g^{(v)}$ der v-Linien. Wegen $E = 1$, $F = 0$ ist nach Gln. (1_2) und (5)

$$\varkappa_g^{(v)} = \frac{G_u}{2G} = \frac{2\,u + 4\,u^3 f + u^4 f_u}{2\,(u^2 + u^4 f)}. \quad (7)$$

§ 49. **Die Integralformel von Bonnet-Gauß.** Auf einer Fläche Φ sei eine geschlossene Kurve c gegeben, die ein einfach zusammenhängendes Gebiet $\mathfrak{G}$ (§ 17) begrenze. c sei eine v-Linie des Parametersystems. Auch alle anderen v-Linien seien geschlossene Linien in $\mathfrak{G}$, die für $u \to u_0$ gegen einen beliebig gewählten inneren Punkt O von $\mathfrak{G}$ konvergieren mögen. Die u-Linien seien die durch O gehenden Kurven, die die v-Linien rechtwinklig schneiden[1]. Auf den u-Linien lassen wir die u von $u = u_0$ in O gegen die Randkurve c wachsen. Die v-Linien und die von ihnen begrenzten Gebiete sollen mit c_u und $\mathfrak{G}_u$ bezeichnet werden. v möge im Intervall $v_0 \leqq v < v_1$ wachsen; v_0 und v_1 bestimmen dieselbe u-Linie. Die im Sinne wachsender u und v orientierten Parameterlinien bestimmen eine positive Seite der Fläche, auf der die $\mathfrak{G}_u$ stets auf der linken Seite der so orientierten c_u liegen.

Der Gegenstand der folgenden Betrachtung ist ein wichtiger Zusammenhang zwischen dem über eine geschlossene Kurve c_u erstreckten Integral der geodätischen Krümmung $\varkappa_g$ und dem über das von c_u begrenzte, einfach zusammenhängende Gebiet $\mathfrak{G}_u$ erstreckte Integral der Gaussschen Krümmung K. Da c_u eine v-Linie ist und wegen § 19 Gl. (3_1) $F = 0$ gilt, ist nach § 48 Gl. (1_2) auf c_u

$$\varkappa_g = \frac{G_u}{2G\sqrt{E}}, \qquad ds = \sqrt{G}\,dv. \quad (1_{1,\,2})$$

Damit ist das über c_u erstreckte Integral der geodätischen Krümmung

$$\oint\limits_{c_u} \varkappa_g\,ds = \frac{1}{2}\int\limits_{v_0}^{v_1} \frac{G_u}{\sqrt{EG}}\,dv, \quad (2)$$

wo im Integranden u fest ist.

[1] In der Ebene sind Rechtwinkelnetze dieser Art als Grundriß der Schichten- und Falllinien einer Bergkuppe sehr bekannt. Die Existenz der Rechtwinkelnetze der obigen Art auf einer krummen Fläche läßt sich daher mittels einer konformen Abbildung der Fläche auf die Ebene nachweisen.

Wegen $F = 0$ folgt aus § 37 Gl. (5) für die GAUSSsche Krümmung $K = (LN - M^2) : EG$ die Gleichung

$$4 E^2 G^2 K = G (E_v^2 + E_u G_u) + E (G_u^2 + E_v G_v) - 2 EG (E_{vv} + G_{uu}). \quad (3)$$

Daraus ergibt sich, wie man leicht nachrechnet, die von G. FROBENIUS angegebene übersichtliche Darstellung für K:

$$K = -\frac{1}{2\sqrt{EG}}\left(\frac{\partial}{\partial v}\frac{E_v}{\sqrt{EG}} + \frac{\partial}{\partial u}\frac{G_u}{\sqrt{EG}}\right). \quad (4)$$

Nach Gl. (4) ist das über $\mathfrak{G}_u$ erstreckte Integral der GAUSSschen Krümmung

$$\int\limits_{\mathfrak{G}_u} K\, do = -\frac{1}{2}\int\limits_{v_0}^{v_1}\int\limits_{u_0}^{u}\left(\frac{\partial}{\partial v}\frac{E_v}{\sqrt{EG}} + \frac{\partial}{\partial u}\frac{G_u}{\sqrt{EG}}\right) du\, dv, \quad (5)$$

da für das Oberflächenelement [§ 20 Gl. (3)], $F = 0$) $do = \sqrt{EG}\, du\, dv$ zu setzen ist.

K ist nach § 33 Gl. (4) die Flächenverzerrung bei der sphärischen Abbildung, also $K = do_1 : do$, wenn do_1 das do entsprechende Oberflächenelement auf der Kugel ist. Daher ist $\int\limits_{\mathfrak{G}_u} K\, do = \int\limits_{\mathfrak{G}_1} do_1$, d. i. der Flächeninhalt des $\mathfrak{G}_u$ in der sphärischen Abbildung entsprechenden Kugelstückes $\mathfrak{G}$.

Für veränderliches u sind die Integrale in Gl. (5) Funktionen von u. Differenziert man sie nach u, so ergibt sich:

$$\frac{d}{du}\int\limits_{\mathfrak{G}_u} K\, do = -\frac{1}{2}\int\limits_{v_0}^{v_1}\left(\frac{\partial}{\partial v}\frac{E_v}{\sqrt{EG}} + \frac{\partial}{\partial u}\frac{G_u}{\sqrt{EG}}\right) dv.$$

In dem letzten Integral muß aber wegen der Geschlossenheit der Randkurve c_u der durch das erste Glied bestimmte Anteil beim Einsetzen der Grenzen verschwinden. Es ist mithin

$$\frac{d}{du}\int\limits_{\mathfrak{G}_u} K\, do = -\frac{1}{2}\int\limits_{v_0}^{v_1}\frac{\partial}{\partial u}\frac{G_u}{\sqrt{EG}}\, dv. \quad (6)$$

Auch die Integrale (2) der geodätischen Krümmung liefern für veränderliches u eine Funktion von u, aus der durch Differentiation

$$\frac{d}{du}\oint\limits_{c_u} \varkappa_g\, ds = \frac{1}{2}\int\limits_{v}^{v_1}\frac{\partial}{\partial u}\frac{G_u}{\sqrt{EG}}\, dv \quad (7)$$

entsteht. Die Addition von Gln. (6) und (7) ergibt:

$$\frac{d}{du}\left(\int\limits_{\mathfrak{G}_u} K\, do + \oint\limits_{c_u} \varkappa_g\, ds\right) = 0, \quad (8)$$

somit

$$\int\limits_{\mathfrak{G}_u} K\, do + \oint\limits_{c_u} \varkappa_g\, ds = C = \text{konst.} \quad (9)$$

Nach der Entstehung von Gl. (9) aus Gl. (8) hat die Integralsumme C für zwei beliebige, geschlossene, doppelpunktfreie Randkurven c_u, von denen die eine ganz im Innengebiet der anderen liegt, denselben Wert. C ist also unabhängig von der Wahl der Randkurve. Läßt man nun die v-Linien c_u in den Punkt O (u_0) schrumpfen, so konvergiert das Gebietsintegral gegen Null und das Randintegral gegen

$$C = \lim_{u \to u_0} \oint_{c_u} \varkappa_g \, ds. \tag{10}$$

Nach dem Gesagten dürfen wir zur Berechnung von C annehmen, daß die Fläche auf geodätische Polarkoordinaten (§ 48) bezogen ist und daß die Randkurven c_u die Entfernungskreise sind, die beim Grenzübergang $u \to 0$ in den gemeinsamen Mittelpunkt O $(u_0 = 0)$ übergehen. Nun gilt bei geodätischen Polarkoordinaten nach § 48 Gln. (6), (7) für die v-Linien ($u =$ konst.) $ds = (u + u^3 \mathfrak{P}_1(u, v)) \, dv$, $\varkappa_g = u^{-1} + u \, \mathfrak{P}_2(u, v)$ und somit $\varkappa_g \, ds = (1 + u^2 \mathfrak{P}_3(u, v)) \, dv$, wobei die $\mathfrak{P}_{1,2,3}$ sich für $u = 0$ regulär verhalten. Da v das Intervall $0 \leqq v < 2\pi$ durchläuft und u bei der Integration konstant bleibt, ergibt sich für das Randintegral in Gl. (10): $2\pi + u^2 \mathfrak{P}_4(u, v)$. Es konvergiert daher für $u \to u_0 = 0$ gegen 2π. Damit ist $C = 2\pi$; aus Gl. (9) folgt nun:

$$\int_{\mathfrak{G}_u} K \, do + \oint_{c_u} \varkappa_g \, ds = 2\pi, \tag{11}$$

die *Integralformel von Bonnet-Gauß*; sie wurde von O. BONNET[1] 1848 angegeben, doch hat C. F. GAUSS bereits 1827 einen wichtigen Grenzfall von Gl. (11) behandelt, der nun besprochen werden soll. GAUSS[2] wählt als Randkurve eines einfach zusammenhängenden Gebietes ein *geodätisches Dreieck* $\triangle$, d. i. ein Dreieck der Fläche Φ, dessen Seiten geodätische Bogen sind. Die Innenwinkel seien α, β, γ. Gl. (11) läßt sich auf diesen Fall nicht unmittelbar anwenden, weil die Randkurve in den Ecken nicht differenzierbar ist. Wir ändern nun das Dreieck in der Weise ab, daß wir die Ecken durch kleine Bögen $\widehat{A_1 A_2}$, $\widehat{B_1 B_2}$, $\widehat{C_1 C_2}$ abrunden, die berührend in die Seiten des Dreieckes übergehen sollen. Wir verebnen nun die Torse, die sich der Fläche längs der neuen Randkurve umschreiben läßt. Diese geht dadurch in eine ebene geschlossene Kurve $A_1^0 A_2^0 B_1^0 B_2^0 C_1^0 C_2^0$ über, wobei nach dem in § 47 ausgesprochenen Lehrsatz die Stücke $A_2 B_1$, $B_2 C_1$, $C_2 A_1$ geradlinig sind. Nach demselben Satz ist die geodätische Krümmung $\varkappa_g$ in einem Punkt von $\widehat{A_1 A_2}$ gleich der Krümmung $d\varphi : ds$ im entsprechenden Punkt von $\widehat{A_1^0 A_2^0}$, somit ist

$$\int_{A_1}^{A_2} \varkappa_g \, ds = \int_{A_1^0}^{A_2^0} d\varphi = \varphi(A_2^0) - \varphi(A_1^0),$$

d. i. der Winkel α^0, den die von C_2^0 nach A_1^0 gerichtete Gerade mit der von A_2^0 nach B_1^0 gerichteten Geraden bildet. Sind β^0, γ^0 die entsprechenden Winkel für die Abrundungen in B^0 bzw. C^0, so gilt nach Gl. (11)

$$\int_{\triangle} K \, do + \alpha^0 + \beta^0 + \gamma^0 = 2\pi. \tag{12}$$

Läßt man nun die Abrundungsbogen gegen die Ecken A, B, C konvergieren, so konvergieren, weil die Verebnung winkeltreu ist, die Winkel $\alpha^0, \beta^0, \gamma^0$ gegen die Außenwinkel $\pi - \alpha$, $\pi - \beta$, $\pi - \gamma$ von $\triangle$ und Gl. (12) liefert für diesen Grenzfall:

$$\int_{\triangle} K \, do = \alpha + \beta + \gamma - \pi. \tag{13}$$

---

[1] J. Éc. polyt., Paris 19 (1848).

[2] Disquisitiones gen. circa superf. curv., deutsch herausgegeben von A. WANGERIN, Ostwalds Klassiker der exakten Wissenschaften Nr. 5.

Die Formel (13) ist die von GAUSS a. a. O. angegebene Vorläuferin der Integralformel (11) von BONNET.

§ 50. Flächen konstanter Gaußscher Krümmung. Wir beziehen eine Fläche Φ auf ein geodätisches Parametersystem, wie es in § 48 erklärt wurde. Die u-Linien sind geodätische Linien, die v-Linien sind Kurven, die die u-Linien rechtwinklig schneiden. Für das geodätische Parametersystem gilt nach § 48 Gl. (2)

$$ds^2 = du^2 + G(u, v)\, dv^2, \tag{1}$$

also $E = 1$, $F = 0$. Wir können diesem Parametersystem noch zwei zusätzliche Bedingungen auferlegen:

a) Auf der v-Linie $u = 0$ sei v die Bogenlänge. Daraus und aus Gl. (1) folgt:

$$G(0, v) = 1. \tag{2}$$

b) Diese v-Linie $u = 0$ sei eine geodätische Linie. Daraus und aus § 49 Gl. (1_1) folgt:

$$G_u(0, v) = 0. \tag{3}$$

Berechnet man mit $E = 1$, $F = 0$ die GAUSSsche Krümmung K nach § 49 Gl. (4), so erhält man:

$$\frac{\partial^2 \sqrt{G}}{\partial u^2} + K \sqrt{G} = 0. \tag{4}$$

Das Folgende handelt von *Flächen konstanter Krümmung K*. Zur Ermittlung von G steht uns die Differentialgleichung (4) mit den Bedingungen (2), (3) zur Verfügung. Wir haben drei Fälle zu unterscheiden:

1. $K = 0$. Aus Gl. (4) folgt unmittelbar $\sqrt{G} = A(v)\, u + B(v)$ mit den beiden willkürlichen Funktionen $A(v)$, $B(v)$ von v, für die nach Gl. (2) $B = 1$ und nach Gl. (3) $A = 0$ gilt, so daß $G = 1$ ist, also nach Gl. (1)

$$ds^2 = du^2 + dv^2. \tag{5}$$

2. $K =$ konst. > 0. Das allgemeine Integral von Gl. (4) lautet in diesem Fall:

$$\sqrt{G} = A(v) \cos(\sqrt{K}\, u) + B(v) \sin(\sqrt{K}\, u).$$

Aus Gl. (2) folgt $A = 1$, aus Gl. (3) folgt $B = 0$, also $G = \cos^2(\sqrt{K}\, u)$; demnach nach Gl. (1)

$$ds^2 = du^2 + \cos^2(\sqrt{K}\, u)\, dv^2. \tag{6}$$

3. $K =$ konst. < 0. Das allgemeine Integral von Gl. (4) lautet in diesem Fall:

$$\sqrt{G} = A(v) \operatorname{ch}(\sqrt{-K}\, u) + B(v) \operatorname{sh}(\sqrt{-K}\, u)$$

mit $2 \operatorname{sh} x = e^x - e^{-x}$ und $2 \operatorname{ch} x = e^x + e^{-x}$. Aus Gl. (2) folgt $A = 1$, aus Gl. (3) folgt $B = 0$, also $G = \operatorname{ch}^2 \sqrt{-K}\, u$; demnach nach Gl. (1)

$$ds^2 = du^2 + \operatorname{ch}^2(\sqrt{-K}\, u)\, dv^2. \tag{7}$$

(5) ist die erste Grundform für die Ebene, wenn man u, v als rechtwinklige Koordinaten ansieht. Da die Torsen und die Ebene die einzigen Flächen mit $K = 0$ sind (§ 46), gilt für die innere Geometrie (§ 43) der Torsen der

Satz 1: *Die innere Geometrie der Torsen ist stückweise die euklidische Geometrie.*

Auf einer Kugel erhält man ein Parametersystem der eingangs verlangten Art, indem man einen Großkreis (Äquator) als v-Linie und die zu ihm normalen Großkreise (Meridiane) als u-Linien wählt. Für einen Punkt $P(u, v)$ ist u der Meridianbogen vom Äquator bis P und v der Äquatorbogen zwischen einem

Nullmeridian und dem Meridian durch P, also geographische Länge und Breite, falls der Kugelradius $R = 1$ gesetzt wird. (6) ist also auch die erste Grundform der Kugel mit $R = \sqrt{1 : K}$.

Die Geometrie auf der Kugel wird *sphärische Geometrie* genannt. In dieser übernehmen die Großkreise die Rolle der Geraden der ebenen euklidischen Geometrie. Da sich aber zwei Großkreise in zwei Punkten schneiden und zwei Punkte eines Bogens ihn in zwei Bögen zerlegen, ist es sinnvoll, je zwei diametral gegenüberliegende Kugelpunkte als einen einzigen Punkt anzusehen. Die so abgeänderte sphärische Geometrie heißt dann *elliptische Geometrie* auf der Kugel. Sofern man sich auf echte Teile einer Halbkugel beschränkt, sind elliptische und sphärische Geometrie auf der Kugel identisch. Die elliptische Entfernung zweier Punkte eines solchen Kugelstückes ist die Länge des sie verbindenden (eindeutigen) Großkreisbogens. Unter einem Winkel auf der Kugel wird der Schnittwinkel von zwei Großkreisbogen verstanden.

Wenn man nun eine Fläche konstanter positiver Krümmung K auf ein Parametersystem mit der ersten Grundform (6) bezieht, so läßt sie sich isometrisch auf eine Kugel derselben Krümmung abbilden, indem man diese auf das oben erklärte „geographische" Parametersystem bezieht und jedem Flächenpunkt (u, v) den Kugelpunkt mit denselben Parameterwerten zuordnet. Den Großkreisen, also den geodätischen Linien der Kugel, entsprechen die geodätischen Linien der Fläche. Da die Isometrie längentreu und winkeltreu ist, überträgt sie die elliptische Geometrie der Kugel auf die Fläche. In der elliptischen Geometrie auf der Fläche sind *Entfernungen* von Punkten die Längen der sie verbindenden geodätischen Bogen; *Winkel* sind die im Bogenmaß gemessenen Winkel, in denen sich geodätische Linien schneiden. Nun geht eine Kugel durch eine dreigliedrige Gruppe von Bewegungen in sich über. Ebenso läßt ein entsprechend beschränktes Flächenstück auf einer Fläche konstanter positiver Krümmung eine Gruppe von ∞^3 isometrischen Transformationen in sich zu. Zusammenfassend sagen wir:

Satz 2: *Die innere Geometrie einer Fläche konstanter positiver Krümmung ist stückweise die elliptische Geometrie.*

Die Frage nach der inneren Geometrie einer Fläche mit konstanter negativer Krümmung K führt durch die Vergleichung der Formeln (6) und (7) auf den folgenden, freilich bloß im komplexen Raum gangbaren Weg. Da $\cos i\, x = \operatorname{ch} x$ ist, läßt sich Gl. (6) in Gl. (7) überführen, indem man Gl. (6) für eine Kugel bildet, deren Mittelpunkt reell ist, deren Radius R aber rein imaginär ist, $R = i\,|R|$. Eine solche Kugel heißt *nullteilig*. $K = -1 : |R|^2$ ist negativ, also $\sqrt{K} = i\sqrt{-K}$, wodurch Gl. (6) in Gl. (7) übergeht. Bezeichnet man die innere Geometrie auf einer nullteiligen Kugel als *hyperbolisch* und überträgt diese durch Isometrie auf eine Fläche derselben negativen Krümmung, so kann man sagen:

Satz 3: *Die innere Geometrie einer Fläche konstanter negativer Krümmung ist stückweise die hyperbolische Geometrie.*

Der nächste Paragraph ist einer reellen Veranschaulichung der hyperbolischen Geometrie gewidmet.

Die Gausssche Integralformel § 49 (13) ist eine Aussage über die Summe der Innenwinkel eines geodätischen Dreiecks in einem einfach zusammenhängenden Flächenstück. Wir betrachten nun die Integralformel für konstantes K. Für konstantes K lautet sie:

$$KF = \alpha + \beta + \gamma - \pi. \tag{12}$$

Für $K = 0$ ist Gl. (12) der bekannte euklidische Lehrsatz über die Winkelsumme im Dreieck. Durch besondere Wahl der Längeneinheit kann $|K| = 1$ gemacht werden und es folgt aus Gl. (12):

Der Flächeninhalt eines geodätischen Dreiecks auf einer Fläche konstanter Krümmung K ist für $K = +1$ der Überschuß der Winkelsumme über π und für $K = -1$ der Fehlbetrag der Winkelsumme auf π.

§ 51. Eine Abbildung der inneren Geometrie der Flächen konstanter negativer Krümmung auf die Ebene. Es soll nun eine anschauliche Deutung der auf diesen Flächen geltenden hyperbolischen Geometrie behandelt werden. Da Flächen mit gleicher konstanter Krümmung stückweise isometrisch aufeinander abgebildet werden können, genügt es, die Abbildung für eine einzige Fläche der genannten Art auszuführen. Wir wählen dazu die *Pseudosphäre,* die durch Drehung der Traktrix um ihre Asymptote entsteht. Wir dürfen in ihrer Parameterdarstellung, § 40, Gl. (9), $a = -1$ setzen, wodurch die konstante Krümmung der Pseudosphäre den Wert $K = -1$ erhält, was nach der Bemerkung am Ende des § 50 gestattet ist. Mittels $x = \cos u$ entsteht die Gleichung der Traktrix

$$z = -\int\limits_1^x \frac{dx}{x\sqrt{1-x^2}} - \sqrt{1-x^2} = \ln\frac{1+\sqrt{1-x^2}}{x} - \sqrt{1-x^2}. \tag{1}$$

Die Traktrix hat (Abb. 8) in $S\,(x = 1,\ z = 0)$ eine Spitze. Ist nun u ihre von S aus gemessene Bogenlänge, so ist nach Gl. (1) $du = \sqrt{dx^2 + dz^2} = -dx : x$ und daher $u = -\ln x$, woraus $x = e^{-u}$ folgt. Wählt man als Parameter auf der Pseudosphäre das eben eingeführte u und den Winkel v, den die Meridianebenen mit einer festen einschließen, so sind du und $x\,dv = e^{-u}\,dv$ die Bogendifferentiale auf den Meridianen und Parallelkreisen, so daß sich, da sich diese Parameterlinien rechtwinklig schneiden ($F = 0$),

$$ds^2 = du^2 + e^{-2u}\,dv^2 \tag{2}$$

als erste Grundform der Pseudosphäre ergibt.

Wir bilden nun die Pseudosphäre auf die Ebene ab, indem wir jedem Punkt (u, v) den Punkt der Ebene mit den rechtwinkligen Koordinaten

$$\xi = v, \qquad \eta = e^u \tag{3}$$

zuordnen[1]. Wenn wir für v das Intervall $-\infty < v < +\infty$ zulassen, die Fläche also unendlich oft „umwickelt" denken und $u \geqq 0$ wählen, so bildet sich die obere Hälfte ($u \geqq 0$) der Fläche auf die Halbebene $\eta \geqq 1$ ab, während die untere Hälfte ($u < 0$) auf den Streifen zwischen $\eta = 0$ und $\eta = 1$ abgebildet wird. Wir können Gl. (3) auch als eine Parametertransformation $(u, v) \to (\xi, \eta)$ auf der Pseudosphäre ansehen. Wegen $d\xi = dv$, $d\eta = e^u\,du$ geht Gl. (2) über in

$$ds^2 = \frac{d\xi^2 + d\eta^2}{\eta^2} = \frac{d\sigma^2}{\eta^2}, \tag{4}$$

worin $d\sigma = \sqrt{d\xi^2 + d\eta^2}$ das Bogendifferential in der Ebene für die Rechtwinkelkoordinaten ξ, η bedeutet. Die Abbildung (3) ist *winkeltreu (konform),* § 19 Gln. $(2_{1,2})$, da die E, F, G für ds^2 bzw. $d\sigma^2$ zueinander proportional sind.

Wir ermitteln nun die *geodätischen Linien* ($\varkappa_g = 0$) und die *geodätischen Kreise* ($\varkappa_g =$ konst. $\neq 0$) zur Grundform (4) mittels der MINDINGschen Formel § 44 (7). Dazu müssen zunächst die $\Gamma_{ik}^{\,l}$ [§ 35, Gl. (8)] berechnet werden. Es ergibt sich aus Gl. (4)

$$\Gamma_{11}^{\,1} = \Gamma_{22}^{\,1} = \Gamma_{12}^{\,2} = 0, \quad \Gamma_{12}^{\,1} = \Gamma_{22}^{\,2} = -\eta^{-1}, \quad \Gamma_{11}^{\,2} = \eta^{-1}. \tag{5}$$

---

[1] H. POINCARÉ, Acta math. 1 (1882).

Somit lautet die Differentialgleichung der geodätischen Linien ($\varkappa_g = 0$) und ihrer ebenen Bilder

$$\eta \ddot{\eta} + \dot{\eta}^2 + 1 = 0, \tag{6}$$

während für die geodätischen Kreise ($\varkappa_g = \text{konst.} \neq 0$) und ihrer Bilder die Differentialgleichung

$$\varkappa_g^2 (1 + \dot{\eta}^2)^3 = (\eta \ddot{\eta} + \dot{\eta}^2 + 1)^2 \tag{7}$$

gilt. Aus Gl. (6) folgt zunächst $\eta \dot{\eta} + \xi = a$, woraus sich

$$\eta^2 + (\xi - a)^2 = r^2 \tag{8}$$

als allgemeines Integral von Gl. (6) mit den Konstanten a, r ergibt. Die geodätischen Linien bilden sich demnach als die der Halbebene $\eta > 0$ angehörigen Halbkreise ab, deren Mitten auf der Randgeraden $\eta = 0$ liegen. Zu ihnen sind noch die zur Randgeraden $\eta = 0$ normalen Halbgeraden $\xi = \text{konst.}$ zu rechnen, die den Meridianen der Pseudosphäre entsprechen; diese sind durch Gl. (6) nicht erfaßbar, da sie sich nicht in der Form $\eta = \eta(\xi)$ darstellen lassen.

Die Differentialgleichung (7) der geodätischen Kreise $\varkappa_g = \text{konst.}$ besitzt das allgemeine Integral

$$\varkappa_g^2 [(\xi - a)^2 + (\eta - b)^2] = b^2, \tag{9}$$

d. s. in der ebenen Abbildung die *Kreise*, soweit sie der Halbebene $\eta > 0$ angehören. Man muß zu Gl. (9) die *Geraden* ($\ddot{\eta} = 0$), d. s. nach Gl. (7).

$$\eta = \pm \sqrt{\frac{1}{\varkappa_g^2} - 1}\; \xi + \text{konst.} \tag{10}$$

hinzunehmen, die den Grenzfällen $a, b \to \infty$ entsprechen.

Über die Parameterlinien eines Systems geodätischer Polarkoordinaten (§ 48) auf Flächen konstanter negativer Krümmung können wir demnach folgendes sagen: Die durch den Mittelpunkt O gehenden geodätischen u-Linien bilden sich in der Halbebene $\eta > 0$ als die durch einen festen Punkt O gehenden Halbkreise ab, deren Kreismitten auf der Randgeraden $\eta = 0$ liegen (Abb. 9a).

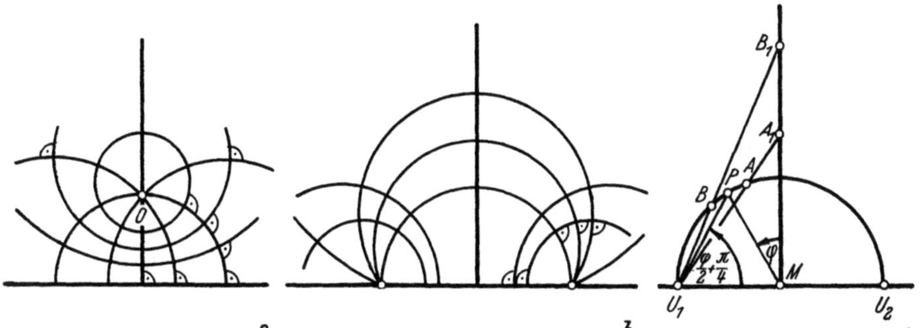

Abb. 9

Sie gehören einem elliptischen Kreisbüschel an. Da die Abbildung winkeltreu ist, bilden sich die v-Linien, d. s. die Orthogonalkurven der u-Linien, als die Kreise des zum elliptischen Kreisbüschel konjugierten hyperbolischen Kreisbüschels ab, soweit sie auf der Halbebene $\eta > 0$ liegen. Nun sind in § 48 die v-Linien zunächst als die Entfernungskreise von O definiert worden. Nehmen wir hinzu, daß sie sich nach dem eben Gesagten für den Fall von Flächen konstanter negativer Krümmung als Kreise abbilden und weiter, daß die Kreise der Ebene die Bilder von geodätischen Kreisen sind, so erkennen wir, *daß auf Flächen kon-*

stanter negativer Krümmung die Begriffe „Entfernungskreis" und „geodätischer Kreis" zusammenfallen. Daß dasselbe auch auf Flächen konstanter positiver Krümmung gilt, wird im nächsten Paragraphen gezeigt.

Die Parameterlinien eines Parametersystems, wie es in § 50 eingeführt wurde, hat für Flächen konstanter negativer Krümmung nach dem Gesagten das folgende ebene Bild (Abb. 9b). Da die v-Linie $u = 0$ geodätisch ist, entsprechen den u-Linien (geodätische Linien) die Halbkreise eines hyperbolischen Kreisbüschels, dessen Kreise die Mitten auf der Randgeraden $\eta > 0$ haben, während die v-Linien (geodätische Kreise) als die Kreise des konjugierten elliptischen Kreisbüschels erscheinen, soweit sie der Halbebene $\eta > 0$ angehören. Die u-Linien können sich aber auch auf konzentrische Halbkreise mit der Mitte auf $\eta = 0$ und die v-Linien auf ihr Durchmesserbüschel in $\eta > 0$ abbilden.

Es soll nun die Länge eines geodätischen Bogens berechnet und in der Abbildung als Bogen $\widehat{AB}$ eines Halbkreises mit den Endpunkten auf $\eta = 0$ gedeutet werden (Abb. 9c). Ist P ein Punkt des Halbkreises, φ der Winkel des Halbmessers $MP = r$ gegen die η-Achse, so ist in P $\eta = r\cos\varphi$ und das Bogendifferential des Kreises $d\sigma = r\,d\varphi$. Somit ist nach Gl. (4) die Länge l des durch $\widehat{AB}$ abgebildeten geodätischen Bogens:

$$l = \int_{\varphi_1}^{\varphi_2} \frac{d\varphi}{\cos\varphi} = \ln \frac{\operatorname{tg}\left(\frac{\varphi_2}{2} + \frac{\pi}{4}\right)}{\operatorname{tg}\left(\frac{\varphi_1}{2} + \frac{\pi}{4}\right)}. \tag{11}$$

Der unter dem ln-Zeichen stehende Ausdruck hat eine einfache Bedeutung. Es seien U_1, U_2 die Endpunkte des Halbkreises und A_1, B_1 die Projektionen von A, B aus U_1 auf den zur η-Achse parallelen Durchmesser des Kreises. Die in Gl. (11) im Zähler und Nenner vorkommenden Winkel sind $\sphericalangle B U_1 U_2$ und $\sphericalangle A U_1 U_2$; somit ist der unter dem ln-Zeichen stehende Ausdruck das Teilverhältnis $MB_1 : MA_1$. Mit U als Fernpunkt der η-Achse ist dieses Teilverhältnis das Doppelverhältnis $(A_1 B_1 U M)$. Projiziert man diese vier Punkte aus U_1 auf den Kreis nach A, B, U_1, U_2, so bestimmen diese auf ihm das Doppelverhältnis $(A B U_1 U_2)$. Nach Gl. (11) ist demnach

$$l = \ln (A B U_1 U_2). \tag{12}$$

Abschließend soll noch die Frage nach den Punkttransformationen in der Halbebene $\eta > 0$ behandelt werden, denen im Raum Verbiegungen auf den Flächen konstanter negativer Krümmung entsprechen. Besondere Transformationen dieser Art sind die Inversionen an den Kreisen, deren Mitten auf der Randlinie der Halbebene liegen. Sie vertauschen in der Tat die Bilder der geodätischen Linien sowie der geodätischen Kreise, sind (gegensinnig) winkeltreu und lassen das in Gl. (12) angegebene Doppelverhältnis, das für die Länge der geodätischen Bogen maßgebend ist, invariant. Aber auch durch Zusammensetzung (Aufeinanderfolge) von Inversionen der genannten Art entstehen Bilder von isometrischen Abbildungen der genannten Flächen. Diese werden, wenn wir die Verbiegung einer Fläche in sich betrachten, hinsichtlich des Drehsinnes gleich- oder gegensinnig sein, je nachdem die entsprechende Transformation im ebenen Bild aus einer geraden oder ungeraden Anzahl von Inversionen zusammengesetzt ist. Die genannten Transformationen bilden in ihrer Gesamtheit eine dreigliedrige Gruppe. Sie entsteht als Untergruppe Γ_3 der Inversionsgruppe[1], wenn

[1] Wird auch als „Gruppe der Möbiusschen Kreisverwandtschaften" bezeichnet; diese umfaßt alle Transformationen der Ebene, die sich aus Inversionen zusammensetzen lassen.

man die zusätzliche Bedingung stellt, daß die Halbebene $\eta > 0$ in sich übergehen soll.

Ein geodätisches Polarkoordinatensystem ist, abgesehen vom Drehsinn, durch den Pol O und die u-Linie $v = 0$ bestimmt. Aus der Abbildung (Abb. 9a) schließt man leicht, daß sich jedes der ∞^3 geodätischen Polarkoordinatensysteme in jedes andere durch eine Transformation aus Γ_3 überführen läßt. Daraus folgt, daß Γ_3 in der Ebene das Bild aller isometrischen Abbildungen der Flächen konstanter negativer Krümmung ist.

§ 52. **Die Identität der Begriffe „Entfernungskreise" und „geodätische Kreise" auf Flächen konstanter Krümmung.** Es wurde in § 51 bewiesen, daß auf Flächen konstanter negativer Krümmung jeder Entfernungskreis ein geodätischer Kreis ($\varkappa_g =$ konst. $\neq 0$) ist und umgekehrt. Es soll nun auch für die Flächen konstanter positiver Krümmung gezeigt werden, daß auf ihnen die Begriffe „Entfernungskreis" und „geodätischer Kreis" zusammenfallen. Da sich jede Fläche konstanter positiver Krümmung stückweise auf die Kugel isometrisch abbilden läßt, genügt es, den Beweis auf der Kugel zu führen. Führt man auf der Kugel geodätische Polarkoordinaten ein, so sind die Entfernungskreise bezüglich des Poles P die zugehörigen „Parallelkreise" der Kugel. Da aber bei der Drehung um den durch P gehenden Durchmesser jeder Parallelkreis in sich verbleibt, hat er in allen seinen Punkten dieselbe geodätische Krümmung, ist also ein geodätischer Kreis. Es ist daher noch zu beweisen, daß jeder geodätische Kreis c auf der Kugel ein Entfernungskreis ist. Umschreibt man der Kugel längs c eine Torse, so schneiden ihre Erzeugenden die Kurve rechtwinklig gemäß § 30, Satz 1, und weil in jedem Kugelpunkt je zwei konjugierte Tangenten ein Rechtwinkelpaar bilden. Wird nun die Torse verebnet, so geht c (§ 46) wegen der Biegungsinvarianz der geodätischen Krümmung in einen Kreisbogen c_0 und die Erzeugenden der Torse nach dem oben Gesagten in seine Durchmessergeraden über. Daraus folgt aber, daß längs c die Kugel von einem Drehkegel berührt wird. c ist daher ein Kugelkleinkreis und daher Entfernungskreis für die Pole, die auf der durch die Kegelspitze gehenden Durchmessergeraden liegen. Es gilt also der

Satz: *Für die Flächen konstanter Krümmung fallen die Begriffe „Entfernungskreis" und „geodätischer Kreis" zusammen.*

Auf den Beweis des tiefer liegenden Satzes, *daß das Zusammenfallen dieser beiden Begriffe für die Flächen konstanter Krümmung kennzeichnend ist,* sei hier verzichtet.

V. Windschiefe Strahlflächen und Ergänzungen zur Kurventheorie

§ 53. **Begleitendes Dreikant einer windschiefen Strahlfläche, Drall einer Erzeugenden.** Die nachfolgenden Betrachtungen sind den Flächen gewidmet, die von einer beliebig oft differenzierbaren, einparametrigen Schar von Geraden gebildet werden. Für sie wird hier an Stelle der gebräuchlichen Benennung *Regelflächen* die Bezeichnung *Strahlflächen* verwendet, da die zwei- und dreiparametrigen Mengen von Geraden allgemein als *Strahlkongruenzen* bzw. *Strahlkomplexe* bezeichnet werden.

Die Geraden einer Strahlfläche heißen, sofern sie der erzeugenden Schar angehören, *Erzeugenden.* Zu den Strahlflächen gehören auch die Zylinder- und Kegelflächen, die jedoch im folgenden im allgemeinen stillschweigend ausgeschlossen werden. Die Tangenten einer Raumkurve bilden eine Strahlfläche besonderer Art, nämlich eine *Tangentenfläche.* Strahlflächen, die weder Zylinder-, Kegel- noch Tangentenflächen sind, heißen *windschiefe Strahlflächen.* Sie bilden den „allgemeinen Fall" des Begriffes Strahlfläche.

Ist $\mathfrak{x} = \mathfrak{x}(u)$ eine Raumkurve c, $\mathfrak{e}(u)$ ein von u abhängiger Einsvektor und v ein weiterer Parameter, so stellt der Ortsvektor

$$\mathfrak{X} = \mathfrak{x}(u) + v\,\mathfrak{e}(u) \tag{1}$$

eine Strahlfläche Φ dar, deren v-Linien die Erzeugenden sind. $v = v_1$ und $v = v_2$ liefert zwei u-Linien, die aus den Erzeugenden Strecken der konstanten Länge $|v_2 - v_1|$ ausschneiden. Aus Gl. (1) folgt $\mathfrak{X}_u = \dot{\mathfrak{x}} + v\,\dot{\mathfrak{e}}$, $\mathfrak{X}_v = \mathfrak{e}$ und damit [§ 4, Gl. (11)] für die Flächennormale $\mathfrak{N}$

$$\mathfrak{N} = \frac{(\dot{\mathfrak{x}} + v\,\dot{\mathfrak{e}}) \times \mathfrak{e}}{\sqrt{(\dot{\mathfrak{x}} + v\,\dot{\mathfrak{e}})^2 - (\mathfrak{e}\,\dot{\mathfrak{x}})^2}}. \tag{2}$$

Nach Gl. (2) ist $\mathfrak{N}$ in allen Punkten einer Erzeugenden zu dieser normal. Somit gilt: *Die Berührebene eines Punktes einer Strahlfläche enthält die durch ihn gehende Erzeugende.*

Wir bezeichnen nun mit $\mathfrak{z}$ den Vektor, gegen den $\mathfrak{N}$ für $v \to -\infty$ bei konstantem u konvergiert. Dividiert man in Gl. (2) Zähler und Nenner durch $-v$, so liefert dann der Grenzübergang:

$$\mathfrak{z} = \frac{\mathfrak{e} \times \dot{\mathfrak{e}}}{\sqrt{\dot{\mathfrak{e}}^2}}. \tag{3}$$

Ergänzt man die Erzeugende $u =$ konst. im Sinne der projektiven Geometrie durch ihren „Fernpunkt", so ist $\mathfrak{z}$ der Normalenvektor der Berührebene im Fernpunkt, der *asymptotischen Ebene.*

Wir ermitteln nun auf der Erzeugenden den Punkt S, in dem der Normalenvektor $\mathfrak{N}$ der Vektor

$$\mathfrak{n} = \frac{\dot{\mathfrak{e}}}{\sqrt{\dot{\mathfrak{e}}^2}} \tag{4}$$

ist. Für S ist somit nach Gl. (2) $((\dot{\mathfrak{x}} + v\,\dot{\mathfrak{e}}) \times \mathfrak{e}) \times \dot{\mathfrak{e}} = 0$, also nach § 4 Gl. (9)

$$v = -\frac{\dot{\mathfrak{x}}\,\dot{\mathfrak{e}}}{\dot{\mathfrak{e}}^2}. \tag{5}$$

S ist der *Zentralpunkt* oder *Striktionspunkt* der Erzeugenden.

Die paarweise normalen, ein Rechtssystem bildenden Vektoren $\mathfrak{e}, \mathfrak{n}, \mathfrak{z}$ bilden das *begleitende Dreibein* der Strahlfläche, die orientierten Geraden $(S\,\mathfrak{e})$, $(S\,\mathfrak{n})$, $(S\,\mathfrak{z})$ ihr *begleitendes Dreikant.* Wegen $\mathfrak{z} = \mathfrak{e} \times \mathfrak{n}$ ist die Ebene $(S\,\mathfrak{e}\,\mathfrak{n})$ die *asymptotische Ebene.* Die Ebene $(S\,\mathfrak{e}\,\mathfrak{z})$, die die Strahlfläche im Zentralpunkt S berührt und den Normalenvektor $\mathfrak{n}$ hat, heißt *Zentralebene* und die zu $\mathfrak{e}$ normale Ebene $(S\,\mathfrak{n}\,\mathfrak{z})$ *Normalebene* oder *Polarebene* der Erzeugenden $(S\,\mathfrak{e})$. $(S\,\mathfrak{n})$ ist die *Zentralnormale,* $(S\,\mathfrak{z})$ die *Zentraltangente.*

Der Ort der Zentralpunkte S der Erzeugenden ist die *Striktionslinie* oder *Kehllinie* $\mathfrak{s}(u)$ der Strahlfläche; nach Gl. (5) ist ihre Gleichung:

$$\mathfrak{s}(u) = \mathfrak{x} - \frac{\dot{\mathfrak{x}}\,\dot{\mathfrak{e}}}{\dot{\mathfrak{e}}^2}\,\mathfrak{e}. \tag{6}$$

Es soll nun der folgende Satz bewiesen werden: *Wenn die Erzeugende e_1 auf einer windschiefen Strahlfläche gegen die Erzeugende e konvergiert, so konvergiert das Gemeinlot z_0 von e und e_1 gegen die Zentraltangente z von e; der Schnittpunkt $(e\,z_0)$ konvergiert daher gegen den Zentralpunkt S von e.*

Sind $P(u, v)$, $P_1(u_1, v_1)$ zwei Punkte der Strahlfläche Gl. (1), e und e_1 die durch sie gehenden Erzeugenden, so ist der zu $\overrightarrow{PP_1}$ gehörige Vektor $\mathfrak{p} = (\mathfrak{x}_1 + v_1 \mathfrak{e}_1) - (\mathfrak{x} + v\mathfrak{e})$. Soll PP_1 das Gemeinlot von e und e_1 sein, so muß $\mathfrak{p}\mathfrak{e} = \mathfrak{p}\mathfrak{e}_1 = 0$ gelten, was mit $(\mathfrak{x}_1 - \mathfrak{x}) = \Delta\mathfrak{x}$ zu den Gleichungen $\mathfrak{e}\Delta\mathfrak{x} + v_1 \mathfrak{e}\mathfrak{e}_1 - v = 0$, $\mathfrak{e}_1\Delta\mathfrak{x} - v\mathfrak{e}\mathfrak{e}_1 + v_1 = 0$ führt, woraus durch Entfernen von v_1

$$v = \frac{(\mathfrak{e} - (\mathfrak{e}\mathfrak{e}_1)\mathfrak{e}_1)\Delta\mathfrak{x}}{1 - (\mathfrak{e}\mathfrak{e}_1)^2} \tag{7}$$

entsteht. Der zum Gemeinlot von e und e_1 gehörige Einsvektor $\mathfrak{z}_1$ ist

$$\mathfrak{z}_1 = \frac{\mathfrak{e} \times \mathfrak{e}_1}{\sqrt{1 - (\mathfrak{e}\mathfrak{e}_1)^2}}. \tag{8}$$

Setzt man nun $\mathfrak{e}_1 = \mathfrak{e} + \dot{\mathfrak{e}}\Delta u + {}^1/_2\,\ddot{\mathfrak{e}}\Delta u^2 + (*)$, so folgt mit $\mathfrak{e}\dot{\mathfrak{e}} = 0$, $\mathfrak{e}\ddot{\mathfrak{e}} + \dot{\mathfrak{e}}^2 = 0$:

$$\mathfrak{e}\mathfrak{e}_1 = 1 - {}^1/_2\,\dot{\mathfrak{e}}^2\Delta u^2 + (*),\quad (\mathfrak{e}\mathfrak{e}_1)^2 = 1 - \dot{\mathfrak{e}}^2\Delta u^2 + (*),\quad \mathfrak{e}_1(\mathfrak{e}\mathfrak{e}_1) = \mathfrak{e} + \dot{\mathfrak{e}}\Delta u + (*),$$
$$\mathfrak{e} \times \mathfrak{e}_1 = (\mathfrak{e} \times \dot{\mathfrak{e}})\Delta u + (*). \tag{9$_{1-4}$}$$

Aus Gl. (7) und (8) folgen nun tatsächlich für $\Delta u \to 0$ mittels Gl. (9) und $\Delta\mathfrak{x} = \dot{\mathfrak{x}}\,du + (*)$ die Formeln (5) und (3) für den Zentralpunkt und die Zentraltangente.

Sind a der kürzeste Abstand der Erzeugenden e, e_1 und φ ihr spitzer Winkel, so bezeichnet man für $e_1 \to e$ den Grenzwert

$$d = \lim \frac{a}{\varphi} \tag{10}$$

als den *Drall* der Erzeugenden. Mit $a = \mathfrak{z}_1\Delta\mathfrak{x}$ und $\sin\varphi = \sqrt{1 - (\mathfrak{e}\mathfrak{e}_1)^2}$ erhält man mittels Gln. (8) und (9$_2$) für $\Delta u \to 0$

$$d = \frac{(\mathfrak{e}\,\dot{\mathfrak{e}}\,\dot{\mathfrak{x}})}{\dot{\mathfrak{e}}^2}. \tag{11}$$

§ 54. Die Grundinvarianten: Krümmung, Torsion und Striktion; Ableitungsgleichungen. Legt man durch einen Punkt O die Parallelen zu den Erzeugenden einer Strahlfläche Φ, so erhält man ihren *Richtkegel.* Läßt man die Einsvektoren $\mathfrak{e}$ der Erzeugenden von O ausstrahlen, so bilden ihre Endpunkte eine Kurve c_1, die auf dem Richtkegel und auf der Einheitskugel mit der Mitte O liegt und das *sphärische Bild* der Erzeugenden der Strahlfläche heißt. Das in § 53 eingeführte begleitende Dreibein $\mathfrak{e}, \mathfrak{n}, \mathfrak{z}$ ist gemäß § 53 Gln. (4), (3) und § 12 Gln. (3$_{1,2}$) das begleitende Dreibein des Richtkegels. Die Berührebenen des Richtkegels haben den Normalenvektor $\mathfrak{z}$ und sind daher zu den entsprechenden asymptotischen Ebenen von Φ parallel.

Wählen wir als Parameter die Bogenlänge u_1 auf c_1, so ist $d\mathfrak{e} : du_1 = \dot{\mathfrak{e}}$ ein Einsvektor und die Formeln § 53 (4), (3) lauten: $\mathfrak{n} = \dot{\mathfrak{e}}$, $\mathfrak{z} = \mathfrak{e} \times \dot{\mathfrak{e}}$. Wir bilden auch das sphärische Bild c_3 der Zentraltangenten, indem wir von O die Vektoren $\mathfrak{z}$ ausstrahlen lassen und bezeichnen die Bogenlänge auf c_3 mit u_3. Nach § 12 Gln. (6), (5) lauten die Ableitungsgleichungen des Richtkegels

$$d\mathfrak{e} : du_1 = \mathfrak{n},\qquad d\mathfrak{n} : du_1 = -\mathfrak{e} + \varkappa_2\mathfrak{z},\qquad d\mathfrak{z} : du_1 = -\varkappa_2\mathfrak{n}, \tag{1}$$

worin

$$\varkappa_2 = du_3 : du_1 \tag{1a}$$

die konische Krümmung ist. $\mathfrak{n}$ hat die willkürlich anzunehmende Richtung wachsender u_1 auf c_1.

Wir bezeichnen nun mit u die Bogenlänge auf der Striktionslinie, § 53 Gl. (6), und nennen $du_1 : du = \varkappa$ *Krümmung,* $du_3 : du = \varkappa_1$ *Torsion* und $du_3 : du_1 = \varkappa_2$ *konische Krümmung der Strahlfläche in der Erzeugenden.* Es ist demnach

$$\varkappa_1 = \varkappa\varkappa_2. \tag{2}$$

Aus Gl. (1) erhält man die Ableitungen von $\mathfrak{e}, \mathfrak{n}, \mathfrak{z}$ nach u durch Multiplikation mit $\varkappa = du_1 : du$ und Gl. (2):

$$\mathfrak{e}' = \varkappa\, \mathfrak{n}, \qquad \mathfrak{n}' = -\varkappa\, \mathfrak{e} + \varkappa_1\, \mathfrak{z}, \qquad \mathfrak{z}' = -\varkappa_1\, \mathfrak{n}. \tag{3$_{1,2,3}$}$$

Gln. (3) sind die *Ableitungsgleichungen der Strahlflächen.*

Ist die Strahlfläche die *Tangentenfläche einer Raumkurve* c, so sind die Gln. (3) auf Grund ihrer Herleitung die FRENETschen Formeln der Raumkurven, § 13 Gl. (6), wenn $\mathfrak{e}, \mathfrak{n}, \mathfrak{z}$ durch $\mathfrak{t}, \mathfrak{h}, \mathfrak{b}$ ersetzt werden.

Mittels des DARBOUXschen Vektors $\mathfrak{d} = \varkappa_1\, \mathfrak{t} + \varkappa\, \mathfrak{b}$, § 13 Gl. (7), nehmen die FRENETschen Formeln die einfache Gestalt § 13 Gl. (8) an. Nach dem Gesagten übernimmt in der Theorie der windschiefen Strahlflächen der Vektor

$$\mathfrak{d} = \varkappa_1\, \mathfrak{e} + \varkappa\, \mathfrak{z} \tag{4}$$

die Rolle des DARBOUXschen Vektors. Die Ableitungsgleichungen (3) lassen sich mittels Gl. (4) entsprechend zu § 13 Gl. (8) als

$$\mathfrak{e}' = \mathfrak{d} \times \mathfrak{e}, \qquad \mathfrak{n}' = \mathfrak{d} \times \mathfrak{n}, \qquad \mathfrak{z}' = \mathfrak{d} \times \mathfrak{z} \tag{5}$$

schreiben.

Ist $\mathfrak{X} = \mathfrak{x}(u) + v\, \mathfrak{t}(u)$ die Tangentenfläche der Kurve $\mathfrak{x} = \mathfrak{x}(u)$ mit u als Bogenlänge, so liefert die Formel § 53 (5) $v = \mathfrak{x}'\, \mathfrak{e}' = -\varkappa\, \mathfrak{t}\, \mathfrak{h} = 0$, d. h., daß im Grenzfall die Kurve als Striktionslinie ihrer Tangentenfläche anzusehen ist. $\varkappa, \varkappa_1$ sind dann als Krümmung und Torsion der Kurve und $\varkappa_2$ als konische Krümmung der Kurve und zugleich ihrer Tangentenfläche anzusehen.

Nach Gl. (3_1) und § 53 Gl. (11) gilt für den Drall d einer windschiefen Strahlfläche

$$\varkappa\, d = (\mathfrak{e}\, \mathfrak{n}\, \mathfrak{t}), \tag{6}$$

mit $\mathfrak{t}$ als Tangentenvektor der Striktionslinie. Da die Tangente an die Striktionslinie im Zentralpunkt einer Erzeugenden in der zugehörigen Zentralebene mit dem Normalenvektor $\mathfrak{n}$ liegt, kann d nur für $\mathfrak{t} = \pm\mathfrak{e}$ verschwinden. Also gilt:

Von vereinzelten Erzeugenden abgesehen, ist der Drall der Erzeugenden einer windschiefen Strahlfläche von Null verschieden; die Tangentenflächen sind durch das Verschwinden des Dralls gekennzeichnet.

Wir führen nun den Winkel $\sigma = \sphericalangle\, \mathfrak{e}\, \mathfrak{t}$, die *Striktion* ein, den $\mathfrak{e}$ mit dem Tangentenvektor $\mathfrak{t}$ an die Striktionslinie in der Zentralebene ($S\, \mathfrak{e}\, \mathfrak{z}$) bildet. Als positiven Drehsinn wählen wir den, der $\mathfrak{e}$ nach $\mathfrak{z}$ durch $\pi/2$ überführt. $\mathfrak{t}$ hat die willkürlich gewählte Richtung zunehmender u auf der Striktionslinie. Die Richtung von $\mathfrak{e}$ wird in der Folge stets derart vorausgesetzt, daß $-\pi/2 < \sigma \leqq \pi/2$ gilt. Es ist nun

$$\mathfrak{t} = \mathfrak{e} \cos\sigma + \mathfrak{z} \sin\sigma = d\mathfrak{s} : du, \tag{7}$$

wenn $\mathfrak{s}(u)$ der Ortsvektor nach den Punkten der Striktionslinie ist. Nach Gl. (7) ist bei unbestimmt gelassenem Nullpunkt der Ortsvektoren

$$\mathfrak{s}(u) = \int (\mathfrak{e}(u) \cos\sigma(u) + \mathfrak{z}(u) \sin\sigma(u))\, du \tag{8}$$

die Darstellung der Striktionslinie und

$$\mathfrak{x} = \int (\mathfrak{e}(u) \cos\sigma(u) + \mathfrak{z}(u) \sin\sigma(u)) + v\, \mathfrak{e}(u) \tag{9}$$

die Darstellung der Strahlfläche, bei der sich für $v = 0$ die Striktionslinie ergibt.

Auf Grund von Gl. (7) und der obigen Intervallbeschränkung für σ ist $\mathfrak{e} = \mathfrak{t}$, also $\sigma \equiv 0$ (für alle u) das Kennzeichen für die Tangentenflächen. In der Tat liefern Gln. (7) und (9) für $\sigma \equiv 0$ die Tangentenfläche

$$\mathfrak{x} = \int \mathfrak{t}(u)\, du + v\, \mathfrak{t}(u) \tag{10}$$

der Kurve $\mathfrak{y} = \int \mathfrak{t}(u)\, du$.

Im folgenden werden die Funktionen $\varkappa(u)$, $\varkappa_1(u)$, $\sigma(u)$ der Theorie der Strahlflächen zugrunde gelegt und daher als *Grundinvarianten*[1] bezeichnet. *Diese Theorie umfaßt für $\sigma = 0$ oder $\sigma \to 0$, abgesehen von grundlegenden Begriffsbildungen, die Theorie der Raumkurven und ist daher ein geeignetes Werkzeug, um Sätze der Kurventheorie als Sonderfälle von Sätzen über Strahlflächen zu erkennen*[2].

§ 55. Berührungskorrelation; einige besondere Strahlflächen. Für eine Strahlfläche ist nach § 54 Gln. (9), (3_1)

$$\mathfrak{x}_u = \mathfrak{e} \cos\sigma + \mathfrak{z} \sin\sigma + v\,\varkappa\,\mathfrak{n}, \qquad \mathfrak{x}_v = \mathfrak{e}. \tag{1}$$

Die Funktionen E, F, G der ersten Grundform, § 18 Gl. (2), sind nach Gl. (1)

$$E = \mathfrak{x}_u^2 = 1 + v^2\varkappa^2, \qquad F = \mathfrak{x}_u\,\mathfrak{x}_v = \cos\sigma, \qquad G = \mathfrak{x}_v^2 = 1, \tag{2}$$

$$EG - F^2 = \sin^2\sigma + v^2\varkappa^2. \tag{2a}$$

Nach Gl. (1) ist $\mathfrak{x}_u \times \mathfrak{x}_v = \mathfrak{n}\sin\sigma - v\,\varkappa\,\mathfrak{z}$, woraus mit Gl. (2a) für den Einsvektor der Normalen

$$\mathfrak{N} = \frac{\mathfrak{n}\sin\sigma - v\,\varkappa\,\mathfrak{z}}{\sqrt{\sin^2\sigma + v^2\varkappa^2}} \tag{3}$$

folgt. Ebenso wie in der Kurventheorie führen wir auch für die Strahlflächen die Begriffe: *Krümmungsradius* $\varrho = 1 : \varkappa$ und *Torsionsradius* $\varrho_t = 1 : \varkappa_1$ ein. Aus Gl. (3) wird dann

$$\mathfrak{N} = \frac{\mathfrak{n}\,\varrho\sin\sigma - v\,\mathfrak{z}}{\sqrt{\varrho^2\sin^2\alpha + v^2}}. \tag{4}$$

Unter Verwendung von ϱ und ϱ_t nehmen die Ableitungsgleichungen § 54 (3) die folgende Form an:

$$\varrho\,\mathfrak{e}' = \mathfrak{n}, \qquad \varrho\,\varrho_t\,\mathfrak{n}' = -\varrho_t\,\mathfrak{e} + \varrho\,\mathfrak{z}, \qquad \varrho_t\,\mathfrak{z}' = -\mathfrak{n}. \tag{5}$$

Nach § 54 Gln. (6), (7) ist der Drall d der Erzeugenden e

$$d = \varrho\sin\sigma. \tag{6}$$

Ist $\alpha = \sphericalangle\,\mathfrak{N}\,\mathfrak{n}$ der Winkel, den die Berührebene in einem Punkt P von e mit der Zentralebene bildet, so ist nach Gln. (4) und (6)

$$\cos\alpha = \mathfrak{N}\,\mathfrak{n} = \frac{d}{\sqrt{d^2 + v^2}}, \qquad \sin\alpha = (\mathfrak{N} \times \mathfrak{n})\,\mathfrak{e} = \frac{v}{\sqrt{d^2 + v^2}}, \tag{7}$$

woraus mit $d \neq 0$

$$v = d\,\mathrm{tg}\,\alpha \tag{8}$$

[1] Die Bezeichnung „*Invariante*" wird im folgenden für Zahlwerte und Funktionen gebraucht, die unverändert bleiben, wenn man das geometrische Gebilde, auf das sie sich beziehen, einer Bewegung unterwirft (Bewegungsinvarianten).

[2] Wesentlich ausführlicher als im folgenden habe ich diese Theorie entwickelt in den Aufsätzen: E. Kruppa, Zur Differentialgeometrie der Strahlflächen und Raumkurven, S.-B. Akad. Wiss. Wien, math.-naturwiss. Kl. IIa 157 (1949), S. 125—158; Strahlflächen als Verallgemeinerungen der Cesaro-Kurven, Mh. Math. 52 (1948); Das Analogon zu einem Satz von Cesaro über Bertrand-Kurven im Bereich der Strahlflächen, ebenda 54 (1950); Natürliche Geometrie der Mindingschen Verbiegungen der Strahlflächen, ebenda 55 (1951).

Die obigen Ableitungsgleichungen (3) und die Bewegungsinvarianten $\varkappa(u)$, $\varkappa_1(u)$, $\sigma(u)$ finden sich bereits bei G. Sannia, Una rappresentazione intrinseca delle rigate, G. Mat. (1925), S. 31—47, jedoch ohne tieferes Eindringen in die Theorie der Strahlflächen. Dagegen entwickelte X. Antomari, Application de la méthode cinématique à l'étude des propriétées des surfaces réglées, Thèse Paris 1894, eine weitgehende Theorie der Strahlflächen auf der Grundlage von drei anderen Bewegungsinvarianten. Als Grundlage für die Theorie der Strahlflächen werden oft die vier Funktionen für die Dreh- und Schiebgeschwindigkeiten gewählt, die bei den Momentanschraubungen der Erzeugenden und der Zentraltangente auftreten, § 93.

folgt. Gl. (8) besagt, daß die Zuordnung der Punkte einer Erzeugenden zu ihren Berührebenen projektiv ist. Man nennt sie die *Berührungskorrelation* der Erzeugenden ($d \neq 0$) der Strahlfläche.

Wir betrachten nun einige spezielle Strahlflächen. Dividiert man den Vektor $\mathfrak{d}$, § 54 Gl. (4), durch $\varkappa$ ($\neq 0$), so erhält man mit $\varkappa_2 = \varkappa_1 : \varkappa$, § 54 Gl. (2), den DARBOUXschen Vektor des Richtkegels $\mathfrak{a} = \varkappa_2 \mathfrak{e} + \mathfrak{z}$. Durch Ableitung nach der Bogenlänge u der Striktionslinie erhält man mittels der Ableitungsgleichungen $\mathfrak{a}' = \varkappa_2' \mathfrak{e}$. $\mathfrak{a}$ ist demnach dann und nur dann fest, wenn die konische Krümmung $\varkappa_2$ für alle Erzeugenden konstant ist. Aus $\mathfrak{a}\,\mathfrak{e} = \varkappa_2 =$ konst. folgt dann, daß der Richtkegel der Strahlfläche ein Drehkegel ist. Also gilt: *Die Strahlflächen, deren Richtkegel ein Drehkegel ist, sind durch $\varkappa_2 =$ konst. ($\varkappa \neq 0$, $\varkappa_1 \neq 0$) gekennzeichnet.* Für $\varkappa_1 = 0$ ($\varkappa \neq 0$) in allen Erzeugenden ist $\varkappa_2 = 0$, der Richtkegel daher eine Ebene. *Strahlflächen, deren Erzeugenden zu einer Ebene parallel sind, heißen konoidale Strahlflächen.* Aus $\varkappa = du_1 : du$ folgt, daß $\varkappa \equiv 0$ nur für *Zylinderflächen* gelten kann, die eingangs ausgeschlossen wurden.

Wir nehmen nun $\sigma = \pi/2$ für alle Erzeugenden an. Es ist dann nach § 54 Gl. (7) längs der Striktionslinie $\mathfrak{t} = \mathfrak{z}$. Sind nun k und k_1 die Krümmung und Torsion der Striktionslinie, so folgt durch Differentiation nach der Bogenlänge u: $k\,\mathfrak{h} = -\varkappa_1 \mathfrak{n}$; somit ist, wenn $\mathfrak{h} = +\mathfrak{n}$ gesetzt wird, $k = -\varkappa_1$ und $\mathfrak{e} = \mathfrak{n} \times \mathfrak{z} = \mathfrak{h} \times \mathfrak{t} = -\mathfrak{b}$. Somit ist $\mathfrak{e}' = -\mathfrak{b}'$, also $\varkappa\,\mathfrak{n} = k_1 \mathfrak{h}$ und $k_1 = \varkappa$. Wegen $\mathfrak{e} = -\mathfrak{b}$ gilt: *Die Strahlflächen, deren Striktion $\pi/2$ beträgt, werden von den Binormalen einer Kurve, ihrer Striktionslinie, gebildet.* Solche Strahlflächen heißen *Binormalenflächen.*

§ 56. **Die begleitenden Torsen der Strahlflächen und Raumkurven.** Es sollen nun die von den Ebenen der begleitenden Dreikante der Strahlflächen und Raumkurven umhüllten Torsen betrachtet werden.

a) *Die asymptotische Torse T_a* wird von den asymptotischen Ebenen umhüllt, deren Gleichung $(\mathfrak{x} - \mathfrak{s}(u))\,\mathfrak{z}(u) = 0$ ist, wobei $\mathfrak{s} = \mathfrak{s}(u)$ die Striktionslinie darstellt. Nach § 11 Gl. (7) erhält man die Erzeugenden und die Gratlinie der Hülltorse, indem man zu dieser Gleichung die aus ihr durch zweimalige Differentiation nach u hervorgehenden Gleichungen hinzunimmt. Verwendet man dabei die Ableitungsgleichungen in der Form § 55 Gl. (5), so erhält man das Gleichungssystem:

$$(\mathfrak{x} - \mathfrak{s})\,\mathfrak{z} = 0, \qquad (\mathfrak{x} - \mathfrak{s})\,\mathfrak{n} + \varrho_t \sin\sigma = 0, \tag{1), (2}$$

$$(\mathfrak{x} - \mathfrak{s})\,(-\varrho_t \mathfrak{e} + \varrho\,\mathfrak{z}) + \varrho\,\varrho_t \frac{d}{du}\,\varrho_t \sin\sigma = 0. \tag{3}$$

Aus Gln. (1) und (2) folgt, daß die in der asymptotischen Ebene $\alpha = (S\,\mathfrak{e}\,\mathfrak{n})$ liegende Erzeugende von T_a zur Erzeugenden e im Abstand $-\varrho_t \sin\alpha$ parallel ist. Die *asymptotische Torse T_a* ist daher:

$$\mathfrak{x} = \mathfrak{s} - \mathfrak{n}\,\varrho_t \sin\sigma + v\,\mathfrak{e}. \tag{4}$$

Aus Gln. (4) und (3) erhält man durch Entfernen von $(\mathfrak{x} - \mathfrak{s})$ das v des Gratpunktes der Erzeugenden und damit die *Gratlinie der asymptotischen Torse:*

$$\mathfrak{x} = \mathfrak{s} + \varrho\,(\varrho_t' \sin\sigma + \varrho_t \sigma' \cos\sigma)\,\mathfrak{e} - \mathfrak{n}\,\varrho_t \sin\sigma. \tag{5}$$

b) *Die Polartorse T_p* wird von den Polarebenen $(S\,\mathfrak{n}\,\mathfrak{z})$ umhüllt. Nach dem unter a Gesagten gilt für T_p das Gleichungssystem

$$(\mathfrak{x} - \mathfrak{s})\,\mathfrak{e} = 0, \qquad (\mathfrak{x} - \mathfrak{s})\,\mathfrak{n} - \varrho \cos\sigma = 0, \tag{$6_{1,2}$}$$

$$(\mathfrak{x} - \mathfrak{s})\,(-\varrho_t \mathfrak{e} + \varrho\,\mathfrak{z}) - \varrho\,\varrho_t \frac{d}{du}\,(\varrho \cos\sigma) = 0. \tag{6_3}$$

Nach Gln. (6_1) und (6_2) ist die Erzeugende von T_p in der Polarebene $(S\,\mathfrak{n}\,\mathfrak{z})$ zur Zentraltangente im Abstand $\varrho \cos \sigma$ parallel. Die *Polartorse* ist demnach:

$$\mathfrak{x} = \mathfrak{s} + \mathfrak{n}\,\varrho \cos \sigma + v\,\mathfrak{z}. \tag{7}$$

Unter Heranziehung von Gl. (6_3) erhält man wie unter a die *Gratlinie der Polartorse:*

$$\mathfrak{x} = \mathfrak{s} + \mathfrak{n}\,\varrho \cos \sigma + \varrho_t\,(\varrho' \cos \sigma - \varrho\,\sigma' \sin \sigma)\,\mathfrak{z}. \tag{8}$$

c) *Die Zentraltorse* T_z wird von den Zentralebenen $(S\,\mathfrak{e}\,\mathfrak{z})$ umhüllt. Die den Bestimmungsgleichungen (1), (2), (3) bzw. (6) entsprechenden Gleichungen lauten jetzt, wenn man die Ableitungsgleichungen in der Form § 54 Gl. (3) verwendet:

$$(\mathfrak{x} - \mathfrak{s})\,\mathfrak{n} = 0, \qquad (\mathfrak{x} - \mathfrak{s})\,(-\varkappa\,\mathfrak{e} + \varkappa_1\,\mathfrak{z}) = 0, \tag{$9_{1,2}$}$$

$$(\mathfrak{x} - \mathfrak{s})\,[-\varkappa'\,\mathfrak{e} + (\varkappa^2 + \varkappa_1^2)\,\mathfrak{n} + \varkappa_1'\,\mathfrak{z}] + \varkappa \cos \sigma - \varkappa_1 \sin \sigma = 0. \tag{9_3}$$

Aus Gln. (9_1) und (9_2) folgt, daß die in der Zentralebene $(S\,\mathfrak{e}\,\mathfrak{z})$ liegende Erzeugende von T_z durch S geht und zu $(-\varkappa\,\mathfrak{e} + \varkappa_1\,\mathfrak{z})$ normal ist und daher die Richtung des Vektors $\mathfrak{d} = \varkappa_1\,\mathfrak{e} + \varkappa\,\mathfrak{z}$, § 54 Gl. (4), hat. Demnach ist die *Zentraltorse*

$$\mathfrak{x} = \mathfrak{s} + v\,(\varkappa_1\,\mathfrak{e} + \varkappa\,\mathfrak{z}) = \mathfrak{s} + v\,\mathfrak{d}. \tag{10}$$

Aus Gln. (10) und (9_3) folgt für die *Gratlinie der Zentraltorse*

$$\mathfrak{x} = \mathfrak{s} + \frac{\varkappa \cos \sigma - \varkappa_1 \sin \sigma}{\varkappa'\,\varkappa_1 - \varkappa_1'\,\varkappa}\,\mathfrak{d}. \tag{11}$$

Für $\sigma = 0$ erhält man aus den obigen Gleichungen die begleitenden Torsen einer Raumkurve $\mathfrak{s} = \mathfrak{s}(u)$; dabei hat man $\mathfrak{t}, \mathfrak{h}, \mathfrak{b}$ statt $\mathfrak{e}, \mathfrak{n}, \mathfrak{z}$ zu schreiben. Gln. (4) und (5) liefern das triviale Ergebnis, daß die von den Schmiegebenen der Kurve umhüllte Torse die Tangentenfläche von $\mathfrak{s} = \mathfrak{s}(u)$ ist. Die von den Normalebenen einer Kurve umhüllte *Polartorse einer Kurve* und ihre Gratlinie entstehen aus Gln. (7) und (8) für $\sigma = 0$ als:

$$\mathfrak{x} = \mathfrak{s} + \varrho\,\mathfrak{h} + v\,\mathfrak{b}, \qquad \mathfrak{x} = \mathfrak{s} + \varrho\,\mathfrak{h} + \varrho_t\,\varrho'\,\mathfrak{b}. \tag{$12_{1,2}$}$$

Vergleicht man Gl. (12_2) mit Gl. § 14 (8), so erhält man den Satz: *Die Gratlinie der Polartorse ist der Ort der Mittelpunkte ihrer Schmiegkugeln.*

Aus Gln. (10) und (11) folgt mit $\sigma = 0$ für die *rektifizierende Torse einer Raumkurve* und ihrer Gratlinie

$$\mathfrak{x} = \mathfrak{s} + v\,\mathfrak{b}, \qquad \mathfrak{x} = \mathfrak{s} + \frac{\varkappa}{\varkappa'\,\varkappa_1 - \varkappa_1'\,\varkappa}\,\mathfrak{b}. \tag{$13_{1,2}$}$$

Aus Gl. (13_1) folgt für $v = 0$, daß die Raumkurve $\mathfrak{s} = \mathfrak{s}(u)$ auf ihrer rektifizierenden Torse liegt. Da die Hauptnormale in jedem Kurvenpunkt die Normale der rektifizierenden Ebene, also Flächennormale der rektifizierenden Torse ist, gilt nach der in § 34 gegebenen Definition der geodätischen Linien der Satz: *Jede Raumkurve ist eine geodätische Linie ihrer rektifizierenden Torse.* Durch Verebnung derselben geht sie, § 47, in eine Gerade über, wodurch die Bezeichnung „rektifizierende Torse" ihre Rechtfertigung erhält.

§ 57. Die Zentraltangentenfläche. Die von den Zentraltangenten einer Strahlfläche Φ gebildete Strahlfläche Φ^* heißt ihre *Zentraltangentenfläche* oder *Striktionsband;* Φ^* ist also

$$\mathfrak{x} = \mathfrak{s} + v\,\mathfrak{z}. \tag{1}$$

Die Striktionslinie $\mathfrak{s}^*$ von Φ^* ist nach § 53 Gl. (6) $\mathfrak{s}^* = (\mathfrak{s} - \mathfrak{s}'\,\mathfrak{z}' : \sqrt{\mathfrak{z}'^2})\,\mathfrak{z}$, woraus, § 54, Gln. (8), (3), wegen $\mathfrak{s}'\,\mathfrak{z}' = -(\mathfrak{e} \cos \sigma + \mathfrak{z} \sin \sigma)\,\varkappa_1\,\mathfrak{n} = 0$ die Identität $\mathfrak{s}^* \equiv \mathfrak{s}$ folgt. Daraus folgt weiter, daß sich Φ und Φ^* längs ihrer gemeinsamen Striktionslinie s berühren. In jedem S von $\mathfrak{s}$ ist also die gemeinsame Berührebene Zentralebene von Φ und Φ^* zugleich. Φ^* entsteht aus Φ, indem man in jeder Zentralebene die Erzeugende durch $\pi/2$ um S dreht; ebenso entsteht Φ aus Φ^*, indem man jede Erzeugende von Φ^* in der Zentralebene durch $\pi/2$ um S dreht. Es gilt also: *Ist Φ^* das Striktionsband von Φ, so ist auch Φ das Striktionsband von Φ^*; Φ* und Φ^* *berühren einander längs der ihnen gemeinsamen Striktionslinie.*

Zur Orientierung des begleitenden Dreibeins von Φ^* setzen wir $\mathfrak{n}^* = \mathfrak{n}$ und für $\sigma \lesseqgtr 0$ (im Intervall $(-\pi/2, \pi/2]$, Drehsinn durch $\sphericalangle\, \mathfrak{e}\, \mathfrak{z} = \pi/2$ bestimmt) $\mathfrak{e}^* = \pm\, \mathfrak{z}$, woraus durch Ableitung nach der Bogenlänge u der Φ und Φ^* gemeinsamen Striktionslinie $\varkappa^* = \mp\, \varkappa_1$ folgt. Für die auf das Intervall $(-\pi/2, \pi/2]$ beschränkten Striktionen gilt $\sigma^* = \sigma \mp \pi/2$. Nach § 55 Gl. (6) berechnet man den Drall d aus $\varkappa\, d = \sin\sigma$, also ist für Φ^* $\varkappa^* d^* = \sin\sigma^*$, woraus nach Obigem in beiden Fällen

$$\varkappa_1\, d^* = \cos\sigma \tag{2}$$

folgt.

Ist Φ die Tangentenfläche einer Raumkurve s, so gehen die Tangenten durch die Vierteldrehungen in ihren rektifizierenden Ebenen um ihre Berührpunkte in die Binormalen über. Als Striktionsband Φ^* von Φ ist daher die Binormalenfläche von s anzusehen. Daß s auf Φ^* Striktionslinie ist, wurde bereits in § 55 (Ende) bewiesen.

§ 58. Die Zentralnormalenfläche. Die von den Zentralnormalen einer Strahlfläche Φ gebildete Strahlfläche Φ_1 heißt ihre *Zentralnormalenfläche.* Φ_1 ist

$$\mathfrak{x} = \mathfrak{s} + v\, \mathfrak{n} \tag{1}$$

mit $\mathfrak{s}$ als Striktionslinie von Φ. Für die Striktionslinie $\mathfrak{s}_1$ von Φ_1 findet man nach § 53 Gl. (6), § 54 Gl. (3)

$$\mathfrak{s}_1 = \mathfrak{s} + \frac{\varkappa\cos\sigma - \varkappa_1 \sin\sigma}{\varkappa^2 + \varkappa_1^2}\, \mathfrak{n}. \tag{2}$$

Wir berechnen nun die Zentralnormalenfläche Φ_2 der Zentralnormalenfläche Φ_1. Sie wird von den Flächennormalen $\mathfrak{N}_1$ von Φ_1 längs $\mathfrak{s}_1$ gebildet. Aus Gl. (1) findet man:

$$\mathfrak{x}_u = (\cos\sigma - v\,\varkappa)\, \mathfrak{e} + (\sin\sigma + v\,\varkappa_1)\, \mathfrak{z}, \qquad \mathfrak{x}_v = \mathfrak{n}. \tag{3}$$

Bildet man aus Gl. (3) den von $\mathfrak{N}_1$ linear abhängigen Vektor $\mathfrak{x}_u \times \mathfrak{x}_v$ und setzt man darin für v den Koeffizienten von $\mathfrak{n}$ in Gl. (2), so erhält man mit einem Zahlfaktor λ den Zentralnormalenvektor $\mathfrak{n}_1$ von Φ_1:

$$\lambda\, \mathfrak{n}_1 = -\varkappa\, \mathfrak{e} + \varkappa_1\, \mathfrak{z} = \mathfrak{n}'. \tag{4}$$

Mit u und w als Parameter hat daher Φ_2 die Darstellung

$$\mathfrak{x} = \mathfrak{s} + \frac{\varkappa\cos\sigma - \varkappa_1\sin\sigma}{\varkappa^2 + \varkappa_1^2}\, \mathfrak{n} + w\, \mathfrak{n}'. \tag{5}$$

Aus Gl. (2) ergibt sich für $\sigma = 0$ die Striktionslinie der *Hauptnormalenfläche* $\mathfrak{x} = \mathfrak{s} + v\, \mathfrak{h}$ einer Kurve $\mathfrak{s} = \mathfrak{s}(u)$:

$$\mathfrak{s}_1 = \mathfrak{s} + \frac{\varkappa}{\varkappa^2 + \varkappa_1^2}\, \mathfrak{h} \tag{6}$$

und aus Gl. (5) die Zentralnormalenfläche der Hauptnormalenfläche von $\mathfrak{s} = \mathfrak{s}(u)$:

$$\mathfrak{x} = \mathfrak{s} + \frac{\varkappa}{\varkappa^2 + \varkappa_1^2}\, \mathfrak{h} + w\, \mathfrak{h}'. \tag{7}$$

Gl. (5) läßt eine bemerkenswerte Beziehung zwischen den Zentraltorsen T_z, T_{1z} (§ 56c) von Φ und Φ_1 erkennen. Ist S ein Zentralpunkt auf Φ und $\mathfrak{e}, \mathfrak{n}, \mathfrak{z}$ das zugehörige Dreibein, so ist nach § 56 Gl. (10) die Gerade $(S\,\mathfrak{d})$ die durch S gehende Erzeugende von T_z. Die Ebene $(S\,\mathfrak{n}\,\mathfrak{d})$ enthält diese Erzeugende von T_z und ist zur Berührebene $(S\,\mathfrak{e}\,\mathfrak{z})$ von T_z normal. $(S\,\mathfrak{n}\,\mathfrak{d})$ ist also rektifizierende Ebene der Gratlinie von T_z. Ist weiter S_1 der auf der Erzeugenden $(S\,\mathfrak{n})$ von Φ_1 liegende Zentralpunkt von Φ_1, so gibt der Vektor $\mathfrak{n}'$ nach Gl. (4) in S_1 die Zentralnormale von Φ_1 an. Da $(S\,\mathfrak{d})$ und $(S_1\,\mathfrak{n}')$ die Erzeugende $(S\,\mathfrak{n})$ von Φ_1 rechtwinklig schneiden und einander wegen $\mathfrak{d}\,\mathfrak{n}' = 0$ rechtwinklig kreuzen, ist die Ebene $(S\,\mathfrak{n}\,\mathfrak{d})$ zu $\mathfrak{n}'$ normal und daher die Zentralebene von Φ_1 in S_1. Diese doppelte Bedeutung der Ebene $(S\,\mathfrak{n}\,\mathfrak{d})$ liefert den Satz:

Die Zentraltorse der Zentralnormalenfläche einer Strahlfläche Φ ist die rektifizierende Torse der Gratlinie der Zentraltorse von Φ.

Entsprechend liefert die aus Gl. (5) durch $\sigma = 0$ hervorgehende Formel (7) den bekannten Satz der Kurventheorie[1]:

Die der Hauptnormalenfläche einer Kurve c längs ihrer Striktionslinie umschriebene Torse ist die rektifizierende Torse der Gratlinie der rektifizierenden Torse von c.

§ 59. Die Orthogonalkurven der Erzeugenden einer Strahlfläche; Filar- und Plan-Evolventen und -Evoluten von Raumkurven. Soll auf einer Strahlfläche eine Kurve $v = v(u)$ die Erzeugenden rechtwinklig schneiden, so muß $v(u)$ so ermittelt werden, daß aus

$$\mathfrak{x} = \mathfrak{s}(u) + v(u)\,\mathfrak{e}(u) \tag{1}$$

und § 54 Gl. (8) $\mathfrak{x}'\,\mathfrak{e} = 0$ folgt. Dies liefert $v' + \cos\sigma = 0$, also:

$$v = v^* = -\int \cos\sigma\,du + C. \tag{2}$$

Die Orthogonalkurven der Erzeugenden sind mithin:

$$\mathfrak{x} = \mathfrak{s}(u) + v^*(u)\,\mathfrak{e}(u). \tag{3}$$

Wir beweisen nun den

Satz 1: *Wird jede Erzeugende einer windschiefen Strahlfläche Φ in ihrer Zentralebene um ihren Schnittpunkt mit einer Orthogonalkurve der Erzeugenden durch einen festen Winkel ω gedreht, so entsteht eine Strahlfläche Φ_ω, die mit Φ die Zentraltorse gemeinsam hat. — Für $\omega = \pi/2$ ist $\Phi_{\pi/2}$ eine Tangentenfläche.*

Für $\Phi_\omega(u, v)$ ist demnach zu setzen:

$$\mathfrak{e}_\omega = \mathfrak{e}\cos\omega + \mathfrak{z}\sin\omega, \qquad \mathfrak{x} = \mathfrak{s} + v^*\,\mathfrak{e} + w\,\mathfrak{e}_\omega. \tag{4_{1,2}}$$

Setzt man in Gl. (4_2) $\mathfrak{s} + v^*\,\mathfrak{e} = \mathfrak{v}(u)$, so ist die Striktionslinie $\mathfrak{s}_\omega$ von Φ_ω gemäß § 53 Gl. (6) $\mathfrak{s}_\omega = \mathfrak{v} - (\mathfrak{v}'\,\mathfrak{e}_\omega' : \mathfrak{e}_\omega'^2)\,\mathfrak{e}_\omega$; ausgeführt gibt dies mit Gln. (2), (4_1)

$$\mathfrak{s}_\omega = \mathfrak{s} + v^*\,\mathfrak{e} + \frac{v^*\,\varkappa}{\varkappa_1 \sin\omega - \varkappa \operatorname{sos}\omega}\,\mathfrak{e}_\omega \tag{5}$$

oder

$$\mathfrak{s}_\omega = \mathfrak{s} + \frac{v^*\sin\omega}{\varkappa_1\sin\omega - \varkappa\cos\omega}\,(\varkappa_1\,\mathfrak{e} + \varkappa\,\mathfrak{z}). \tag{5_1}$$

Aus Gl. (5_1) und Gl. § 56 (10) entnimmt man für $\varkappa_1\sin\omega - \varkappa\cos\omega \neq 0$, daß die Striktionslinien s_ω der Strahlflächen Φ_ω für beliebiges ω auf der Zentraltorse T_z von Φ liegen. Sind nun e und e_ω zwei Erzeugende von Φ bzw. Φ_ω, die sich in einem Punkt der ausgewählten Orthogonalkurve von Φ schneiden, so ist die Ebene $(e\,e_\omega)$

[1] Etwa: Schell-Salkowski, Allgemeine Theorie der Kurven doppelter Krümmung, 1914, S. 102.

laut Voraussetzung die Zentralebene von e bezüglich Φ. Wir betrachten nun den Punkt S_ω, in dem e_ω die Zentraltorse T_z von Φ berührt. Da die Striktionslinie s_ω von Φ_ω nach dem Gesagten auf T_z liegt, ist S_ω der Zentralpunkt von e_ω bezüglich Φ_ω. Die Tangente von s_ω in S_ω gehört daher der Ebene $(e\, e_\omega)$ an. $(e\, e_\omega)$ ist daher auch die Zentralebene von e_ω bezüglich Φ_ω und T_z ist gemeinsame Zentraltorse von Φ und Φ_ω. Differenziert man Gl. (5) nach u, so entsteht mittels Gl. (2)

$$\mathfrak{s}_\omega' = \mathfrak{z} \sin \sigma + \mathfrak{e}_\omega \frac{d}{du} \frac{\varkappa v^*}{\varkappa_1 \sin \omega - \varkappa \cos \omega}. \tag{6}$$

Für $\omega = \pi/2$ ist nach Gl. (4_1) $\mathfrak{e}_{\pi/2} = \pm \mathfrak{z}$. Nach Gl. (6) sind dann $\mathfrak{e}_\omega$ und $\mathfrak{s}_\omega'$ linear abhängig. Daraus folgt aber, daß in diesem Fall die Erzeugenden e_ω von Φ_ω die Tangenten von s_ω sind, was zu beweisen war.

Bevor wir dazu übergehen, den entsprechenden Satz der Kurventheorie festzustellen, wollen wir einige Begriffe einführen. Man nennt die Orthogonalkurven der Tangenten einer Raumkurve k deren *Filarevolventen c*. k heißt die *Filarevolute* dieser (einparametrigen) Evolventenschar. Wir erhalten nach Gln. (3) und (2) die Filarevolventen einer Kurve $\mathfrak{s} = \mathfrak{s}(u)$, indem wir in Gl. (2) $\sigma = 0$ setzen, wodurch

$$\mathfrak{x} = \mathfrak{s} - (u + C)\, \mathfrak{t} \tag{7}$$

entsteht.

Die Orthogonalkurven der Schmiegebenen einer Kurve k nennt man die *Planevolventen* von k. k heißt dann die *Planevolute* dieser (zweiparametrigen) Kurvenschar.

Aus diesen Begriffsbildungen lassen sich ohne Rechnung unmittelbar die folgenden Sätze gewinnen:

Satz 2: *Die rektifizierenden Ebenen einer Kurve k sind die Normalebenen ihrer Filarevolventen,*

wofür man auch sagen kann:

Satz 3: *Die rektifizierende Torse einer Kurve k ist die gemeinsame Polartorse ihrer Filarevolventen c.*

Da jede Kurve geodätische Linie auf ihrer rektifizierenden Torse ist, § 56, gilt nach Satz 3:

Satz 4: *Jede Kurve k ist geodätische Linie auf der gemeinsamen Polartorse ihrer Filarevolventen.*

Die Tangenten an die Filarevolventen einer Kurve k sind zu den entsprechenden Hauptnormalen von k parallel. Mittels dieser Bemerkung ergibt sich der

Satz 5: *Die Planevolventen einer Kurve k sind die Filarevolventen der geodätischen Linien der Tangentenfläche von k.*

Für $\sigma = 0$ ergibt sich aus Satz 1 ein bekannter Satz der Kurventheorie. Aus Gl. (6) folgt für $\sigma = 0$, $\mathfrak{s}_1' = \lambda\, \mathfrak{e}_1$, d. h. die Flächen Φ_ω sind Tangentenflächen. Die Übersetzung des Satzes 1 in die Kurventheorie ergibt, wenn man auch den Satz 3 anwendet und beachtet, daß die Begriffe Zentralebene und rektifizierende Ebene einander entsprechen, den

Satz 6: *Dreht man jede Tangente einer Raumkurve k_1 um ihren Schnittpunkt mit einer Filarevolvente c in der zugehörigen Normalebene von c durch einen festen Winkel ω, so erhält man für jedes ω eine Tangentenfläche, deren Gratlinie k_ω auf der Polartorse von c liegt. — Die k_ω sind die Filarevoluten von c.*

§ 60. Existenzbeweis für Kegel, Kurven und Strahlflächen mit vorgeschriebenen Grundinvarianten. Wenn man mit s_1 und s_3 die Bogenlängen des ersten und dritten sphärischen Bildes eines Kegels bezeichnet, so sind nach § 12, Gln. (5), (6) $ds_3 : ds_1 = \varkappa_2 (s_1)$ die *konische Krümmung* und

$$\mathfrak{e}' = \mathfrak{n}, \qquad \mathfrak{n}' = -\mathfrak{e} + \varkappa_2 \mathfrak{z}, \qquad \mathfrak{z}' = -\varkappa_2 \mathfrak{n} \tag{1}$$

die *Ableitungsgleichungen* des Kegels. Es soll nun bewiesen werden:

Satz 1: *Durch die Wahl der Grundinvariante $\varkappa_2(s_1)$ ist ein Kegel, abgesehen von seiner besonderen Lage im Raum, eindeutig bestimmt.*

Gln. (1) sind, geschrieben in den Komponenten e_i, n_i, z_i von $\mathfrak{e}, \mathfrak{n}, \mathfrak{z}$ bezüglich eines rechtwinkligen Achsenkreuzes, ein System von neun linearen homogenen Differentialgleichungen. Als solches besitzt es für e_i, n_i, z_i ein einziges System von Integralfunktionen, die für einen bestimmten Wert von s_1, etwa $s_1 = 0$, vorgeschriebene Funktionswerte annehmen. Als solche wählen wir die Komponenten irgend eines Tripels $\mathfrak{e}_0, \mathfrak{n}_0, \mathfrak{z}_0$ von paarweise normalen Einsvektoren, die ein Rechtssystem bilden. Damit das ausgewählte Lösungssystem für jedes s_1 in einer Umgebung von $s_1 = 0$ ein solches Rechtssystem von Einsvektoren bilde, muß für $i, k = 1, 2, 3$

$$e_i e_k + n_i n_k + z_i z_k = \begin{cases} 1 & \text{für } i = k, \\ 0 & \text{für } i \neq k \end{cases} \tag{2}$$

gelten, woraus durch Ableitung nach s_1

$$e_i' e_k + e_i e_k' + n_i' n_k + n_i n_k' + z_i' z_k + z_i z_k' = 0 \tag{3}$$

folgt. Daß die Integralfunktionen die Gl. (3) befriedigen, erkennt man, indem man gemäß Gl. (1) die e_i', n_i', z_i' durch die e_i, n_i, z_i ausdrückt. Daß sie daher auch Gl. (2) befriedigen, folgt nun aus der gewählten Anfangsbedingung. Aus dieser und aus der Stetigkeit der Lösung folgt, daß $\mathfrak{e}, \mathfrak{n}, \mathfrak{z}$ für jedes s_1 ein Rechtssystem ist.

Bereits in § 46 wurde gezeigt, *daß eine ebene Kurve, abgesehen von ihrer besonderen Lage in der Ebene, durch die Krümmung $\varkappa(s)$ als Funktion der Bogenlänge eindeutig bestimmt ist.*

Wir beweisen nun den

Satz 2: *Durch die Wahl der Grundinvarianten $\varkappa(s)$ und $\varkappa_1(s)$ ist eine Kurve, abgesehen von ihrer besonderen Lage im Raum, eindeutig bestimmt.*

Durch die Integration der *Frenetschen Formeln* § 13 (6) ergibt sich durch die soeben an Gl. (1) geknüpften Überlegungen die Existenz der Tangentenvektoren $\mathfrak{t}(s)$ einer Raumkurve mit s als Bogenlänge. Diese Kurve ist

$$\mathfrak{x} = \int \mathfrak{t}(s)\, ds. \tag{4}$$

Schließlich beweisen wir den

Satz 3: *Durch die Wahl der Grundinvarianten $\varkappa(u)$, $\varkappa_1(u)$, $\sigma(u)$ ist eine Strahlfläche, abgesehen von ihrer besonderen Lage im Raum, eindeutig bestimmt.*

Die Integration der Ableitungsgleichungen § 54 (3), die mit den Frenetschen Formeln in der Form übereinstimmen, liefert mit den obigen Überlegungen ein einparametriges Rechtssystem $\mathfrak{e}(u)$, $\mathfrak{n}(u)$, $\mathfrak{z}(u)$ von paarweise normalen Einsvektoren. Wenn man damit und mittels $\sigma(u)$ gemäß § 54 Gl. (9) die Strahlfläche

$$\mathfrak{x} = \int (\mathfrak{e} \cos\sigma + \mathfrak{z} \sin\sigma)\, du + v\, \mathfrak{e} \tag{5}$$

ansetzt, so hat diese tatsächlich gemäß § 53 Gl. (6) die durch das Integral in Gl. (5) dargestellte Striktionslinie, auf der, weil $(\mathfrak{e} \cos\sigma + \mathfrak{z} \sin^2\sigma)^2 = 1$ ist, u die Bogenlänge ist.

Nach dem Gesagten lassen sich Kegel, Kurven und Strahlflächen durch die Grundinvarianten unabhängig von einem bestimmten Koordinatensystem darstellen. Als „*natürliche Geometrie*“ bezeichnet man die Betrachtungsweise in der

Differentialgeometrie, in der die Gebilde nicht auf ein bestimmtes Koordinatensystem bezogen werden. Ihr Begründer ist der italienische Geometer E. CESARO[1].

§ 61. **Bertrandsche Kurvenpaare und die ihnen verwandten Strahlflächenpaare.** Die folgende Überlegung ist der Beantwortung der folgenden Frage gewidmet: *Unter welchen Bedingungen besitzen zwei Strahlflächen Φ, Φ^* mit den Grundinvarianten $\varkappa, \varkappa_1, \sigma$ und $\varkappa^*, \varkappa_1^*, \sigma^*$ eine gemeinsame Zentralnormalenfläche?*

Die Striktionslinie s^* von Φ^* läßt sich dann in der Form

$$\mathfrak{s}^* = \mathfrak{s} + a(u)\,\mathfrak{n} \tag{1}$$

anschreiben, worin $a(u)$ eine noch zu ermittelnde Funktion der Bogenlänge u der Striktionslinie s von Φ ist. Durch Ableitung von Gl. (1) nach der Bogenlänge u^* von s^* folgt für den Tangentenvektor $\mathfrak{t}^*$ von s^*

$$\mathfrak{t}^*\,(du^* : du) = (\cos\sigma - a\,\varkappa)\,\mathfrak{e} + a'\,\mathfrak{n} + (\sin\sigma + a\,\varkappa_1)\,\mathfrak{z}. \tag{2}$$

Da s und s_1 die gemeinsamen Zentralnormalen rechtwinklig schneiden, folgt durch skalare Multiplikation mit $\mathfrak{n}$ aus Gl. (2) $a' = 0$, also:

$$a = a_0 = \text{konst.}, \tag{3}$$

womit aus Gl. (2)

$$\mathfrak{t}^* = \frac{(\cos\sigma - a_0\,\varkappa)\,\mathfrak{e} + (\sin\sigma + a_0\,\varkappa_1)\,\mathfrak{z}}{\sqrt{(\cos\sigma - a_0\,\varkappa)^2 + (\sin\sigma + a_0\,\varkappa_1^2)}} \tag{4}$$

folgt. Ist $\omega(u) = \sphericalangle\,\mathfrak{e}\,\mathfrak{e}^*$ der Winkel, den die eine Zentralnormale von Φ rechtwinklig schneidenden Erzeugenden $\mathfrak{e}$ und $\mathfrak{e}^*$ von Φ und Φ^* einschließen, so ist

$$\mathfrak{e}^* = \mathfrak{e}\cos\omega + \mathfrak{z}\sin\omega, \qquad \mathfrak{z}^* = -\,\mathfrak{e}\sin\omega + \mathfrak{z}\sin\omega. \tag{5$_{1,2}$}$$

Aus Gl. (5_1) folgt:

$$d\mathfrak{e}^* : du^* = \varkappa^*\,\mathfrak{n} = [(\varkappa\cos\omega - \varkappa_1\sin\omega)\,\mathfrak{n} + \omega'\,(-\,\mathfrak{e}\sin\omega + \mathfrak{z}\cos\omega)]\,(du : du^*) \tag{6}$$

Daraus folgt $\omega' = 0$, also

$$\omega = \omega_0 = \text{konst.} \tag{7}$$

Durch skalare Multiplikation von Gl. (6) mit $\mathfrak{n}$ folgt wegen Gln. (7), (2), (3)

$$\varkappa^* = \frac{\varkappa\cos\omega_0 - \varkappa_1\sin\omega_0}{\sqrt{(\cos\sigma - a_0\,\varkappa)^2 + (\sin\sigma + a_0\,\varkappa_1)^2}}. \tag{8}$$

Ebenso findet man aus Gl. (5_2)

$$\varkappa_1^* = \frac{\varkappa\sin\omega_0 + \varkappa_1\cos\omega_0}{\sqrt{(\cos\sigma - a_0\,\varkappa)^2 + (\sin\sigma + a_0\,\varkappa_1)^2}}. \tag{9}$$

Aus $\mathfrak{t}^* = \mathfrak{e}^*\cos\sigma^* + \mathfrak{z}^*\sin\sigma^*$ folgt mittels Gln. $(5_{1,2})$ und (7)

$$\mathfrak{t}^* = \mathfrak{e}\cos(\sigma^* + \omega_0) + \mathfrak{z}\sin(\sigma^* + \omega_0), \tag{10}$$

woraus gemäß Gl. (4)

$$\operatorname{tg}(\sigma^* + \omega_0) = \frac{\sin\sigma + a_0\,\varkappa_1}{\cos\sigma - a_0\,\varkappa} \tag{11}$$

folgt. Nach der Wahl von a_0 und ω_0 ist demnach die Strahlfläche durch Gln. (8), (9) und (11) bestimmt, womit die eingangs gestellte Frage beantwortet ist.

[1] Lezioni di geometria intrinseca, 1896, deutsch von G. KOWALEWSKI, Vorlesungen über natürliche Geometrie, 2. Aufl. 1926.

Für $\sigma = 0$, $\sigma^* = 0$ liegt die bekannte Fragestellung der Kurventheorie vor: *Unter welchen Bedingungen besitzen zwei Kurven $c(\varkappa, \varkappa_1)$ und $c^*(\varkappa^*, \varkappa_1^*)$ eine gemeinsame Hauptnormalenfläche?*

Für a_0 und ω_0 gelten unverändert Gln. (3), (7). Aus Gl. (11) folgt für $\sigma = 0$, $\sigma^* = 0$ die Gleichung

$$a_0 (\varkappa + \varkappa_1 \operatorname{ctg} \omega_0) = 1, \tag{12$_1$}$$

oder mit Konstanten A, B

$$A\varkappa + B\varkappa_1 = 1. \tag{12$_2$}$$

Somit gilt: *Wenn eine Kurve $c(\varkappa, \varkappa_1)$ mit anderen Kurven c^* eine gemeinsame Hauptnormalenfläche besitzen soll, so muß zwischen $\varkappa$ und $\varkappa_1$ eine lineare, nicht homogene Gleichung bestehen.*

Diese Kurven werden *Bertrand-Kurven* genannt. Ist Gl. (12_2) erfüllt, so ist gemäß Gl. (12_1) $A = a_0$, $B = a_0 \operatorname{ctg} \omega_0$ und $\varkappa^*, \varkappa_1^*$ sind durch Gln. (8) und (9) mit $\sigma = 0$ bestimmt.

Auf ein tieferes Eindringen in die Theorie der Paare von Bertrand-Kurven und der ihnen verwandten Strahlflächenpaare sei hier verzichtet und auf die in § 54 zitierte Arbeit des Verfassers (1949) hingewiesen.

§ 62. Normalkrümmung, geodätische Krümmung und geodätische Torsion der Striktionslinie. Der Tangentenvektor der Striktionslinie ist:

$$\mathfrak{t} = \mathfrak{e} \cos\sigma + \mathfrak{z} \sin\sigma. \tag{1}$$

Daraus folgt

$$\mathfrak{t}' = (-\sigma' \sin\sigma)\,\mathfrak{e} + (\varkappa \cos\sigma - \varkappa_1 \sin\sigma)\,\mathfrak{n} + (\sigma' \cos\sigma)\,\mathfrak{z}.$$

Daraus ergibt sich für die *geodätische Krümmung* $\varkappa_g^s$, die *Normalkrümmung* $\varkappa_n^s$ und die *geodätische Torsion* τ_g^s der Striktionslinie nach § 34 Gln. (9), (10), (11)

$$\varkappa_g^s = (\mathfrak{n}\,\mathfrak{t}\,\mathfrak{t}') = -\sigma', \tag{2}$$

$$\varkappa_n^s = \mathfrak{t}'\,\mathfrak{n} = \varkappa \cos\sigma - \varkappa_1 \sin\sigma, \tag{3}$$

$$\tau_g^s = (\mathfrak{t}\,\mathfrak{n}\,\mathfrak{n}') = \varkappa \sin\sigma + \varkappa_1 \cos\sigma. \tag{4}$$

Aus Gl. (2) und § 47 (3) folgt unmittelbar der

Satz 1: *Die Erzeugenden einer windschiefen Strahlfläche sind längs der Striktionslinie geodätisch parallel.*

Nach der in § 43 erklärten geodätischen Parallelverschiebung kann man auch sagen:

Satz 1a: *Wird die Zentraltorse einer windschiefen Strahlfläche verebnet und werden dabei die Erzeugenden mitgenommen, so werden sie parallel*[1].

Für $\varkappa_g^s = 0$ ist die Striktionslinie eine geodätische Linie, § 34. Gl. (2) liefert in diesem Fall den Satz von Bonnet[2]:

Satz 2: *Die windschiefen Strahlflächen, auf denen die Striktionslinie eine geodätische Linie ist, sind die Strahlflächen konstanter Striktion.*

Nach § 34, Satz 5 sind die Schmieglinien einer Fläche durch das Verschwinden der Normalkrümmung gekennzeichnet. Aus Gl. (3) folgt daher:

Satz 3: *Die windschiefen Strahlflächen, deren Striktionslinie eine Schmieglinie ist, sind durch $\varkappa \cos\sigma - \varkappa_1 \sin\sigma = 0$ gekennzeichnet.*

Nach § 34, Satz 6 sind die Krümmungslinien einer Fläche durch das Verschwinden der geodätischen Torsion gekennzeichnet. Aus Gl. (4) folgt daher:

Satz 4: *Die windschiefen Strahlflächen, deren Striktionslinie eine Krümmungslinie ist, sind durch $\varkappa \sin\sigma + \varkappa_1 \cos\sigma = 0$ gekennzeichnet.*

---

[1] G. Darboux, Leçon sur la théorie générale des surfaces IV (1894), S. 343f.
[2] J. Éc. polyt., Paris 19 (1848), S. 71.

In den voranstehenden Paragraphen sind die Differentialinvarianten (3) und (4) sehr oft aufgetreten, was zu weiteren Feststellungen über die in den Sätzen 3 und 4 genannten Strahlflächen verwendet werden könnte.

§ 63. Gaußsche und mittlere Krümmung, Schmieglinien, Krümmungslinien und geodätische Linien auf Strahlflächen. Aus der Darstellung der Strahlflächen § 54 Gl. (9)

$$\mathfrak{x} = \int (\mathfrak{e} \cos \sigma + \mathfrak{z} \sin \sigma)\, du + v\, \mathfrak{e} \tag{1}$$

erhält man:

$$\mathfrak{x}_u = \mathfrak{e} \cos \sigma + \mathfrak{n}\, \varkappa\, v + \mathfrak{z} \sin \sigma, \qquad \mathfrak{x}_v = \mathfrak{e}; \tag{2}$$

$$\mathfrak{x}_{uu} = -\mathfrak{e}\, (\varkappa^2 v^2 + \sigma' \sin \sigma) + \mathfrak{n}\, (\varkappa \cos \sigma - \varkappa_1 \sin \sigma + \varkappa' v) + \mathfrak{z}\, (\varkappa\, \varkappa_1 v + \sigma' \cos \sigma),$$
$$\mathfrak{x}_{uv} = \varkappa\, \mathfrak{n}, \qquad \mathfrak{x}_{vv} = 0. \tag{3$_{1,2,3}$}$$

Aus Gln. (2), (3) ergeben sich die E, F, G und L, M, N der beiden Grundformen § 18 (2) und § 25 (4):

$$E = 1 + \varkappa^2 v^2, \quad F = \cos \sigma, \quad G = 1, \quad EG - F^2 = \varkappa^2 v^2 + \sin^2 \sigma = W^2, \tag{4$_{1,2,3,4}$}$$

$$WL = -\varkappa^2 \varkappa_1 v^2 + v\, (\varkappa' \sin \sigma - \varkappa\, \sigma' \cos \sigma) + \sin \sigma\, (\varkappa \cos \sigma - \varkappa_1 \sin \sigma),$$
$$WM = \varkappa \sin \sigma, \qquad N = 0. \tag{5$_{1,2,3}$}$$

Für die *Christoffel-Symbole 2. Art* erhält man nach § 35 Gl. (9)

$$\left.\begin{aligned} &W^2 \Gamma_{11}^1 = \varkappa\, \varkappa' v^2 + (\varkappa^2 v + \sigma' \sin \sigma) \cos \sigma, \\ &W^2 \Gamma_{11}^2 = -(1 + \varkappa^2 v^2)\, (\varkappa^2 v + \sigma' \sin \sigma) - \varkappa\, \varkappa' v^2 \cos \sigma, \\ &W^2 \Gamma_{12}^1 = \varkappa^2 v, \qquad \Gamma_{22}^1 = 0, \\ &W^2 \Gamma_{12}^2 = -\varkappa^2 v \cos \sigma, \qquad \Gamma_{22}^2 = 0. \end{aligned}\right\} \tag{6}$$

Für die *Gaußsche Krümmung* K folgt aus Gln. (4), (5) gemäß § 29 Gl. (4)

$$K = \frac{-\varkappa^2 \sin^2 \sigma}{(\varkappa^2 v^2 + \sin^2 \sigma)^2}. \tag{7}$$

Mittels des Dralls d, § 55 Gl. (6), geht Gl. (7) über in die Formel von LAMARLE[1]

$$K = \frac{-d^2}{(v^2 + d^2)^2}. \tag{7a}$$

Aus Gl. (7a) folgt, daß im Zentralpunkt ($v = 0$) $K_0 = -1 : d^2$ ist.

Für die *mittlere Krümmung* H folgt aus Gln. (4), (5) gemäß § 29 Gl. (5)

$$H = \frac{-(\varkappa \cos \sigma + \varkappa_1 \sin \sigma) \sin \sigma + (\varkappa' \sin \sigma - \varkappa\, \sigma' \cos \sigma)\, v - \varkappa^2 \varkappa_1 v^2}{2\, (\varkappa^2 v^2 + \sin^2 \sigma)^{3/2}}. \tag{8}$$

Aus Gl. (8) folgt der Satz: $\varkappa \cos \sigma + \varkappa_1 \sin \sigma = 0$ *ist kennzeichnend für die Strahlflächen, auf denen die mittlere Krümmung längs der Striktionslinie verschwindet.*

Nach Gln. (5) und Gl. § 25, (6) ist die *Differentialgleichung der Schmieglinien* die RICCATIsche Gleichung

$$2\, v' \varkappa \sin \sigma = \varkappa^2 \varkappa_1 v^2 + (\varkappa\, \sigma' \cos \sigma - \varkappa' \sin \sigma)\, v + (\varkappa_1 \sin \sigma - \varkappa \cos \sigma) \sin \sigma, \tag{9}$$

wozu noch die Erzeugenden $u =$ konst. hinzukommen.

Die *Differentialgleichung der Krümmungslinien* lautet nach Gln. (4), (5) und § 29 Gl. (8):

$$M\, v'^2 + L\, v' + FL - EM = 0, \tag{10}$$

worin die Ausdrücke $(4_{1,2})$, $(5_{1,2})$ einzusetzen sind.

Für Tangentenflächen ($\sigma = 0$) ist nach Gl. (4_2) $F = 1$, nach Gl. (5_2) $M = 0$, so daß Gl. (10) in $v' + 1 = 0$ übergeht, was nach § 52 Gl. (2) für $\sigma = 0$ die auch

[1] Bull. Acad. Belg. Cl. Sci. (1858—59).

unmittelbar verständliche Tatsache bedeutet, daß die Krümmungslinien einer Tangentenfläche ihre Filarevolventen und Erzeugenden sind.

Nach Gln. (6) und § 45 Gl. (1) lautet die *Differentialgleichung der geodätischen Linien* auf windschiefen Strahlflächen ($\sigma \neq 0$):

$$(\varkappa^2 v^2 + \sin^2 \sigma)\, v'' =$$
$$= 2\,\varkappa^2 v\, v'^2 + [\varkappa\,\varkappa'\, v^2 + (3\,\varkappa^2 v + \sigma' \sin\sigma)\cos\sigma]\, v' + (1 + \varkappa^2 v)\,(\varkappa^2 v + \sigma' \sin\sigma) +$$
$$+ v^2 \varkappa\,\varkappa' \cos\sigma. \tag{11}$$

Für $\sigma = 0$ folgt daraus die Differentialgleichung der geodätischen Linien auf Tangentenflächen:

$$\varkappa^2 v\, v'' - 2\,\varkappa^2 v\, v'^2 - \varkappa\, v\,(3\,\varkappa + \varkappa' v)\, v' - \varkappa\, v\,(\varkappa + \varkappa' v + \varkappa^3 v^2) = 0. \tag{12}$$

§ 64. Verbiegung des Katenoids auf die Wendelfläche.

$$x = u \cos\varphi, \qquad y = u \sin\varphi, \qquad z = \ln\left(u + \sqrt{u^2 - 1}\right), \tag{$1_{1,2,3}$}$$

worin u, v, z Zylinderkoordinaten sind, stellt das *Katenoid* dar, das durch Drehung der *Kettenlinie* Gl. (1_3), d. i. $u = \operatorname{ch} z$ um die z-Achse entsteht. Für E, F, G erhält man aus Gl. (1) nach § 18 Gl. (2)

$$(u^2 - 1)\, E = u^2, \qquad F = 0, \qquad G = u^2. \tag{2}$$

$$x = r \cos\varphi, \qquad y = r \sin\varphi, \qquad z = \varphi, \tag{3}$$

mit r, φ, z als Zylinderkoordinaten, ist die *Wendelfläche*, die durch Schraubung (Schraubparameter $= 1$) der x-Achse um die z-Achse entsteht. Für diese gilt nach Gl. (3)

$$E = 1, \qquad F = 0, \qquad G = r^2 + 1. \tag{4}$$

Nach Gln. (2) und (4) sind

$$ds^2 = \frac{u^2\, du^2}{u^2 - 1} + u^2\, dv^2, \qquad ds_1{}^2 = dr^2 + (r^2 + 1)\, d\varphi^2 \tag{$5_{1,2}$}$$

die ersten Grundformen des Katenoids und der Wendelfläche. Nun läßt sich aber Gl. (5_1) durch die Parametertransformation $u^2 = r^2 + 1$, $v = \varphi$ in Gl. (5_2) überführen. *Damit sind die beiden Flächen isometrisch aufeinander abgebildet.* Dabei entsprechen den Parallelkreisen $u =$ konst. des Katenoids die Bahnschraublinien $r =$ konst. der Wendelfläche und den Meridianen $v =$ konst. des ersteren die Erzeugenden der letzteren.

Nebenbei sei bemerkt, daß für beide Flächen mittels § 29 Gl. (5) $H = 0$ nachgewiesen werden kann, d. h. (§ 42): Das *Katenoid* und die *Wendelfläche* sind Minimalflächen.

§ 65. Mindingsche Verbiegungen einer windschiefen Strahlfläche. Nach § 60, Satz 3, ist eine windschiefe Strahlfläche durch Wahl der drei Funktionen $\varkappa(u)$, $\varkappa_1(u)$, $\sigma(u)$, abgesehen von ihrer besonderen Lage im Raum, vollständig bestimmt. Sie kann daher mit $(\varkappa, \varkappa_1, \sigma)$ bezeichnet werden. Es soll nun zunächst der Einfluß der Vorzeichenänderungen von $\varkappa, \varkappa_1, \sigma$ besprochen werden. Wenn die an sich willkürliche Orientierung des Zentralnormalenvektors $\mathfrak{n}$ umgekehrt wird, wechselt $\varkappa = du_1 : du$ das Vorzeichen, da die Richtung zunehmender u_1 auf dem sphärischen Bild der Erzeugenden frei wählbar ist. Damit geht jedoch $\mathfrak{e}, \mathfrak{n}, \mathfrak{z}$ in ein Linkssystem über und man muß, um wieder ein Rechtssystem zu erhalten, auch die Richtung von $\mathfrak{e}$ oder von $\mathfrak{z}$ umkehren. Dann wechselt aber auch σ das Vorzeichen. Es gilt also: *Die gleichzeitige Änderung der Vorzeichen von $\varkappa$ und σ läßt die Strahlfläche $(\varkappa, \varkappa_1, \sigma)$ unverändert.*

Die Torsion $\varkappa_1$ der Strahlfläche $(\varkappa, \varkappa_1, \sigma)$ ist nach § 60, Satz 2, zugleich die Torsion der Kurve $(\varkappa, \varkappa_1)$. $\varkappa_1$ wechselt daher das Vorzeichen, wenn auf die Strahlfläche eine Spiegelung an einer Ebene ausgeführt wird (§ 15, Ende). Dabei geht aber $\mathfrak{e}, \mathfrak{n}, \mathfrak{z}$ in ein Linkssystem über und man muß daher entweder die Richtung von $\mathfrak{n}$ oder $\mathfrak{z}$ umkehren, wodurch entweder $\varkappa$ oder σ das Vorzeichen wechseln. Es gilt also: *Die gleichzeitige Änderung der Vorzeichen von $\varkappa$ und $\varkappa_1$ oder von $\varkappa_1$ und σ bewirkt eine gegensinnig-kongruente Transformation der Strahlfläche.*

Aus diesen Bemerkungen folgt aber: *Die Strahlflächen $(\varkappa, \varkappa_1, \sigma)$, $(\varkappa, \varkappa_1, -\sigma)$, $(\varkappa, -\varkappa_1, \sigma)$ sind weder gleichsinnig noch gegensinnig kongruent.*

Wir betrachten im folgenden solche Verbiegungen einer windschiefen Strahlfläche, bei denen die Erzeugenden der Fläche stets in die Erzeugenden ihrer Biegungsflächen übergehen. Man nennt sie *Mindingsche Biegungen*[1]. Daß es sich dabei um eine besondere Klasse von Verbiegungen handelt, lehrt das Beispiel in § 64, wo diese Bedingung nicht erfüllt ist. Nach § 63 Gl. (4) ist

$$ds^2 = (1 + \varkappa^2 v^2)\, du^2 + 2 \cos \sigma\, du\, dv + dv^2 \tag{1}$$

die erste Grundform einer windschiefen Strahlfläche $(\varkappa, \varkappa_1, \sigma)$. Die Grundform (1) ist unabhängig von $\varkappa_1$ und unempfindlich gegen Vorzeichenänderungen von $\varkappa$ und σ.

In § 43 wurde gezeigt, daß zwei Flächen Φ, Φ^*, die durch übereinstimmende Paare von Parameterwerten (u, v) punktweise aufeinander bezogen sind, dann und nur dann durch diese Abbildung einander *isometrisch* entsprechen, wenn sie übereinstimmende erste Grundformen in (u, v) besitzen. Somit liefert jede Ersetzung von $\varkappa_1$ durch eine andere Funktion $\varkappa_1^*(u)$ sowie auch die Umkehrung des Vorzeichens von σ oder von $\varkappa$ eine von einer kongruenten Transformation verschiedene MINDINGsche Biegung.

Die allgemeinsten Abbildungsgleichungen einer Strahlfläche Φ^* auf eine andere Φ, wobei die Erzeugenden $u^* =$ konst. von Φ^* in die Erzeugenden $u =$ konst. von Φ übergeführt werden, lauten $u = \varphi(u^*)$, $v = v^* + \psi(u^*)$. Soll bei dieser Abbildung außerdem Gl. (1) invariant bleiben, so ergibt sich $u = u^*$, $v = v^*$. Daraus folgt:

Man erhält alle nicht gleichsinnig-kongruenten Mindingschen Biegungsflächen von Φ $(\varkappa, \varkappa_1, \sigma)$ durch die beiden folgenden Operationen: 1. Ersetzung von $\varkappa_1$ durch eine beliebige andere Funktion $\varkappa_1^*$, 2. Umkehrung des Vorzeichens von $\varkappa$ oder σ.

Da aus $v = 0$ auch $v^* = 0$ folgt, gilt: *In einer Mindingschen Isometrie zwischen zwei Strahlflächen Φ, Φ^* entsprechen die Striktionslinien einander.*

Aus § 55 Gl. (6) entnimmt man: *In einer Mindingschen Isometrie haben entsprechende Erzeugenden denselben Drall $|d|$.*

Wir behandeln nun eine Reihe von Fragestellungen, bei denen eine Strahlfläche Φ durch eine MINDINGsche Biegung in eine andere Φ^* überzuführen ist, die vorgeschriebene Eigenschaften besitzen soll. Diese Fragen sind durch Berechnung der Torsion $\varkappa_1^*$ von Φ^* zu lösen. Zu jeder Lösung $(\varkappa, \varkappa_1^*, \sigma)$ gehört eine zweite $(\varkappa, \varkappa_1^*, -\sigma) \equiv (-\varkappa, \varkappa_1^*, \sigma)$.

In § 55 wurden die konoidalen Strahlflächen durch $\varkappa_1 = 0$ erklärt. Es gilt daher der Satz

---

[1] S. F. MINDING, J. reine angew. Math. 18 (1838), S. 297. Eine zusammenfassende Darstellung dieser Biegungsprobleme in G. DARBOUX, Leçons sur la théorie générale des surfaces III (1894), S. 293ff. E. KRUPPA, Natürliche Geometrie der Mindingschen Verbiegungen der Strahlflächen, Mh. Math. 55 (1951), S. 340ff., wo die Theorie auf $\varkappa, \varkappa_1, \sigma$ gegründet wird.

1. *Jede Strahlfläche* $(\varkappa, \varkappa_1, \sigma)$ *läßt sich durch eine Mindingsche Biegung in die konoidalen Strahlflächen* $(\varkappa, 0, \pm\sigma)$ *überführen.*

Ferner beweisen wir:

2. *Eine Strahlfläche* Φ *läßt sich durch eine Mindingsche Biegung in eine Strahlfläche* Φ^* *mit einem vorgegebenen Richtkegel überführen.*

Beweis: Der gegebene Richtkegel ist nach § 60, Satz 1, durch die konische Krümmung $\varkappa_2^*$ bestimmt und nach § 54 Gl. (2) ist $\varkappa_2^* = \varkappa_1^* : \varkappa^*$. Bei $\varkappa^* = \varkappa$ ist $\sigma^* = \pm\sigma$. Die beiden möglichen Biegungsflächen von $(\varkappa, \varkappa_1, \sigma)$ sind demnach $(\varkappa, \varkappa_1^* = \varkappa_2^*\,\varkappa, \pm\sigma)$.

3. *Eine Strahlfläche* Φ *läßt sich durch eine Mindingsche Biegung in eine andere* Φ^* *überführen, deren Striktionslinie a) Schmieglinie, b) eine Krümmungslinie ist.*

Beweis: Hier ist $\varkappa_1^*$ gemäß § 62, Sätze 3, 4, im Fall a) aus $\varkappa\cos\sigma - \varkappa_1^*\sin\sigma = 0$, im Fall b) aus $\varkappa\sin\sigma + \varkappa_1^*\cos\sigma = 0$ zu rechnen.

4. *Eine Strahlfläche* Φ *läßt sich durch eine Mindingsche Biegung in eine andere* Φ^* *überführen, so daß eine auf* Φ *gegebene Kurve* $v = v(u)$ *a) in eine Schmieglinie, b) in eine Krümmungslinie von* Φ^* *übergeht.*

Beweis: Zur Berechnung von $\varkappa_1^*$ ersetze man in § 63 Gl. (9) bzw. (10) $\varkappa_1$ durch $\varkappa_1^*$, v durch die gegebene Funktion $v(u)$ und berechne daraus $\varkappa_1^*$. Mit diesem Problem hat sich auf anderem Wege E. Beltrami beschäftigt, ebenso mit dem folgenden:

5. *Eine Strahlfläche* Φ *läßt sich durch eine Mindingsche Biegung in eine andere* Φ^* *überführen, so daß eine auf* Φ *gegebene geodätische Linie in eine Gerade übergeht.*

Beweis: Dazu stellen wir zunächst die Bedingung dafür auf, daß eine auf einer Strahlfläche liegende Kurve c, $v = v(u)$, eine Gerade ist. c hat mit $\mathfrak{s}(u)$ als Striktionslinie der Fläche die Darstellung $\mathfrak{x} = \mathfrak{s}(u) + v(u)\,\mathfrak{e}$, woraus

$$\mathfrak{x}' = \mathfrak{e}\,(\cos\sigma + v') + \mathfrak{n}\,\varkappa\,v + \mathfrak{z}\sin\sigma, \tag{2_1}$$

$$\mathfrak{x}'' = (v'' - \varkappa^2 v - \sigma'\sin\sigma)\,\mathfrak{e} + (2\varkappa v' + \varkappa' v + \varkappa\cos\sigma - \varkappa_1\sin\sigma)\,\mathfrak{n} + \\ + (\varkappa\varkappa_1 v + \sigma'\cos\sigma)\,\mathfrak{z} \tag{2_2}$$

folgt. Nach § 20 ist eine Kurve $\mathfrak{x}(u)$ dann und nur dann eine Gerade, wenn $\mathfrak{x}'(u)$ und $\mathfrak{x}''(u)$ linear abhängig sind, d. h. im vorliegenden Fall, wenn nach Gln. $(2_{1,2})$ die in der Matrix

$$\left\|\begin{matrix} \cos\sigma + v' & \varkappa\,v & \sin\sigma \\ (v'' - \varkappa^2 v - \sigma'\sin\sigma) & (2\varkappa v' + \varkappa' v + \varkappa\cos\sigma - \varkappa_1\sin\sigma) & \varkappa\varkappa_1 v + \sigma'\cos\sigma \end{matrix}\right\|.$$

enthaltenen zweispaltigen Determinanten verschwinden. Von diesen drei Gleichungen sind bloß zwei wesentlich. Durch Elimination von $\varkappa_1$ entsteht aus ihnen, wie zu erwarten, die Differentialgleichung der geodätischen Linien, § 63 Gl. (11), die der Fragestellung entsprechend als erfüllt anzusehen ist. Durch Nullsetzen der Determinante mit der ersten und dritten Spalte erhält man die Gleichung:

$$v''\sin\sigma - v'(\varkappa\varkappa_1 v + \sigma'\cos\sigma) - v\,\varkappa\,(\varkappa\sin\sigma + \varkappa_1\cos\sigma) - \sigma' = 0. \tag{3}$$

Das aus Gl. (3) sich ergebende $\varkappa_1$ ist, als $\varkappa_1^*$ bezeichnet, die Torsion der gesuchten Biegungsflächen $(\varkappa, \varkappa_1^* \pm\sigma)$.

VI. Strahlkongruenzen

§ 66. Die Kummerschen Differentialformen. Im folgenden werden die differenzierbaren, zweiparametrigen Geradenscharen behandelt. Man nennt sie *Strahlkongruenzen*, auch *Strahlsysteme*. Ordnet man jedem Punkt einer Fläche

$\mathfrak{x} = \mathfrak{x}(u, v)$, die *Leitfläche* heißen soll, eine durch ihn gehende Gerade zu, deren Richtung durch den Einsvektor $\mathfrak{e}(u, v)$ gegeben ist, so hat die so erklärte Strahlkongruenz Σ die Darstellung

$$\mathfrak{X} = \mathfrak{x}(u, v) + t\,\mathfrak{e}(u, v). \tag{1}$$

Für jedes u, v ist Gl. (1) eine Erzeugende von Σ, wobei t der Parameter ihrer Punkte ist, der ihre Entfernung vom zugeordneten Punkt der Leitfläche angibt. $\mathfrak{e} = \mathfrak{e}(u, v)$ liefert die Abbildung von Σ auf die Einheitskugel (*sphärische Abbildung* von Σ). Wenn wir von den *zylindrischen Strahlkongruenzen* absehen, deren Erzeugenden sich zu je ∞^1 auf die Punkte einer Kurve der Einheitskugel abbilden lassen, wird das Strahlsystem durch die sphärische Abbildung auf ein Stück der Einheitskugel abgebildet.

Eine Strahlfläche, deren Erzeugenden der Kongruenz (1) angehören, heiße *Systemfläche*; eine solche wird durch $v = v(u)$ oder $u = u(w)$, $v = v(w)$ eingeführt. Insbesondere werden als *Parameterflächen* die *u-Flächen*, $v =$ konst., und die *v-Flächen*, $u =$ konst., bezeichnet.

Für die Theorie der Strahlkongruenzen sind die folgenden Differentialformen grundlegend. Nach E. KUMMER[1] setzt man:

$$\mathfrak{e}_u^2 = E, \qquad \mathfrak{e}_u\,\mathfrak{e}_v = F, \qquad \mathfrak{e}_v^2 = G; \tag{2}$$

$$-\mathfrak{e}_u\,\mathfrak{x}_u = e \qquad -\mathfrak{e}_u\,\mathfrak{x}_v = 2\,f_1, \qquad -\mathfrak{e}_v\,\mathfrak{x}_u = 2\,f_2, \qquad -\mathfrak{e}_v\,\mathfrak{x}_v = g \tag{3}$$

und bildet damit die Differentialformen:

$$(\mathrm{I}) = E\,du^2 + 2\,F\,du\,dv + G\,du^2, \tag{4$_1$}$$

$$(\mathrm{II}) = e\,du^2 + 2\,(f_1 + f_2)\,du\,dv + g\,dv^2, \tag{4$_2$}$$

die in der Folge als erste bzw. zweite Grundform bezeichnet werden. (I) ist zugleich die erste flächentheoretische Grundform der Einheitskugel $\mathfrak{e} = \mathfrak{e}(u, v)$ und damit positiv definit, § 18.

Wir ermitteln nun das begleitende Dreikant S; $\mathfrak{e}, \mathfrak{n}, \mathfrak{z}$, einer Systemfläche $u = u(w)$, $v = v(w)$. Gemäß Gln. (1) bis (4) ist der Parameterwert t_s des Zentralpunktes S einer Erzeugenden der Fläche nach § 53 Gl. (5)

$$t_s = \frac{-(\mathfrak{x}_u\,du + \mathfrak{x}_v\,dv)\,(\mathfrak{e}_u\,du + \mathfrak{e}_v\,dv)}{(\mathfrak{e}_u\,du + \mathfrak{e}_v\,dv)^2} = \frac{(\mathrm{II})}{(\mathrm{I})}. \tag{5}$$

Nach § 53 Gln. (4), (3) ist

$$\mathfrak{n} = \frac{\mathfrak{e}_u\,du + \mathfrak{e}_v\,dv}{\sqrt{E\,du^2 + 2\,F\,du\,dv + G\,dv^2}}, \qquad \mathfrak{z} = \frac{\mathfrak{e} \times (\mathfrak{e}_u\,du + \mathfrak{e}_v\,dv)}{\sqrt{E\,du^2 + 2\,F\,du\,dv + G\,dv^2}}. \tag{6$_{1,2}$}$$

Mit $W = \sqrt{EG - F^2}$ ist, wenn man $\mathfrak{e}$ als Normalvektor der Einheitskugel ansieht, $W\,\mathfrak{e} = \mathfrak{e}_u \times \mathfrak{e}_v$, woraus nach § 4 Gl. (9)

$$W\,(\mathfrak{e} \times \mathfrak{e}_u) = \mathfrak{e}_v\,E - \mathfrak{e}_u\,F, \qquad W\,(\mathfrak{e} \times \mathfrak{e}_v) = \mathfrak{e}_v\,F - \mathfrak{e}_u\,G \tag{7}$$

folgt, so daß Gl. (6_2) übergeht in

$$\mathfrak{z} = \frac{(E\,du + F\,dv)\,\mathfrak{e}_v - (F\,du + G\,dv)\,\mathfrak{e}_u}{\sqrt{(E\,G - F^2)\,(E\,du^2 + 2\,F\,du\,dv + G\,dv^2}}. \tag{8}$$

---

[1] J. reine angew. Math. 57 (1860).

Wir berechnen nun den Drall d der Erzeugenden $\mathfrak{e}(u, v)$ der Systemfläche. Nach § 53 Gl. (11) ist

$$d = \frac{(\mathfrak{e}, \mathfrak{e}_u\, du + \mathfrak{e}_v\, dv,\ \mathfrak{x}_u\, du + \mathfrak{x}_v\, dv)}{(\mathfrak{e}_u\, du + \mathfrak{e}_v\, dv)^2}. \tag{9}$$

Nach Gln. (2), (3), (7) gilt:

$$\begin{aligned} W\,(\mathfrak{e}\,\mathfrak{e}_u\,\mathfrak{x}_u) &= -2\,E\,f_2 + F\,e, & W\,(\mathfrak{e}\,\mathfrak{e}_v\,\mathfrak{x}_v) &= (2\,G\,f_1 - F\,g),\\ W\,(\mathfrak{e}\,\mathfrak{e}_u\,\mathfrak{x}_v) &= 2\,F\,f_1 - E\,g, & W\,(\mathfrak{e}\,\mathfrak{e}_v\,\mathfrak{x}_u) &= -2\,F\,f_2 + G\,e. \end{aligned} \tag{10}$$

Damit geht Gl. (9) über in:

$$\begin{aligned} &\sqrt{EG - F^2}\,(E\,du^2 + 2\,F\,du\,dv + G\,dv^2)\,d = \\ &= (-2\,E\,f_2 + F\,e)\,du^2 + [G\,e + 2\,F\,(f_1 - f_2) - E\,g]\,du\,dv + (2\,G\,f_1 - F\,g)\,dv^2 \\ &= -\begin{vmatrix} E\,du + F\,dv & F\,du + G\,dv \\ e\,du + 2\,f_1\,dv & 2\,f_2\,du + g\,dv \end{vmatrix}. \end{aligned} \tag{11}$$

Nach Gln. (5), (6), (11) hängen der Zentralpunkt, das begleitende Dreibein und der Drall der Erzeugenden $\mathfrak{e}(u, v)$ einer Systemfläche nur vom Verhältnis $du : dv$ ab. Demnach haben alle Systemflächen mit der gemeinsamen Erzeugenden $\mathfrak{e}(u, v)$ für festes $du : dv$ dieselbe Berührungskorrelation, § 55, wofür man auch sagen kann, daß sie sich in ihr berühren. Man nennt $du : dv$ oder das homogene Zahlenpaar (du, dv) eine *Fortschreitungsrichtung*, kurz eine *Richtung* in der Strahlkongruenz.

§ 67. Grenzpunkte, Hauptrichtungen, Formel von Hamilton. In § 66 Gl. (5) ist $t_s = (\mathrm{II}) : (\mathrm{I})$ der Parameter des Zentralpunktes der Berührungskorrelation der Erzeugenden e der sich längs e berührenden Systemflächen, die zur festen Richtung $du : dv$ gehören. Wir fragen nun nach den Extremwerten t_1, t_2 von t_s auf e für alle möglichen Richtungen $du : dv$. Eine Frage genau derselben Art ist in der Flächentheorie aufgetreten. Mit ihren Grundformen (I) und (II) ist nach § 26 Gl. (2) $1 : R = (\mathrm{II}) : (\mathrm{I})$. Für die Extremwerte von R, die Hauptkrümmungsradien $R_{1,2}$, gilt § 29 Gl. (3) und für die ihnen entsprechenden Krümmungsrichtungen § 29, Gl. (9). Diese Ergebnisse können wir hier sinngemäß übernehmen. Für $t_{1,2}$ gilt somit die quadratische Gleichung:

$$(EG - F^2)\,t^2 - [E\,g - 2\,F\,(f_1 + f_2) + G\,e]\,t + [e\,g - (f_1 + f_2)^2] = 0 \tag{1}$$

und für die $t_{1,2}$ entsprechenden Richtungen $(du, dv)_{1,2}$

$$\begin{vmatrix} dv^2 & -dv\,du & du^2 \\ E & F & G \\ e & f_1 + f_2 & g \end{vmatrix} = 0. \tag{2}$$

Die durch Gl. (1) auf e bestimmten Zentralpunkte S_1, S_2 heißen *Grenzpunkte* und die gemäß Gl. (2) zugehörigen Richtungen $(du, dv)_{1,2}$ *Hauptrichtungen*. Der hier auszuschließende Fall $e = \lambda(u, v)\,E$, $(f_1 + f_2) = \lambda\,F$, $g = \lambda\,G$ wird in § 69 behandelt.

In § 29 ergab sich das Reellsein der Hauptkrümmungsradien und Krümmungsrichtungen aus der vorher betrachteten Dupinschen Indikatrix. Hier müssen wir direkt beweisen, daß Gln. (1) und (2) reelle Wurzeln haben. Durch besondere Wahl der Parameter können wir erreichen, daß sich die Parameterlinien auf der Einheitskugel rechtwinklig schneiden, also $F = 0$ setzen. Mit $f = f_1 + f_2$ ist Gl. (2) dann $E\,f\,du^2 + (E\,g - G\,e)\,du\,dv - G\,f\,dv^2 = 0$. Die Diskriminante dieser quadratischen Gleichung ist $-EG\,f^2 - {}^1/_4\,(E\,g - G\,e)^2$, also $\leqq 0$. Also sind die Hauptrichtungen reell und man erhält nach § 66 Gl. (5) stets reelle Grenzpunkte. Es gilt also:

Die den verschiedenen Richtungen (du, dv) zugeordneten Zentralpunkte einer Erzeugenden bilden die Strecke zwischen ihren Grenzpunkten S_1, S_2.

Der Mittelpunkt M der Strecke $S_1 S_2$ heißt *Mittelpunkt* der Erzeugenden; für seinen Parameterwert $t_m = {}^1/_2 (t_1 + t_2)$ gilt nach Gl. (1)

$$t_m = \frac{E g - 2 F (f_1 + f_2) + G e}{2 (E G - F^2)}. \tag{3}$$

Die *Mittelfläche*, der Ort der Mittelpunkte, ist daher

$$\mathfrak{m} = \mathfrak{x}(u, v) + \frac{E g - 2 F (f_1 + f_2) + G e}{2 (E G - F^2)} \mathfrak{e} (u, v). \tag{4}$$

Die Integration der Differentialgleichung (2) führt zu Systemflächen $v = v(u)$, deren Erzeugenden in je einer Hauptrichtung stetig aufeinanderfolgen. Sie heißen die *Hauptflächen* der Strahlkongruenz. Durch jede Erzeugende gehen zwei Hauptflächen, die demnach zwei einparametrige Scharen bilden. Für manche Untersuchungen ist es zweckmäßig, die Parameter u, v so zu wählen, daß die Hauptflächen zugleich die Parameterflächen $v =$ konst. bzw. $u =$ konst. sind. In diesem Fall hat Gl. (2) die Form $du\, dv = 0$. Also ist $E f - e F = 0$ und $G f - g F = 0$. Für $E g - G e \neq 0$ sind diese beiden in F und f linearen, homogenen Gleichungen nur für

$$F = 0, \qquad f = f_1 + f_2 = 0 \tag{5}$$

verträglich. (5) enthält somit die Bedingungen dafür, daß die Parameterflächen Hauptflächen sind. Für „*Hauptflächenparameter*" sind nach Gln. (2), (5) $(du, 0)$ und $(0, dv)$ die Hauptrichtungen. Für die ihnen zugeordneten Zentralnormalenvektoren $\mathfrak{n}_1, \mathfrak{n}_2$ gilt nach § 66 Gl. (6_1)

$$\sqrt{E}\, \mathfrak{n}_1 = \mathfrak{e}_u, \qquad \sqrt{G}\, \mathfrak{n}_2 = \mathfrak{e}_v. \tag{$6_{1,2}$}$$

Man nennt die Ebenen durch eine Erzeugende e, die die Richtungen von $\mathfrak{n}_1$ und $\mathfrak{n}_2$ enthalten, also die Ebenen $\nu_1 = (\mathfrak{e}\, \mathfrak{n}_1)$, $\nu_2 = (\mathfrak{e}\, \mathfrak{n}_2)$ die *Hauptebenen* von e. Aus Gln. (6), (5) folgt $\mathfrak{n}_1 \mathfrak{n}_2 = 0$, somit gilt: *Die Hauptebenen einer Erzeugenden stehen aufeinander normal.*

Der oben ausgeschlossene Fall $E g - G e = 0$ führt auf den bereits ausgeschlossenen Fall, der in § 69 behandelt werden wird.

Es sei $\omega = \sphericalangle\, \mathfrak{n}_1 \mathfrak{n}$ der Winkel, den $\mathfrak{n}_1$ mit irgend einem der Richtung $(du : dv)$ und einer Erzeugenden zugeordneten Zentralnormalenvektor $\mathfrak{n}$ einschließt. ω ist also der Winkel jener Drehung um $\mathfrak{e}$, die das Dreibein $\mathfrak{e}, \mathfrak{n}_1, \mathfrak{z}_1$ in $\mathfrak{e}, \mathfrak{n}, \mathfrak{z}$ überführt, d. h. $\cos\omega = \mathfrak{n}_1 \mathfrak{n}$, $\sin\omega = \mathfrak{n}\, \mathfrak{z}_1$. $\mathfrak{z}_1$ ist nach § 66 Gl. (8) wegen $dv = 0$, $F = 0$ durch $\sqrt{G}\, \mathfrak{z}_1 = \mathfrak{e}_v$ gegeben. Damit und mit § 66 Gl. (6_1) ist:

$$\cos\omega = \frac{\sqrt{E}\, du}{\sqrt{E\, du^2 + G\, dv^2}}, \qquad \sin\omega = \frac{\sqrt{G}\, dv}{\sqrt{E\, du^2 + G\, dv^2}}. \tag{7}$$

Nach § 66 Gl. (5) ist wegen $f = F = 0$

$$t_s = (e\, du^2 + g\, dv^2) : (E\, du^2 + G\, dv^2), \tag{8}$$

woraus für die Hauptrichtungen $(du, 0)$, $(0, dv)$

$$t_1 = e : E, \qquad t_2 = g : G \tag{9}$$

folgt. Aus Gln. (7), (8), (9) folgt die *Formel von Hamilton*[1]

$$t_s = t_1 \cos^2\omega + t_2 \sin^2\omega. \tag{10}$$

[1] Trans. R. Irish Acad. 15 (1828), 16 (1830).

§ 68. Brennpunkte, Brennebenen, Brennflächen. Wir fragen nun nach den in einer Strahlkongruenz enthaltenen Torsen. Werden in der Strahlkongruenz $\mathfrak{X} = \mathfrak{x}(u, v) + t\,\mathfrak{e}(u, v)$ u und v als Funktionen eines Parameters w gewählt, so wird dadurch eine in ihr enthaltene Strahlfläche Φ gekennzeichnet. Wird dann auch t als Funktion von w angesetzt, so ist damit eine auf Φ liegende Kurve c gegeben. Die Bedingung, daß Φ die Tangentenfläche der Kurve c ist, lautet mit einem unbestimmten Zahlfaktor $\lambda \neq 0$: $\dot{\mathfrak{X}} = \lambda\,\mathfrak{e}$; für $\lambda = 0$, also $\dot{\mathfrak{X}} = 0$, ist Φ ein Kegel mit der Spitze $\mathfrak{X}$. Ausgeführt lautet die Bedingungsgleichung $\dot{\mathfrak{x}} + t\,\dot{\mathfrak{e}} = (\lambda - \dot{t})\,\mathfrak{e}$, worin $\dot{\mathfrak{x}} = \mathfrak{x}_u\,\dot{u} + \mathfrak{x}_v\,\dot{v}$, und $\dot{\mathfrak{e}} = \mathfrak{e}_u\,\dot{u} + \mathfrak{e}_v\,\dot{v}$ zu setzen ist. Daraus ergeben sich durch skalare Multiplikation mit $\mathfrak{e}_u$, $\mathfrak{e}_v$ wegen $\mathfrak{e}\,\mathfrak{e}_u = 0$, $\mathfrak{e}\,\mathfrak{e}_v = 0$ die Gleichungen:

$$t\,(E\,du + F\,dv) - (e\,du + 2\,f_1\,dv) = 0, \quad t\,(F\,du + G\,dv) - (2\,f_2\,du + g\,dv) = 0. \tag{1}$$

In Gl. (1) bedeutet t den Parameterwert des Punktes R, in dem die Erzeugende der Tangentenfläche Φ die Gratlinie c berührt. Dieser besondere t-Wert soll mit r bezeichnet werden. Schreibt man nun (1) in der Form

$$(r\,E - e)\,du + (r\,F - 2\,f_1)\,dv = 0, \qquad (r\,F - 2\,f_2)\,du + (r\,G - g)\,dv = 0, \tag{1a}$$

so erhält man daraus durch Entfernen von $du : dv$ die quadratische Gleichung

$$(EG - F^2)\,r^2 - [E\,g - 2\,F\,(f_1 + f_2) + G\,e]\,r + e\,g - 4\,f_1\,f_2 = 0 \tag{2}$$

für r. Nach Gl. (2) gibt es daher auf jeder Erzeugenden e der Strahlkongruenz zwei ausgezeichnete Punkte $R_1\,(r_1)$, $R_2\,(r_2)$, die reell, konjugiert komplex oder zusammenfallend sein können; man nennt sie die *Brennpunkte* von e. $R_{1,\,2}$ sind die Gratpunkte, allenfalls Kegelspitzen, der durch e gehenden, aus Kongruenzstrahlen gebildeten Torsen, der *Systemtorsen*, deren Differentialgleichung aus Gl. (1) durch Entfernen von t entsteht und daher

$$\begin{vmatrix} E\,du + F\,dv & F\,du + G\,dv \\ e\,\;du + 2\,f_1\,dv & 2\,f_2\,du + g\,dv \end{vmatrix} = 0 \tag{3}$$

lautet. Auch die aus Gl. (3) als Wurzeln bestimmten *Torsalrichtungen* $(du : dv)_1$, $(du : dv)_2$ können reell, konjugiert komplex oder zusammenfallend sein. Aus Gl. (2) und § 67 Gl. (3) entnimmt man unmittelbar den Satz:

Der Mittelpunkt einer Erzeugenden ist zugleich der Mittelpunkt zwischen den Grenzpunkten R_1, R_2 *und den Brennpunkten* R_1, R_2.

Die beiden (nicht immer reellen oder zusammenfallenden) Ebenen durch e, von denen die durch e gehenden Systemtorsen längs e berührt werden, heißen die *Brennebenen.*

Wenn man die Mittelfläche, § 67, als Leitfläche wählt, so nimmt die Formel von Hamilton § 67 (10) wegen $t_2 = -t_1 = t$ die Gestalt $t_s = t \cos 2\,\omega$ an. Man sieht daraus, daß t_s für $\omega = \sphericalangle\, \mathfrak{n}_1\,\mathfrak{n}$ und $\pi/2 - \omega$ entgegengesetzt gleiche Werte annimmt. Da für eine Systemtorse die Ebene $(e\,\mathfrak{n})$ die Berührebene längs e (= Schmiegebene im Gratpunkt, $\mathfrak{n}$ = Hauptnormalenvektor der Gratlinie), also die Brennebene ist, und da nach dem letzten Satz und der obigen Annahme der Leitfläche t_1 und t_2 entgegengesetzt bezeichnet sind, folgt aus den Winkelwerten ω und $\pi/2 - \omega$ der Brennebenen der Satz:

Das Paar der Hauptebenen und das Paar der Brennebenen einer Erzeugenden e haben gemeinsame Symmetrieebenen.

Die Erzeugenden einer Strahlkongruenz lassen sich nach dem Gesagten in zwei stetige Scharen von Torsen anordnen. Sehen wir von dem bereits in § 66 ausgeschlossenen Fall der zylindrischen Strahlkongruenzen ab, so ist als „allgemeiner Fall“ anzunehmen, daß diese Systemtorsen Tangentenflächen sind. Ihre Gratlinien erfüllen je eine Fläche Φ_1, Φ_2, die man die *Brennflächen* der Kongruenz nennt. Es kann aber auch der Fall eintreten, daß eine oder beide Torsenscharen Kegelscharen sind; die Ortskurven ihrer Spitzen heißen dann die *Brennlinien* der Kongruenz.

Sind die Brennlinien einer Strahlkongruenz zwei windschiefe Geraden f_1, f_2, so ist sie ein *hyperbolisches* oder *elliptisches Strahlnetz,* je nachdem f_1, f_2 reell bzw. konjugiert komplex sind. Der Grenzfall, bei dem f_1, f_2 zusammenfallen, wird in § 97 als *parabolisches Strahlnetz* eingeführt.

Im allgemeinen Fall berührt jede Erzeugende der Kongruenz in ihren Brennpunkten R_1, R_2 die Brennflächen Φ_1 bzw. Φ_2, da sie dort je eine Gratlinie einer Systemtorse berühren. Eine Strahlkongruenz kann daher im allgemeinen als die Gesamtheit aller Geraden angesehen werden, die zwei Flächen $\Phi_{1,2}$ berühren. Beim Auftreten von Brennlinien sind die Erzeugenden Treffgeraden der Brennlinien.

Eine besondere Strahlkongruenz wurde bereits in § 32 behandelt, die *Normalenkongruenz* einer Fläche Φ, die aus allen Normalen von Φ besteht. Dort wurden insbesondere die Normalentorsen untersucht. Mit den dort durchgeführten Überlegungen gilt für alle Kongruenzen im allgemeinen Fall für die beiden Torsenscharen Γ_1, Γ_2 der Satz:

Auf der Brennfläche Φ_1 (Φ_2) bilden die Gratlinien c_1 (c_2) der Torsen aus Γ_1 (Γ_2) und die Berührkurven k_2 (k_1) der Torsen aus Γ_2 (Γ_1) ein konjugiertes Netz.

§ 69. Isotrope Strahlkongruenzen. Die in § 67 ausgeschlossenen Strahlkongruenzen, für die

$$e = \lambda(u, v)\, E, \qquad f_1 + f_2 = \lambda(u, v)\, F, \qquad g = \lambda(u, v)\, G \tag{1}$$

gilt, heißen *isotrope Kongruenzen.* Die Gleichungen § 67 (1), (3) für die *Grenzpunkte* und den *Mittelpunkt* liefern mit Gl. (1) $t_{1,2} = t_m = \lambda$. Es gilt also:

Auf jeder Erzeugenden einer isotropen Kongruenz fallen die Grenzpunkte im Mittelpunkt zusammen.

Wenn man als Leitfläche die Mittelfläche $\mathfrak{m}(u, v)$ wählt, so ist $t_m = \lambda(u, v) \equiv 0$ und daher nach Gl. (1)

$$e = 0, \qquad f_1 + f_2 = 0, \qquad g = 0. \tag{2}$$

Mit Gl. (2) lautet die Gl. § 68 (3), für die *Torsalrichtungen*

$$(\mathrm{I}) = E\, du^2 + 2\, F\, du\, dv + G\, dv^2 = 0. \tag{3}$$

Wir können nun das Parametersystem so wählen, daß die Parameterflächen die Torsen sind, so daß Gl. (3) einfach $du\, dv = 0$ ist, woraus

$$E = G = 0, \qquad F \neq 0 \tag{4}$$

folgt. Ermittelt man unter diesen Annahmen gemäß Gln. (2) und (4) die *Brennpunkte,* so erhält man nach § 68 Gl. (2)

$$r = \pm \frac{2\, f_1}{F}. \tag{5}$$

Die Brennflächen sind daher

$$\mathfrak{x} = \mathfrak{m} \pm \frac{2\, f_1}{F}\, \mathfrak{e}. \tag{6}$$

Nach Gl. (4) sind $\mathfrak{e}_u$, $\mathfrak{e}_v$ isotrope Vektoren, § 41. Sie haben die Beträge $\sqrt{E} = 0$ bzw. $\sqrt{G} = 0$ und lassen sich daher nicht zu Einsvektoren normieren. Wir setzen $\mathfrak{e} \times \mathfrak{e}_u = A\,\mathfrak{e} + B\,\mathfrak{e}_u + C\,\mathfrak{e}_v$ und berechnen A, B, C, indem wir diesen Ansatz der Reihe nach mit $\mathfrak{e}, \mathfrak{e}_u, \mathfrak{e}_v$ skalar multiplizieren. So erhält man wegen $\mathfrak{e}\,\mathfrak{e}_u = \mathfrak{e}\,\mathfrak{e}_v = \mathfrak{e}_u^2 = \mathfrak{e}_v^2 = 0$: $A = 0$, $B = (\mathfrak{e}\,\mathfrak{e}_u\,\mathfrak{e}_v) : F$, $C = 0$. Somit ist

$$(\mathfrak{e} \times \mathfrak{e}_u)\,F = (\mathfrak{e}\,\mathfrak{e}_u\,\mathfrak{e}_v)\,\mathfrak{e}_u. \tag{7_1}$$

Entsprechend ist

$$(\mathfrak{e} \times \mathfrak{e}_v)\,F = -(\mathfrak{e}\,\mathfrak{e}_u\,\mathfrak{e}_v)\,\mathfrak{e}_v. \tag{7_2}$$

Durch skalare Multiplikation von Gl. (7_1) mit Gl. (7_2) entsteht nach § 4 Gl. (10)

$$F^2 = -(\mathfrak{e}\,\mathfrak{e}_u\,\mathfrak{e}_v)^2 \neq 0. \tag{8}$$

Aus Gl. (8) folgt wegen $F \neq 0$, daß $\mathfrak{e}, \mathfrak{e}_u, \mathfrak{e}_v$ linear unabhängig sind.

Nach § 66 Gl. (6_1) ist für die Torsalrichtung $(du, 0)$ der Hauptnormalenvektor der isotrope Vektor $\mathfrak{n} = \mu\,\mathfrak{e}_u$ mit einem unbestimmten Zahlfaktor μ. Daher ist $\mathfrak{e} \times \mathfrak{e}_u$ ein Normalenvektor der zugehörigen Brennebene $(\mathfrak{e}\,\mathfrak{n})$. Dieser ist aber nach Gl. (7_1) von dem isotropen Vektor $\mathfrak{e}_u$ linear abhängig. Die Brennebene ist daher eine isotrope Ebene (Minimalebene). Nun gibt es durch eine reelle Gerade stets zwei und nur zwei isotrope Ebenen, die konjugiert komplex sind. Also gilt:

Die Brennebenen der reellen Erzeugenden einer isotropen Kongruenz sind die Paare der konjugiert komplexen isotropen Ebenen durch die Erzeugenden.

Wenn die Berührebenen einer Fläche ausnahmslos isotrope Ebenen sind, bewirkt diese einschränkende Bedingung, daß die Fläche nur eine Torse, und zwar eine von isotropen Ebenen umhüllte Torse (isotrope Torse) sein kann. Da jede Brennebene nach dem letzten Satz in § 68 eine der beiden Brennflächen berührt, gilt der Satz:

Die Brennflächen einer isotropen Kongruenz sind zwei konjugiert komplexe isotrope Torsen.

VII. Strahlkomplexe

§ 70. **Plückersche Linienkoordinaten.** Wenn man vom Nullpunkt O der Ortsvektoren die Normale auf eine Gerade g fällt und ihren Schnittpunkt mit g A nennt, so läßt sich g durch den Ortsvektor $\overrightarrow{OA} = \mathfrak{a}$ und einen zu g parallelen Einsvektor $\mathfrak{e}$ kennzeichnen. Es sei nun $\mathfrak{m}^* = \mathfrak{a} \times \mathfrak{e}$, woraus $\mathfrak{a} = \mathfrak{e} \times \mathfrak{m}^*$ folgt. Bezeichnet λ irgend eine von Null verschiedene Zahl und setzt man $\lambda\,\mathfrak{e} = \mathfrak{r}$, woraus $\lambda^2 = \mathfrak{r}^2$ folgt, und $\lambda\,\mathfrak{m}^* = \mathfrak{m}$, so ist $\mathfrak{m} = \mathfrak{a} \times \mathfrak{r}$ und

$$\mathfrak{a} = \frac{\mathfrak{r} \times \mathfrak{m}}{\mathfrak{r}^2}. \tag{1}$$

Die Gerade g hat dann mit einem Parameter t die Darstellung:

$$\mathfrak{x} = \frac{\mathfrak{r} \times \mathfrak{m}}{\mathfrak{r}^2} + t\,\mathfrak{r}. \tag{2}$$

Nach Gl. (2) läßt sich jede Gerade durch ein „homogenes“, d. h. nur bis auf einen gemeinsamen Zahlfaktor $\lambda \neq 0$ bestimmtes Paar von Vektoren $\mathfrak{r}, \mathfrak{m}$ darstellen, die wegen $\mathfrak{m} = \mathfrak{a} \times \mathfrak{r}$ der Bedingung

$$\mathfrak{r}\,\mathfrak{m} = 0 \tag{3}$$

genügen. Ist $\mathfrak{x}$ der Ortsvektor eines beliebigen Punktes der Geraden, so ist auch $\mathfrak{m} = \mathfrak{x} \times \mathfrak{r}$. Sind nun P, Q zwei Punkte auf g im Abstand $|\mathfrak{r}|$, so ist der Betrag $|\mathfrak{m}|$ der doppelte Flächeninhalt des Dreieckes OPQ. Wenn man den Vektor $\mathfrak{r}$ an die Gerade g bindet, so kann man ihn im Sinne der Mechanik als Kraft mit der Wirkungslinie g und demgemäß den Vektor $\mathfrak{m}$ als den Momentvektor dieser Kraft bezüglich O deuten. Die g bestimmenden Vektoren $\mathfrak{r}$, $\mathfrak{m}$ heißen *Richtungsvektor* und *Momentvektor* der Geraden.

Sind in einem rechtwinkligen Achsenkreuz mit dem Nullpunkt O (x, y, z), (x_1, y_1, z_1) die Koordinaten der im Sinn von $\mathfrak{r}$ aufeinanderfolgenden Punkte P, Q, so läßt sich $\mathfrak{m}$ als $\overrightarrow{OP} \times \overrightarrow{OQ}$ gewinnen. Die Koordinaten $p_{1,2,3}$ von $\mathfrak{r}$ und $p_{4,5,6}$ von $\mathfrak{m}$, § 5 Gl. (9), sind daher:

$$p_1 = x_1 - x, \quad p_2 = y_1 - y, \quad p_3 = z_1 - z, \quad p_4 = y\, z_1 - z\, y_1, \quad p_5 = z\, x_1 - x\, z_1,$$
$$p_6 = x\, y_1 - y\, x_1; \tag{4}$$

sie genügen nach Gl. (3), wie man auch unmittelbar bestätigt, der Gleichung

$$p_1 p_4 + p_2 p_5 + p_3 p_6 = 0. \tag{5}$$

Die homogenen Koordinaten p_i mit der Bedingungsgleichung (5) heißen rechtwinklige *Plückersche Linienkoordinaten*[1].

Die Bedingung, daß eine Gerade $(\mathfrak{r}, \mathfrak{m})$ *in einer Ebene* $\mathfrak{n}\,\mathfrak{x} + C = 0$ *liegt*, erhält man, indem man in dieser Gleichung für $\mathfrak{x}$ die rechte Seite von Gl. (2) einsetzt. So entsteht wegen $\mathfrak{n}\,\mathfrak{r} = 0$

$$(\mathfrak{n}\,\mathfrak{r}\,\mathfrak{m}) + \mathfrak{r}^2 C = 0. \tag{6}$$

Wenn zwei Geraden $(\mathfrak{r}, \mathfrak{m})$, $(\mathfrak{r}_1, \mathfrak{m}_1)$ in einer Ebene $(\mathfrak{n}, C)$ liegen, sich also schneiden, so ist Gl. (6) für beide Geraden erfüllt. Entfernt man aus diesen beiden Gleichungen C und ersetzt man $\mathfrak{n}$ durch den von $\mathfrak{n}$ linear abhängigen Vektor $\mathfrak{r} \times \mathfrak{r}_1$, so erhält man mittels Gl. (3) und § 4 Gl. (9) oder (10) als *Schnittbedingung* der beiden Geraden

$$\mathfrak{m}_1\,\mathfrak{r} + \mathfrak{r}_1\,\mathfrak{m} = 0. \tag{7}$$

Sind p_i und q_i die Plückerschen Linienkoordinaten der beiden Geraden, so lautet Gl. (7)

$$q_4 p_1 + q_5 p_2 + q_6 p_3 + q_1 p_4 + q_2 p_5 + q_3 p_6 = 0. \tag{7a}$$

§ 71. **Der lineare Strahlkomplex; das Nullsystem.** Unter einem *Strahlkomplex* versteht man eine dreiparametrige Schar von Geraden. Zur analytischen Behandlung von Strahlkomplexen kann man entweder die Plückerschen Linienkoordinaten p_i als Funktionen von drei Parametern oder eine homogene Gleichung für die p_i ansetzen. Durch eine homogene lineare Gleichung in den p_i

$$a_4 p_1 + a_5 p_2 + a_6 p_3 + a_1 p_4 + a_2 p_5 + a_3 p_6 = 0 \tag{1}$$

wird ein *linearer Strahlkomplex* definiert. Faßt man die a_i und p_i zu den Vektoren $\mathfrak{a}\,(a_1, a_2, a_3)$, $\mathfrak{a}_1\,(a_4, a_5, a_6)$, $\mathfrak{r}\,(p_1, p_2, p_3)$, $\mathfrak{m}\,(p_4, p_5, p_6)$ zusammen, so lautet Gl. (1)

$$(\mathfrak{a}_1\,\mathfrak{r}) + (\mathfrak{a}\,\mathfrak{m}) = 0. \tag{1a}$$

In dem Sonderfall $\mathfrak{a}\,\mathfrak{a}_1 = 0$ ist $\mathfrak{a}$ der Richtungsvektor, $\mathfrak{a}_1$ der Momentvektor einer Geraden a und Gl. (1) kennzeichnet nach § 70 Gl. (7a) alle Geraden p_i, die a schneiden oder zu a parallel sind. Dieser besondere Strahlkomplex ist das *Strahlgebüsch* mit der Achse a. Für $\mathfrak{a}\,\mathfrak{a}_1 \neq 0$ heißt der lineare Komplex (1), (1a) ein *Strahlgewinde*.

Es werden nun Grundbegriffe der Theorie der Strahlgewinde entwickelt. Die Erzeugenden eines Gewindes werden als *Gewindestrahlen* oder *Nullstrahlen* bezeichnet. Die letzte Bezeichnung stammt aus der Statik starrer Körper. Es wird dort nämlich gezeigt, daß die Gesamtheit aller Geraden, für die ein räum-

[1] J. Plücker, Ges. Abh. I, S. 489.

liches Kräftesystem ein verschwindendes Drehmoment hat, im allgemeinen ein Strahlgewinde ist.

Wir fragen nun nach allen Gewindestrahlen, die durch einen gegebenen Punkt N mit dem Ortsvektor $\mathfrak{x}$ gehen. Ist $\mathfrak{r}$ der Richtungsvektor eines solchen Gewindestrahles, so ist $\mathfrak{m} = \mathfrak{x} \times \mathfrak{r}$ sein Momentvektor. Setzt man dieses $\mathfrak{m}$ in die Gewindegleichung (1a) ein, so läßt sie sich auch als $\mathfrak{r}\,(\mathfrak{a}_1 + (\mathfrak{a} \times \mathfrak{x})) = 0$ schreiben, woraus man entnimmt, daß alle Gewindestrahlen durch den gegebenen Punkt N zum Vektor $\mathfrak{a}_1 + (\mathfrak{a} \times \mathfrak{x})$ normal sind und daher in der Ebene ν

$$(\mathfrak{X} - \mathfrak{x})\,(\mathfrak{a}_1 + (\mathfrak{a} \times \mathfrak{x})) = 0 \tag{2}$$

liegen. Sie bilden in ν das Strahlbüschel $(N\,\nu)$. Man nennt ν die *Nullebene* von N, N den *Nullpunkt* von ν. Aus diesem Ergebnis folgert man die Umkehrung.

Ist ν eine gegebene Ebene $\mathfrak{n}\,\mathfrak{x} + C = 0$, so bilden die in ν liegenden Gewindestrahlen ein Strahlbüschel. Ist $\mathfrak{x}$ der Ortsvektor des Scheitels N des Büschels, so muß nach Gl. (2) der Vektor $\mathfrak{a}_1 + (\mathfrak{a} \times \mathfrak{x})$ von $\mathfrak{n}$ linear abhängig sein, d. h. es muß $\mathfrak{n} \times (\mathfrak{a}_1 + (\mathfrak{a} \times \mathfrak{x})) = 0$ sein. Es ist also, § 4 Gl. (9), $\mathfrak{n} \times \mathfrak{a}_1 + (\mathfrak{n}\,\mathfrak{x})\,\mathfrak{a} = (\mathfrak{n}\,\mathfrak{a})\,\mathfrak{x}$. Wegen $\mathfrak{n}\,\mathfrak{x} + C = 0$ ergibt sich somit für den *Nullpunkt* der Ebene:

$$\mathfrak{x} = ((\mathfrak{n} \times \mathfrak{a}_1) - C\,\mathfrak{a}) : \mathfrak{n}\,\mathfrak{a}. \tag{3}$$

Es seien nun α und β zwei Ebenen, g ihre Schnittlinie, die jedoch kein Gewindestrahl sein soll, A der Nullpunkt von α, B der Nullpunkt von β und g_1 die Gerade $(A\,B)$. Ist S irgendein Punkt von g, so sind $(S\,A)$ und $(S\,B)$ Gewindestrahlen. Die Ebene $(S\,A\,B)$ ist daher die Nullebene von S. Daher ist auch die Verbindungsgerade von S mit irgendeinem Punkt S_1 von g_1 ein Gewindestrahl. Es sind also alle Treffgeraden von g und g_1 Gewindestrahlen. Aus dieser Überlegung fließen die Sätze:

Wenn sich eine Ebene um eine Gerade g dreht, so durchläuft ihr Nullpunkt eine Gerade g_1. — Wenn ein Punkt eine Gerade g_1 durchläuft, so dreht sich seine Nullebene um eine Gerade g.

Jeder Geraden g ist auf diese Weise eine zu ihr windschiefe Gerade g_1 zugeordnet, die ihre *reziproke Gerade* oder *Nullpolare* heißt; nur wenn g ein Gewindestrahl ist, fällt g mit g_1 zusammen. Die besprochene Punkt-Ebenen-Verwandtschaft, die jedem Punkt seine Nullebene und jeder Ebene ihren Nullpunkt zuordnet, heißt *Nullsystem.*

Wir können zur Vereinfachung von Gl. (1) die z-Achse parallel zu $\mathfrak{a}\,(0, 0, a_3)$ voraussetzen, wodurch Gl. (1) die Form $a_4\,p_1 + a_5\,p_2 + a_6\,p_3 + a_3\,p_6 = 0$ annimmt. Ermittelt man nach Gl. (3) den Nullpunkt der Ebene $z = 0$, indem man dort $\mathfrak{a}\,(0, 0, a_3)$, $C = 0$, $\mathfrak{n}\,(0, 0, 1)$ setzt, so hat der gesuchte Nullpunkt die Koordinaten $(-a_5 : a_3,\ a_4 : a_3,\ 0)$, $(a_3 \neq 0)$. Wenn wir nun mit dem Achsenkreuz die Parallelverschiebung durchführen, bei der der Achsenursprung in diesen Nullpunkt gelangt, so muß $a_4 = a_5 = 0$ werden. Wir können daher jedes Gewinde (1) durch

$$a_6\,p_3 + a_3\,p_6 = 0 \tag{4}$$

darstellen. Setzt man in Gl. (4) für p_3, p_6 die Ausdrücke aus § 70 Gl. (4), so erhält man

$$a_6\,(z - z_1) - a_3\,(x\,y_1 - y\,x_1) = 0; \tag{5}$$

hält man in Gl. (5) x_1, y_1, z_1 fest, so ist Gl. (5) die *Gleichung der Nullebene ν_1* des Punktes $N_1\,(x_1, y_1, z_1)$, da die Verbindungsgerade von N_1 mit irgendeinem Gl. (5) befriedigenden Punkt (x, y, z) ein Gewindestrahl ist.

Eine anschauliche Einsicht über die Lagerung der Gewindestrahlen erhält man, indem man eine *Schraubung des Raumes*

$$x = r\cos\varphi, \qquad y = r\sin\varphi, \qquad z = k\,\varphi + C, \qquad (k, C = \text{konst.}) \tag{6}$$

um die z-Achse betrachtet. Für festes r und veränderliches φ gibt (6) die Bahnschraublinien der Schraubung. Aus (6) folgt für die Richtung der Tangenten der Schraublinien

$$dx : dy : dz = -r \sin\varphi : r \cos\varphi : k = -y : x : k. \tag{7}$$

Nach (7) hat die Tangente im Punkt $N_1 (x_1, y_1, z_1)$ an seine Bahnschraublinie s die Richtungsparameter $(-y_1 : x_1 : k)$; somit hat die Normalebene ν_1 von s in N_1 die Gleichung $-(x - x_1) y_1 + (y - y_1) x_1 + (z - z_1) k = 0$ oder

$$k (z - z_1) - (x y_1 - y x_1) = 0. \tag{8}$$

Gl. (8) stimmt für $k = a_6 : a_3$ $(a_3, a_6 \neq 0)$ mit Gl. (5) überein. Daraus folgt: *Das Nullsystem $N_1 \longleftrightarrow \nu_1$ läßt sich durch eine Schraubung des Raumes herstellen, indem man jedem Punkt N_1 die Normalebene ν_1 der durch ihn gehenden Bahnschraublinie zuordnet.*

Für das zugehörige Gewinde, das aus den Strahlbüscheln $(N_1 \nu_1)$ besteht, gilt: *Ein Gewinde besteht aus den Normalen der Bahnschraublinien einer Schraubung des Raumes.*

Sind $r = \sqrt{x_1^2 + y_1^2}$ der Abstand des Punktes N_1 mit der Nullebene ν_1 von der Achse z und $\sphericalangle z \nu_1 = \omega$, so gilt nach Gl. (8)

$$k = r \operatorname{tg} \omega; \tag{9}$$

Gl. (9) ist auch vorzeichenrichtig, wenn der Drehsinn von ω und die aus N_1 auf z gefällte orientierte Normale einen Rechtsschraubsinn ergeben. Man nennt $k = a_6 : a_3$ den *Parameter* des Gewindes. Bei einer Rechtsschraubung $(k > 0)$ sind die Strahlen ihres Normalengewindes zur Achse linksgewunden.

Die Achse der Schraubung heißt auch die *Achse des Gewindes.* Unabhängig von der Schraubung läßt sich die Achse des Gewindes als diejenige Gerade erklären, die zur Ferngeraden der zu ihr normalen Ebenen nullpolar ist, wozu freilich der Raum zuerst durch die Einführung der Fernelemente zu einem projektiven Raum erweitert werden muß.

§ 72. **Gewindekurven.** Eine Kurve $\mathfrak{x}\,[x(t), y(t), z(t)]$, deren Tangenten einem Gewinde $\mathfrak{G}(\mathfrak{a}, \mathfrak{a}_1)$, § 71, angehören, heißt *Gewindekurve.* Die durch einen Punkt $\mathfrak{x}$ gehenden Gewindekurven müssen daher seine Nullebene berühren. Man erhält daher die *Differentialgleichung des Gewindes* und seiner Gewindekurven, indem man in der Gleichung der Nullebene von $\mathfrak{x}$, § 71 Gl. (2), $\mathfrak{X} - \mathfrak{x}$ durch $d\mathfrak{x}$ ersetzt, wodurch

$$(\mathfrak{a}_1 + (\mathfrak{a} \times \mathfrak{x}))\, d\mathfrak{x} = 0 \tag{1}$$

entsteht, d. i. in Koordinaten:

$$(a_4 + a_2 z - a_3 y)\, dx + (a_5 + a_3 x - a_1 z)\, dy + (a_6 + a_1 y - a_2 x)\, dz = 0. \tag{1a}$$

Gl. (1a) ist eine *Pfaffsche Differentialgleichung.* Wählt man den Grundriß $x(t)$, $y(t)$ einer Gewindekurve willkürlich, so erhält man durch Einsetzen von $x(t)$, $y(t)$, $dx = \dot{x}\, dt$, $dy = \dot{y}\, dt$ in Gl. (1a) eine lineare Differentialgleichung 1. Ordnung für $z = z(t)$, wodurch die Gewindekurve bis auf eine unbestimmte Integrationskonstante bestimmt ist.

Wir beweisen nun zwei von S. LIE[1] herrührende Sätze über Gewindekurven:

1. *Die Schmiegebene eines Punktes einer Gewindekurve ist dessen Nullebene.*

Beweis: Für den Tangentenvektor $\dot{\mathfrak{x}}$ der Gewindekurve $\mathfrak{x}(t)$ gilt nach Gl. (1) $[\mathfrak{a}_1 + (\mathfrak{a} \times \mathfrak{x})]\, \dot{\mathfrak{x}} = 0$ und durch Differentiation $(\mathfrak{a}_1 + (\mathfrak{a} \times \mathfrak{x}))\, \ddot{\mathfrak{x}} = 0$. Demnach

[1] Diese 1871 und 1883 veröffentlichten Sätze findet man in S. LIE und G. SCHEFFERS, Geometrie der Berührungstransformationen, 1896, S. 231f.

sind $\dot{\mathfrak{x}}$ und $\ddot{\mathfrak{x}}$ zu dem in der eckigen Klammer stehenden Normalenvektor der Nullebene von $\mathfrak{x}$, § 71 Gl. (2), normal und es ist daher daher der Normalenvektor $\dot{\mathfrak{x}} \times \ddot{\mathfrak{x}}$ der Schmiegebene, § 10 Gl. (2), vom Normalenvektor $\mathfrak{a}_1 + (\mathfrak{a} \times \mathfrak{x})$ der Nullebene linear abhängig.

2. *Alle Gewindekurven durch einen Punkt haben in diesem gleiche Torsion.*

Beweis: Wenn man in der Gl. § 71 (5) des Nullsystems $x_1 = x + dx$, $y_1 = y + dy$, $z_1 = z + dz$ setzt, so erhält man mit $a_3 : a_6 = p$ die PFAFFsche Gleichung des Gewindes in ihrer einfachsten Form:

$$dz = p\,(x\,dy - y\,dx). \tag{2}$$

Wählt man jetzt, wie oben, den Grundriß einer Gewindekurve $y = y(x)$ willkürlich, wird ferner die Differentiation nach x durch einen Punkt angezeigt, so ergeben sich nach Gl. (2) aus dem Vektor $\mathfrak{x}[x, y(x), z(x)]$ die Vektoren $\dot{\mathfrak{x}}\,[1, \dot{y}, p\,(-y + x\,\dot{y})]$, $\ddot{\mathfrak{x}}\,[0, \ddot{y}, p\,x\,\ddot{y}]$, $\dddot{\mathfrak{x}}\,[0, \dddot{y}, p\,(\ddot{y} + x\,\dddot{y})]$, $(\dot{\mathfrak{x}} \times \ddot{\mathfrak{x}})\;[p\,y\,\ddot{y}, -p\,x\,\ddot{y}, \ddot{y}]$, ferner $(\dot{\mathfrak{x}} \times \ddot{\mathfrak{x}})^2 = \ddot{y}^2\,[p^2\,(x^2 + y^2) + 1]$, $(\dot{\mathfrak{x}}\;\ddot{\mathfrak{x}}\;\dddot{\mathfrak{x}}) = p\,\ddot{y}^2$. Damit hat mit $k = 1 : p$ nach § 13 Gl. (13_2) die Torsion

$$\varkappa_1 = k : (x^2 + y^2 + k^2) \tag{3}$$

für alle Gewindekurven im festen Punkt x, y, z, allgemeiner in allen Punkten des Drehzylinders $x^2 + y^2 = r^2$, denselben Wert.

§ 73. Windschiefe Gewindestrahlflächen; Liesche Schmieglinie. Wenn die Erzeugenden einer Strahlfläche einem Gewinde angehören, so ist sie eine *Gewindestrahlfläche.*

Wir beweisen nun den folgenden Satz, der wie die Sätze in § 72 von S. LIE[1] stammt:

Auf einer windschiefen Gewindestrahlfläche Φ gibt es, abgesehen von den Erzeugenden, eine einzige, nicht immer reelle Gewindekurve c. c ist Schmieglinie auf Φ und heißt die „Liesche Schmieglinie" von Φ.

Beweis: Ist c eine auf Φ liegende Gewindekurve (nicht Erzeugende), so ist nach dem ersten Satz in § 72 die Nullebene σ eines Punktes P von c die Schmiegebene von c. Daraus folgt, daß die Tangente t von c in P Gewindestrahl ist. Da aber auch die durch P gehende Erzeugende Gewindestrahl ist, so muß, wenn e und t nicht zusammenfallen, die Ebene $(t\,e)$ zugleich Berührebene von Φ in P und Schmiegebene von c in P sein. c ist demnach nach § 25 eine Schmieglinie von Φ. Es soll nun gezeigt werden, daß die Schmieglinie c durch die Bedingung, Gewindekurve zu sein, bestimmt ist.

Die Gewindestrahlfläche Φ sei $\mathfrak{X} = \mathfrak{x}(u) + v\,\mathfrak{r}(u)$. In einem Punkt $P(\mathfrak{X})$ einer Erzeugenden e hat der Vektor $\mathfrak{N}_1 = \mathfrak{X}_u \times \mathfrak{X}_v$ die Richtung der Flächennormalen:

$$\mathfrak{N}_1 = (\dot{\mathfrak{x}} \times \mathfrak{r}) + v\,(\dot{\mathfrak{r}} \times \mathfrak{r}) = \mathfrak{A} + v\,\mathfrak{B}. \tag{1}$$

Nach § 71 Gl. (2) ist die Normale der Nullebene von P parallel zum Vektor $\mathfrak{N}_2 = \mathfrak{a}_1 + (\mathfrak{a} \times \mathfrak{X})$; also ist

$$\mathfrak{N}_2 = \mathfrak{a}_1 + (\mathfrak{a} \times \mathfrak{x}) + v\,(\mathfrak{a} \times \mathfrak{r}) = \mathfrak{A}_1 + v\,\mathfrak{B}_1. \tag{2}$$

Multipliziert man die soeben zur Abkürzung mit, $\mathfrak{A}, \mathfrak{B}, \mathfrak{B}_1$ eingeführten Vektoren skalar mit $\mathfrak{r}$, so erhält man jedesmal Null. Es ist aber auch $\mathfrak{A}_1\mathfrak{r} = [\mathfrak{a}_1 + (\mathfrak{a} \times \mathfrak{x})]\,\mathfrak{r} = 0$, da $\mathfrak{A}_1$ Normalenvektor der Nullebene des Punktes $\mathfrak{x}(v = 0)$ der Leitkurve $\mathfrak{x}(u)$ und $\mathfrak{r}$ der Richtungsvektor der Erzeugenden e ist, die als Gewindestrahl vorausgesetzt ist. Demnach sind die Vektoren $\mathfrak{A}, \mathfrak{B}, \mathfrak{A}_1, \mathfrak{B}_1$ zu e normal und daher können wir $\mathfrak{A}_1 = \lambda_1\,\mathfrak{A} + \lambda_2\,\mathfrak{B}$ und $\mathfrak{B}_1 = \mu_1\,\mathfrak{A} + \mu_2\,\mathfrak{B}$ ansetzen. Die Zahlfaktoren

[1] Wie vorige Anmerkung a. a. O. S. 236.

$\lambda_{1,2}, \mu_{1,2}$ können berechnet werden, indem man jede der beiden Vektorgleichungen skalar mit $\mathfrak{A}$ und $\mathfrak{B}$ multipliziert. Sehen wir somit die $\lambda_{1,2}, \mu_{1,2}$ als bekannt an, so ist nach Gl. (2) $\mathfrak{N}_2 = (\lambda_1 + v\,\mu_1)\,\mathfrak{A} + (\lambda_2 + v\,\mu_2)\,\mathfrak{B}$. Stellt man diese Darstellung von $\mathfrak{N}_2$ neben die Darstellung Gl. (1) von $\mathfrak{N}_1$, so sieht man, daß die Bedingung dafür, daß $\mathfrak{N}_1$ und $\mathfrak{N}_2$ parallel sind, $(\lambda_1 + v\,\mu_1) : 1 = (\lambda_2 + v\,\mu_2) : v$ lautet; d. i.

$$\mu_1 v^2 + (\lambda_1 - \mu_2) - \lambda_2 = 0. \qquad (3)$$

Darin sind $\lambda_{1,2}, \mu_{1,2}$ die oben erklärten Funktionen von u; die durch Gl. (3) bestimmte zweideutige Funktion $v(u)$ gibt auf Φ die gesuchte LIEsche Schmieglinie, die freilich auch komplex sein kann.

§ 74. Nichtlineare Strahlkomplexe; Komplexkurven, Komplexkegel, berührende Gewinde. Eine in den PLÜCKERschen Koordinaten p_i, § 70 Gl. (4), homogene Gleichung

$$\Phi(p_i) = 0 \text{ oder } \Phi(X - x,\ Y - y,\ Z - z,\ yZ - zY,\ zX - xZ,\ xY - yX) = 0 \qquad (1_{1,2})$$

definiert einen Strahlkomplex. Irgend zwei Punkt x, y, z und X, Y, Z, die Gl. (1_2) befriedigen, haben eine Verbindungsgerade, die dem Komplex angehört. Der bereits behandelte Fall des linearen Strahlkomplexes wird im folgenden ausgeschlossen.

Eine Raumkurve $\mathfrak{x}(t)$ heißt *Komplexkurve*, wenn ihre Tangenten einem Strahlkomplex angehören. Um ihre Differentialgleichung zu erhalten, hat man in Gl. (1_2) $X = x + dx$, $Y = y + dy$, $Z = z + dz$ zu setzen, wodurch

$$\Phi(dx, dy, dz, y\,dz - z\,dy, z\,dx - x\,dz, x\,dy - y\,dx) = 0 \qquad (2)$$

entsteht. Ist Gl. (2) in den Differentialen homogen im n-ten Grad, so liefert die Division durch dt^n

$$\Phi(\dot{x}, \dot{y}, \dot{z},\ y\dot{z} - z\dot{y},\ z\dot{x} - x\dot{z},\ x\dot{y} - y\dot{x}) = 0, \qquad (2a)$$

wofür wir kürzer

$$\Omega(x, y, z, \dot{x}, \dot{y}, \dot{z}) = 0 \qquad (2b)$$

schreiben wollen. Gl. (2a, b) ist in den $\dot{x}, \dot{y}, \dot{z}$ homogen. Gl. (2a) ist also eine *Mongesche Differentialgleichung*. Nach einem bekannten Satz[1] über homogene Funktionen folgt aus Gl. (2b)

$$\Omega_{\dot{x}}\,\dot{x} + \Omega_{\dot{y}}\,\dot{y} + \Omega_{\dot{z}}\,\dot{z} = 0. \qquad (3)$$

Bezeichnet man die partiellen Ableitungen von Φ nach den p_i mit Φ_i, so folgt aus Gl. (2a)

$$\Omega_x = \Phi_6\,\dot{y} - \Phi_5\,\dot{z}, \qquad \Omega_y = -\Phi_6\,\dot{x} + \Phi_4\,\dot{z}, \qquad \Omega_z = \Phi_5\,\dot{x} - \Phi_4\,\dot{y}. \qquad (4_{1,2,3})$$

Multipliziert man Gl. $(4_{1,2,3})$ der Reihe nach mit $\dot{x}, \dot{y}, \dot{z}$, so erhält man durch Addition

$$\Omega_x\,\dot{x} + \Omega_y\,\dot{y} + \Omega_z\,\dot{z} = 0. \qquad (5)$$

Ferner folgt aus (2a)

$$\Omega_{\dot{x}} = \Phi_1 + \Phi_5 z - \Phi_6 y, \quad \Omega_{\dot{y}} = \Phi_2 - \Phi_4 z + \Phi_6 x, \quad \Omega_{\dot{z}} = \Phi_3 + \Phi_4 y - \Phi_5 x. \qquad (6)$$

Wir suchen nun die Gleichung der Schmiegebene einer Komplexkurve $\mathfrak{x}(t)$. Setzt man in Gl. (2a) $x(t)$, $y(t)$, $z(t)$ ein und differenziert nach t, so entsteht: $\Omega_x\,\dot{x} + \Omega_y\,\dot{y} + \Omega_z\,\dot{z} + \Omega_{\dot{x}}\,\ddot{x} + \Omega_{\dot{y}}\,\ddot{y} + \Omega_{\dot{z}}\,\ddot{z} = 0$, woraus nach Gl. (5)

$$\Omega_{\dot{x}}\,\ddot{x} + \Omega_{\dot{y}}\,\ddot{y} + \Omega_{\dot{z}}\,\ddot{z} = 0 \qquad (7)$$

---

[1] Ist $f(x_i)$ in den x_i homogen n-ten Grades, so ist $\Sigma f_i\,x_i = 0$.

folgt. Wir bezeichnen nun mit $\nabla \Omega(\dot{x}, \dot{y}, \dot{z})$ den Vektor mit den Koordinaten $\Omega_{\dot{x}}, \Omega_{\dot{y}}, \Omega_{\dot{z}}$. Er ist der *Gradient*[1] der Funktion $\Omega(x, y, z, \dot{x}, \dot{y}, \dot{z})$ bei festen x, y, z. Aus Gln. (3) und (7) folgt nun, daß $\dot{\mathfrak{x}}$ und $\ddot{\mathfrak{x}}$ zu $\nabla \Omega(\dot{x}, \dot{y}, \dot{z})$ normal sind und daß daher $\dot{\mathfrak{x}} \times \ddot{\mathfrak{x}}$ und $\nabla \Omega(\dot{x}, \dot{y}, \dot{z})$ linear abhängige Vektoren sind. Somit lautet nach § 10 Gl. (2) die *Gleichung der Schmiegebene einer Komplexkurve* im Linienelement $(\mathfrak{x}, \dot{\mathfrak{x}})$

$$(\mathfrak{X} - \mathfrak{x}) \nabla \Omega(\dot{\mathfrak{x}}) = 0; \tag{8}$$

sie kann mittels Gl. (6) leicht in rechtwinkligen Koordinaten geschrieben werden.

Hält man in Gl. (1_2) $\mathfrak{x}(x, y, z)$ fest, so stellt Gl. (1_2) den Ort aller Punkte $\mathfrak{Y}(X, Y, Z)$ dar, deren Verbindungsgerade mit $\mathfrak{x}$ ein Komplexstrahl (Erzeugende) ist. Die Erzeugenden des Komplexes, die durch $\mathfrak{x}$ gehen, bilden den *Komplexkegel* des Punktes $\mathfrak{x}$. Die Gleichung des Komplexkegels kann daher nach Gl. (2b)

$$\Omega(\mathfrak{x}, \mathfrak{Y} - \mathfrak{x}) = 0 \tag{9}$$

geschrieben werden. Es soll nun die Berührebene des Komplexkegels in einem seiner Punkte $\mathfrak{Y}$ angegeben werden. Ist $f(x, y, z) = 0$ die Gleichung einer Fläche, so ist $f_x dx + f_y dy + f_z dz = 0$, woraus sich die Gleichung der Berührebene in (x, y, z) als $f_x(X - x) + f_y(Y - y) + f_z(Z - z) = 0$ ergibt, wofür wir $(\mathfrak{X} - \mathfrak{x}) \nabla f(\mathfrak{x}) = 0$ setzen können. Angewendet auf den Komplexkegel Gl. (9) ergibt sich, wenn man beachtet, daß in Gl. (2b) $\mathfrak{Y} - \mathfrak{x}$ für $\lambda \dot{\mathfrak{x}}$ gesetzt werden kann, die Gleichung der Berührebene des Komplexkegels von $\mathfrak{x}$ in den Punkten $\mathfrak{Y} = \mathfrak{x} + \lambda \dot{\mathfrak{x}}$ einer Erzeugenden als $(\mathfrak{X} - \mathfrak{x} - \lambda \dot{\mathfrak{x}}) \nabla \Omega(\dot{\mathfrak{x}}) = 0$, die wegen der Gl. (3), d. i. $\dot{\mathfrak{x}} \nabla \Omega(\dot{\mathfrak{x}}) = 0$, übergeht in

$$(\mathfrak{X} - \mathfrak{x}) \nabla \Omega(\dot{\mathfrak{x}}) = 0. \tag{10}$$

Die Übereinstimmung von Gln. (8) und (10) ist der Inhalt des von S. LIE[2] stammenden Satzes:

Für alle Komplexkurven, die in einem gemeinsamen Punkt P eine feste Erzeugende e des Komplexes berühren, ist die Berührebene des Komplexkegels von P längs e die diesen Komplexkurven in P gemeinsame Schmiegebene.

Wir fassen nun die oben erklärten Φ_1, Φ_2, Φ_3 für die $p_i = q_i$ eines festen Komplexstrahles $e(q_i)$ als Koordinaten eines Vektors $\mathfrak{a}_1$ und Φ_4, Φ_5, Φ_6 als Koordinaten eines Vektors $\mathfrak{a}$ auf. Dann ist nach Gln. (6)

$$\nabla \Omega(\dot{\mathfrak{x}}) = \mathfrak{a}_1 + (\mathfrak{a} \times \mathfrak{x}). \tag{11}$$

Damit erhält die Gl. (10) der Berührebene die Form

$$(\mathfrak{X} - \mathfrak{x}) (\mathfrak{a}_1 + (\mathfrak{a} \times \mathfrak{x})) = 0, \tag{12}$$

die, falls $\mathfrak{a}\,\mathfrak{a}_1 \neq 0$, d. i.

$$\Phi_1 \Phi_4 + \Phi_2 \Phi_5 + \Phi_3 \Phi_6 \neq 0 \tag{13}$$

gilt, nach § 71 (2) mit der Gleichung der Nullebene der Kegelspitze im Strahlgewinde $\sum \Phi_i p_i = 0$ übereinstimmt. Man nennt daher dieses Gewinde das den Strahlkomplex in *e berührende Hauptgewinde*. Eine Erzeugende, für die (13) gilt, heißt *regulär*, andernfalls *singulär*. Zusammengefaßt gilt also:

Ist P ein Punkt eines regulären Komplexstrahles e, so sind P und die Berührebene seines Komplexkegels längs e nullpolar bezüglich des den Komplex in e berührenden Hauptgewindes.

In diesem Satz darf jedoch das Hauptgewinde durch ein beliebiges Gewinde aus einem bestimmten Büschel von Gewinden ersetzt werden, die daher alle

---

[1] Ist $f(x, y, z)$ eine Ortsfunktion im Raum, so heißt der Vektor $f_x i + f_y j + f_x k = \nabla f(x, y, z) = \operatorname{grad} f$ der Gradient von f. (∇: lies Nabla!).

[2] Math. Ann. 5 (1872), S. 154.

als *berührende Gewinde* des Komplexes in der Erzeugenden e ($\mathfrak{Y} = \mathfrak{x} + \lambda\,\dot{\mathfrak{x}}$) anzusprechen sind. Die Nullsysteme aller Gewinde des Büschels $\sum_1^6 (\Phi_i + \mu\, q_{i+3})\, p_i = 0$ (μ Büschelparameter, $q_{7,8,9} = q_{1,2,3}$) ordnen nämlich den Punkten von e dieselben Nullebenen zu, weil gemäß § 70 Gl. (7a) für die die Erzeugende $e(q_i)$ schneidenden Geraden $\sum_1^6 q_{i+3}\, p_i = 0$ gilt. *Die (projektive) Zuordnung zwischen den Punkten der Erzeugenden e und den Berührebenen ihrer Komplexkegel längs e wird also durch die Nullsysteme aller Gewinde des Büschels hervorgerufen; sie heißt die Berührungskorrelation der Erzeugenden*[1].

[1] Das den Gewinden des Büschels gemeinsame Strahlnetz ist das durch die Berührungskorrelation bestimmte parabolische Strahlnetz, § 97.

B. Konstruktive Differentialgeometrie[1]

VIII. Konstruktive Ergänzungen zur Theorie der Kurven und Torsen

§ 75. **Erzeugung von Punkten, Tangenten und Schmiegebenen durch Grenzübergänge; Dualitätsprinzip.** Für eine ebene Kurve gilt der

Satz 1: *Es seien P_1, P_2 zwei Punkte einer ebenen Kurve c, ferner p, p_1 ihre Tangenten und T deren Schnittpunkt; wenn nun P_1 auf c nach P konvergiert, so konvergiert auch T gegen P.*

Beweis: P sei der Nullpunkt, p die x-Achse eines x, y-Kreuzes. Ist $y = a_n x^n + x^{n+1} (*)$ $(n \geqq 2,\ a_n \neq 0)$ die Taylor-Entwicklung von c in der Umgebung von P, so lautet die Gleichung der Tangente p_1 in $P_1(x,\ y(x))$: $Y - (a_n x^n + x^{n+1} (*)) = (n a_n x^{n-1} + (n+1) x^n (*)) (X - x)$. Für den Schnittpunkt $T = (p\, p_1)$ gilt somit: $X = x - (a_n x + x^2(*)) : (n a_n + (n+1) x (*))$, woraus für $x \to 0$ tatsächlich $X \to 0$ folgt.

Für den Kurvenpunkt P gilt demnach die Erzeugung:

$$P = \lim_{p_1 \to p} (p\, p_1). \tag{1}$$

Die Tangente p in einem Punkt P einer Kurve hat bekanntlich die Erzeugung:

$$p = \lim_{P_1 \to P} (P P_1). \tag{2}$$

Diese läßt sich in der folgenden Weise verallgemeinern:

$$p = \lim_{P_1, P_2 \to P} (P_1 P_2), \tag{2a}$$

denn es gibt (Mittelwertsatz der Differentialrechnung) zwischen den Kurvenpunkten P_1, P_2 mindestens einen Punkt, dessen Tangente zu $(P_1 P_2)$ parallel ist und die wegen der vorausgesetzten Stetigkeit (Differenzierbarkeit) des Tangentensystems für $P_1 \to P$, $P_2 \to P$ nach p konvergiert.

Ist c ein ebener Schnitt eines *Kegels* oder *Zylinders*, so lassen sich mittels Gln. (2), (2a), (1) die Berührebenen τ und Erzeugenden e gewinnen durch:

$$\tau = \lim_{e_1 \to e} (e\, e_1), \qquad \tau = \lim_{e_1, e_2 \to e} (e_1\, e_2), \qquad e = \lim_{\tau_1 \to \tau} (\tau\, \tau_1). \tag{$3_{1,2,3}$}$$

Ein Kegel, dessen Erzeugende zu den Tangenten einer *Raumkurve* c parallel sind, heißt *Richtkegel* von c, § 13. Es sei $(P p)$ ein Linienelement von c und P_1 ein von P verschiedener Kurvenpunkt. Es gibt dann auf c zwischen P und P_1 mindestens einen Punkt, dessen Tangente q zur Ebene $\pi_1 = (p\, P_1)$ parallel ist; die Begründung sei dem Leser überlassen. Sind nun p^*, q^* die zu p, q parallelen Erzeugenden des Richtkegels, so konvergiert für $P_1 \to P$ π_1 gemäß § 10 Gl. (3) nach der Schmiegebene π von P und die zu π_1 parallele Ebene $(p^*\, q^*)$ gemäß

---

[1] Der dem Teil B des Buches zugrunde liegende Leitgedanke wurde im Vorwort dargelegt.

Gl. (3_1) nach der Berührebene π^* des Richtkegels längs p^*, die wegen $\pi_1 \parallel (p^* q^*)$ zu π parallel sein muß. Es gilt also der

Satz 2: *Ist p eine Tangente einer Raumkurve und p^* die zu p parallele Erzeugende des Richtkegels, so ist die Schmiegebene π im Berührpunkt P von p parallel zur Berührebene des Kegels längs p^*.*

Nach § 10 Gln. (1), (3) wurden für die Schmiegebene π im Punkte P mit der Tangente p die beiden Erzeugungen

$$\pi = \lim_{P_1, P_2 \to P} (P\, P_1\, P_2), \qquad \pi = \lim_{P_1 \to P} (p\, P_1) \tag{4_{1,2}}$$

angegeben. Wir benötigen noch eine dritte Erzeugung von π. Es sei p_1 die Tangente in P_1. Es gibt dann zwischen P und P_1 mindestens einen Kurvenpunkt, dessen Tangente q zur Ebene $\pi_1 = (P\, p_1)$ parallel ist. Sind nun q^*, $p_1{}^*$ die zu q, p_1 parallelen Erzeugenden des Richtkegels, so konvergieren für $P_1 \to P$: q und p_1 nach p und die zu π_1 parallele Ebene $(q^*\, p_1{}^*)$ gemäß Gl. (3_2) nach der Berührebene des Richtkegels längs der zu p parallelen Erzeugenden p^*. Nach Satz 2 ist demnach die Grenzlage von π_1 die Schmiegebene

$$\pi = \lim_{p_1 \to p} (P\, p_1). \tag{4_3}$$

Wir beweisen nun den

Satz 3: *Ist ε eine Berührebene oder die Schmiegebene einer Raumkurve in P und T der Schnittpunkt von ε mit der Tangente p_1 in einem von P verschiedenen Kurvenpunkt P_1, so konvergiert für $P_1 \to P$ auch T nach P.*

Beweis[1]: Wenn man die Raumfigur in Grund- und Aufriß (Abb. 10) so darstellt, daß ε doppeltprojizierend ist, ohne daß die Tangente in P projizierend ist, so konvergiert für $P_1 \to P$ gemäß Satz 1 T' nach P' und T'' nach P'', also tatsächlich T nach P. Ist ε die Schmiegebene π in P, so hat c' in P' und c'' in P'' einen Wendepunkt, § 76. Der Satz 1 ist aber auch in diesem Fall gültig, und es ist demnach

$$P = \lim_{p_1 \to p} (\pi\, p_1), \tag{5}$$

worin $(\pi\, p_1)$ den Schnittpunkt von π mit p_1 bedeutet.

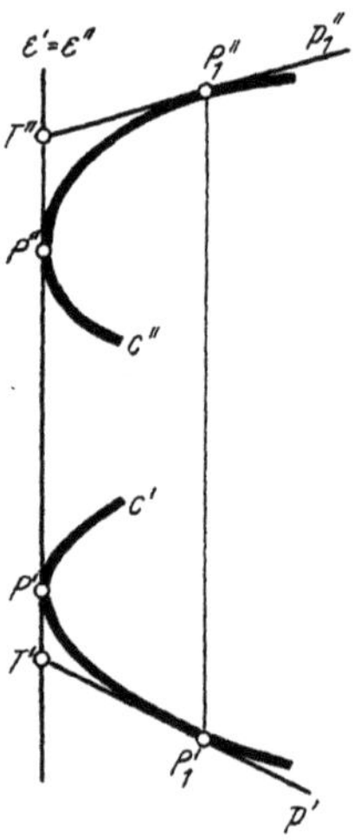

Abb. 10

Wir fragen nun nach der Grenzlage der Schnittgeraden $\bar{p}$ der Schmiegebenen π, π_1 der Punkte P, P_1, wenn P_1 nach P konvergiert. $\bar{p}$ geht durch den Schnittpunkt $T = (\pi\, p_1)$, der gemäß Gl. (5) nach P konvergiert. Die zu π, π_1 parallelen Berührebenen π^*, $\pi_1{}^*$ des Richtkegels haben eine zu $\bar{p}$ parallele Schnittgerade $(\pi^*\, \pi_1{}^*)$, die gemäß Gl. (3_3) gegen die Berührerzeugende p^* von π^* konvergiert. Wegen $\bar{p} \parallel (\pi^*\, \pi_1{}^*)$, $T \to P$ und Satz 2 konvergiert $\bar{p}$ nach der Tangente p von P. Es gilt also:

$$p = \lim_{\pi_1 \to \pi} (\pi\, \pi_1). \tag{6}$$

Im Sinne der *projektiven Geometrie der Ebene* heißen zwei Gebilde *dual*, wenn man den Punkten des einen die Geraden des anderen und den Geraden des ersteren die Punkte des letzteren eindeutig so zuordnen kann, daß vereinigt liegenden Elementen des einen Gebildes stets vereinigt liegende Elemente des anderen entsprechen. Zum Beispiel führt das Polarsystem an einem Kegelschnitt ein Gebilde seiner Ebene in ein dazu duales Gebilde über.

---

[1] J. HJELMSLEV, Darstellende Geometrie, 1914, S. 220; dieses Buch enthält eine sehr bemerkenswerte konstruktive Grundlegung der Kurventheorie.

Vergleicht man Gl. (1) mit Gl. (2), so sieht man, daß diese Grenzübergänge zueinander dual sind. Durch Polarisierung an einem Kegelschnitt gehen daher die Punkte und Tangenten einer Kurve in die Tangenten und Punkte einer Kurve über.

Im *projektiven Raum* heißen zwei Gebilde *dual*, wenn den Punkten, Geraden, Ebenen des einen in dieser Reihenfolge die Ebenen, Geraden, Punkte des anderen eineindeutig so zugeordnet werden können, daß vereinigt liegenden Elementen des einen stets vereinigt liegende Elemente des anderen entsprechen. Wird auf ein räumliches Gebilde das Polarsystem einer regulären Fläche 2. Ordnung oder ein Nullsystem, § 71, ausgeübt, so erhält man ein zu ihm duales Gebilde.

Unter den voranstehenden, Raumkurven betreffenden Grenzprozessen stehen einander dual gegenüber: Gln. (4_3) und (5), ferner Gln. (2) und (6). Daraus folgt, daß durch Polarisierung an einer Fläche 2. Ordnung die Punkte, Tangenten und Schmiegebenen einer Kurve in die Schmiegebenen, Tangenten und Punkte einer Kurve, der polaren Kurve, übergehen. Es muß daher neben dem Grenzprozeß Gl. (4_1) auch der duale

$$P = \lim_{\pi_1,\, \pi_2 \to \pi} (\pi\, \pi_1\, \pi_2) \tag{7}$$

gültig sein, der die Kurvenpunkte aus den Schmiegebenen entstehen läßt.

Nach dem Dualitätsprinzip des Raumes folgt aus Gl. (4_2) und (4_3)

$$P = \lim_{\pi_1 \to \pi} (p\, \pi_1), \qquad P = \lim_{p_1 \to q} (\pi\, p_1). \tag{$8_{1,\,2}$}$$

Ist ein Ebenensystem Σ durch $\mathfrak{a}(t)\, \mathfrak{x} + f(t) = 0$ gegeben, so entspricht ihm in einem Polarsystem oder Nullsystem gemäß der stets vorausgesetzten Differenzierbarkeit im allgemeinen eine Raumkurve c. Für die zu c polare Kurve c_1 ist Σ das System der Schmiegebenen und das System der Berührebenen ihrer Tangentenfläche. Sind t_1, t_2, t_3 die zu den Ebenen π, π_1, π_2 gehörigen Parameterwerte, $\mathfrak{x}$ der Schnittpunkt der drei Ebenen, so hat die Funktion $F(t) = \mathfrak{a}(t)\, \mathfrak{x} + f(t)$ in t_1, t_2, t_3 Nullstellen. Durch die in § 10 bei der Ableitung der Gleichung der Schmiegebene angewendete Schlußweise folgt nun gemäß Gln. (6) und (7) das in § 11 (Ende) ohne Beweis angegebene Verfahren zur Berechnung der Erzeugenden und Gratpunkte der Hülltorse des Ebenensystems $\mathfrak{a}(t)\, \mathfrak{x} + f(t) = 0$ mittels der daraus bei festem $\mathfrak{x}$ durch zweimalige Differentiation entstehenden Gleichungen: $F = 0$, $\dot{F} = 0$ für die Erzeugenden, $F = 0, \dot{F} = 0$, $\ddot{F} = 0$ für die Gratpunkte.

Wendet man auf eine ebene Kurve das Dualitätsprinzip des projektiven Raumes an, so entsprechen den Punkten und Geraden der Ebene die Ebenen und Geraden eines Bündels. Der Kurve entspricht ein Kegel in diesem Bündel. Dual in diesem Sinn sind Gln. (1) und (3_1), ferner Gln. (2) und (3_3).

§ 76. Die einfachsten Singularitäten an Kurven. Die TAYLOR-Entwicklung einer ebenen Kurve, die im Nullpunkt P die x-Achse t berührt, lautet, wenn c in P einen *regulären Punkt* hat: $y = a_{2n}\, x^{2n} + x^{2n+1}\, (*)$, $(n \geqq 1,\ a_{2n} \neq 0)$. In diesem Fall läßt sich auf c ein P als Innenpunkt enthaltender Bogen $\widehat{AB}$ so abgrenzen, daß er ganz auf einer Seite von t liegt und daß sich die Richtung der Tangente bei monotonem, d. h. umkehrlosem Durchlaufen des Bogens von A nach B monoton ändert. Der $\widehat{AB}$ durchlaufende Punkt Q bestimmt mit seinem Normalriß auf die Tangente t von P einen Richtungssinn, den wir den *Tangentensinn* des orientierten Bogens $\overset{\curvearrowright}{AB}$ in P nennen. Weiter bemerkt man, daß sich die Gerade (QP) dabei monoton um P dreht und für $Q = P$ mit t zusammenfällt. Dieser Drehsinn soll *Sehnendrehsinn* in P heißen. Er stimmt überein mit dem Sinn der Richtungsänderungen der Tangenten. In besonderen, *singulären* Kurvenpunkten P können einer oder beide der genannten Bewegungssinne rückläufig werden. Bleibt für Q in P der Tangentensinn beständig und wird der Sehnendrehsinn rückläufig, so ist P ein *Wendepunkt*; bleibt in P der Sehnendrehsinn beständig und wird der Tangentensinn rückläufig, so ist P eine *Spitze (Rückkehrpunkt) 1. Art*; werden beide Bewegungssinne rückläufig, so ist P eine *Spitze 2. Art*, auch *Schnabelspitze* genannt.

Diese Überlegung läßt sich sinngemäß auf Kegelflächen übertragen. Wenn eine Erzeugende q die nächste Umgebung einer Erzeugenden p durchläuft, so bestimmt ihr Normalriß auf die Berührebene π von p den *Erzeugendendrehsinn*

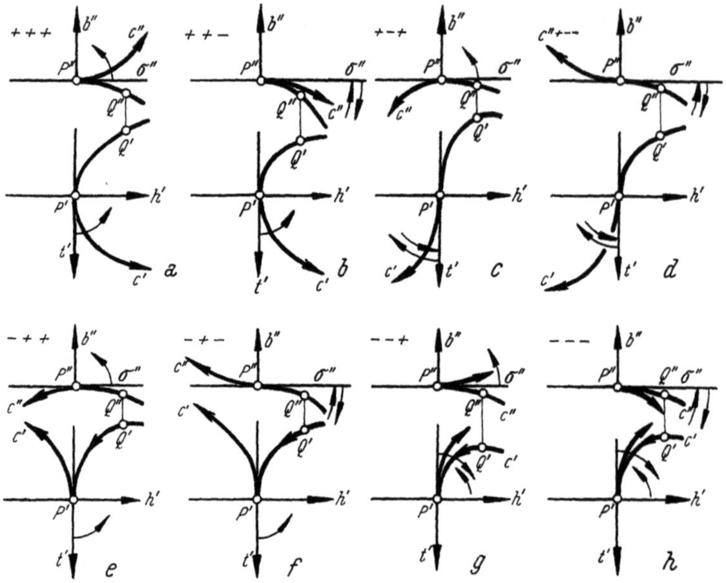

Abb. 11

und die sich um p drehende Ebene $(q\,p)$ den *Ebenendrehsinn*. Nach dem Verhalten dieser beiden Drehsinne in p wird man wie oben unterscheiden: p als *reguläre Erzeugende*, *Wendeerzeugende* und *Rückkehrkante 1. bzw. 2. Art*.

Der *reguläre Punkt* P einer Raumkurve c ist bereits in § 15 gekennzeichnet worden. In diesem Fall ist P im Normalriß von c auf die Schmiegebene ein *regulärer Punkt* mit der Tangente $(P\,\mathfrak{t})$, im Normalriß auf die Normalebene eine *Spitze 1. Art* mit der Tangente $(P\,\mathfrak{h})$ und im Normalriß auf die rektifizierende Ebene ein *Wendepunkt* mit der Tangente $(P\,\mathfrak{t})$. In einem regulären Punkt durchsetzt demnach die Kurve berührend die Schmiegebene. Ein Kurvenstück, dessen Punkte regulär sind, heißt regulär.

Zur Kennzeichnung der einfachsten Singularitäten der Raumkurven definieren wir drei Bewegungssinne. Wir setzen zunächst P als regulären Punkt voraus. Dann läßt sich ein zu beiden Seiten von P liegender Teilbogen $\widehat{AB}$ angeben, dessen monotones Durchlaufen von A nach B die folgenden drei Bewegungssinne bestimmt: 1. Der $\overset{\curvearrowright}{AB}$ durchlaufende Punkt Q bestimmt durch seinen Normalriß auf die Tangente t von P den *Tangentensinn* in P; 2. In der sich um t drehenden Ebene $(t\,Q)$ bestimmt die sich um P drehende Gerade $(Q\,P)$ für einen in dieser Ebene ruhenden Beobachter den *Sehnendrehsinn*; 3. Der Drehsinn, in dem sich die Ebene $(Q\,t)$ um t dreht, heiße *Ebenendrehsinn*.

Kennzeichnet man das Beständigbleiben eines Bewegungssinnes in P durch das Pluszeichen, die Umkehrung durch das Minuszeichen, so lassen sich durch drei der Reihenfolge: Tangentensinn, Sehnendrehsinn, Ebenendrehsinn entsprechende Zeichen alle möglichen acht Fälle angeben. Sie werden in Abb. 11 in Grund- und Aufriß dargestellt, wobei die Schmiegebene in P als Grundrißebene und die Normalebene als Aufrißebene gewählt ist. Den Sehnendrehsinn beobachtet man in allen Fällen als Sehnendrehsinn des Grundrisses in P', den Ebenendrehsinn als Sehnendrehsinn des Aufrisses in P''.

Abb. 11a zeigt den regulären Fall $+ + +$. P' ist regulärer Punkt auf c', P'' Spitze 1. Art auf c''. Daher sind alle drei Bewegungssinne beständig. Die Fälle 11b bis h sind die sieben Singularitäten[1].

§ 77. Zentralprojektion von Raumkurven und ebene Schnitte von Tangentenflächen. Wir untersuchen nun die Zentralprojektion aus einem Auge O, wobei wir uns auf die Betrachtung der nächsten Umgebung eines *regulären* Punktes P beschränken. Es sind folgende vier Fälle zu unterscheiden:

1. *Liegt das Auge O nicht in der Schmiegebene eines regulären Punktes P von c, so ist das Bild P' ein regulärer Punkt des Bildes c' von c.*

Beweis: Aus der Voraussetzung folgt, daß sich ein solches P enthaltendes Kurvenstück c_1 abgrenzen läßt, daß die Ebene $(t\,Q)$, die die Tangente t von P mit einem Punkt Q von c_1 verbindet, dem Auge O stets dieselbe Seite zuwendet, wenn Q c_1 durchläuft. Daraus folgt aber, daß der Tangentensinn und Sehnendrehsinn in P' auf c' beständig sind.

2. *Liegt das Auge O in der Schmiegebene eines regulären Punktes P von c, jedoch nicht auf der Tangente t von P, so ist das Bild P' ein Wendepunkt von c'.*

Beweis: Wenn Q eine Umgebung von P auf c monoton durchläuft, so wechselt beim Durchgang durch P die von O aus sichtbare Seite der Ebene $(t\,Q)$. Daher kehrt sich in P' auf c' der Sehnendrehsinn um. Der Tangentensinn bleibt erhalten.

3. *Liegt das Auge O auf der Tangente t eines regulären Punktes P von c, jedoch nicht in P, so ist das Bild P' eine Spitze 1. Art von c'.*

Beweis: In diesem Fall sind die Ebenen $(t\,Q)$ projizierend und bilden sich als die Geraden $(P'Q')$ ab. Für $Q \to P$ wird $(t\,Q)$ die Schmiegebene von c in P und $(P'Q)$ die Tangente von c' in P'; also ist die Bildspur der Schmiegebene von P die Tangente von c' in P'. Der Ebenendrehsinn der Ebenen $(t\,Q)$ um t erscheint im Bild als der Sehnendrehsinn von c' in P', ist also beständig. Da c nächst P ganz auf einer Seite der rektifizierenden Ebene liegt, muß c' nächst P' ganz auf einer Seite der Bildspur der rektifizierenden Ebene liegen. P' muß also eine Spitze 1. Art von c' sein.

4. *Liegt das Auge O in einem regulären Punkt P von c, so ist das Bild von c nächst P ein regulärer Bogen c', auf dem der Bildspurpunkt P' der Tangente von P und die Bildspur der Schmiegebene von P ein Linienelement von c' bilden.*

Beweis: Der Sehnendrehsinn von c' in P' ist ebenso wie im vorigen Fall beständig und die Bildspur der Schmiegebene von P ist ebenfalls die Tangente von c' in P'. Dagegen liegt jetzt c' nächst P' auf beiden Seiten der Bildspur der rektifizierenden Ebene.

In § 75 wurde gezeigt, daß die Begriffe Kurvenpunkt und Schmiegebene duale Begriffe im Sinne der projektiven Geometrie des Raumes sind. Durch

[1] Vorschläge für ihre Benennung von R. MEHMKE, Z. Math. Phys. 49 (1903), und K. ZINDLER, S.-B. Akad. Wiss. Wien 127 (1918).

Polarisierung an einer Fläche 2. Ordnung (oder in einem Nullsystem) gehen daher die Punkte einer Raumkurve c in die Schmiegebenen der polaren Kurve c_1 über. Ist nun O ein Punkt und ω seine Polarebene, so entspricht der Verbindungsgeraden eines Punktes P von c mit O im Polarsystem die Schnittgerade der P entsprechenden Schmiegebene π von c_1 mit ω, also eine Tangente des Schnittes der Tangentenfläche von c_1 mit ω. Also sind der Kegel, der c aus O projiziert, und die Kurve, in der ω die Tangentenfläche von c_1 schneidet, zueinander polar (dual). In der Dualität zwischen einer ebenen Kurve s und einem Kegel Σ entsprechen einander: die Tangenten von s den Erzeugenden von Σ; die Punkte von s den Berührebenen von Σ; dem Tangentensinn auf s der Ebenendrehsinn auf Σ; dem Sehnendrehsinn auf s der Erzeugendendrehsinn auf Σ. Also entsprechen die Singularitäten von s und Σ einander in der folgenden Weise: Wendepunkt $\longleftrightarrow$ Rückkehrkante 1. Art; Spitze 1. Art $\longleftrightarrow$ Wendeerzeugende; Spitze 2. Art $\longleftrightarrow$ Rückkehrkante 2. Art.

Die oben angeführten Sätze 1 bis 4 liefern daher, wenn man sie als Aussagen über die durch eine Raumkurve legbaren Kegel auffaßt, durch Dualisierung die folgenden Sätze über die ebenen Schnitte einer Tangentenfläche einer Raumkurve:

1. *Schneidet eine Ebene ω den genügend beschränkten regulären Bogen c nicht, so schneidet sie seine Tangentenfläche in einem regulären Bogen.*

2. *Geht eine Ebene ω durch einen Punkt P eines regulären Bogens c, ohne jedoch seine Tangente zu enthalten, so hat die Schnittkurve von ω mit der Tangentenfläche von c in P eine Spitze 1. Art.*

3. *Geht eine Ebene ω durch die Tangente t eines regulären Bogens c, ohne jedoch die Schmiegebene des Berührpunktes P von t zu sein, so hat die Schnittkurve von ω mit der Tangentenfläche von c in P einen Wendepunkt.*

4. *Wird die Tangentenfläche eines regulären Bogens mit der Schmiegebene eines ihrer Punkte P geschnitten, so ist P ein regulärer Punkt der Schnittkurve.*

§ 78. Definitionen des Krümmungskreises. In § 14 Gl. (3) wurde der Krümmungskreis k einer Kurve in P durch

$$k = \lim_{Q, R \to P} (P\,Q\,R) \tag{1}$$

erklärt, worin $(P\,Q\,R)$ den Kreis durch die drei Punkte P, Q, R bedeutet. k ist also der Limeskreis der Kreise $(P\,Q\,R)$ für $Q, R \to P$. Ersetzt man in Gl. (1) die Gerade $(P\,R)$ durch die Tangente t in P oder die Gerade $(Q\,R)$ durch die Tangente t_1 in Q und bedeutet jetzt $(P\,t, Q)$ den Kreis, der c in P berührt und durch Q geht, entsprechend $(P, Q\,t)$ den Kreis, der c in Q berührt und durch P geht, so läßt sich der Krümmungskreis k auch durch

$$k = \lim_{Q \to P} (P\,t, Q) = \lim_{Q \to P} (P, Q\,t) \tag{$2_{1,2}$}$$

erklären. Man überzeugt sich leicht, daß diese Änderung der Definition von k die in § 14 zur Berechnung der Schmiegkugel und des Krümmungskreises aufgestellten Gleichungen nicht beeinflußt.

Sind $\varepsilon_{1,2}$ die Winkel, die t, t_1 mit der Sehne $\mathfrak{s} = P\,Q$ bilden, so sind die Radien der Kreise $(P\,t, Q)$, $(P, Q\,t_1)$ $\mathfrak{s}/2 \sin \varepsilon_{1,2}$. Daraus folgt bei $Q \to P$ für den Krümmungsradius

$$\varrho = {}^1/_2 \lim_{Q \to P} (\mathfrak{s} : \varepsilon_1) = {}^1/_2 \lim (\mathfrak{s} : \varepsilon_2). \tag{$3_{1,2}$}$$

Für späteren Gebrauch folgern wir daraus

$$\lim_{Q \to P} (\varepsilon_1 : \varepsilon_2) = 1. \tag{4}$$

Schneidet die Normale aus Q auf die Tangente t von P diese in Q' und den Kreis $(P\,t, Q)$ noch in Q_0 so ist $\overline{Q'Q}\,.\,\overline{Q'Q^0} = \overline{Q'P}^2$. Mit $Q \to P$ konvergiert gemäß Gl. (2_1) $\overline{Q'Q_0}$ nach $2\,\varrho$; somit ist

$$\varrho = {}^1/_2 \lim_{Q \to P} \frac{\overline{P\,Q'}^2}{\overline{Q\,Q'}}. \tag{5}$$

Nach § 14 Gl. (4) und § 13 Gl. (2) ist $\varrho = ds : ds_1$, worin s die Bogenlänge auf c und s_1 die Bogenlänge auf dem sphärischen Bild von c bedeutet. Wegen § 9, Gl. (3) darf man in $\varrho = \lim\,(\Delta s : \Delta s_1)$ die Differenz Δs durch die Länge $\mathfrak{s}$ der Sehne PQ und Δs_1 durch den spitzen Winkel φ ersetzen, den die Tangente in P mit der Tangente in Q einschließt. Also gilt

$$\varrho = \lim_{Q \to P} \frac{\mathfrak{s}}{\varphi}. \tag{6}$$

Es sei nun (Abb. 12) N der Schnittpunkt der Normalen n, n_1 in den Punkten P, P_1 einer *ebenen Kurve* c und T der Schnittpunkt ihrer Tangenten t, t_1. P, T, P_1, N liegen auf einem Kreis mit dem Durchmesser TN. Ist M seine Mitte,

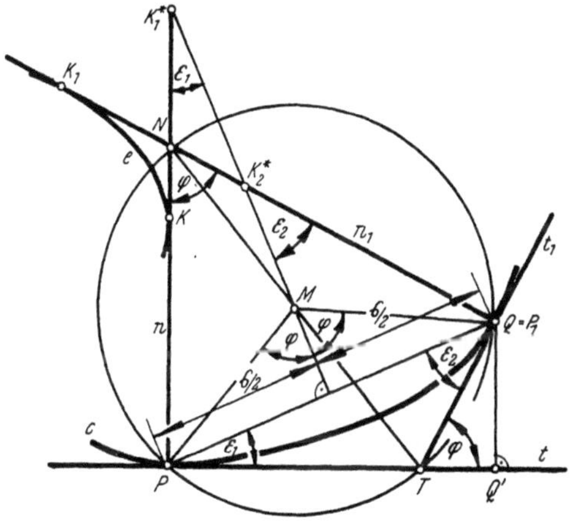

Abb. 12

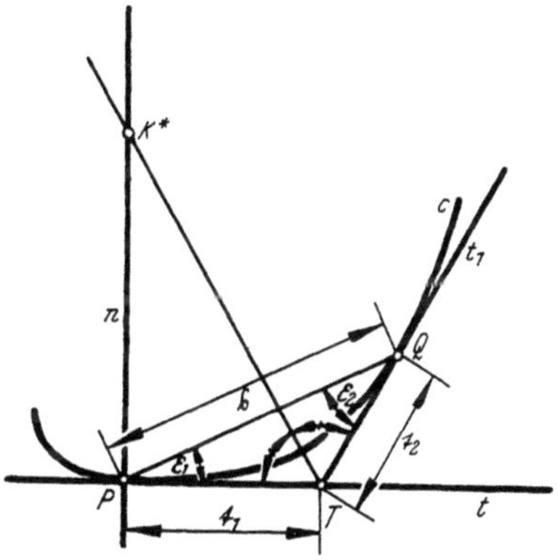

Abb. 13

so entnimmt man aus dem Dreieck $P\,P_1 M$ wegen $2\,PM = NT$ die Gleichung $NT = \mathfrak{s} : \sin\varphi$. Wenn nun P_1 auf c nach P konvergiert, so konvergiert T nach § 75, Satz 1 nach P und N auf n nach einem Punkt K, der von P nach der letzten Gleichung die Entfernung $\lim\,(\mathfrak{s} : \varphi)$ hat. Nach Gl. (6) ist demnach $K = \lim N$ die Krümmungsmitte von P, wofür wir nach § 75, Satz 1 auch sagen können:

Der Ort der Krümmungsmitten einer ebenen Kurve, ihre Evolute, ist die Hüllkurve ihrer Normalen..

Demnach haben alle Kurven c, die die Normalen einer Kurve rechtwinklig schneiden, eine gemeinsame Evolute e; man nennt sie die *Evolventen* von e.

Wenn nun e durch $\mathfrak{x} = \mathfrak{x}(u)$ mit u als Bogenlänge dargestellt wird, so ist $\mathfrak{X} = \mathfrak{x}(u) - r(u)\,\mathfrak{x}'(u)$ eine Evolvente c mit dem Krümmungsradius $r(u)$, r zugleich mit u wachsend angenommen. Differenziert man diese Gleichung nach u, so erhält man nach skalarer Multiplikation mit $\mathfrak{x}'$ wegen $\mathfrak{X}'\,\mathfrak{x}' = 0, \mathfrak{x}'^2 = 1$, $\mathfrak{x}'\,\mathfrak{x}'' = 0$, die Gleichung $r' = 1$, also $r = u + C$. Für ein weiteres Punktepaar gilt ebenso $r_1 = u_1 + C$ und damit $r_1 - r = u_1 - u$, in Worten:

Die Länge eines Evolventenbogens $\widehat{KK_1}$ eines Kurvenbogens $\widehat{PP_1}$ mit monoton veränderlicher Krümmung ist gleich der Differenz der Krümmungsradien von P und P_1[1].

In Abb. 13 ist T der Schnittpunkt der Tangenten t, t_1 einer ebenen Kurve mit den Berührpunkten P, Q; ferner φ der (spitze) Winkel[2] $\sphericalangle\, t\,t_1$, $\varepsilon_1 = \sphericalangle\, TPQ$, $\varepsilon_2 = \sphericalangle\, PQT$, $\mathfrak{t}_1 = PT$, $\mathfrak{t}_2 = QT$, $\mathfrak{s} = PQ$. Wendet man auf das Dreieck PTQ den Sinussatz an, so folgt für $Q \to P$ gemäß Gl. (4)

$$\lim (\mathfrak{t}_1 : \mathfrak{t}_2) = 1, \qquad \lim (\mathfrak{s} : \mathfrak{t}_2) = 2. \tag{7}$$

Der Krümmungskreis einer ebenen Kurve läßt sich auch durch

$$k = \lim (P\,t, t_1) \tag{8}$$

erklären. Die Mitte K^* des Kreises $(P\,t, t_1)$, der t in P und außerdem t_1 berührt, ist der Schnittpunkt der Kurvennormalen n in P mit der Symmetrale des $\sphericalangle\, PTQ$. Demnach ist sein Radius $PK^* = \mathfrak{t}_1 \operatorname{ctg} \varphi/2$. Für $Q \to P$ ist demnach $\lim PK^* = 2 \lim (\mathfrak{t}_1 : \varphi) = 2 \lim [(\mathfrak{t}_1 : \mathfrak{s}) : (\varphi : s)]$, woraus mittels Gln. (7) und (6)

$$\varrho = 2 \lim_{t_1 \to t} (\mathfrak{t}_1 : \varphi) = 2 \lim_{t_2 \to t} (\mathfrak{t}_2 : \varphi) \tag{9}$$

folgt.

Eine Parallele p zur Tangente t eines (regulären) Punktes P einer ebenen Kurve schneidet diese in zwei Punkten Q, Q_1, die für $p \to t$ nach P konvergieren; aus Gl. (5) folgert man dann mit der Bezeichnung y für den Abstand $p\,t$

$$\varrho = \frac{1}{8} \lim_{y \to 0} \frac{\overline{QQ_1}^2}{y}. \tag{10}$$

Wir untersuchen nun das Verhalten der Krümmung einer ebenen Kurve c in einem regulären Punkt P, wenn c an einem Kreis (O, a) polarisiert wird, der mit c das Linienelement $(P\,t)$ gemeinsam hat (Abb. 14). Auch die c entsprechende Kurve c_1 besitzt das Linienelement $(P\,t)$. Ihre Punkte T_1 sind die Pole der Tangenten t_1 von c. Ist T der Schnittpunkt $(t\,t_1)$, so ist T_1 der Schnittpunkt der Polaren von T mit der aus O auf t_1 gefällten Normalen[3]. Sind x, y die Abstände des Punktes T_1 von t und von der Kurvennormalen in P, so ist mit $\varepsilon = \sphericalangle\, T_1PT$ und $\varphi = \sphericalangle\, t\,t_1 = \sphericalangle\, POT_1$, $\operatorname{tg} \varepsilon = y : x$ und $\operatorname{tg} \varphi = x : (a - y)$, woraus für $Q \to P$ $\lim (\varphi : \varepsilon) = \lim (x^2 : a\,y)$ folgt. Da für den Krümmungsradius ϱ_1 von c_1 in P $2\varrho_1 = \lim (x^2 : y)$ gilt, ist nach der letzten Gleichung $a = 2\varrho_1 \lim (\varepsilon : \varphi)$.

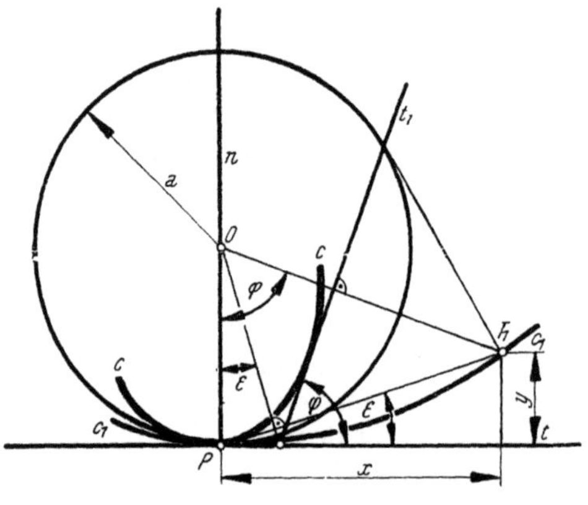

Abb. 14

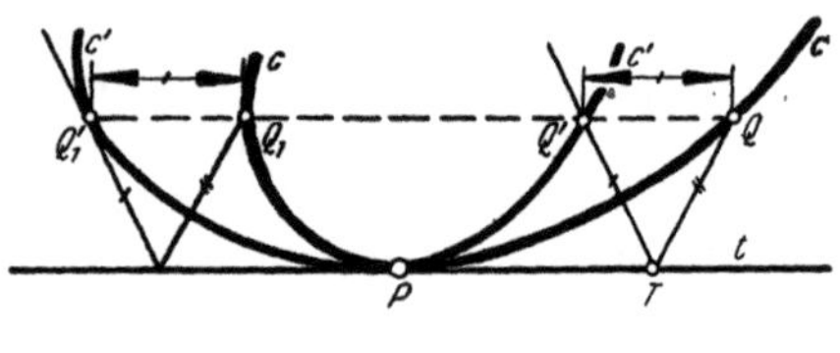

Abb. 15

[1] Ein konstruktiver Beweis dieses Satzes in J. Hjelmslev, Darstellende Geometrie, 1914, S. 151—154.

[2] Der Leser trage in Abb. 13 den Buchstaben φ ein.

[3] Der Leser trage in Abb. 14 $T = (tt_1)$ und $\mathfrak{t} = PT$ ein.

Mit $\mathfrak{t} = PT$ ist $a = \mathfrak{t} : \operatorname{tg} \varepsilon$, also auch $a = \lim (\mathfrak{t} : \varepsilon)$, woraus durch Multiplikation der beiden letzten Gleichungen mittels Gl. (9)

$$\varrho\, \varrho_1 = a^2, \tag{11}$$

die gesuchte Beziehung zwischen ϱ und ϱ_1 in P folgt.

Wir üben nun (Abb. 15) auf c eine perspektive Affinität aus, deren Achse die Tangente t von c in P ist und deren Affinitätsstrahlen zur Achse t parallel sind, wobei einem Kurvenpunkt Q der Punkt Q' auf dem Affinitätsstrahl durch Q entsprechen möge. Ist dieser zur Tangente t genügend benachbart, so schneidet er, falls P regulär ist, c nächst Q in einem weiteren Punkt Q_1. Für den Q_1 in der Affinität entsprechenden Punkt Q_1' gilt $Q\,Q' = Q_1\,Q_1'$, wie man sofort erkennt, wenn man einen Punkt T von t mit Q und Q' verbindet und zu diesem Paare entsprechender Geraden das parallele Paar entsprechender Geraden durch Q_1 und Q_1' angibt. Auf jedem zu t parallelen Affinitätsstrahl sind demnach entsprechende Strecken $QQ_1 = Q'Q_1'$ gleich lang. Durch diese Affinität geht c in eine Kurve c' über, die mit c das Linienelement $(P\,t)$ gemeinsam hat. Die auf c ausgeübte Affinität ist eine *tangentiale Scherung* längs der Tangente t. Nach dem Gesagten und Gl. (10) gilt für $Q \to P$: *Die Krümmung einer Kurve in einem Punkt ist invariant gegenüber den tangentialen Scherungen längs seiner Tangente*[1].

§ 79. **Verhalten der Kurvenkrümmung bei Zentral- und Parallelprojektion.** *Wird eine Raumkurve k aus einem Auge O allgemeiner Lage auf die Schmiegebene σ eines ihrer regulären Punkte P projiziert, so oskulieren sich k und ihre Projektion c in P.* Dies folgt unmittelbar aus dem Satz von Meusnier, § 26, wenn man ihn auf den projizierenden Kegel im Linienelement von c in P anwendet. k und c haben auf einer nicht durch O gehenden Bildebene zusammenfallende Bilder $c' = k'$. Für die Frage nach dem Verhalten der Kurvenkrümmung bei Zentral- oder Parallelprojektion ist es daher keine Einschränkung der Allgemeinheit, wenn wir die zu projizierende Kurve als eine ebene Kurve c annehmen.

Abb. 16 zeigt im oberen Teil die Zentralprojektion einer Ebene σ (Schmiegebene) auf eine Bildebene Π aus einem Auge O und die Drehung von σ um die Bildspur s nach Π. Der Ferngeraden v'_∞ von Π entspricht die Verschwindungsgerade v in σ, der Ferngeraden u_∞ von σ entspricht die Fluchtgerade u' in Π. Bekanntlich bleiben die durch die Zentralprojektion aus O perspektiv zugeordneten Felder σ, Π in perspektiver Lage, wenn σ um die Bildspur s gedreht wird, wobei sich gleichzeitig das Auge O um u' durch denselben Winkel im gleichen Sinn dreht. Gelangt dabei O nach Π, so befinden sich die beiden nunmehr vereinigten Felder in ebener Zentralkollineation mit s als Achse, O als Zentrum, u' als Gegenachse im Feld Π und v als Gegenachse im Feld σ (Abb. 16, unterer Teil). Wir untersuchen nun die Beziehung zwischen den Krümmungsradien r und r_1 in entsprechenden Punkten P, P' zweier kollinearer Kurven c, c'.

Ist V der Fußpunkt des Lotes aus O auf v, V'_∞ der ihm entsprechende Fernpunkt und $\mathfrak{v}$ der Abstand $V\,s$, so ist das charakteristische Doppelverhältnis der Zentralkollineation $\delta = (V\,V'_\infty\,O\,s)$, d. i.

$$\delta = VO : \mathfrak{v}. \tag{1}$$

Sind vor der Drehung d und e die Abstände des Auges O von Π und σ, α der Winkel von σ gegen Π, so ist $e = OV \sin\alpha$, $d = \mathfrak{v} \sin\alpha$, wodurch Gl. (1) übergeht in:

$$|\delta| = e : d. \tag{1a}$$

[1] Weitere Grenzwertformeln für Krümmungsradien: K. Vanek, Über die Krümmungskreise ebener Kurven. S.-B. Akad. Wiss. Wien, math.-naturwiss. Kl. 146 (1937).

Sind Q, Q' ein von P, P' verschiedenes Paar entsprechender Punkte auf c, c', ferner U, S die Schnittpunkte von (PQ) mit v und s, schließlich U'_∞ der U entsprechende Fernpunkt, so ist $(PSQU) = (P'SQ'U'_\infty)$, d. i. $(PQ \, . \, SU)$: $:(SQ \, . \, PU) = P'Q' : SQ'$. Für den Grenzübergang $Q \to P$ und mit den Bezeichnungen $\lim QS = PT = \mathfrak{t}$, $\lim Q'S = P'T = \mathfrak{t}'$, Abstand $v\,P = \mathfrak{p}$ folgt daraus unter Beachtung von $PU : SU = \mathfrak{p} : \mathfrak{v}$

$$\lim \frac{PQ}{P'Q'} = \frac{\mathfrak{t}}{\mathfrak{t}'} \cdot \frac{\mathfrak{p}}{\mathfrak{v}} \tag{2}$$

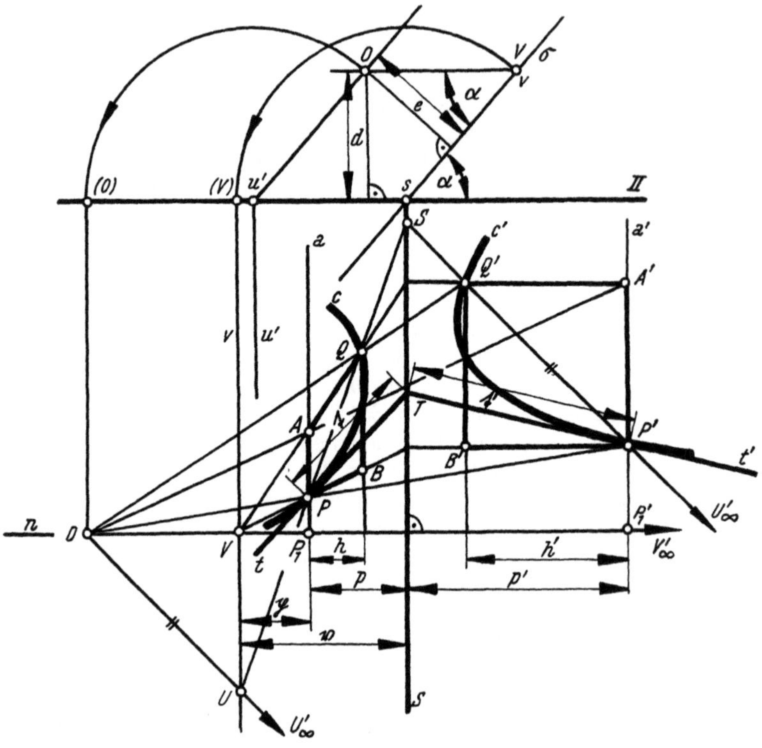

Abb. 16

(2) ist die *Längenverzerrung* für die entsprechenden Linienelemente $(P\,t)$, $(P'\,t')$. Es seien nun P_1, P_1' die Normalrisse von P, P' auf den zur Achse s normalen Kollineationsstrahl n; die Längenverzerrung für die entsprechenden Linienelemente $(P_1\,n)$, $(P_1'\,n)$ ist nach Gl. (2) mit den aus Abb. 16 ersichtlichen Bezeichnungen

$$\lim \frac{h}{h'} = \frac{p}{p'} \cdot \frac{\mathfrak{p}}{\mathfrak{v}}. \tag{3}$$

Wir berechnen nun die *Flächenverzerrung* in den kollinear entsprechenden Punkten P, P'. Einem Rechteck $P'A'Q'B'$ mit den zur Kollineationsachse s parallelen Seiten $P'A'$ und $B'Q'$ entspricht das Trapez $PAQB$, in dem die zu s nicht parallelen Seiten PB und AQ sich in V schneiden. Bezeichnet man mit a, a' die zur Achse s parallelen Geraden durch P bzw. P' und läßt man die Linienelemente $(P\,t)$, $(P'\,t')$ nach $(P\,a)$, $(P'\,a')$ konvergieren, so hat man in Gl. (2) $\lim (\mathfrak{t} : \mathfrak{t}') = 1$ zu setzen und man erhält die Längenverzerrung für $(P\,a)$, $(P'\,a')$ als

$$PA : P'A' = \mathfrak{p} : \mathfrak{v}. \tag{4}$$

Die Flächeninhalte des Trapezes $PAQB$ und des Rechteckes sind $f = {}^1/_2 (PA + BQ)\,h$, $f' = P'A' \,.\, h'$. Mittels Multiplikation von Gl. (4) mit Gl. (3) und $PA : BQ = p : (p + h)$, also $\lim\,(PA : BQ) = 1$ ergibt sich die Flächenverzerrung

$$\lim\,(f : f') = p\, \mathfrak{p}^2 : p'\, \mathfrak{v}^2. \tag{5}$$

Es sei nun R, R' ein drittes Paar entsprechender Punkte auf c, c'. a_1, a_2, a_3, F und a_1', a_2', a_3', F' seien die Seitenlängen und Flächeninhalte der Dreiecke PQR und $P'Q'R'$, ϱ, ϱ_1 die Radien ihrer Umkreise. Es ist dann $4\,\varrho F = a_1 a_2 a_3$ und $4\,\varrho_1 F' = a_1' a_2' a_3'$, also

$$\frac{\varrho_1}{\varrho} = \frac{a_1'}{a_1} \frac{a_2'}{a_2} \frac{a_3'}{a_3} \frac{F}{F'}. \tag{6}$$

Wenn nun Q und R auf c gegen P konvergieren, werden aus ϱ, ϱ_1 die Krümmungsradien r, r_1 von c, c' in P, P', und es folgt aus Gln. (6), (2), (5)

$$r_1 = r \frac{\mathfrak{t}'^3\, p\, \mathfrak{v}}{\mathfrak{t}^3\, p'\, \mathfrak{p}}. \tag{7}$$

Gl. (7) läßt sich vereinfachen. Das oben eingeführte charakteristische Doppelverhältnis der Kollineation ist $\delta = (P P' O s)$. Also ist $|\delta| = (PO : P'O)\,(p' : p)$. In Abb. 16 entspricht dem Fernpunkt U'_∞ der Geraden (SP') der Schnittpunkt U von (SP) mit v. Es ist daher $(SP') \parallel (OU)$ und $PO : P'O = PU : SU = \mathfrak{p} : \mathfrak{v}$, wodurch sich $|\delta| = p'\,\mathfrak{p} : p\,\mathfrak{v}$ ergibt. Damit und mit Gl. (1a) nimmt Gl. (7) die beiden Formen an:

$$r_1 = r \frac{\mathfrak{t}'^3}{\mathfrak{t}^3\,|\delta|} = r \frac{\mathfrak{t}'^3\, d}{\mathfrak{t}^3\, e}, \tag{$7_{1,2}$}$$

(Formel von Peaucellier[1]). Gl. (7_2) gestattet eine einfache graphische Auswertung (Abb. 17). Auf zwei in O normalen Geraden trage man von O aus die

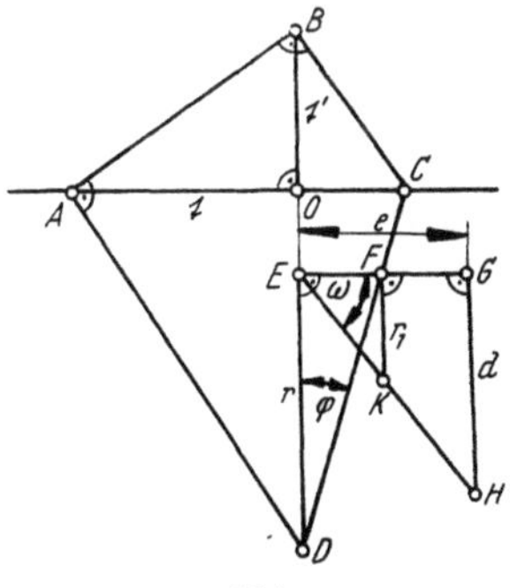

Abb. 17

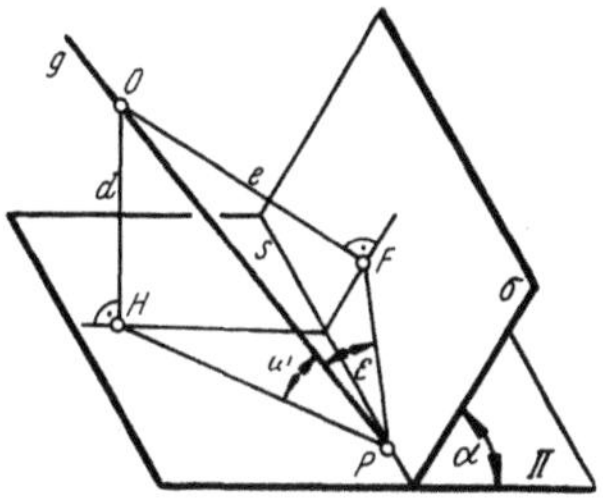

Abb. 18

Strecken $OA = \mathfrak{t}$, $OB = \mathfrak{t}'$ auf. Nun zeichne man in A und B die Normalen zu (AB) und schneide die erstere mit (OB) in D, die letztere mit (OA) in C. Es ist nun $OC = \mathfrak{t}'^2 : \mathfrak{t}$ und $OD = \mathfrak{t}^2 : \mathfrak{t}'$. Somit gilt für den Winkel $\varphi = CDO$ $\operatorname{tg} \varphi = \mathfrak{t}'^3 : \mathfrak{t}^3$. In einem rechtwinkligen Dreieck DEF mit der Kathete $DE = r$ und $\sphericalangle FDE = \varphi$ ist $EF = r \operatorname{tg} \varphi = r\,\mathfrak{t}'^3 : \mathfrak{t}^3$. Nun hat man gemäß Gl. (7_2) das gesuchte r_1 aus der Proportion $r_1 : EF = d : e$ zu konstruieren.

Wir heben noch einige *Sonderfälle* hervor. Sind die Tangenten von c, c' in den entsprechenden Punkten P, P' zur Bildebene (zur Kollineationsachse) par-

[1] Nouv. Ann. Math. 20 (1860), S. 427.

allel, so fasse man diesen Fall als Grenzfall des allgemeinen Falles auf und beachte $\lim\,(\mathfrak{t}:\mathfrak{t}') = 1$, wodurch Gl. (7_2) übergeht in:

$$r_1 = r\,\frac{d}{e}. \tag{8}$$

Man kann die Formel (7_2) in einer Form schreiben, in der sie zugleich den Fall der *Parallelprojektion* umfaßt. Es sei, Abb. 18, g ein die Schnittgerade $(\sigma\Pi)$ schneidender Sehstrahl, ω und ε seine Neigungswinkel gegen Π und σ. Es ist dann $d : e = \sin\omega : \sin\varepsilon$, wodurch Gl. (7_2) übergeht in

$$r_1 = r\,\frac{\mathfrak{t}'^3 \sin\omega}{\mathfrak{t}^3 \sin\varepsilon}. \tag{9}$$

Gl. (9) gilt nun für jedes Auge O auf g, auch für den Fernpunkt O_∞ von g als Auge, also für Parallelprojektion.

Im Fall der *Normalprojektion* ist $\omega = \pi/2$, $\varepsilon = \pi/2 - \alpha$ mit α als Neigungswinkel der Schmiegebene σ gegen Π und $\mathfrak{t}' = \mathfrak{t}\cos\tau$ mit τ als Neigungswinkel der Kurventangente gegen Π. Damit wird aus Gl. (9) die Formel von BELLAVITIS[1]

$$r_1 = r\,\frac{\cos^3\tau}{\cos\alpha}. \tag{10}$$

Ist insbesondere bei Normalprojektion die Kurventangente zur Bildebene parallel, also $\tau = 0$, so ist nach Gl. (10)

$$r_1 = \frac{r}{\cos\alpha}. \tag{11}$$

Ist dagegen bei Normalprojektion die Hauptnormale von P zu Π parallel, so ist in Gl. (10) $\tau = \alpha$ und es gilt daher

$$r_1 = r\cos^2\alpha. \tag{12}$$

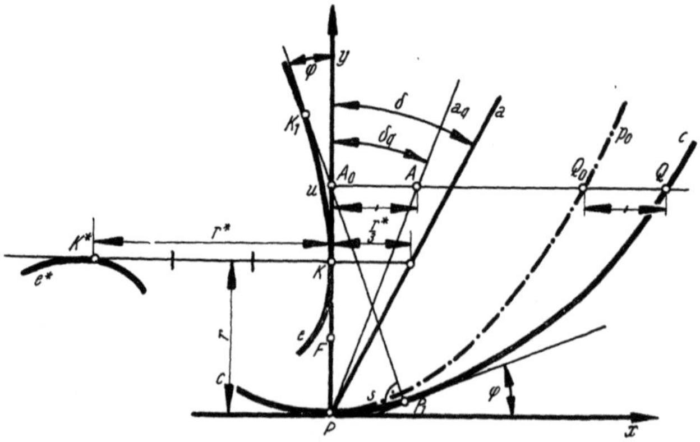

Abb. 19

§ 80. **Affinnormalen ebener Kurven.** In Abb. 19 ist e die Evolute von c und K auf e die Krümmungsmitte von P auf c. Die Krümmungsmitte K^* von e in K heißt dann die *zweite Krümmungsmitte* von P; K sei nachträglich als erste bezeichnet. e ist dann die erste Evolute von c und der Ort aller K^* die *zweite Evolute*. Wir bezeichnen die Tangente in P mit x, die Normale mit y und orientieren x

---

[1] Lezioni di geom. descr., Padova 1851.

im Sinne wachsender Krümmungsradien von c, wodurch auch e eine Orientierung erhält. Die in diesem Sinn wachsenden Bogenlängen auf c und e seien s bzw. u. Es sei nun P_1 ein weiterer Punkt von c, K_1 seine Krümmungsmitte und φ der spitze Winkel seiner Tangente gegen x, der auch von den Kurvennormalen in P, P_1 gebildet wird. Für den Krümmungsradius r^* von e in K gilt nach § 78 Gl. (6), wenn $\widehat{PP_1} = s$, $\widehat{KK_1} = u$ gesetzt wird, $r^* = \lim (u : \varphi) = \lim (u/s : \varphi/s)$. Nach dem in § 78 bewiesenen Satz ist $u = r_1 - r$ die Differenz der Krümmungsradien in P und P_1. Also ist $\lim (u : s) = dr : ds$; ferner ist $\lim (\varphi : s) = 1 : r$, also ist

$$r^* = r \frac{dr}{ds}. \tag{1}$$

Es soll nun eine Parabel ermittelt werden, die c in P hyperoskuliert, d. h. in 3. Ordnung berührt, § 16. Eine c in P berührende Parabel mit dem Scheitel in P hat die Gleichung $x^2 = 2\,k\,y$. Ihr Krümmungsradius in P ist nach § 78 Gl. (5) $r = {}^1/_2 \lim (x^2 : y) = k$. Die c in P oskulierende Parabel p_0 mit dem Scheitel io P hat daher ihren Brennpunkt F im Mittelpunkt der Strecke PK. Es sei nun Q ein Punkt von c und Q_0 einer der beiden Parabelpunkte, die mit Q auf einer Parallelen zur Scheiteltangente x liegen. Übt man nun auf p_0 die tangentiale Scherung längs x aus, die Q_0 nach Q bringt, so erhält man nach § 78 (Ende) die Parabel p_q, die c in P oskuliert und durch Q geht. Die gesuchte, c in P hyperoskulierende Parabel p ist daher die Limesparabel $p = \lim\limits_{Q \to P} p_q$.

Dem Schnittpunkt A_0 der Normalen y in P mit dem Affinitätsstrahl $(Q\,Q_0)$ entspricht auf diesem nach § 78 der Punkt A, für den $\overrightarrow{A_0A} = \overrightarrow{Q_0Q}$ ist. Die Gerade (PA), die der Achse y von p_0 affin entspricht, ist daher der durch P gehende Durchmesser a_q der Parabel p_q. Sind x, y die Koordinaten von Q, so ist $Q_0Q = x - \sqrt{2\,r\,y}$ und für den Winkel $\delta_q = \sphericalangle\, y\, a_q$ gilt daher $\operatorname{tg} \delta_q = (x - \sqrt{2\,r\,y}) : y$.

Nach § 13 Gl. (14) ist der Krümmungsradius r in einem Punkt von c durch $r\,\ddot{y} = (1 + \dot{y}^2)^{3/2}$ gegeben, wobei der Punkt die Ableitung nach x bedeutet. Differenziert man diese Gleichung nach x und wendet man sie nachher auf den Punkt P $(x = 0)$ an, wo auch $\dot{y} = 0$ ist, so erhält man $\dot{r}\,\ddot{y} + r\,\dddot{y} = 0$. Es ist also in P

$$\dot{y} = 0, \qquad \ddot{y} = 1 : r, \qquad \dddot{y} = -\dot{r} : r^2. \tag{2}$$

Die Taylor-Entwicklung von $y = y(x)$ nächst P lautet nach Gl. (2)

$$y = \frac{x^2}{2\,r} - \frac{\dot{r}\,x^3}{6\,r^2} + (*). \tag{3}$$

Somit ist $\sqrt{2\,r\,y} = x \left(1 - \dfrac{\dot{r}\,x}{6\,r} + (*)\right)$ und nach obigen Formeln

$$\operatorname{tg} \delta_q = \frac{\dot{r}/6\,r + (*)}{1/2\,r + (*)},$$

woraus für $Q \to P$, $(x \to 0)$ mit $\lim \delta_q = \delta$, $dx : ds = 1$ und Gl. (2)

$$\operatorname{tg} \delta = \frac{1}{3} \frac{dr}{ds} = \frac{-\dddot{y}}{3\,\ddot{y}^2} \tag{4}$$

folgt, d. i. nach Gl. (1)

$$\operatorname{tg} \delta = r^* : 3\,r. \tag{5}$$

δ ist der Winkel, den die Grenzlage a der Durchmesser a_q mit der Normalen in P bildet. a ist also der durch P gehende Durchmesser der c in P hyperoskulierenden Parabel.

Aus § 79 entnimmt man, daß durch Zentral- oder Parallelprojektion die Oskulation von zwei Kurven nicht zerstört wird. Durch eine Affinität geht daher die Menge aller Parabeln, die eine ebene Kurve c in einem Punkt P oskulieren und durch je einen weiteren Punkt von c gehen, in die Menge der gleichartigen Parabeln im entsprechenden Punkt P' auf c' über. Die Affinität führt daher die c in P hyperoskulierende Parabel in die c' in P' hyperoskulierende Parabel über und dasselbe gilt für ihre durch P bzw. P' gehenden Durchmesser a, a'. Man nennt diese mit c in P affin-invariant verbundene Gerade a die *Affinnormale*[1] von c in P. Es gilt also der

Satz 1: *Die Affinnormale in einem Punkt P einer ebenen Kurve c ist der durch P gehende Durchmesser der c in P hyperoskulierenden Parabel.*

Aus Gl. (5) ergibt sich die folgende bekannte Konstruktion der Affinnormalen:

Satz 2: *Sind K und K^* die erste und zweite Krümmungsmitte von P und trägt man $^1/_3\,\overrightarrow{KK^*}$ in der entgegengesetzten Richtung von K aus ab, so erhält man einen Punkt A der Affinnormalen $a = (PA)$.*

Für die Affinnormalen der Ellipsen und Hyperbeln gilt der

Satz 3: *Die Affinnormale eines Punktes P einer Ellipse oder Hyperbel c^2 ist der durch P gehende Durchmesser.*

Beweis: Übt man auf c^2 eine perspektive Kollineation aus mit P als Zentrum und der Tangente t von P als Achse, so erhält man einen Kegelschnitt, dessen vier Schnittpunkte mit c^2 in P vereinigt liegen müssen, ihn also in P hyperoskuliert. Ordnet man dabei den P diametral gegenüberliegenden Punkt P_1 dem Fernpunkt des Durchmessers (PP_1) zu, so ist die perspektive Kollineation eindeutig bestimmt; diese führt c^2 in die c^2 in P hyperoskulierende Parabel über. Der Durchmesser (PP_1) ist somit nach Satz 1 die gesuchte Affinnormale.

§ 81. Konische Krümmung und Krümmungskegel der Kegelflächen. Sind p, q zwei Erzeugende eines Kegels Γ, φ der (spitze) Winkel $\sphericalangle\, p\, q$ und ψ der (spitze) Winkel ihrer Berührebenen, dann ist nach § 12 Gl. (5), abgesehen vom Vorzeichen,

$$\varkappa_2 = \lim_{q \to p} (\psi : \varphi) \tag{1}$$

die *konische Krümmung* von Γ in p. Wir berechnen nun die konische Krümmung eines Drehkegels $\mathfrak{K}$ (Abb. 20). Es sei O die Kegelspitze, k ein Parallelkreis von Γ und P, Q zwei Punkte auf k. Die Erzeugenden (OP) und (OQ) bilden den Winkel φ und die in den Punkten P, Q auf die Berührebenen errichteten Normalen, die sich in einem Punkt N der Kegelachse a schneiden, schließen den oben erklärten Winkel ψ ein. Setzt man $PO = e$, $PN = n$, so gilt $PQ = 2\,e \sin\varphi/2 = 2n \sin\psi/2$. Ist α der Achsenwinkel des Kegels, so ist $e = n \operatorname{ctg}\alpha$. Daraus folgt nach Gl. (1) für die *konische Krümmung des Drehkegels*

$$\varkappa_2 = \operatorname{ctg}\alpha. \tag{2}$$

Wir orientieren nun eine Erzeugende des allgemeinen Kegels Γ und übertragen ihre Orientierung stetig auf die anderen. Sie schneiden die Einheitskugel Σ um die Spitze O von Γ in einer sphärischen Kurve c, die *sphärische Spur* von Γ.

[1] Die Affinnormale wurde von A. Transon, J. Math. (1) 6 (1841) als *Deviationsachse*, der Winkel δ als *Deviation* eingeführt.

Wir wählen nun auf Γ drei Erzeugende p, q, r. Sie bestimmen einen Drehkegel $(p\,q\,r)$. Als *Krümmungskegel* von Γ in p definieren wir nun den Limesdrehkegel

$$\mathfrak{K} = \lim_{q,r \to p} (p\,q\,r). \tag{3}$$

Sind P, Q, R die Schnittpunkte von p, q, r mit c, so liegt der Kreis $(P\,Q\,R)$ auf der Kugel Σ und ist der Schnitt von Σ mit dem Kegel $(p\,q\,r)$. Da der Krümmungskreis k von c in P der Kreis $(P\,Q\,R)$ ist, gilt der

Satz 1: *Der Krümmungskegel eines Kegels Γ längs einer Erzeugenden p ist der Drehkegel, der den Krümmungskreis k der sphärischen Spur c im Spurpunkt P mit der Kegelspitze O verbindet.*

Damit lassen sich auch die Definitionen § 78 Gl. $(2_{1,2})$ des Krümmungskreises sinngemäß auf den Kegel übertragen. Sind τ, τ_1 die Berührebenen in $p.q$, so ist auch

$$\mathfrak{K} = \lim (p\,\tau, q) = \\ = \lim (p, q\,\tau_1), \quad (4_{1,2})$$

wo $(p\,\tau, q)$ den Drehkegel bedeutet, der τ längs p berührt und durch q geht.

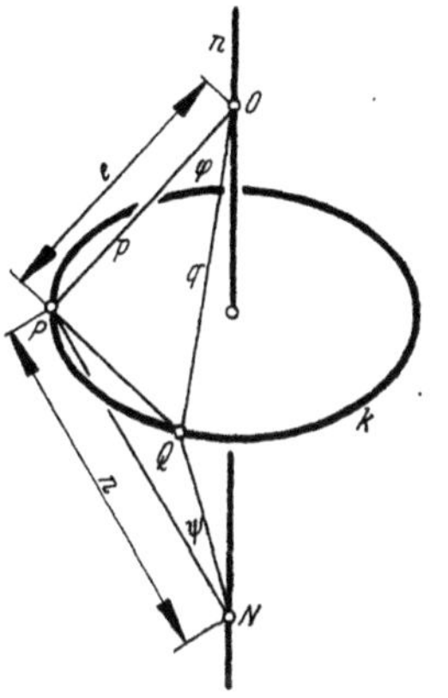

Abb. 20

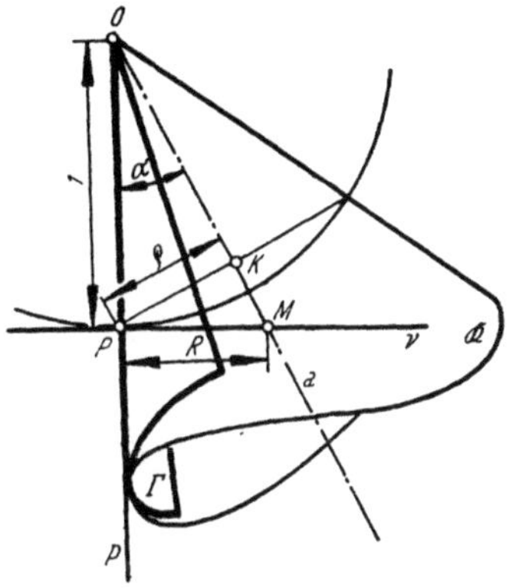

Abb. 21

Wir beweisen nun den

Satz 2: *Der Kegel Γ wird längs p von seinem Krümmungskegel $\mathfrak{K}$ oskuliert* (Abb. 21).

Ist K die Krümmungsmitte der sphärischen Spur c von Γ in P, so ist $(O\,K) = a$ die Achse des Krümmungskegels $\mathfrak{K}$. Der Schnittpunkt M von a mit der in P auf der Erzeugenden p normalen Ebene ν ist nach dem Satz von Meusnier, § 26, die zu P gehörige *Hauptkrümmungsmitte* von Γ und $\mathfrak{K}$ zugleich. Γ und $\mathfrak{K}$ oskulieren sich daher in P und damit tatsächlich längs der Erzeugenden p.

Ist $\varrho = PK$ der Krümmungsradius von c, $R = PM$ der *Hauptkrümmungsradius* in P, α der Achsenwinkel von $\mathfrak{K}$, so ist mit $O\,P = 1$

$$\sin \alpha = \varrho, \qquad \operatorname{ctg} \alpha = 1 : R. \tag{$5_{1,2}$}$$

Die an den Abb. 12 und 13 durchgeführten Überlegungen über den Krümmungsradius ebener Kurven lassen sich sinngemäß auf die sphärische Spur c eines Kegels und damit auf den Kegel selbst übertragen. Dabei haben wir bloß die euklidische Trigonometrie durch die sphärische zu ersetzen. Es seien (Abb. 22) P, Q die Punkte von c auf den Kegelerzeugenden p, q; der Großkreisbogen $\widehat{P\,Q} = \varphi$ ist dann die *sphärische Sehne* von c zwischen $P\,Q$. Die Berührebenen τ, τ_1 längs p, q schneiden die Einheitskugel in den sphärischen Tangenten t, t_1 von c in P, Q. In dem sphärischen Dreieck $P\,Q\,T = (t\,t_1)$ seien $\varepsilon_1, \varepsilon_2$ die Winkel bei P, Q und ψ der Außenwinkel bei T. Die Normalebenen des Kegels längs p, q schneiden die Kugel in Großkreisen n, n_1, die in P, Q auf t bzw. t_1 normal sind. Sind $N = (n\,n_1)$ und $\omega = \sphericalangle\, n\,n_1$ der Innenwinkel des Dreieckes $P\,Q\,N$ bei N, so ist ω zugleich der Winkel, unter dem sich die euklidischen Tangenten von c in P und Q kreuzen. Der Krümmungsradius von c in P ist nach § 78 Gl. (6), wenn man die abgeänderte Bezeichnungsweise beachtet, $\varrho = \lim\limits_{Q \to P} (\varphi : \omega)$.) Aus dem sphärischen Dreieck PQN folgt mittels des Sinussatzes $\sin \widehat{PN} : \sin \varphi = \cos \varepsilon_2 : \sin \omega$ und daraus für $Q \to P$ mit $\lim \widehat{PN} = \alpha$

$$\sin \alpha = \lim (\varphi : \omega) = \varrho. \tag{6}$$

Nach Gl. (5_1) (Abb. 21) ist α der Achsenwinkel des Krümmungskegels $\mathfrak{K}$ von Γ längs p. Somit gilt der

Satz 3: *Der Ort der Achsen der Krümmungskegel eines Kegels Γ ist der Evolutenkegel von Γ, d. i. der Hüllkegel der Normalebenen von Γ.*

Wenn man den Krümmungskegel nach Gl. (4_1) definiert, so schneidet der Drehkegel $(p\,\tau, q)$ die Kugel nach dem Kreis, der t in P berührt und durch Q geht. Seine sphärische Mitte K_1 ist daher der Schnittpunkt K_1 von n mit der sphärischen Symmetralen von $\widehat{PQ}$, die im Mittelpunkt M von PQ auf PQ normal steht. In dem rechtwinkligen sphärischen Dreieck PMK_1 ist nach der NEPERschen Regel $\sin \varepsilon_1 = \operatorname{ctg} \widehat{PK_1} \operatorname{tg} \varphi/2$, woraus für $Q \to P$ mit $\lim \widehat{PK_1} = \alpha$

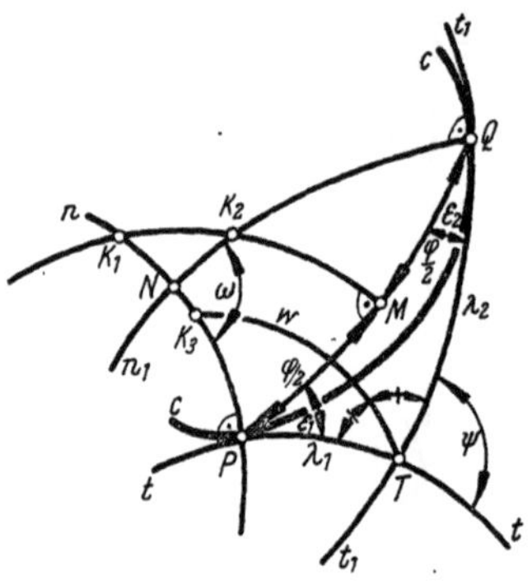

Abb. 22

$$\operatorname{ctg} \alpha = 2 \lim (\varepsilon_1 : \varphi) \tag{7}$$

folgt. α ist der Achsenwinkel des Krümmungskegels $\mathfrak{K}$ längs p. Ebenso folgt, wenn man von der Definition Gl. (4_2) ausgeht, aus dem Dreieck QMK_2

$$\operatorname{ctg} \alpha = 2 \lim (\varepsilon_2 : \varphi). \tag{8}$$

Aus Gln. (7) und (8) folgt durch Division $\lim (\varepsilon_1 : \varepsilon_2) = 1$ und somit mittels des auf das Dreieck PTQ angewendeten Sinussatzes, wenn man $\widehat{PT} = \lambda_1$, $\widehat{TQ} = \lambda_2$ setzt, $\lim (\lambda_1 : \lambda_2) = 1$. Daraus schließt man weiter auf $\lim (\varphi : \lambda_1) = \lim (\varphi : \lambda_2) = 2$. Somit ist nach Gl. (7) $\operatorname{ctg} \alpha = 2 \lim [(\varepsilon_1 : \lambda_2) : (\varphi : \lambda_2)] = \lim (\varepsilon_1 : \lambda_2)$. Aus dem auf das Dreieck PTQ angewendeten Sinussatz folgt im Grenzfall $\lim (\psi : \varphi) = \lim (\varepsilon_1 : \lambda_2)$, also ist:

$$\operatorname{ctg} \alpha = \lim (\psi : \varphi). \tag{9}$$

Aus Gln. (9) und (2) folgt: *Der Kegel Γ und sein Krümmungskegel $\mathfrak{K}$ besitzen längs p dieselbe konische Krümmung*

$$\varkappa_2 = \operatorname{ctg} \alpha. \tag{10}$$

Der Krümmungskegel $\mathfrak{K}$ eines Kegels Γ läßt auch die folgende Definition zu:

$$\mathfrak{K} = \lim (p\,\tau, \tau_1). \tag{11}$$

Beweis: $(p\,\tau, \tau_1)$ ist der Drehkegel, der τ längs p, sowie τ_1 berührt und mit Γ nächst p auf derselben Seite von τ liegt. Er schneidet daher die Kugel in einem Kreis, dessen sphärische Mitte K_3 (Abb. 22) der Schnittpunkt von n mit der Symmetrale des $\sphericalangle PTQ$ ist. Aus dem rechtwinkligen sphärischen Dreieck PTK_3 folgt $\sin \lambda_1 = \operatorname{tg} \widehat{PK_3} \operatorname{tg} \psi/2$, woraus für $Q \to P$ $\lim \operatorname{ctg} \widehat{PK_3} = {}^1/_2 \lim (\psi : \lambda_1)$ folgt. Daraus folgt mit der obigen Bemerkung $\lim (\varphi : \lambda_1) = 2$ und Gl. (9) $\lim \widehat{PK_3} = \alpha$, womit die Behauptung bewiesen ist.

Die Normalschnitte einer *Zylinderfläche* Γ haben in den Punkten einer Erzeugenden e Krümmungskreise, die einem Drehzylinder, dem *Krümmungszylinder* von Γ längs e, angehören.

§ 82. Krümmungskegel, konische Krümmung und Torsion von Raumkurven.

Es seien P, Q zwei Punkte einer Raumkurve c, s die Länge des Bogens $\widehat{PQ}$, φ der (spitze) Winkel der Tangenten in P, Q und ψ der (spitze) Winkel der Schmiegebenen in P, Q. Dann sind die Krümmung $\varkappa$, die Torsion $\varkappa_1$ und die konische Krümmung $\varkappa_2$ dem Betrage nach die Grenzwerte für $Q \to P$:

$$\varkappa = \lim (\varphi : s), \qquad \varkappa_1 = \lim (\psi : s), \qquad \varkappa_2 = \lim (\psi : \varphi), \tag{1_{1,2,3}}$$

woraus

$$\varkappa_1 = \varkappa \varkappa_2 \tag{2}$$

folgt. Sind σ, σ_1 die Schmiegebenen von c in P, Q und t die Tangenten in P, so heiße der Limesdrehkegel der dem stumpfen Winkelraum $\sphericalangle \sigma \sigma_1$ angehörigen Drehkegel $(t \sigma, \sigma_1)$ für $Q \to P$ der *Krümmungskegel* $\mathfrak{K}$ von c in P, also

$$\mathfrak{K} = \lim_{Q \to P} (t \sigma, \sigma_1). \tag{3}$$

Der Drehkegel $(t\sigma, \sigma_1)$ hat seine Spitze im Schnittpunkt $(t\sigma_1)$; dieser konvergiert für $Q \to P$ gemäß § 75 Gl. (8_1) gegen P.

Wir beweisen nun einen Satz, durch den es sinnvoll wird, den Krümmungskegel $\mathfrak{K}$ der Kurve c im Linienelement $(P\,t)$ als *Krümmungskegel der Tangentenfläche* von c längs t anzusprechen.

Satz 1: *Der Krümmungskegel $\mathfrak{K}$ einer Raumkurve c für das Linienelement (Pt) oskuliert ihre Tangentenfläche Γ längs t und ist daher auch als Krümmungskegel von Γ längs t zu bezeichnen.*

Beweis: Wir schneiden $\mathfrak{K}$ und Γ mit irgendeiner Ebene ξ, die nicht durch P geht; dann ist $(\mathfrak{K}\,\xi)$ ein Kegelschnitt c^2 und $(\Gamma\,\xi)$ eine Kurve c^*. c^2 und c^* berühren einander im Schnittpunkt $P^* = (t\,\xi)$ und haben dort die Tangente $(\sigma\,\xi) = t^*$. Die Drehkegel $(t\sigma, \sigma_1)$ schneiden ξ in Kegelschnitten c_1^2, deren Limeskegelschnitt c^2 ist. Sie berühren einander im Linienelement $(P^*\,t^*)$ und jeder c_1^2 wird gemäß Gl. (3) von der Schnittgeraden t_1^* der zugehörigen Schmiegebene σ_1 mit ξ berührt. Da die Schmiegebenen die Berührebenen von Γ sind, sind die t_1^* auch Tangenten von c^*. Nun kann man den Krümmungskreis k^* von c^* in P^* gemäß § 78 Gl. (8) als Limeskreis der Kreise $(P^*\,t^*, t_1^*)$ definieren. Jeder Kreis $(P^*\,t^*, t_1^*)$ hat mit dem entsprechenden c_1^2 das Linienelement $(P^*\,t^*)$ und die Tangente t_1^* gemeinsam. Für $Q \to P$ gilt $t_1^* \to t^*$. Daraus folgt, daß k^* auch der Krümmungskreis von $c^2 = \lim c_1^2$ in P^* ist. Damit ist bewiesen, daß c^* und c^2 einander in P^* oskulieren. Aus der willkürlichen Annahme der Schnittebene ξ ergibt sich damit die Behauptung.

Wir wählen nun den Kurvenpunkt P als Spitze des Richtkegels Γ_r der Kurve. Γ_r wird längs der Tangente t von P von der Schmiegebene σ und außerdem von der zu σ_1 parallelen Ebene σ_1' durch P berührt. Der Drehkegel $(t\,\sigma, \sigma_1)$ ist daher durch Parallelverschiebung in den Drehkegel $(t\,\sigma, \sigma_1')$ überführbar und beide haben daher denselben Limeskegel. Es gilt daher der

Satz 2: *Der Krümmungskegel einer Raumkurve in einem Punkt P mit der Tangente t ist der Krümmungskegel ihres Richtkegels Γ_r mit der Spitze P längs t.*

Aus (1_3) und § 81 (1) folgt nach dem obigen Grenzübergang der

Satz 3: *Die konische Krümmung einer Raumkurve in (Pt) ist die konische Krümmung des Richtkegels längs der t entsprechenden Erzeugenden des Kegels.*

Für die Achsen der Krümmungskegel einer Kurve gilt der

Satz 4: *Die Achse des Krümmungskegels eines Punktes P einer Raumkurve ist die durch P gehende Erzeugende der rektifizierenden Torse.*

Beweis: Da der Krümmungskegel von P die Schmiegebene σ längs t berührt, liegt seine Achse in der rektifizierenden Ebene von P. Da die Berührebenen des Richtkegels Γ_r zu den Schmiegebenen von c parallel sind, sind die Normalebenen von Γ_r zu den rektifizierenden Ebenen von c parallel. *Der Evolutenkegel Γ_e von Γ_r ist daher der Richtkegel der rektifizierenden Torse $\mathfrak{T}$ von c.* Mit P als Spitze von Γ_r und Γ_e ist demnach nach § 81 Satz 3 die durch P gehende Erzeugende von $\mathfrak{T}$ tatsächlich die Achse des Krümmungskegels.

In Abb. 23 sind $(P\,t)$, $(Q\,t_1)$ zwei Linienelemente einer Raumkurve c, $\mathfrak{s} = PQ$, $\varepsilon_{1,2}$ die Winkel, die (PQ) mit t, t_1 bildet, und σ die Schmiegebene von P. Der Laufsinn, der P auf c nach Q führt, orientiert t und t_1. $t_1{}^*$ sei der zu t_1 parallele Speer durch P; nimmt man den Speer $q = \overrightarrow{PQ}$ hinzu, so bestimmen $t, q, t_1{}^*$ auf der Einheitskugel um P ein sphärisches Dreieck $T Q_1 T_1$. Wegen $t_1 \parallel t_1{}^*$ ist $\widehat{T T_1} = \varphi = \sphericalangle\, t\, t_1$. Gemäß § 78, Gl. (4), gilt für den Richtkegel Γ_r in P $\lim\,(\varepsilon_1 : \varepsilon_2) = 1$. Somit gilt, wenn man noch die Winkel bei T, T_1 in $T Q_1 T_1$ mit $\tau_{1,2}$ bezeichnet,

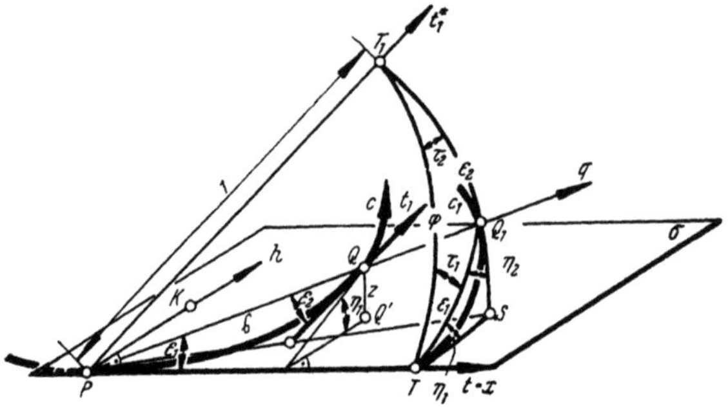

Abb. 23

$$\lim\,(\varepsilon_1 : \varepsilon_2) = \lim\,(\tau_1 : \tau_2) = 1,$$
$$\lim\,(\varphi : \varepsilon_1) = \lim\,(\varphi : \varepsilon_2) = 2. \qquad (4_{1,2})$$

Wir betrachten neben dem Richtkegel Γ_r mit der Spitze P auch noch den Kegel Γ_p, durch den die Kurve c aus P projiziert wird. Er hat die Erzeugenden t, q und für $Q \to P$ konvergiert die Ebene $(t\,q)$ gegen die Schmiegebene σ, die sich damit als die Berührebene von Γ_p längs t erweist; die Ebene $(q\,t_1) = (q\,t_1{}^*)$ ist die Berührebene von Γ_p längs q. Die Spur von Γ_p auf der Einheitskugel um P ist daher eine Kurve c_1, die in Q_1 von dem Großkreis, der $\widehat{T_1 Q_1}$ enthält, und in T von dem in σ liegenden Großkreis berührt wird. Diese Großkreise bilden mit TQ_1 ein sphärisches Dreieck $T Q_1 S$, dessen Winkel bei T, Q_1 η_{12} seien. Nach § 81 Gln. (7), (8), (9) ist die konische Krümmung $\varkappa_{2p}$ von Γ_p längs t

$$\varkappa_{2p} = 2 \lim\,(\eta_1 : \varepsilon_1) = 2 \lim\,(\eta_2 : \varepsilon_2). \qquad (5)$$

Aus Gl. (5) folgt unmittelbar mittels Gl. (4_1)

$$\lim\,(\eta_1 : \eta_2) = 1. \qquad (6)$$

Im sphärischen Dreieck $T Q_1 T_1$ ist $\sin\varphi : \sin\varepsilon_1 = \sin\eta_2 : \sin\tau_2$. Für $Q \to P$ folgt daraus gemäß Gln. $(4_{1,2})$, (6)

$$\lim\,(\eta_1 : \tau_1) = \lim\,(\eta_2 : \tau_2) = 2. \qquad (7_{1,2})$$

Die konische Krümmung $\varkappa_2$ des Richtkegels Γ_r von c ist entsprechend zu Gl. (5) $\varkappa_2 = 2 \lim\,[(\eta_1 + \tau_1) : \varphi]$. Wegen Gl. $(7_{1,2})$ darf unter dem Limeszeichen τ_1 durch $\eta_1/2$ ersetzt werden, wodurch mit Gln. (4_2) und (5)

$$\varkappa_2 = 3 \lim\,(\eta_1 : \varphi) = {}^3/_2 \lim\,(\eta_1 : \varepsilon_1) = {}^3/_4\, \varkappa_{2p} \qquad (8)$$

entsteht. Aus Gln. (1_1), (2), (8) folgt für die Torsion von c in P

$$\varkappa_1 = 3 \lim\,(\eta_1 : s). \qquad (9)$$

Gl. (9) läßt sich auch unmittelbar aus den kanonischen Gleichungen § 15 (2) gewinnen. Nach diesen ist $x\,y = \varkappa/_2\, s^3 + (*)$, $z = \varkappa\,\varkappa_1/6\, s^3 + (*)$ und somit in P $(s = 0)$ $\varkappa_1 = 3 \lim\,(z : x\,y)$. Nun ist $\lim\,(x : s) = \lim\,(x : \mathfrak{s}) = \lim \cos\varepsilon_1 = 1$ und $z : y = \operatorname{tg}\eta_1$; also ist tatsächlich $\varkappa_1 = 3 \lim\,(\eta_1 : s)$, wie in Gl. (9).

Wenn Q die Kurve in einer genügend kleinen Umgebung des regulären Punktes P durchläuft, so dreht sich die Ebene $(t\,Q)$ um t in einem bestimmten Sinn. Dieser Drehsinn um t gibt zusammen mit der im Laufsinn orientierten Tangente t einen Rechts- oder Linksschraubsinn, der von dem Laufsinn unabhängig ist. Wir setzen fest: *$\varkappa_1$ soll positiv oder negativ sein, je nachdem dieser Schraubsinn ein Rechts- bzw. Linksschraubsinn ist* (Abb. 24, für $\varkappa_1 > 0$). Diese Vorzeichenbestimmung von $\varkappa_1$ ist gleichwertig der in § 15 gegebenen. Eine Orientierung von c zerlegt c nächst P in zwei Teile, den Teil $-c$, der in P endigt, und den Teil $+c$, der in P anfängt. Die Orientierung von t überträgt sich auf die Erzeugenden des Richtkegels Γ_r und des Krümmungskegels $\mathfrak{K}$ längs t, an denen wir damit die „Halbkegel" $\pm\Gamma_r$, $\pm\mathfrak{K}$ unterscheiden können. Orientiert man die Hauptnormale von P in der Richtung von P gegen die Krümmungsmitte von P, womit man sich für $\varkappa > 0$ entscheidet, Abb. 24, so bestimmt der von P ausstrahlende Binormalenvektor die „positive" Seite $+\sigma$ von σ. *Bei rechtsgewundenen Kurven* ($\varkappa_1 > 0$) *liegt der Halbkegel $+\mathfrak{K}$ des Krümmungskegels $\mathfrak{K}$ auf der positiven Seite $+\sigma$ der Schmiegebene σ, bei linksgewundenen* ($\varkappa_1 < 0$) *auf der negativen $-\sigma$.*

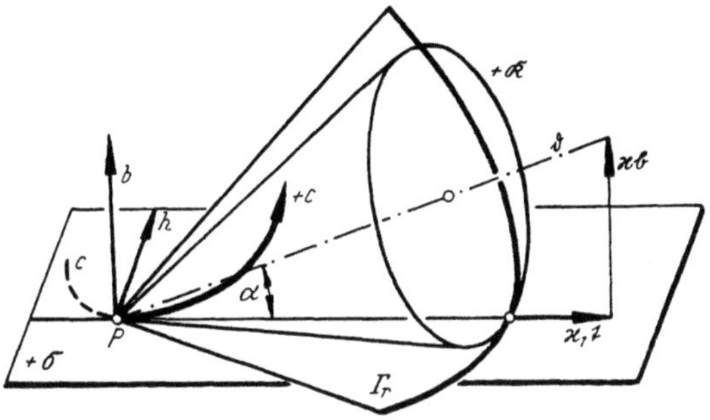

Abb. 24

Für die konische Krümmung $\varkappa_2$ der Raumkurve und des Krümmungskegels ist nach Satz 1 und § 81 Gl. (10) $\varkappa_2 = \operatorname{ctg}\alpha$, worin α der Achsenwinkel von $\mathfrak{K}$ ist. Nach Gl. (2) ist demnach $\operatorname{ctg}\alpha = \varkappa_1 : \varkappa$. Demnach kann man die Achse des Krümmungskegels von P, d. i. nach Satz 4 die durch P gehende Erzeugende der rektifizierenden Torse, durch den von P ausstrahlenden Vektor

$$\mathfrak{d} = \varkappa_1\,\mathfrak{t} + \varkappa\,\mathfrak{b}$$

bestimmen. $\mathfrak{d}$ ist der *Darbouxsche Vektor* von P, der analytisch in § 13 (7) eingeführt wurde.

IX. Konstruktive Ergänzungen zur Flächentheorie

§ 83. Der Meusniersche Satz. Die in § 26 im Rahmen einer umfassenden analytischen Flächentheorie bewiesene Formel von MEUSNIER gestattet die folgende kurze Ableitung:

Wenn die $x\,y$-Ebene im Nullpunkt P eine Fläche Φ berührt, so läßt sich Φ nächst P i. a. in der Form

$$z = b_1\,x^2 + 2\,b_2\,x\,y + b_3\,y^2 + (*) \qquad (b_1 \neq 0) \tag{1}$$

darstellen. Ist nun c eine durch P gehende Kurve auf Φ, von der ohne Einschränkung der Allgemeinheit angenommen werden darf, daß sie in P die x-Achse berührt, so hat ihr Normalriß c' auf die $x\,y$-Ebene nächst P i.a. die Darstellung

$$y = a\,x^2 + (*) \qquad (a \neq 0). \tag{2}$$

Ist Q ein Punkt auf c, so läßt sich die Schmiegebene σ von c in P durch $\sigma = \lim\limits_{Q \to P} (x\,Q)$ erklären. Sind $\bar{\varphi}$ der Winkel der Ebene $(x\,Q)$ gegen die z-Achse, x, y, z die Koordinaten eines beliebigen Punktes der Ebene, so ist $\operatorname{ctg}\bar{\varphi} = z : y$.

Dividiert man Gl. (1) durch y und drückt man dann auf der rechten Seite y gemäß Gl. (2) durch x aus, so erhält man durch $x \to 0$ für den Winkel $\varphi = \lim \bar{\varphi}$ der Hauptnormalen von c in P gegen die Flächennormale z

$$\operatorname{ctg} \varphi = b_1 : a, \qquad \cos \varphi = b_1 : \sqrt{a^2 + b_1^2}. \tag{3$_{1,2}$}$$

Nach § 78 Gl. (5) ist der Krümmungsradius ϱ von c in P, wenn x, y, z die Koordinaten von Q sind, $\varrho = {}^1/_2 \lim \left(x^2 : \sqrt{y^2 + z^2}\right)$, d. i. nach Gln. (1), (2)

$$\varrho = 1 : 2\sqrt{a^2 + b_1^2}. \tag{4}$$

Da z die Flächennormale in P ist, ist die xz-Ebene $(y = 0)$ die Normalschnittebene durch x. Für den in ihr liegenden Normalschnitt gilt daher nach Gl. (1) $z = b_1 x^2 + (*)$. Sein Krümmungsradius R ist daher gemäß der eben verwendeten Formel

$$2R = 1 : b_1 \qquad (b_1 \neq 0). \tag{5}$$

$b_1 \neq 0$ bedeutet, daß x keine Schmiegtangente sein soll. Multipliziert man Gl. (5) mit Gl. (3_2), so erhält man die MEUSNIERsche Formel

$$\varrho = R \cos \varphi. \tag{6}$$

Sie gestattet unmittelbar die folgende, bereits in § 26 ausgesprochene Fassung, Abb. 5:

Satz 1: *Errichtet man in der Krümmungsmitte M_1 des Punktes P einer Flächenkurve die Normale n_1 auf seine Schmiegebene, so schneidet n_1 die Flächennormale n in P in der Krümmungsmitte M des die Kurve in P berührenden Normalschnittes.*

Unmittelbare Folgerungen aus diesem Satz sind die folgenden:

Satz 2: *Der Ort der Krümmungsmitten aller Flächenkurven in einem gemeinsamen Linienelement (Pt) ist der Kreis über dem Durchmesser PM in der zu t normalen Ebene durch P, wenn M die Krümmungsmitte des Normalschnittes durch t in P ist.*

Satz 3: *Der Ort der Krümmungskreise aller Flächenkurven in einem ihnen gemeinsamen Linienelement (Pt) ist die Kugel durch P, deren Mitte die Krümmungsmitte des Normalschnittes durch t in P ist. Diese Kugel ist die „Meusnier-Kugel" im Linienelement (Pt).*

Satz 3 liefert für die Konstruktion des Krümmungskreises in einem Punkt P der Schnittkurve zweier Flächen den folgenden

Satz 4: *Der Krümmungskreis in einem Linienelement (Pt) der Schnittkurve zweier Flächen Φ, Φ_1 ist der Kreis, in dem sich die zu (Pt) gehörigen Meusnier-Kugeln von Φ und Φ_1 schneiden.*

Aus der in Satz 1 ausgesprochenen Beziehung zwischen M und M_1 folgt unmittelbar der

Satz 5: *Wenn zwei Flächenkurven in einem gemeinsamen Punkt P auch die Tangente und die Schmiegebene gemeinsam haben, so haben sie in P auch den Krümmungskreis gemeinsam; sie oskulieren daher einander in P.*

§ 84. **Eulersche Formel, oskulierendes Scheitelparaboloid.** Ausgehend von der TAYLORschen Darstellung

$$z = b_1 x^2 + 2 b_2 x y + b_3 y^2 + (*) \qquad (\text{nicht alle } b_i = 0) \tag{1}$$

einer Fläche Φ in der Umgebung des Punktes $P(0, 0, 0)$, in dem Φ von der xy-Ebene berührt wird, läßt sich die EULERsche Formel, § 27 Gl. (8), auch wie folgt beweisen. Bereits in § 27 wurde gezeigt, daß sich Gl. (1) mittels einer Drehung des Achsenkreuzes um die z-Achse auf die Form

$$z = b_1 x^2 + b_3 y^2 + (*) \tag{1a}$$

bringen läßt, wobei die neuen Koeffizienten von x^2 und y^2 wieder mit b_1, b_3 bezeichnet wurden. Führt man nun in der $x\,y$-Ebene durch $x = r\cos\alpha$, $y = r\sin\alpha$ Polarkoordinaten ein, so entsteht aus Gl. (1a)

$$z = r^2(b_1\cos^2\alpha + b_3\sin^2\alpha) + (*), \tag{2}$$

worin (*) den Faktor r^3 enthält. Für festes α stellt Gl. (2) einen *Normalschnitt* von Φ in P in den rechtwinkligen Koordinaten r, z dar. Für dessen Krümmungsradius R, $R \neq 0$ vorausgesetzt, folgt daher aus Gl. (2) gemäß § 78 Gl. (5) $1 : R = 2(b_1\cos^2\alpha + b_3\sin^2\alpha)$. Sind R_1, R_2 die *Hauptkrümmungsradien*, d. h. die Krümmungsradien der zu $\alpha = 0$ und $\alpha = \pi/2$ gehörigen *Hauptnormalschnitte*, so folgt aus der letzten Gleichung

$$1 : R_1 = 2\,b_1, \qquad 1 : R_2 = 2\,b_3, \tag{3}$$

und damit die EULERsche Formel

$$\frac{1}{R} = \frac{\cos^2\alpha}{R_1} + \frac{\sin^2\alpha}{R_2}. \tag{4}$$

Die durch Gl. (1a) dargestellte Fläche wird in P von der Fläche 2. Ordnung

$$z = b_1\,x^2 + b_3\,y^2 \tag{5}$$

oskuliert, § 27. In Gl. (1a) ist $b_1\,b_2 > 0, < 0, = 0$, je nachdem P ein elliptischer, hyperbolischer oder parabolischer Punkt ist. In dieser Reihenfolge ist Gl. (5) ein *elliptisches Paraboloid*, ein *hyperbolisches Paraboloid* oder ein *parabolischer Zylinder*. In den beiden zuerst genannten Fällen ist P der Scheitel des oskulierenden Paraboloids, im letzten ist die x-Achse oder die y-Achse die Scheitelerzeugende des oskulierenden Zylinders, je nachdem $b_1 = 0$ $(R_1 = \infty)$ oder $b_3 = 0$ $(R_2 = \infty)$ ist. Doch soll im folgenden (5) in allen drei Fällen als das *oskulierende Scheitelparaboloid* von Φ in P bezeichnet werden.

Schneidet man das oskulierende Paraboloid (5) mit einer zur Scheiteltangentialebene parallelen Ebene $z = k/2$ und setzt man für die Schnittkurve $x = r\cos\alpha$, $y = r\sin\alpha$, so erhält man aus Gln. (5), (3), (4)

$$r = \sqrt{k\,R(\alpha)}, \tag{6}$$

worin $R(\alpha)$ den zum Fortschreitungswinkel α gehörigen Normalschnittradius bedeutet, und das Vorzeichen von k so gewählt sei, daß $k\,R > 0$ sei. Die in der $x\,y$-Ebene durch Gl. (6) dargestellte Kurve ist in § 28 als die DUPINsche *Indikatrix* des Flächenpunktes P eingeführt worden. Es gilt demnach der Satz:

Schneidet man das oskulierende Scheitelparaboloid eines Flächenpunktes P mit einer zu seiner Berührebene τ im Abstand $k/2$ parallelen Ebene, so erhält man einen Kegelschnitt

$$b_1\,x^2 + 2\,b\,x\,y + b_3\,y^2 = k/2, \tag{7}$$

dessen Normalriß auf τ die zur Konstanten k gehörige Dupinsche Indikatrix $r = \sqrt{k\,R}$ ist.

Wie bereits in § 28 hervorgehoben wurde, sind die Krümmungstangenten in P die Symmetrieachsen der Indikatrix. Ist P ein elliptischer Punkt, so ist die Indikatrix eine Ellipse mit den Halbachsen $\sqrt{k\,R_{1,2}}$; im hyperbolischen Fall ist sie wegen $R_1\,R_2 < 0$ das Paar konjugierter Hyperbeln mit den Halbachsenpaaren $\sqrt{\pm k\,R_{1,2}}$. Ist P ein parabolischer Punkt mit $R_2 = \infty$, so ist die Indikatrix ein Parallelenpaar in der Richtung der zweiten Krümmungstangente im Abstand $\pm\sqrt{k\,R_1}$ von derselben.

Nach Gl. (4) lassen sich die Krümmungsmitten M der Normalschnitte in einem Flächenpunkt P leicht konstruieren, wenn die Hauptkrümmungsmitten M_1, M_2, d. s. die Krümmungsmitten der Hauptnormalschnitte, bekannt sind

(Abb. 25, für P als elliptischen Punkt)[1]. Ist PM_1 Kathete eines rechtwinkligen Dreiecks PM_1D_1 mit der Hypotenuse PD_1, dessen Winkel bei P α ist, so trifft die Normale zu PD_1 in P die durch M_2 normal zur Flächennormalen $n = (PM_{1,2})$ gelegte Gerade in einem Punkt D_2, dessen Verbindungsgerade mit D_1 aus n die gesuchte, zum Richtungswinkel α gehörige Krümmungsmitte M ausschneidet. Zum Nachweis, daß $PM_1 = R_1$, $PM_2 = R_2$, $PM = R$ und α tatsächlich Gl. (4), befriedigen benütze man die Inhalte der Dreiecke PD_1M, PD_2M, deren Summe den Inhalt von D_1D_2P ergibt. Im hyperbolischen Fall liegt P zwischen M_1, M_2 und die entsprechend konstruierte Krümmungsmitte M auf n außerhalb M_1M_2. Im parabolischen Fall, etwa $R_2 = \infty$, ist nach Gl. (4) $R_1 = R\cos^2\alpha$ unmittelbar konstruierbar.

§ 85. **Konstruktion der Tangenten in einem Doppelpunkt der Schnittkurve zweier Flächen.** Es seien Φ, Φ' zwei Flächen, die in einem gemeinsamen regulären Punkt P eine gemeinsame Berührebene τ haben mögen. Für ein Achsenkreuz mit dem Nullpunkt in P und τ als xy-Ebene sind Φ, Φ' nächst P

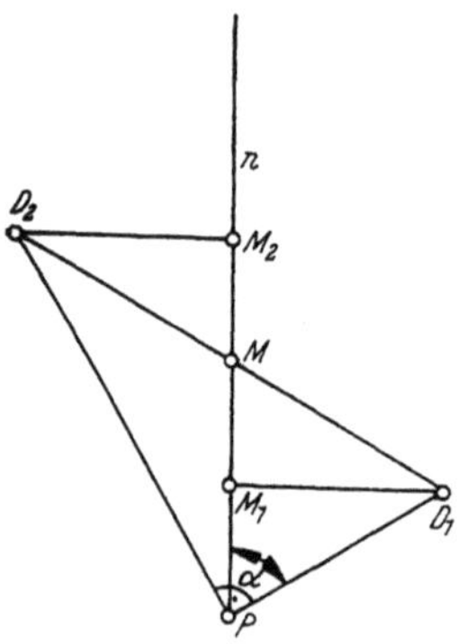

Abb. 25

$$\begin{aligned} z &= b_1 x^2 + 2 b_2 x y + b_3 y^2 + (*), \\ z &= b_1' x^2 + 2 b_2' x y + b_3' y^2 + (*), \end{aligned} \qquad (1_{1,2})$$

woraus durch Subtraktion

$$0 = (b_1 - b_1') x^2 + 2 (b_2 - b_2') x y + (b_3 - b_3') y^2 + (*), \qquad (2)$$

die Gleichung des Normalrisses der Schnittkurve (Φ, Φ') nächst P auf τ entsteht. Wenn sich Φ und Φ' in P nicht oskulieren, sind nicht alle b_i den entsprechenden b' gleich und die Schnittkurve hat in P einen Doppelpunkt mit den Tangenten

$$(b_1 - b_1') x^2 + 2 (b_2 - b_2') x y + (b_3 - b_3') y^2 = 0, \qquad (3)$$

die nach dem Vorzeichen oder Verschwinden der Diskriminante von Gl. (3) reell getrennt, konjugiert komplex sind oder zusammenfallen.

Die Konstruktion der Tangenten in einem Doppelpunkt der Schnittkurve zweier Flächen läßt sich auf ihre DUPINschen Indikatrizen gründen (Abb. 26a). Es seien c_1, c_2 die beiden Kurvenstücke, die nächst P die Schnittkurve (Φ, Φ') bilden. Wird in der zu P gehörigen Krümmungsmitte von c_1 die Normale auf die Schmiegebene gefällt, so schneidet sie die Flächennormale n von P in einem Punkt, der nach dem MEUSNIERschen Satz die gemeinsame Krümmungsmitte der beiden c_1 in P berührenden Normalschnitte von Φ und Φ_1 ist. Wenn man daher die DUPINschen Indikatrizen i, i' von Φ, Φ' ($\varrho = \sqrt{kR}$) mit einer für beide *gemeinsamen Konstanten* k ermittelt, so müssen von den vier Schnittpunkten Q_i von i und i' zwei diametral gegenüberliegende, etwa Q_1 und Q_3 auf der Tangente t_2 von c_2 in P und ebenso die beiden anderen Q_2, Q_4 auf der Tangente t_1 von c_1 liegen.

Nach diesem Verfahren konstruieren wir in Abb. 27 die Tangenten im Doppelpunkt der *Vivianischen Kurve.* Diese entsteht als die Schnittkurve eines Drehzylinders mit einer ihn in einem Punkte D berührenden Kugel vom doppelten Radius. r und $R = 2r$ seien die Radien des Zylinders und der Kugel. Wählen wir für die Indikatrizen die gemeinsame Konstante $k = r$, so ist die Indikatrix i_1 des Zylinders das Parallelenpaar, das in der Berührebene τ von D im Abstand r von der Zylindererzeugenden durch D verläuft; die Indikatrix i_2 der Kugel ist der Kreis in τ mit der Mitte D und dem Halbmesser $\sqrt{rR} = r\sqrt{2}$. Die vier

[1] A. MANNHEIM, Cours de géométrie descriptive, 1880, S. 281.

Schnittpunkte Q_i von i_1 und i_2 bilden daher ein Quadrat, dessen aufeinander normale Diagonalen die gesuchten Tangenten im Doppelpunkt sind.

Die Paare konjugierter Durchmesser der Indikatrix eines Flächenpunktes P bilden die Involution konjugierter Tangenten in P, § 30. Die beiden Involutionen konjugierter Tangenten in P der sich in P berührenden Flächen Φ, Φ' besitzen nach einem Satz der projektiven Geometrie ein gemeinsames Paar $(t\,t')$, das freilich, falls D auf Φ und Φ' ein hyperbolischer Punkt ist, nicht immer reell sein muß. In Abb. 26a, wo P für Φ und Φ' als elliptischer Punkt angenommen ist, bilden die Mittellinien des Parallelogramms Q_i das gemeinsame Paar $(t\,t')$ konjugierter Flächentangenten.

Wenn sich die beiden zu derselben Konstanten k gehörigen Indikatrizen i, i' berühren, Abb. 26b, so liegen die Berührpunkte auf einem Durchmesser t und es fallen die Doppelpunkttangenten t_1, t_2 in t zusammen; t gehört zu dem Paar konjugierter Tangenten t, t' in P, das Φ, Φ' gemeinsam haben. P ist dann im allgemeinen eine Spitze der Schnittkurve $(\Phi\,\Phi')$.

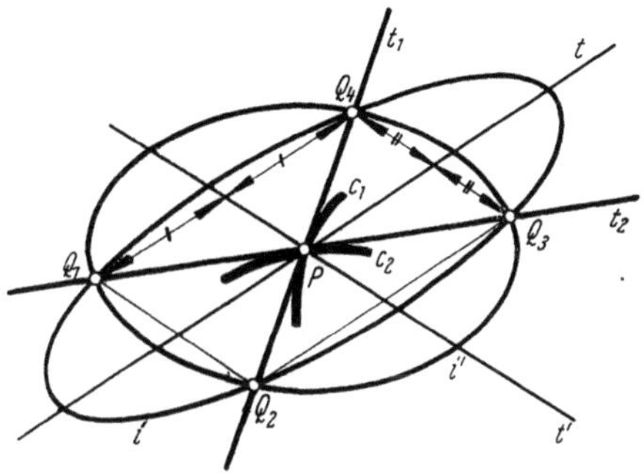

Abb. 26a

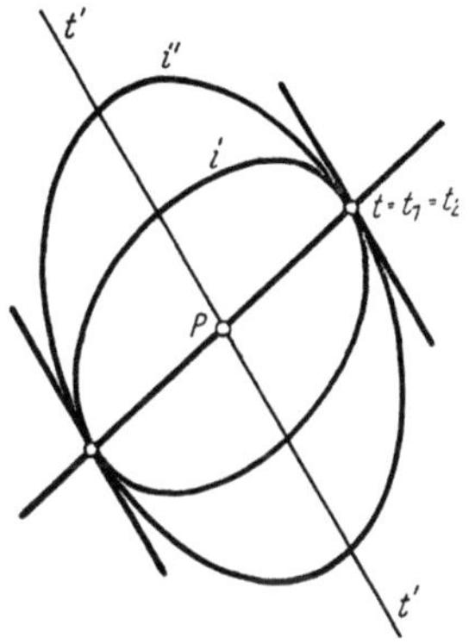

Abb. 26b

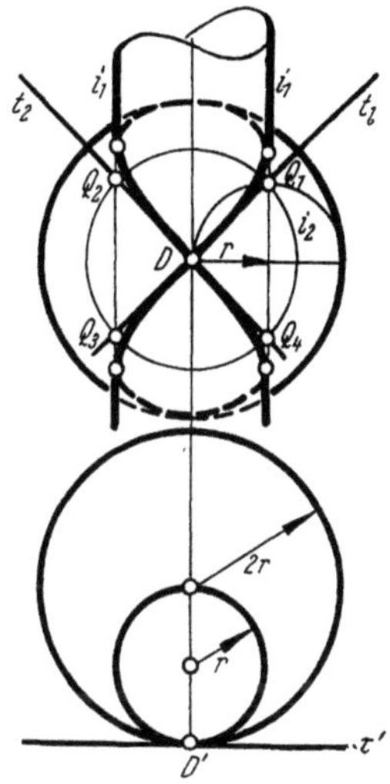

Abb. 27

i und i' berühren sich auch dann in den Endpunkten eines Durchmessers t, wenn P ein Punkt einer Kurve c ist, längs der sich Φ und Φ' berühren. Ist insbesondere Φ' eine Φ längs c umschriebene Torse, so ist i' das Parallelenpaar, das i in den Endpunkten des Durchmessers t berührt, der c in P berührt. Die Mittellinie t' von i' ist die durch P gehende Erzeugende der berührenden Torse und zugleich die zu t konjugierte Tangente von Φ, in Übereinstimmung mit dem schon in § 30, Satz 1, ausgesprochenen Satz:

Wird einer Fläche längs einer auf ihr liegenden Kurve c eine Torse umschrieben, so sind in jedem Punkt von c die Tangente an c und die Erzeugende der Torse ein Paar konjugierter Tangenten.

§ 86. Die Sätze von Mannheim und Blaschke, duale Gegenstücke zu den Sätzen von Meusnier und Euler. Einer Fläche Φ sei längs einer Flächenkurve c die Torse Γ umschrieben. In einem Punkt P von c seien R_1, R_2 die Hauptkrümmungsradien, t die Tangente an c, t_1 die zu R_1 gehörige Krümmungstangente, e die Erzeugende von Γ, $\alpha = \sphericalangle\, t_1 e$ und $\alpha' = \sphericalangle\, t\, t_1$. Da t und e konjugierte Flächentangenten sind, gilt nach der bekannten Formel für konjugierte Durchmesser eines Mittelpunktkegelschnittes

$$\operatorname{tg} \alpha \operatorname{tg} \alpha' = -R_2 : R_1 \tag{1}$$

gemeinsam für einen elliptischen oder hyperbolischen Punkt, wenn $R_{1,2}$ mit Vorzeichen eingesetzt werden. Da c den Flächen Φ und Γ zugleich angehört, haben nach dem MEUSNIERschen Satz die Normalschnitte von Φ und Γ im Linienelement $(P\,t)$ eine gemeinsame Krümmungsmitte und daher denselben Krümmungsradius R. Nach der auf Φ für $(P\,t)$ angewendeten EULERschen Formel ist

$$\frac{1}{R} = \frac{\cos^2 \alpha'}{R_1} + \frac{\sin^2 \alpha'}{R_2}. \tag{2}$$

Wir wenden nun die EULERsche Formel auf Γ für $(P\,t)$ an. Die zu e normale Krümmungstangente von Γ in P sei t^*; ihr Richtungswinkel bezüglich t_1 ist $\pi/2 + \alpha$. Der zu t^* gehörige Hauptkrümmungsradius heiße ϱ. Es ist $\sphericalangle\, t\, t^* = \pi/2 + \alpha - \alpha'$, womit die EULERsche Formel

$$\frac{1}{R} = \frac{\sin^2(\alpha - \alpha')}{\varrho} \tag{3}$$

liefert. Ermittelt man aus Gl. (1) $\cos \alpha'$ und $\sin \alpha'$, so liefern Gln. (2) und (3)

$$\varrho = R_2 \cos^2 \alpha + R_1 \sin^2 \alpha. \tag{4}$$

Hält man in Gl. (4) α fest, so besagt Gl. (4), daß alle der Fläche Φ umschriebenen Torsen mit der gemeinsamen Erzeugenden e im Berührpunkt P von e denselben Hauptkrümmungsradius ϱ und damit denselben Hauptkrümmungsmittelpunkt M haben, d. h. daß sie einander in P oskulieren. Ist G der auf e liegende Gratpunkt einer dieser Torsen Γ, so muß auch der Tangentialkegel $\mathfrak{T}$ aus G an Φ die Torse Γ in P oskulieren und dasselbe gilt, § 81, vom Krümmungskegel $\mathfrak{K}$ von $\mathfrak{T}$ längs e. $\mathfrak{K}$ ist der Drehkegel mit der Achse $(M\,G)$ und der Erzeugenden e. $\mathfrak{K}$ und $\mathfrak{T}$ oskulieren einander in jedem Punkt von e (§ 81, Satz 2). *$\mathfrak{K}$ ist der Krümmungskegel aller Torsen Γ mit dem Gratpunkt G*, weil $\mathfrak{K}$ in P den Hauptkrümmungsradius $PM = \varrho$ hat und die Achse von $\mathfrak{K}$ durch G und M geht. Damit ist der Satz von A. MANNHEIM[1] bewiesen:

Satz 1: *Die einer nichtabwickelbaren Fläche Φ umschriebenen Torsen, die eine Tangente e von Φ als gemeinsame Erzeugende besitzen, haben längs e Krümmungskegel, deren Achsen sich in einem Punkt M der Flächennormalen des Berührpunktes P von t schneiden.*

Der Krümmungskegel $\mathfrak{K}$ ist der Kugel μ^2 mit der Mitte M und dem Radius $\varrho = MP$ umschrieben; sie soll *Mannheim-Kugel* des Linienelementes $(P\,e)$ heißen. Damit läßt sich dem Satz 1 die folgende von E. MÜLLER[2] stammende Fassung geben:

Satz 1a: *Die einer nicht abwickelbaren Fläche Φ umschriebenen Torsen, die eine Tangente e von Φ als gemeinsame Erzeugende besitzen, haben längs e Krümmungskegel, die einer Kugel μ^2, der Mannheim-Kugel, umschrieben sind, die Φ im Berührpunkt von e berührt.*

Bezeichnet man die sich aus Gl. (4) für $\alpha = 0$ bzw. $\pi/2$ ergebenden Radien ϱ der MANNHEIM-Kugeln mit ϱ_1 bzw. ϱ_2, so ist $\varrho_1 = R_2$ und $\varrho_2 = R_1$. Damit entsteht aus Gl. (4) die Formel von W. BLASCHKE[3]

$$\varrho = \varrho_1 \cos^2 \alpha + \varrho_2 \sin^2 \alpha. \tag{5}$$

---

[1] Géométrie cinématique, Paris 1894, S. 158.

[2] Duale Gegenstücke zu den flächentheoretischen Sätzen von MEUSNIER und EULER, S.-B. Akad. Wiss. Wien, math.-naturwiss. Kl. IIa 126 (1917), S. 311.

[3] Kreis und Kugel (Leipzig 1916), S. 117. Die obige Ableitung des Satzes von MANNHEIM und der Formel von BLASCHKE nach E. KRUPPA, Über die dualen Gegenstücke zum MEUSNIERschen und EULERschen Satz der Flächentheorie, Rend. Circ. mat. Palermo I (1952), S. 209f.

Wir polarisieren nun die Raumfigur, bestehend aus einer nichtabwickelbaren Fläche Φ und den auf Φ liegenden Kurven c mit einem gemeinsamen Linienelement (Pt), an der MEUSNIER-Kugel m^2, die zu (Pt) gehört und daher, § 83, Satz 3, die Krümmungskreise der Kurven c in P trägt. Den Punkten und Berührebenen von Φ entsprechen polar die Berührebenen bzw. Punkte einer Fläche Φ_1, dem Punkt P entspricht die Berührebene π_1 von Φ und m^2 in P, der Tangente t die in π_1 liegende zu t normale Tangente e durch P. Dem *Linienelement* (Pt) ist damit das „*Torsalelement*" $(\pi_1 e)$ zugeordnet. Den Flächenkurven c auf Φ mit dem gemeinsamen Linienelement (Pt) entsprechen daher die Φ_1 umschriebenen Torsen Γ_1 mit dem gemeinsamen Torsalelement $(\pi_1 e)$. Mittels der Definitionen des Krümmungskreises, § 78 Gl. (2_1), und des Krümmungskegels, § 82 Gl. (3), folgert man leicht, daß den auf m^2 liegenden Krümmungskreisen k der Kurven c in (Pt) die m^2 längs der k umschriebenen Drehkegel $\mathfrak{K}_1$ als Krümmungskegel der Γ_1 im Torsalelement $(\pi_1 e)$ entsprechen. Auf Grund des MANNHEIMschen Satzes in der Fassung 1a ist daher m^2 die MANNHEIM-Kugel von Φ_1 für das Torsalelement $(\pi_1 e)$.

Diese Überführung des MEUSNIERschen Satzes in den MANNHEIMschen Satz durch die Polarisierung an der MEUSNIERschen Kugel macht es sinnvoll, diese beiden Sätze als *dual* zu bezeichnen, obwohl es sich um keine Dualität im strengen Sinn der projektiven Geometrie handelt.

Den Normalschnittebenen von Φ in P entsprechen im Polarsystem der MEUSNIER-Kugel die Fernpunkte der Berührebene π_1 und den Normalschnitten von Φ in P daher die Φ_1 umschriebenen, zu π_1 parallelen Zylinder. Die Radien ϱ dieser Zylinder, der Krümmungszylinder, die nach Satz 1a den zugeordneten MANNHEIM-Kugeln umschrieben sind, befriedigen die auf Φ_1 angewendete Formel (5) von BLASCHKE. Es ist daher sinnvoll, den Krümmungsradien R der Normalschnitte von Φ in P die Radien ϱ der MANNHEIM-Kugeln von Φ_1 in π_1 *dual* gegenüberzustellen und damit die *Eulersche Formel und die Blaschkesche Formel als duale Gegenstücke* anzusehen[1].

In einem Koordinatensystem x, y, z, dessen x- und y-Achse in den Krümmungstangenten eines Punktes von Φ_1 liegen, gilt für die Achse eines oben genannten Krümmungszylinders $z = \varrho$, $y : x = \operatorname{tg} \alpha$; aus diesen beiden Gleichungen und Gl. (5) entsteht durch Entfernen von ϱ und α der Ort der Achsen dieser Krümmungszylinder:

$$z\,(x^2 + y^2) = \varrho_1\, x^2 + \varrho_2\, y^2. \tag{6}$$

Diese in Geometrie und Mechanik öfters auftretende Strahlfläche dritten Grades ist das *Plückersche Konoid*, das in § 103 ausführlich konstruktiv behandelt wird. Es gilt also:

Satz 2: *Die einer nichtabwickelbaren Fläche Φ umschriebenen Zylinder, die eine Berührebene τ von Φ berühren, haben in den in τ liegenden Erzeugenden Krümmungszylinder, deren Achsen ein Plückersches Konoid bilden.*

§ 87. Die kubische Indikatrix und die Affinnormalen der Normalschnitte in einem Flächenpunkt[2].

$$z = \varphi_2(x, y) + \varphi_3(x, y) + (*),$$
$$\varphi_2 = b_1\, x^2 + 2\, b_2\, x\, y + b_3\, y^2, \quad \varphi_3 = c_1\, x^3 + 3\, c_2\, x^2\, y + 3\, c_3\, x\, y^2 + c_4 y^3 \tag{1}$$

[1] Die Sätze von MEUSNIER und EULER gelten auch für *abwickelbare Flächen*; ihre Dualisierung führt in diesem Fall zu einer *Ausdehnung der Sätze von Mannheim und Blaschke auf die Theorie der Raumkurven*, die der Verfasser in seiner oben angeführten Arbeit dargelegt hat. Dort werden unter anderem auch der Begriff der DUPINschen Indikatrix und die in § 85 behandelte Konstruktionsaufgabe dualisiert.

[2] Der Stoff der §§ 87 bis 91 ist entnommen aus: R. GROISS, Beiträge zur konstruktiven Flächentheorie, bearbeitet und veröffentlicht von E. KRUPPA, S.-B. Akad. Wiss. Wien, math.-

sei die TAYLORsche Darstellung einer Fläche Φ in der Umgebung des Nullpunktes $P(0, 0)$, wo sie die xy-Ebene berührt. Es sei vorausgesetzt, daß weder alle b_i noch alle c_i verschwinden.

$$b_1 x^2 + 2 b x y + b_3 y^2 = k/2 \tag{2}$$

ist die zur Konstanten k gehörige DUPINsche Indikatrix i_2, § 84 Gl. (7). Ist demnach R der Krümmungsradius eines Normalschnittes in P, dessen Tangente in P den Halbmesser r von i_2 trägt, so ist

$$r = \sqrt{k R}. \tag{3}$$

Wir führen nun die durch die Glieder φ_2 und φ_3 in Gl. (1) bestimmte rationale Kurve 3. Ordnung

$$\varphi_2 + \varphi_3 = 0, \text{ d. i.}$$

$$(b_1 x^2 + 2 b_2 x y + b_3 y^2) + (c_1 x^3 + 3 c_2 x^2 y + 3 c_3 x y^2 + c_4 y^3) = 0 \tag{4$_{1,2}$}$$

als *kubische Indikatrix*[1] i_3 von Φ in P ein. i_3 hat in P einen Doppelpunkt oder eine Spitze mit den Tangenten $b_1 x^2 + 2 b_2 x y + b_3 y^2 = 0$. Nach § 27 Gln. (1), (4), und § 25 Gl. (6) sind sie die Schmiegtangenten von Φ in P, daher konjugiert-komplex, reell getrennt oder zusammenfallend, je nachdem P ein elliptischer, hyperbolischer bzw. parabolischer Punkt ist. Nach der PLÜCKERschen Formel[2] $m = n(n-1) - 2d - 3r$ (n Ordnung, m Klasse, d Doppelpunkte, r Spitzen) ist mit $n = 3$, $d = 1$, $r = 0$, bzw. $d = 0$, $r = 1$ die Klasse von i_3 4 bzw. 3.

Auf i_3 läßt sich eine einfache *Konstruktion der Affinnormalen* (§ 80) der Normalschnitte von Φ in P gründen, Abb. 28. Wir betrachten zuerst den Normalschnitt c von Φ in der xz-Ebene ($y = 0$). Nach Gl. (1) hat er die Gleichung

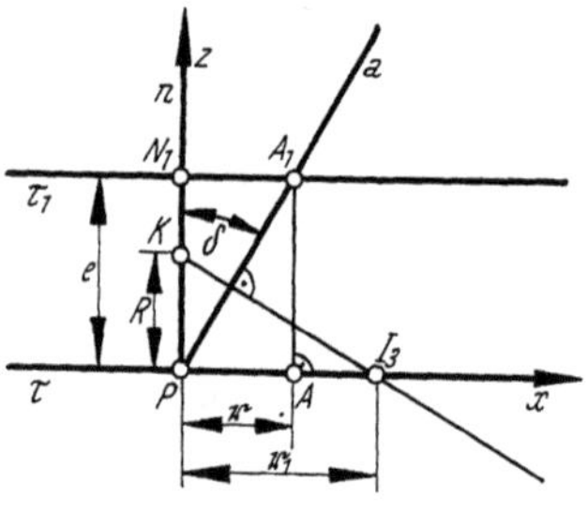

Abb. 28

$$z = b_1 x^2 + c_1 x^3 + (*). \tag{5}$$

Ist R der Krümmungsradius von c in P, so ist nach § 80 Gl. (3)

$$b_1 = 1 : 2R, \quad c_1 = -R' : 6R^2,$$

$$\text{somit} \quad R' = -3c_1 : 2b_1^2, \tag{6$_{1,2,3}$}$$

wobei $b_1 \neq 0$ vorausgesetzt ist und nach § 80 Gl. (4)

$$\operatorname{tg} \delta = -c_1 : 2b_1^2 \tag{6$_4$}$$

gilt. Gl. (4) gibt für $y = 0$ die Abszisse $\xi = -b_1 : c_1 = P I_3$ des von P verschiedenen Schnittpunktes I_3 der x-Achse mit i_3. Ist ferner K die Krümmungsmitte von c in P, so ist nach Gln. ($6_{1,2,3}$) und (6_4) $PK = R = 1 : 2b_1$ und $\operatorname{tg} \sphericalangle P I_3 K = PK : PI_3 = -c_1 : 2b_1^2 = \operatorname{tg} \delta$. Die aus P auf $(I_3 K)$ gefällte Normale schließt daher mit der z-Achse den Winkel δ ein. Um einzusehen, daß sie mit der Affinnormalen a von c in P zusammenfällt, muß man noch Abb. 19 heranziehen. Dort und in Abb. 28 wurde angenommen, daß $R > 0$ ist und daß R mit wachsendem x zunimmt, also $R' > 0$ ist. Nach Gl. (6) ist demnach $b_1 > 0$, $c_1 < 0$ und somit $\xi = PI_3 > 0$. Das Lot aus P auf $(I_3 K)$ ist daher tatsächlich die Affinnormale.

naturwiss. Kl. IIa 156 (1948). Dieser Arbeit lag die von mir angeregte Dissertation von R. GROISS zugrunde, die ich nach dem frühzeitigen Ableben meines Schülers in die obige Fassung gebracht habe. Im folgenden wird diese Arbeit unter GROISS-KRUPPA a. a. O. zitiert.

[1] J. SOBOTKA, Rozpravy české akad. (1920), S. 20 und (1921), S. 4, verwendet die aus i_3 durch Spiegelung an P hervorgehende Kurve, um rein analytisch ihren Zusammenhang mit den Affinnormalen der ebenen Schnitte in P und mit den Φ in P berührenden und oskulierenden Flächen 2. Ordnung zu behandeln.

[2] J. PLÜCKER, System der analytischen Geometrie, Berlin 1835.

Führt man in der Berührebene (xy) von P Polarkoordinaten $x = r\cos\alpha$, $y = r\sin\alpha$ ein, so ist nach Gl. (1) für einen festen Wert von α im Achsenkreuz r, z der Normalschnitt c_α durch

$$z = r^2\,\varphi_2(\cos\alpha, \sin\alpha) + r^3\,\varphi_3(\cos\alpha, \sin\alpha) + (*) \tag{7}$$

gegeben. Der Vergleich von Gln. (7) mit (5) lehrt, daß man die Affinnormale von c_α auf Grund des eben erklärten Verfahrens erhält, indem man b_1 durch $\varphi_2(\cos\alpha, \sin\alpha)$ und c_1 durch $\varphi_3(\cos\alpha, \sin\alpha)$ ersetzt. Nach Gl. (6_4) gilt daher für den Winkel $\delta(\alpha)$ der Affinnormalen gegen die z-Achse

$$\operatorname{tg}\delta(\alpha) = \frac{-\varphi_3(\cos\alpha, \sin\alpha)}{2\,\varphi_2^{\,2}(\cos\alpha, \sin\alpha)}. \tag{8}$$

Nach der obigen Konstruktion ist die Affinnormale das Lot aus P auf die Verbindungsgerade der Krümmungsmitte des Normalschnittes in P mit dem Schnittpunkt I_3 der r-Achse mit der kubischen Indikatrix. Es gilt also:

Satz 1: *Schneidet eine Normalschnittebene eines Flächenpunktes P seine kubische Indikatrix i_3 in dem von P verschiedenen Punkt I_3 und ist K die Krümmungsmitte dieses Normalschnittes c, so ist die Affinnormale von c in P das Lot auf (I_3K).*

Aus diesem Satz ersieht man, daß i_3 eine vom Koordinatensystem unabhängige Bedeutung hat. Wir betrachten nun den *Kegel der Affinnormalen der Normalschnitte in P.* Zu diesem Zweck schneiden wir ihn mit einer zur Berührebene τ von P parallelen Ebene τ_1 im Abstand e (Abb. 28). Die Flächennormale n von P schneide τ_1 in N_1; A_1 sei der Schnittpunkt von τ_1 mit der Affinnormalen a eines Normalschnittes, A sein Normalriß auf τ, K die Krümmungsmitte des Normalschnittes, $PK = R$ der Krümmungsradius und I_3 der zugehörige Punkt der kubischen Indikatrix i_3. Sind nun $\mathfrak{r}$ und $\mathfrak{r}_1$ die Abstände der Punkte A und I_3 von n, so folgt aus der Ähnlichkeit der Dreiecke PKI_3 und N_1A_1P, wenn man $eR = r^2$ setzt,

$$\mathfrak{r}\,\mathfrak{r}_1 = e\,R = r^2. \tag{9}$$

Nun sind aber $r = \sqrt{e\,R}$ die Halbmesser der DUPINschen Indikatrix i_2 mit der Konstanten e. Gl. (9) bestimmt daher in τ eine involutorische Punktverwandtschaft $A \longleftrightarrow I_3$, in der je zwei Punkte A, I_3 zugeordnet sind, die auf einer Geraden durch P liegen und zu i_2 konjugiert sind. Man hat sie demnach in Analogie zur Inversion an einem Kreis als *Inversion am Kegelschnitt* i_2 zu bezeichnen. Demnach kann man sagen:

Satz 2: *Der Kegel der Affinnormalen der Normalschnitte in P schneidet τ_1 in einer Kurve k_1^a, deren Normalriß k^a auf τ zur kubischen Indikatrix i_3 bezüglich der Dupinschen Indikatrix i_2 invers ist.*

Da die Inversion an einem Kegelschnitt eine quadratische Verwandtschaft ist, führt sie eine Kurve 3. Ordnung im allgemeinen in eine Kurve 6. Ordnung über. Im vorliegenden Fall geht aber i_3 zweimal durch das Inversionszentrum, weshalb sich von der entsprechenden Kurve k^a zweimal die Ferngerade von τ abspaltet, so daß k^a im allgemeinen nur eine Kurve 4. Ordnung sein kann. Da i_3 die Ferngerade dreimal schneidet, ist P ein dreifacher Punkt von k^a. Weil aber ein dreifacher Punkt durch das Zusammenrücken von drei Doppelpunkten erklärbar ist, kann k^a, ohne zu zerfallen, nur eine *rationale* Kurve 4. Ordnung sein. Nach der oben genannten PLÜCKERschen Formel ist mit $n = 4$, $d = 3$, $r = 0$ die Klasse m von k^a gleich 6. Da die Tangenten von i_3 in P die Schmiegtangenten, also die Asymptoten des Inversionskegelschnittes i_2 sind, muß k^a, wie eine nähere Untersuchung lehrt, die Ferngerade in den Fernpunkten der Schmiegtangenten berühren. Für den Kegel der Affinnormalen, der P mit der Kurve $k_1{}^a$ verbindet, gilt daher:

Satz 3: *Der Kegel der Affinnormalen der Normalschnitte in einem elliptischen oder hyperbolischen Flächenpunkt P ist bei einer nichtzerfallenden kubischen Indikatrix ein rationaler Kegel 4. Ordnung, 6. Klasse, der in der Flächennormalen von P eine dreifache Erzeugende hat und die Berührebene von P längs der Schmiegtangenten berührt.*

Die Fernpunkte der kubischen Indikatrix i_3 ergeben sich nach Gl. (4) durch die drei Wurzeln für $y : x$ aus der Gleichung $\varphi_3 = 0$. Zwei von ihnen können auch konjugiert komplex sein. Bezeichnet man diese drei ausgezeichneten Richtungen als die *Nullrichtungen* in P, so folgt aus Satz 1 für die Normalschnitte in P, deren Ebenen die Nullrichtungen enthalten, unmittelbar der

Satz 4: *Die Affinnormale eines Normalschnittes in einem Flächenpunkt fällt dann und nur dann mit der Flächennormalen zusammen, wenn seine Ebene eine der drei Nullrichtungen enthält, von denen auch zwei konjugiert komplex sein können.*

Dies stimmt auch mit der Aussage in Satz 3 überein, wonach die Flächennormale in P im allgemeinen eine dreifache Erzeugende des Kegels der Affinnormalen in P ist.

Die kubische Indikatrix i_3 kann auch zerfallen. Da der Flächenpunkt P in jedem Fall Doppelpunkt von i_3 sein muß, dessen Tangenten die Schmiegtangenten in P sind, kann i_3 zerfallen a) in eine Schmiegtangente und einen Kegelschnitt, der die andere Schmiegtangente in P berührt, b) in die beiden Schmiegtangenten und eine weitere Gerade.

§ 88. **Die kubische Indikatrix einer Fläche 2. Ordnung**[1]. Wir ermitteln nun die kubische Indikatrix einer regulären Fläche 2. Ordnung in einem Flächenelement $(P\,t)$, Abb. 29. P sei kein Scheitel von F^2. Eine Ebene ν durch die Flächennormale n in P schneidet F^2 nach einem Kegelschnitt $\varkappa$, der $t = (\nu\tau)$ in P berührt. $\varkappa$ wird in P von einer Parabel p hyperoskuliert, deren durch P gehender Durchmesser a die Affinnormale, also der Durchmesser von $\varkappa$ in P ist (§ 80, Satz 1). Wird auf $\varkappa$ die Zentralkollineation ausgeübt mit P als Zentrum, t als Achse, in der dem von P verschiedenen Schnittpunkt 1 von n mit $\varkappa$ der Schnittpunkt 2 von n mit p entspricht, so geht $\varkappa$ in einen Kegelschnitt über, der $\varkappa$ in P hyperoskuliert und durch 2 geht, demnach mit p zusammenfällt. Die Tangenten von $\varkappa$ in 1 und von p in 2 schneiden sich daher in einem Punkt N_1 der Kollineationsachse t.

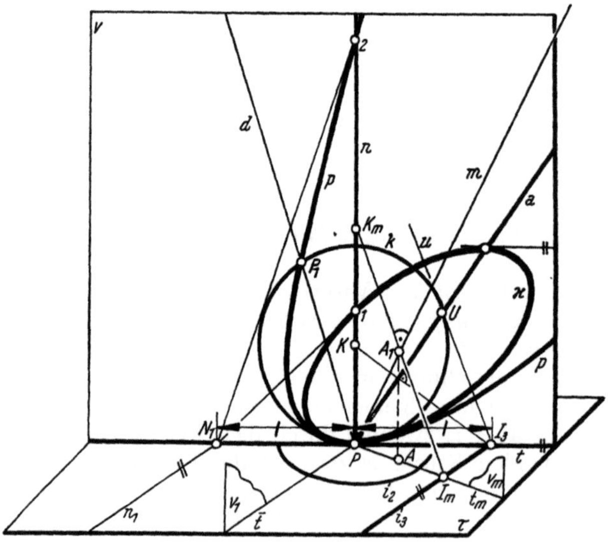

Abb. 29

[1] Groiss-Kruppa, a. a. O., S. 14.

Die Parabel p und der p und $\varkappa$ in P gemeinsame Krümmungskreis k entsprechen einander in einer Zentralkollineation mit P als Zentrum und der durch P gehenden Kollineationsachse d, die P mit dem von P verschiedenen Schnittpunkt P_1 von p und k verbindet. Jede Zentralkollineation mit P als Zentrum und d als Achse führt p in einen Kegelschnitt über, der durch P_1 geht und dessen übrige drei Schnittpunkte mit p in P vereinigt liegen müssen, so daß er p in P oskuliert. Wird daher noch die Bedingung hinzugenommen, daß sich die auf einem Strahl durch P liegenden, von P verschiedenen Punkte von p und k in der Kollineation entsprechen sollen, so führt sie tatsächlich p in k über.

Die Affinnormale a von $\varkappa$ in P ist der durch den Fernpunkt von p gehende Kollineationsstrahl; somit ist in der Kollineation $p \to k$ der Ferngeraden als Tangente von p die Tangente u von k im Schnittpunkt U von a mit k zugeordnet. u ist also die Gegenachse der Kollineation im Feld von k. Nun ist N_1 der Pol von n bezüglich p. Somit ist N_1 dem Pol von n bezüglich k, d. i. der Fernpunkt von t, kollinear zugeordnet. N_1 ist daher ein Punkt der Gegenachse im Feld von p. Da in jeder Zentralkollineation der Abstand des Zentrums von einer Gegenachse entgegengesetzt gleich ist zum Abstand der Kollineationsachse von der anderen Gegenachse, ist im vorliegenden Fall P der Mittelpunkt der Strecke $N_1 I_3$, wenn I_3 den Schnittpunkt $(t\,u)$ bedeutet. Da I_3 (Abb. 29) auch der Schnittpunkt von t mit der Normalen ist, die man aus dem Mittelpunkt K des Krümmungskreises k auf (PU) legen kann, ist I_3 nach § 87, Abb. 28, ein Punkt der kubischen Indikatrix i_3 von F^2 in P. N_1 ist der Pol der Flächennormalen n bezüglich des Kegelschnittes $\varkappa$, in dem die Normalschnittebene ν F^2 schneidet. Somit ist der Ort aller N_1 für alle Lagen von ν durch n die in τ liegende reziproke Polare n_1 von n bezüglich der Fläche 2. Ordnung F^2. Der Ort aller I_3 ist daher wegen $N_1 P = P I_3$ die zu n_1 bezüglich P zentrisch symmetrische Gerade i_3. i_3 ist daher ein Bestandteil der kubischen Indikatrix. Da diese für eine beliebige Fläche in P die Schmiegtangenten berühren muß, besteht im vorliegenden Fall die vollständige kubische Indikatrix aus der *Indikatrixgeraden* i_3 und den beiden (reellen oder konjugiert komplexen) Erzeugenden (Schmiegtangenten) von F^2 in τ. Wir halten das Ergebnis in dem Satze fest:

Satz 1: *Die einem Punkt P einer regulären Fläche 2. Ordnung zugeordnete Indikatrixgerade i_3 ist die zur reziproken Polare der Flächennormalen in P bezüglich P zentrisch-symmetrische Gerade.*

Für die Normalschnittebene ν_1, die zu i_3 parallel ist, zeigt die Regel $a \perp (K I_3)$ (Abb. 28), daß die Affinnormale a dieses Normalschnittes mit der Flächennormalen n zusammenfällt. Es gilt also:

Satz 2: *In einem Punkt P einer Fläche 2. Ordnung, der kein Scheitel ist, fällt die Affinnormale eines Normalschnittes dann und nur dann mit der Flächennormalen n zusammen, wenn die Normalschnittebene zur reziproken Polaren n_1 von n parallel ist.*

Die Polarebene des Fernpunktes von n_1 ist die durch n gehende Durchmesserebene ν_m (Abb. 29). In der Berührebene τ von P sind daher die zu n_1 parallele Flächentangente $\bar{t}$ und die Schnittgerade t_m von τ mit ν_m ein Paar konjugierter Flächentangenten und somit ein Paar konjugierter Durchmesser der DUPINschen Indikatrix i_2 von P. Schneiden sich t_m und i_3 in I_m und ist K_m die Krümmungsmitte von P für den in ν_m liegenden Normalschnitt k_m, so ist wieder das aus P auf $(I_m K_m)$ gefällte Lot m die Affinnormale von k_m und daher nach § 80, Satz 3, zugleich der durch P gehende Durchmesser von k_m.

Es sei nun Σ das System aller Flächen 2. Ordnung, die die gegebene F^2 in P hyperoskulieren. Sie haben dann die Indikatrixgerade i_3 sowie für jede gegebene

Konstante k die DUPINsche Indikatrix i_2 $(r = \sqrt{k\,R})$ gemeinsam. Nach obiger Konstruktion besitzen alle F^2 aus Σ in P denselben Durchmesser m. Zusammenfassend gilt also:

Satz 3: *Alle Flächen 2. Ordnung, die eine gegebene Fläche 2. Ordnung F^2 in einem Punkt P hyperoskulieren, besitzen einen gemeinsamen durch P gehenden Durchmesser m, dessen Normalriß auf die Berührebene von P der zur Richtung ihrer gemeinsamen Indikatrixgeraden i_3 konjugierte Durchmesser t_m der Dupinschen Indikatrix von P ist.*

Durch Heranziehung der Bemerkungen in § 80 (Ende) über Kegelschnitte, die einander in einem Punkt hyperoskulieren, ergibt sich zusätzlich zum letzten Satz:

Satz 4: *Das System Σ aller Flächen 2. Ordnung, die sich in einem Punkt P hyperoskulieren, ergibt sich aus einer von ihnen, indem man auf diese alle Zentralkollineationen ausübt mit P als Zentrum und der Berührebene τ von P als Kollineationsebene. Jeder von P verschiedene Punkt ihres gemeinsamen Durchmessers durch P ist Mittelpunkt einer einzigen Fläche aus Σ.*

Zwischen i_3 und m besteht auch der folgende Zusammenhang (Abb. 29). Ist A der auf t_m liegende Pol von i_3 bezüglich i_2 und $r_m = \sqrt{e\,R_m}$ der auf t_m liegende Halbmesser von i_2, so ist $PA \,.\, PI_m = r_m{}^2 = e\,R_m$ und es ist [§ 87 (9), Abb. 28] A der Normalriß eines Punktes A_1 von m, dessen Abstand von τ e beträgt. Neben Satz 1 gilt daher auch folgende wichtige Kennzeichnung von i_3:

Satz 5: *Ist A_1 ein Punkt auf dem durch den Punkt P einer Fläche 2. Ordnung gehenden Durchmesser m, A sein Normalriß auf die Berührebene von P und i_2 die zur Konstanten $e = A A_1$ gehörige Dupinsche Indikatrix $(r = \sqrt{e\,R})$, so ist die Indikatrixgerade i_3 von F^2 die Polare von A bezüglich i_2. Damit bestimmen i_3 und m einander wechselseitig.*

Um den Kegel der Affinnormalen der Normalschnitte in einem Punkt einer regulären Fläche 2. Ordnung F^2 zu erhalten, hat man den Satz 2 in § 87 anzuwenden. Da in der Inversion an i_2 die Indikatrixgerade i_3 in einen Kegelschnitt übergeht, der in P die Gerade $\bar{t}$ berührt und den zu I_m inversen Punkt A sowie die Fernpunkte von i_2 (d. s. die Fernpunkte der durch P gehenden Erzeugenden) enthält, folgt der

Satz 6: *Der Kegel der Affinnormalen der Normalschnitte in einem Punkt P einer regulären Fläche 2. Ordnung F^2 ist, falls P kein Scheitel von F^2 ist, ein Kegel 2. Ordnung, der längs der Flächennormalen von der zur Indikatrixgeraden i_3 parallelen Ebene berührt wird und den durch P gehenden Durchmesser, sowie die durch P gehenden reellen bzw. konjugiert komplexen Erzeugenden von F^2 enthält.*

Ist P ein Scheitel von F^2, so ist die durch P gehende Achse von F^2 Affinnormale für alle Normalschnitte in P. Aus Satz 5 und Satz 1 folgt:

Satz 7: *Die Indikatrixgerade i_3 eines Scheitels einer Fläche 2. Ordnung ist die Ferngerade seiner Berührebene.*

§ 89. Die Tangenten im Tripelpunkt der Schnittkurve einer Fläche mit einer Schmieg-F^2; die Darbouxschen Tangenten[1].

$$z = \varphi_2 + \varphi_3 + (*), \qquad z = \varphi_2 + \psi_3 + (*) \tag{1}$$

seien die TAYLORschen Darstellungen zweier Flächen Φ und Ψ, die im Nullpunkt P die xy-Ebene berühren und sich dort oskulieren, nicht aber hyperoskulieren. Aus Gl. (1) folgt für den Normalriß der Schnittkurve c von Φ und Ψ auf die Berührebene $\tau = (x\,y)$

$$\varphi_3 - \psi_3 + (*) = 0. \tag{2}$$

[1] GROISS-KRUPPA, a. a. O., S. 17.

c hat somit in P einen dreifachen Punkt, P ist ein *Tripelpunkt*, dessen Tangenten die Gleichung

$$\varphi_3 - \psi_3 = 0 \tag{3}$$

haben. Nun sind aber $\varphi_2 + \varphi_3 = 0$ und $\varphi_2 + \psi_3 = 0$ die Gleichungen der kubischen Indikatrizen i_3 und j_3 von Φ bzw. Ψ. Durch Subtraktion entsteht aus ihnen wieder Gl. (3), diesmal als Gleichung für die Schnittpunkte von i_3 und j_3. Da i_3 und j_3 Kurven 3. Ordnung sind, die beide in P von den dort Φ und Ψ gemeinsamen Schmiegtangenten berührt werden, haben i_3 und j_3 außer sechs Schnittpunkten, die in P vereinigt sind, im allgemeinen noch drei weitere, von P verschiedene Schnittpunkte. Es gilt daher

Satz 1: *Die Tripeltangenten der Schnittkurve zweier Flächen, die einander in einem auf beiden regulären Punkt P oskulieren, sind die Verbindungsgeraden von P mit den von P verschiedenen Schnittpunkten ihrer kubischen Indikatrizen.*

Aus diesem Satz und § 87, Satz 1, folgt unmittelbar der

Satz 2: *Wenn sich zwei Flächen in einem Punkt P oskulieren, so haben ihre beiden Normalschnitte, die in P eine Tripelpunkttangente ihrer Schnittkurve berühren, in P eine gemeinsame Affinnormale.*

Das Folgende bezieht sich auf die Flächen 2. Ordnung, die eine Fläche Φ in einem Punkt P oskulieren. Wir wollen sie die *Schmieg-F^2* von Φ in P nennen. Da zwei Flächen, die in P eine dritte Fläche oskulieren, einander dort selbst oskulieren, folgt aus § 88, Satz 3, daß alle Schmieg-F^2 von Φ in P, deren Mittelpunkte auf einer vorgegebenen Geraden m durch P liegen, eine gemeinsame Indikatrixgerade j_3 besitzen.

Nun soll folgende Frage beantwortet werden: *Es sei m eine durch den nichtparabolischen Punkt P von Φ gehende Gerade, die nicht in der Berührebene von P liege; man ermittle die durch P gehenden ebenen Schnitte von Φ, deren Affinnormale m ist.*

Beachtet man, daß die Begriffe „Affinnormale" und „Mittelpunkt" affininvariant sind und daß der Begriff einer Berührung erster oder höherer Ordnung projektiv invariant ist, so werden bei Ausübung einer Affinität, bei der Φ, P, m so in Φ^*, P^*, m^* übergeführt, daß m^* die Flächennormale von Φ^* in P^* ist, die Schmieg-F^2 von Φ, deren Mitten auf m liegen, in die Schmieg-F^2 von Φ^* übergeführt, deren Mitten auf m^* liegen. Da m^* die Flächennormale in P^* ist, ist die Indikatrixgerade dieser Schmieg-F^2 die Ferngerade der Berührebene von P^*. Nach § 87, Satz 4, sind die Ebenen $\varepsilon^*_{1,2,3}$ die m^* mit den Fernpunkten der kubischen Indikatrix von Φ^* verbinden, diejenigen, deren Schnittkurven mit Φ^* die Flächennormale m^* als Affinnormale in P^* haben. Die Spuren von $\varepsilon^*_{1,2,3}$ in der Berührebene von P^* sind nach Satz 1 die Tripelpunkttangenten der Schnittkurven von Φ^* mit den Schmieg-F^2, deren Mitten auf m^* liegen. Durch affine Rücktransformation auf Φ, P, m erhält man den

Satz 3: *Durch eine Gerade m, die durch einen Punkt P einer Fläche Φ geht und sie dort nicht berührt, lassen sich im allgemeinen drei ebene Schnitte führen, deren Affinnormalen in die Gerade m fallen. Die Schnittlinien ihrer Ebenen mit der Berührebene von P sind die Tripelpunkttangenten der Schnittkurven von Φ mit den Φ in P oskulierenden Flächen 2. Ordnung, deren Mittelpunkte auf m liegen.*

Wir behandeln nun die folgende von G. Darboux[1] stammende Fragestellung: *Man bestimme die Schmieg-F^2 einer gegebenen Fläche Φ in einem Punkte P, deren Schnittkurven mit Φ im Tripelpunkt P drei zusammenfallende Tangenten haben.*

Wir behandeln diese Frage unter Beschränkung auf den „allgemeinen Fall", in dem die kubische Indikatrix i_3 von P nicht zerfällt. Ist P ein *elliptischer*

[1] G. Darboux, Bull. Sci. math. 2 (1880), S. 356.

Punkt, so sind die Schmiegtangenten in P, d. s. die Doppelpunkttangenten von i_3, konjugiert komplex. In diesem Fall besitzt i_3 drei reelle Wendepunkte, die auf einer Geraden liegen. Ist P ein *hyperbolischer Punkt*, so sind die Doppelpunkttangenten von i_3 in P reell. In diesem Fall besitzt i_3 drei auf einer Geraden liegende Wendepunkte, von denen jedoch zwei konjugiert komplex sind. In beiden Fällen ist i_3 eine Kurve 4. Klasse. Ist P ein *parabolischer Punkt*, so hat i_3 in P im allgemeinen eine Spitze, deren Tangente die Schmiegtangente ist. i_3 hat in diesem Fall nur einen Wendepunkt und ist eine Kurve 3. Klasse.

Nach § 88 ist die kubische Indikatrix einer Fläche 2. Ordnung in einem Punkt P, wenn man von den beiden Erzeugenden in P absieht, eine Gerade j_3. Aus Satz 1 und der obigen Fragestellung folgt unmittelbar, daß die Indikatrixgeraden j_3 der gesuchten Schmieg-F^2 die Wendetangenten von i_3 sein müssen, deren Existenz und Realität soeben angegeben wurde. Nun gibt § 88, Satz 5, den Weg an, auf dem sich aus j_3 und der DUPINschen Indikatrix i_2 der durch P gehende Durchmesser m von F^2 konstruieren läßt und aus § 88, Satz 4, entnimmt man, daß jeder Punkt M von m der Mittelpunkt einer Schmieg-F^2 der verlangten Art ist.

Die Verbindungsgeraden von P mit den (im allgemeinen) drei Wendepunkten von i_3 heißen die Darbouxschen Tangenten von Φ in P. Sie sind reell, wenn P elliptisch ist, zwei von ihnen sind konjugiert komplex, wenn P hyperbolisch ist. In einem parabolischen Punkt gibt es nur eine Darbouxsche Tangente.

Das Ergebnis der voranstehenden Überlegungen fassen wir wie folgt zusammen:

Satz 4: *Zu jeder reellen Darbouxschen Tangente von Φ in P gibt es ein System (Büschel) von ∞^1 Schmieg-F^2, deren Schnittkurven mit Φ in P einen Tripelpunkt besitzen, dessen Tangenten in ihr zusammenfallen. Die Mittelpunkte dieser Schmieg-F^2 liegen auf den drei den Darbouxschen Tangenten nach § 88, Satz 5, zugeordneten Geraden $m_{1,2,3}$.*

Da der Begriff der Oskulation von Kurven oder Flächen projektiv invariant ist, gehört der Begriff der DARBOUXschen Tangenten der *projektiven Differentialgeometrie*[1] an. Die ihnen zugeordneten Geradentripel $m_{1,2,3}$ sind affin-invariant mit Φ verbunden.

§ 90. **Der Satz von Transon.** Wir beweisen nun den folgenden Satz von A. TRANSON[2]:

Die ebenen Schnitte einer Fläche Φ mit gemeinsamem Linienelement $(P\,t)$, das keiner Schmieglinie angehört, haben im nichtparabolischen Punkt P Affinnormalen, die in einer Ebene liegen, die durch die zu t konjugierte Tangente t_1 geht.

Beweis: Es sei I_3 der von P verschiedene Schnittpunkt von t mit der kubischen Indikatrix i_3 von Φ in P (Abb. 30). Irgendeine Gerade j_3 durch I_3 in der Berührebene τ von P kann als Indikatrixgerade einer Schmieg-F^2 von Φ in P angesehen werden. Der durch P gehende Durchmesser m dieser Schmieg-F^2 läßt sich nach § 88, Satz 5, konstruieren. Dazu ermittle man zunächst die Polare a von I_3 bezüglich der DUPINschen Indikatrix i_2 $(r = \sqrt{e\,R})$ und den auf a liegenden Pol A von j_3 bezüglich i_2. Ist dann A_1 der Normalriß von A auf die zu τ im Abstand e parallele Ebene τ_1, so ist $m = (P A_1)$. Nach § 89, Satz 1, ist t eine der drei Tripelpunkttangenten der Schnittkurve von Φ mit der Schmieg-F^2 und somit

[1] Über Literatur zur projektiven Differentialgeometrie siehe Enzyklopädie der mathematischen Wissenschaften, Artikel III D 11, L. BERWALD, V.; das erste Lehrbuch in deutscher Sprache: G. BOL, Projektive Differentialgeometrie, Göttingen, 1. Bd. 1950, 2. Bd. 1956.

[2] Liouv. J. Math. (1) 6 (1841), S. 191. GROISS-KRUPPA, a. a. O., S. 21.

ist nach § 89, Satz 3, m die Affinnormale in P der Schnittkurve von Φ mit der Ebene $\mu = (t\,m)$. Diese Ebene dreht sich um t, wenn j_3 in τ das Büschel mit dem Scheitel I_3 durchläuft. Dann durchläuft der Pol A von j_3 bezüglich i_2 die Gerade a und A_1 die zu a im Abstand e parallele Gerade a_1 (Abb. 30). Somit beschreibt die Gerade m in der Ebene $\alpha = (P\,a_1)$ das Strahlbüschel mit dem Scheitel P. Die Affinnormalen m der Schnitte von Φ mit den Ebenen μ durch t liegen also in der „*Transon-Ebene*" α. Aus Abb. 30 entnimmt man weiter, daß a parallel ist zu dem zu t konjugierten Durchmesser t_1 von i_2. t_1 ist daher die Schnittgerade der Transon-Ebene mit τ, womit der Satz von Transon bewiesen ist. a, a_1 und damit die Transon-Ebene $\alpha = (P\,a_1)$ sind sinngemäß auch bestimmt, wenn P parabolisch ist. t_1 ist dann für alle t die Schmiegtangente von P.

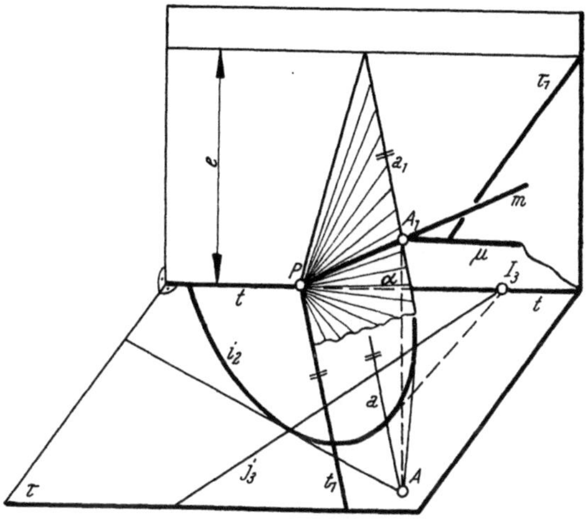

Abb. 30

Aus der Gleichung § 87 (4_2), entnimmt man, daß die kubische Indikatrix i_3 eines Flächenpunktes P durch sechs Punkte bestimmt ist. Sind die Schmiegtangenten, d. s. die Doppelpunkttangenten von i_3 in P, bekannt, so sind bloß vier weitere Punkte zur Bestimmung von i_3 erforderlich. Ist nun die Affinnormale m eines ebenen Schnittes in P mit der Tangente t bekannt und ist t_1 die zu t konjugierte Flächentangente, so ist nach dem Satz von Transon die Schnittgerade der Ebene $(m\,t_1)$ mit der Normalschnittebene im Linienelement $(P\,t)$ die Affinnormale a des Normalschnittes in P. Ist K die Krümmungsmitte des Normalschnittes in $(P\,t)$, so schneidet nach § 87, Satz 1, das aus K auf a gefällte Lot die Berührebene von P in einem Punkt von i_3. Es gilt daher:

Die kubische Indikatrix i_3 eines nichtparabolischen Flächenpunktes P ist durch die Affinnormalen von sechs ebenen Schnitten in P bestimmt, vorausgesetzt, daß deren Tangenten in P nicht Schmiegtangenten sind. Sind die Schmiegtangenten in P bekannt, so genügen zur Bestimmung von i_3 die Affinnormalen von vier ebenen Schnitten in P.

§ 91. **Die Flächenaffinnormale und der Kegel von B. Su**[1]. Ist P ein Punkt einer Fläche Φ, so läßt sich durch verschiedene Definitionen eine durch P gehende und mit Φ affininvariant verbundene Gerade a erklären, die man die *Affinnormale* von Φ in P nennt. Nach L. Berwald[2] läßt sich die Affinnormale in einem nichtparabolischen Punkt durch folgenden Satz kennzeichnen:

Satz 1: *Die Affinnormale einer Fläche Φ in einem nichtparabolischen Punkt ist der gemeinsame Durchmesser a aller Schmieg-F^2 von Φ in P, deren Schnittkurven mit Φ in P von den Darbouxschen Tangenten berührt werden.*

Nach dieser Erklärung von a hat man die Gerade w, auf der die drei Wendepunkte der kubischen Indikatrix von P liegen, als Indikatrixgerade einer Schmieg-F^2 von Φ in P aufzufassen. Der durch § 88, Satz 5, ausgesprochene

[1] Groiss-Kruppa, a. a. O., S. 24.
[2] Math. Z. 10 (1921), S. 169.

Zusammenhang zwischen der Indikatrixgeraden $j_3 = w$ und dem Durchmesser $m = a$ liefert die Konstruktion der Affinnormalen a.

Nach § 90 gehört zu jedem Linienelement $(P\,t)$ einer Fläche Φ eine durch die zu t konjugierte Tangente t_1 gehende TRANSON-Ebene. Durchläuft nun t das Büschel aller Flächentangenten in P, so umhüllen die ihnen zugeordneten TRANSON-Ebenen einen Kegel, den „*Kegel von B. Su*"[1]. Wenn in Abb. 30 I_3 die kubische Indikatrix i_3 durchläuft, beschreibt die Polare a von I_3 bezüglich i_2 die Polarkurve k von i_3. Da i_3 als rationale Kurve 3. Ordnung mit einem Doppelpunkt von der 4. Klasse ist, ist k als eine dazu duale Kurve von der 4. Ordnung und 3. Klasse und dasselbe gilt von der Hüllkurve k_1, der Normalrisse a_1 der Geraden a auf die Ebene τ_1, die zu τ im Abstand e parallel ist. Der Hüllkegel der TRANSON-Ebenen in einem Flächenpunkt P ist demnach der Kegel, der P mit k_1 verbindet. Somit gilt:

Satz 2: *Der von den Transon-Ebenen eines nichtparabolischen Flächenpunktes umhüllte Kegel von B. Su ist ein rationaler Kegel 4. Ordnung, 3. Klasse.*

Nach dem oben Gesagten ist k die Polarkurve von i_3 bezüglich i_2. In dem Polarsystem entsprechen daher den Tangenten von i_3 die Punkte von k. Ist A ein Punkt von k und j_3 die ihm polar entsprechende Tangente von i_3, so ist (§ 88, Satz 5) die A entsprechende Erzeugende (PA_1) des Kegels von B. SU die Durchmessergerade der Schmieg-F^2 von Φ in P, deren Schnittkurven mit Φ nach § 89, Satz 1, in P Tripelpunkttangenten besitzen, von denen zwei zusammenfallen, weil j_3 die kubische Indikatrix berührt. Somit gilt der

Satz 3: *Der Kegel von B. Su eines Punktes P einer Fläche Φ ist der Ort der Mittelpunkte der Schmieg-F^2 in P, deren Schnittkurven mit Φ in P Tangententripel besitzen, in denen mindestens zwei Tangenten zusammenfallen.*

Ist P nichtparabolisch, so entsprechen den drei Wendetangenten, von denen auch zwei konjugiert komplex sein können, in der Polarität von i_2 die Spitzen von k. Durch Parallelverschiebung von τ nach τ_1 in der zu τ normalen Richtung erhält man aus ihnen die Spitzen von k_1, deren Verbindungsgeraden mit P die Rückkehrkanten $r_{1,2,3}$ des Kegels von B. SU ergeben. Für $r_{1,2,3}$ fallen alle drei Tangenten der in Satz 3 genannten Tripel in je einer Geraden zusammen, die P mit einem Wendepunkt von i_3 verbindet und daher eine DARBOUXsche Tangente ist. Nach § 89 (Ende) sind daher $r_{1,2,3}$ mit den dort erklärten, mit Φ affininvariant verbundenen Geraden $m_{1,2,3}$ identisch. Also gilt der

Satz 4: *Die drei Rückkehrkanten des Kegels von B. Su eines nichtparabolischen Punktes von Φ sind der Ort der Mitten der Schmieg-F^2, deren Schnittkurven mit Φ Tripelpunkttangenten besitzen, die in je einer Darbouxschen Tangente zusammenfallen.*

Die drei Wendepunkte von i_3 liegen auf einer Geraden w. Die Polarität von i_2 führt daher w in einem Punkt W über, in dem sich die Tangenten der drei Spitzen von k schneiden müssen. Ist nun W_1 der Normalriß von W auf τ_1, so ist die Gerade (PW_1) die Schnittgerade der Berührebenen $\alpha_{1,2,3}$ des Kegels von B. SU in den drei Rückkehrkanten. Faßt man nun die Punkte der Geraden (PW) als Mittelpunkte von Schmieg-F^2 der Fläche Φ in P auf, so gehört nach § 88, Satz 5, zu ihnen die Indikatrixgerade w. Somit ist (PW) nach der BERWALDschen Definition (Satz 1) die Affinnormale von Φ in P. Es gilt also

Satz 5: *Die Affinnormale eines nichtparabolischen Punktes P einer Fläche ist die Schnittgerade der Berührebenen $\alpha_{1,2,3}$ der Rückkehrkanten des Kegels von B. Su in P.*

Als Berührebenen des Kegels von B. SU sind $\alpha_{1,2,3}$ die TRANSON-Ebenen der drei Linienelemente im Punkte P, deren Geraden P mit den Wendepunkten

[1] B. SU, Tohoku math. J. 33 (1931), S. 26.

von i_3 verbinden, also in den DARBOUXschen Tangenten liegen. Nach dem Satz von TRANSON, § 90, gehen daher die $\alpha_{1,2,3}$ durch die zu den DARBOUXschen Tangenten konjugierten Tangenten, die man auch *Segresche Tangenten* in P nennt. Es gilt also

Satz 6: *Ist P ein nichtparabolischer Flächenpunkt, so sind die Berührebenen in den Rückkehrkanten seines Kegels von B. Su die Verbindungsebenen der Affinnormalen mit den drei Segreschen Tangenten in P.*

X. Konstruktive Ergänzungen zur Theorie der windschiefen Strahlflächen[1]

§ 92. Konstruktive Einführung der Berührungskorrelation und des Dralls. Die in § 55 festgestellte Korrelation zwischen den Punkten einer Erzeugenden einer windschiefen Strahlfläche und deren Berührebenen läßt sich auch konstruktiv leicht begründen. Es seien (Abb. 31) a, b, c drei auf einer windschiefen Strahlfläche Φ liegende Kurven, die eine Erzeugende e und auch die Erzeugenden einer (beschränkten) Nachbarschaft von e in je einen Punkt schneiden mögen. A, B, C seien diese Schnittpunkte auf e, A_1, B_1, C_1 die auf einer anderen Erzeugenden e_1. Wir nehmen nun auf Φ eine Kurve k_x an, die einen Punkt X_1 von e_1 mit einem Punkt X von e verbinden möge und lassen e_1 derart auf Φ gegen e konvergieren, daß der auf e_1 feste Punkt X_1 auf k_x gegen X konvergiert. Die vier Ebenen $\alpha_1, \beta_1, \gamma_1, \xi_1$, die e_1 mit A, B, C, X verbinden, bestimmen ein Doppelverhältnis, das dem Doppelverhältnis $(A\,B\,C\,X)$ gleich ist. Also gilt

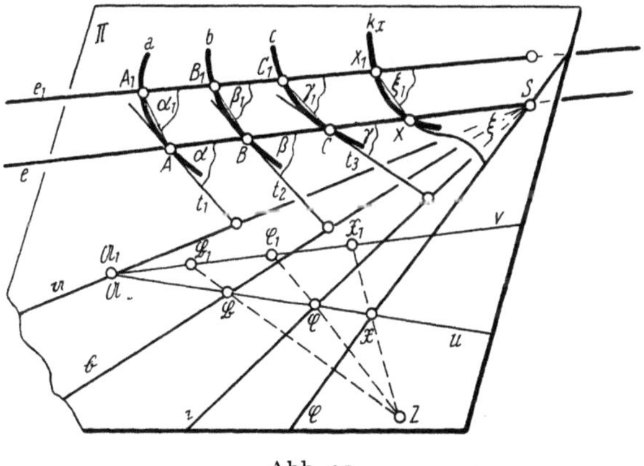

Abb. 31

$$\frac{\sin\sphericalangle\,\alpha_1\gamma_1}{\sin\sphericalangle\,\beta_1\gamma_1} : \frac{\sin\sphericalangle\,\alpha_1\xi_1}{\sin\sphericalangle\,\beta_1\xi_1} = \frac{AC}{BC} : \frac{AX}{BX}.$$

Beim Grenzübergang gehen die Sehnen $(A A_1)$, $(B B_1)$, $(C C_1)$, $(X X_1)$ in die Tangenten t_1, t_2, t_3, t_x der Kurven in A, B, C, X über und daher $\alpha_1, \beta_1, \gamma_1, \xi_1$ in die Berührebenen $\alpha, \beta, \gamma, \xi$ von Φ in A, B, C, X. Es folgt daher die Gleichheit der Doppelverhältnisse

$$(\alpha\,\beta\,\gamma\,\xi) = (A\,B\,C\,X), \tag{1}$$

d. i. der Satz von der *Berührungskorrelation*:

Satz 1: *Die Punkte einer Erzeugenden e sind ihren Berührebenen projektiv (korrelativ) zugeordnet.*

Diese Projektivität artet aus, wenn die Berührebenen α, β von zwei verschiedenen Punkten A, B von e zusammenfallen. Ist (Abb. 31) in C die Ebene $\gamma = (t_3\,e)$ von $\alpha = \beta$ verschieden und ist X ein von C verschiedener Punkt von e, so ist die rechte Seite von Gl. (1) von Eins verschieden und der Grenzübergang

[1] Eine eingehende konstruktive Behandlung der Strahlflächen, insbesondere von algebraischen, enthält: E. MÜLLER, Vorlesungen über darstellende Geometrie, III. Bd., bearbeitet von J. KRAMES, Leipzig-Wien 1931.

muß daher wegen $\alpha = \beta$ das Zusammenfallen von ξ mit $\alpha = \beta$ nach sich ziehen, weil sonst auf der rechten Seite Eins herauskommen würde. *Also haben alle von C verschiedenen Punkte von e die gemeinsame Berührebene α.* Für $X = C$ ist die rechte Seite von Gl. (1) gleich Eins und die linke Seite ist bei $\alpha = \beta$ für *beliebige Ebenen ξ* durch e gleich Eins. C und α sind also die singulären Elemente der ausgearteten Korrelation. Die Erzeugende e verhält sich in diesem Fall wie die Erzeugenden einer Torse und heißt daher *Torsalerzeugende*; C wird als *Kuspidalpunkt* bezeichnet. C kann auch Fernpunkt sein; e ist dann eine *zylindrische Erzeugende.*

Eine Erzeugende heißt *Rückkehrerzeugende,* wenn sie eine scharfe Kante der Fläche ist, d. h. wenn die Schnitte der Fläche in den Punkten dieser Erzeugenden im allgemeinen Spitzen haben. Eine Erzeugende, die nicht Torsalerzeugende, zylindrische oder Rückkehrerzeugende ist, heißt *regulär.*

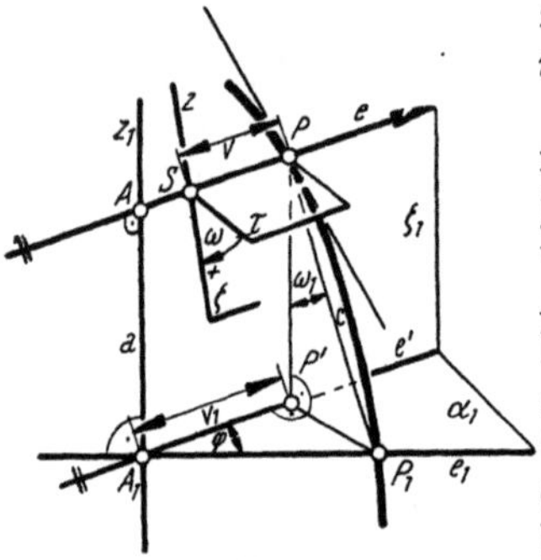

Abb. 32

Nach Satz 1 läßt sich zu jedem Punkt X einer regulären Erzeugenden seine Berührebene ξ und zu jeder Ebene ξ durch e ihr Berührpunkt X konstruieren, wenn die Berührebenen α, β, γ von drei Punkten A, B, C von e gegeben sind (Abb. 31). Ist etwa die Berührebene ξ von X zu konstruieren, so schneidet man α, β, γ mit irgendeiner Ebene Π, wodurch man die Geraden $\mathfrak{a}, \mathfrak{b}, \mathfrak{c}$ durch den Schnittpunkt $S = (e\,\Pi)$ erhält. Man schneidet nun diese Geraden mit einer beliebigen Geraden u in $\mathfrak{A}, \mathfrak{B}, \mathfrak{C}$, legt dann durch $\mathfrak{A}$ eine zweite Gerade v und überträgt auf diese die vier Punkte A, B, C, X abstandstreu nach $\mathfrak{A}_1, \mathfrak{B}_1, \mathfrak{C}_1, \mathfrak{X}_1$ so, daß $\mathfrak{A}_1$ mit $\mathfrak{A}$ zusammenfällt. Ist nun Z der Schnittpunkt von $(\mathfrak{B}\,\mathfrak{B}_1)$ mit $(\mathfrak{C}\,\mathfrak{C}_1)$ und $\mathfrak{X}$ der Schnittpunkt $(Z\,\mathfrak{X})$ mit u, so ist $(S\,\mathfrak{X})$ die Spur $\mathfrak{x}$ der gesuchten Berührebene ξ in Π, denn es ist nach dieser Konstruktion $(A\,B\,C\,X) = (\mathfrak{A}\,\mathfrak{B}\,\mathfrak{C}\,\mathfrak{X}) = (\mathfrak{a}\,\mathfrak{b}\,\mathfrak{c}\,\mathfrak{x}) = (\alpha\,\beta\,\gamma\,\xi)$. Umgekehrt kann zu ξ der Berührpunkt X gefunden werden.

Das *begleitende Dreikant* (§ 53) von Φ für die Erzeugende e entsteht folgendermaßen (Abb. 32): Es sei z_1 das Gemeinlot von e und einer weiteren Erzeugenden e_1 und $a = A\,A_1$ der auf z_1 liegende kürzeste Abstand von e, e_1. Legt man durch A_1 die Parallele e' zu e, so konvergiert die Ebene $\alpha_1 = (e_1\,e')$ für $e_1 \to e$ gegen die *asymptotische Ebene* α von e, deren Berührpunkt der Fernpunkt von e ist, während die zu α_1 normale Ebene $\zeta_1 = (e\,a) = (e\,e')$ in die zu α normale *Zentralebene* ζ übergeht. Dabei geht $z_1 = (A\,A_1)$ wegen des Zusammenrückens der beiden Punkte A, A_1 in die in ξ liegende Flächentangente z über, die in der Grenzlage S von A zu e und α normal ist. S ist daher der Berührpunkt von ζ, der *Zentral-, Striktions-* oder *Kehlpunkt* von e, und z die *Zentraltangente.*

Die in S auf ζ normale Gerade ist die *Zentralnormale* n; n ist also die Flächennormale in S. $(z\,n)$ ist die *Polar-* oder *Zentralnormalebene.* Der Ort aller Striktionspunkte ist die *Striktionslinie* oder *Kehllinie* von Φ.

Ist φ der spitze Winkel der Richtungen von e und e_1, so ist der Grenzwert

$$d = \lim_{e_1 \to e} \frac{a}{\varphi} \tag{2}$$

der Drall der Erzeugenden e [§ 53, Gl. (10)]. Die in einem Punkt P von e zu e normale Ebene schneide e' in P' und e_1 in P_1. Diese Ebene schneidet die Strahlfläche in einer Kurve c durch P und P_1. Bedeuten $v_1 = A\,P = A_1 P'$ und $\omega_1 = \sphericalangle\, P'\,P\,P_1$, so ist $v_1 = (a \operatorname{tg} \omega_1) : \operatorname{tg} \varphi$. Beim Grenzübergang $e_1 \to e$ geht A

in den Striktionspunkt S und daher $v_1 = AP$ in $v = SP$ über; aus $(PP_1$ wird die Tangente von c in P und daher aus ω_1 der Winkel ω der Berührebene τ von P gegen die Zentralebene ζ. So entsteht aus der letzten Gleichung mittels Gl. (2)

$$v = d \operatorname{tg} \omega. \tag{3}$$

Durch die folgende Vorzeichenbestimmung für d, v, ω wird Gl. (3) zur *Gleichung der Berührungskorrelation* [§ 55, Gl. (8)]. Die Erzeugende e_1 läßt sich durch eine Schraubung um z_1 in e überführen. Ist diese Schraubung eine Rechtsschraubung für alle Erzeugenden einer beschränkten Umgebung von e, so nennt man die Strahlfläche in e *rechtsgewunden* und erteilt dem Drall d [in Übereinstimmung mit § 53, Gl. (11)] das positive Vorzeichen; negativer Drall kennzeichnet die *linksgewundenen Strahlflächen*. Für die Messung von v wählen wir einen positiven Laufsinn auf e und für die Messung von ω den positiven Drehsinn, der den Laufsinn zu einem Rechtsschraubsinn ergänzt. Mit $\omega = \sphericalangle \tau \zeta$ ist dann auch das Vorzeichen von ω bestimmt und die Übereinstimmung mit § 55 Gl. (8) hergestellt. Zugleich entnimmt man aus Gl. (3) und Abb. 32:

Satz 2: *Wenn ein Punkt P eine Erzeugende e einer rechtsgewundenen (linksgewundenen) Strahlfläche durchläuft, so dreht sich seine Berührebene um e im zugeordneten negativen (positiven) Drehsinn.*

Die Formel (3) gestattet eine einfache *Konstruktion des Dralls d* einer Erzeugenden e. Ist die Berührungskorrelation von e bekannt, so ist durch diese der Striktionspunkt S von e als Berührpunkt der Zentralebene ζ konstruierbar. Wird nun der Berührpunkt P_0 der Ebene τ_0 durch e konstruiert, die mit ζ den Winkel $\pi/4$ einschließt, so folgt aus Gl. (3) $v = SP_0 = d$.

Es soll nun die Frage beantwortet werden: *Was bilden die Flächennormalen n in den Punkten einer regulären Erzeugenden e?*

Bezeichnen wir die auf der Ferngeraden n_u der zu e normalen Ebenen liegenden Punkte der Flächennormalen n mit N_u, so ist die Punktreihe n_u (N_u) projektiv zum Ebenenbüschel e (τ) der entsprechenden Berührebenen τ und dieses gemäß der Berührungskorrelation projektiv zur Punktreihe e (P). Die Flächennormalen n sind daher die Verbindungsgeraden entsprechender Punkte der projektiven Punktreihen $e\,(P) \rightarrow n_u\,(N_u)$ und bilden demnach ein hyperbolisches Paraboloid Φ_n. Läßt man P auf e gegen den Fernpunkt von e konvergieren, so konvergiert τ gegen die asymptotische Ebene α und somit n gegen die Ferngerade z_u der Zentralebene ζ. Da die Ferngeraden n_u und z_u von Φ_n zwei aufeinander normalen Richtebenen von Φ_n angehören, ist Φ_n ein *gleichseitiges Paraboloid*. Im Striktionspunkt S ist die Flächennormale die Zentralnormale n. Die beiden durch S gehenden Erzeugenden von Φ_n sind daher e und n. Die Achsenrichtung von Φ_n ist der Schnittpunkt der Fernerzeugenden n_u und z_u, also der Fernpunkt der Zentraltangente. Da diese zur (asymptotischen) Ebene $(e\,n)$ normal ist, ist S der Scheitel von Φ_n. Wir können daher sagen:

Satz 3: *Die Normalen in den Punkten einer regulären Erzeugenden einer windschiefen Strahlfläche bilden ein gleichseitiges Paraboloid, dessen Scheitel der Striktionspunkt S und dessen Scheiteltangentialebene die asymptotische Ebene ist.*

§ 93. Die vier Geschwindigkeitsfunktionen; Klassifizierung der Erzeugenden. Die in § 92 erklärte Einteilung der Erzeugenden in *reguläre* und *singuläre* Erzeugende (d. s. Torsallinien, zylindrische Erzeugenden und Rückkehrerzeugenden) läßt sich durch Hinzunahme der *Zentraltangentenfläche* unterteilen. Zunächst einige zusätzliche Bemerkungen zu § 57 über die von den Zentraltangenten einer Strahlfläche gebildete Zentraltangentenfläche Φ^*. Legt man durch einen Raumpunkt O die Parallelen zu den Erzeugenden von Φ, so erhält man ihren Richtkegel $\mathfrak{R}$. *Sind e und $\bar{e}$ entsprechende parallele Erzeugenden von Φ und $\mathfrak{R}$, so ist die asymptotische Ebene α von e zur Berührebene $\bar{\pi}$ von $\mathfrak{R}$ längs $\bar{e}$ parallel.* Da die zu e gehörige Zentraltangente z zu α normal ist, ist die zu z parallele Gerade $\bar{z}$ durch O zu $\bar{\pi}$ normal. Damit gilt für die Richtkegel $\mathfrak{R}$ und $\mathfrak{R}^*$ von Φ und Φ^* der

Satz 1: *Die von einem gemeinsamen Punkt O ausstrahlenden Richtkegel einer Strahlfläche Φ und ihrer Zentraltangentenfläche Φ^* sind zueinander Polarkegel.*

Nach Satz 1 ist die Tangentialebene von $\mathfrak{R}^*$ längs $\bar{z}$ zu $\bar{e}$ normal. Somit hat z als Erzeugende von Φ^* eine asymptotische Ebene, die mit der zu e normalen Polarebene von Φ zusammenfällt, und daher eine Zentralebene ζ^*, die mit ζ identisch ist. Nimmt man noch hinzu, daß die Tangente an die Striktionslinie in S Φ und Φ^* berührt und in ζ liegt, so ist bewiesen, daß S der Striktionspunkt von Φ^* für die Erzeugende z und e die zugehörige Zentraltangente ist. Es gilt somit der schon in § 57 ausgesprochene

Satz 2: *Eine Strahlfläche und ihre Zentraltangentenfläche haben eine gemeinsame Striktionslinie, längs der sie sich berühren. Jede der beiden Flächen ist die Zentraltangentenfläche der anderen.*

Das in § 92 Gl. (2), Abb. 32, gebildete Verhältnis $a : \varphi$ zwischen dem kürzesten Abstand a zweier Erzeugenden e, e_1 und dem spitzen Winkel φ ihrer Richtungen, ist der Parameter der Schraubung, durch die e_1 um das Gemeinlot z_1 nach e verschraubt werden kann. Da beim Grenzübergang $e_1 \to e$ z_1 gegen die Zentraltangente z von e und $a : \varphi$ gegen den Drall von e konvergieren, läßt sich die Strahlfläche durch die stetige Bewegung einer Erzeugenden e erzeugen, bei der sich e in jedem Augenblick um die zugehörige Zentraltangente z entsprechend dem zugehörigen Drall als Schraubparameter verschraubt. Wenn eine Schraubung um eine Achse durch Zusammensetzung einer gleichförmigen Drehung um diese Achse mit einer gleichförmigen Schiebung in der Richtung der Achse erzeugt wird, dann ist, wenn einer Zeitspanne Δu die Schiebstrecke a und der Drehwinkel φ entsprechen, der Schraubparameter auch $(a : \Delta u) : (\varphi : \Delta u)$, d. h. das Verhältnis der Schieb- zur Winkelgeschwindigkeit. Wir können daher auch für die stetige Folge der Momentanschraubungen, durch die wir Φ entstehen lassen, den dem Zeitpunkt u zugeordneten Drall $d(u)$ als Quotienten einer *Schiebgeschwindigkeit* $v(u)$ und einer *Winkelgeschwindigkeit* $\omega(u)$ bezüglich der zugeordneten Zentraltangente $z(u)$ als Schraubachse auffassen.

Ebenso wie die Bewegung von e auf Φ können wir auch die gleichzeitige Bewegung von z auf Φ^* in der Zeit u durch eine stetige Aufeinanderfolge von Momentanschraubungen bewirken, wobei die Schraubachse nach der zweiten Aussage in Satz 2 die zugehörige Erzeugende $e(u)$ von Φ ist und der Drall d^* von Φ^* das Verhältnis der Schiebgeschwindigkeit $v^*(u)$ zur Winkelgeschwindigkeit $\omega^*(u)$ bezüglich $e(u)$ als Schraubachse ist. Es ist demnach:

$$d(u) = v(u) : \omega(u), \qquad d^*(u) = v^*(u) : \omega^*(u). \tag{1}$$

Von diesen vier Geschwindigkeitsfunktionen[1] kann eine, sofern sie nicht beständig Null ist, willkürlich gewählt werden. Wir setzen die vier Funktionen beliebig oft differenzierbar voraus und fragen zunächst nach ihrem Zusammenhang mit den im V. Kapitel verwendeten Bewegungsinvarianten $\varkappa, \varkappa_1, \sigma$. Um die konische Krümmung [§ 81 Gl. (1)] des Richtkegels $\mathfrak{R}$ der Strahlfläche Φ zu erhalten, hat man den Winkel von zwei Berührebenen $\bar{\alpha}$, $\bar{\alpha}_1$ von $\mathfrak{R}$ zum Winkel ihrer Berührungserzeugenden $\bar{e}$, $\bar{e}_1$ ins Verhältnis zu setzen und auf diese Verhältniszahl den Grenzübergang $\bar{e}_1 \to \bar{e}$ auszuüben. Nun ist aber $\sphericalangle\, \bar{\alpha}\, \bar{\alpha}_1$ auch der Winkel der entsprechenden zu α bzw. α_1 normalen Zentraltangenten z, z_1.

[1] Von K. Zindler, Liniengeometrie II (1906), § 7 zur Grundlage einer Theorie der Strahlflächen gemacht.

Daraus ersieht man, daß die konische Krümmung $\varkappa_2 = \omega^* : \omega$ das Verhältnis der Winkelgeschwindigkeiten ist. Anderseits ist nach § 54 Gl. (2) $\varkappa_2 = \varkappa_1 : \varkappa$ und somit $\omega^* : \omega = \varkappa_1 : \varkappa$. Nach Gl. (1) sowie § 55 Gl. (6) und § 57 Gl. (2) ist $d = v : \omega = \sin\sigma : \varkappa$ und $d^* = v^* : \omega^* = \cos\sigma : \varkappa_1$. Somit ist:

$$v : \omega : \omega^* : v^* = \sin\sigma : \varkappa : \varkappa_1 : \cos\sigma, \tag{2}$$

woraus mit $W = \sqrt{v^2 + v^{*2}}$ die gesuchten Beziehungen

$$W\varkappa = \omega, \qquad W\varkappa_1 = \omega^*, \qquad W\sin\sigma = v, \qquad W\cos\sigma = v^* \tag{3$_{1,2,3,4}$}$$

folgen.

Es soll nun die geometrische Bedeutung des Verschwindens von Geschwindigkeitsfunktionen untersucht werden. Für $v = 0$, $v^* = 0$ sind die Momentanschraubungen von e bzw. z Momentandrehungen, für $\omega = 0$, $\omega^* = 0$ Momentanschiebungen. Nach Gl. (3_3) gilt für identisches Verschwinden von v auch $\sigma \equiv 0$. Die Strahlfläche hat dann überall verschwindende Striktion σ und ist daher die Tangentenfläche einer Raumkurve. *Jede Erzeugende ist daher Torsallinie.* Aus Gl. (3_1) folgt für $\omega \equiv 0$, $\varkappa \equiv 0$. Die Erzeugenden haben demnach [§ 54 Gl. (3_1)] eine feste Richtung und gehören daher einem *Zylinder* an. Aus Gl. (3_4) folgt für $v^* \equiv 0$, $\sigma \equiv \pi/2$. Die Strahlfläche ist daher eine Binormalenfläche oder ein gerades Konoid (§ 55). Die Erzeugenden sind „*orthoid*“, womit man ausdrückt, daß sie die Striktionslinie rechtwinklig schneiden. Aus Gl. (3_2) folgt für $\omega^* \equiv 0$, $\varkappa_1 \equiv 0$. Demnach [§ 54 Gl. (3_3)] haben alle Zentralnormalen eine feste Richtung, weshalb alle Erzeugenden zu einer Ebene parallel sein müssen. *Solche Strahlflächen sind konoidal* (§ 55).

Wir gelangen nun zu einer Klassifizierung der Erzeugenden einer windschiefen Strahlfläche, wenn wir die Fälle aufzählen, in denen Geschwindigkeitsfunktionen einer Erzeugenden verschwinden. Die in § 92 als *regulär* bezeichneten Erzeugenden sind diejenigen, bei denen $v \neq 0$, $\omega \neq 0$ ist. Ist für eine Erzeugende e die Schiebgeschwindigkeit $v = 0$ und $\omega \neq 0$, so ist die Momentanschraubung eine Momentandrehung um die Zentraltangente z. Demnach liegen die Tangenten an die Bahnkurven, die die Punkte der Strahlfläche bei dem oben erklärten Bewegungsvorgang beschreiben, für die Punkte von e in der zu z normalen Ebene α. Also berührt die asymptotische Ebene α die Fläche in allen Punkten von e. e ist daher *Torsallinie.* Ist für eine Erzeugende e die Winkelgeschwindigkeit $\omega = 0$ und $v \neq 0$, so ist die Momentanschraubung eine Momentanschiebung in der Richtung von z. e erfährt daher eine momentane Parallelverschiebung in dieser Richtung und ist daher eine *zylindrische Erzeugende,* die in allen Punkten von der Zentralebene berührt wird. Ist für eine Erzeugende e zugleich $v = 0$ und $\omega = 0$, so findet wegen der vorausgesetzten Stetigkeit in e im allgemeinen ein Vorzeichenwechsel von v und ω statt, Schieb- und Drehsinn werden also rückläufig, e ist eine *Rückkehrerzeugende.* Jeder dieser vier Fälle läßt je nach dem Verhalten der beiden Funktionen v^*, ω^* vier verschiedene Unterfälle zu. Den obigen Bemerkungen gemäß nennt man e für $v^* = 0$ *orthoid,* für $\omega^* = 0$ *konoidal.* Orthoide Erzeugende schneiden die Striktionslinie nach Gl. (3_4) rechtwinklig; konoidale Erzeugende heißen auch *Wendeerzeugende.* Damit kommen wir zu 16 Arten von Erzeugenden. Zu ihrer Kennzeichnung verwenden wir vier Vorzeichen (+, —), um anzudeuten, daß die vier Funktionen in der Reihenfolge v, ω, v^*, ω^* für e vorzeichenbeständig sind bzw. das Vorzeichen umkehren. So entsteht die folgende Übersicht:

Reguläre Erzeugende sind: I_a (+ + + +) *allgemein reguläre Erzeugende;* I_b (+ + — +) *orthoide Erzeugende;* I_c (+ + + —) *Wendeerzeugende;* I_d (+ + — —) *orthoide Wendeerzeugende.*

Torsallinien sind: II_a (— + + +) *allgemeine Torsallinie*; II_b (— + — +) *orthoide Torsallinie*; II_c (— + + —) *Wendetorsallinie*; II_d (— + — —) *orthoide Wendetorsallinie.*

Zylindrische Erzeugende sind: III_a (+ — + +) *allgemeine zylindrische Erzeugende*; III_b (+ — — +) *orthoide zylindrische Erzeugende*; III_c (+ — + —) *zylindrische Wendeerzeugende*; III_d (+ — — —) *orthoide zylindrische Wendeerzeugende.*

Rückkehrerzeugende sind: IV_a (— — + +) *allgemeine Rückkehrerzeugende*; IV_b (— — — +) *orthoide Rückkehrerzeugende*; IV_c (— — + —) *Wenderückkehrerzeugende*; IV_d (— — — —) *orthoide Wenderückkehrerzeugende.*

§ 94. **Konstruktion der Schmiegtangenten und der Schmiegquadrik einer Erzeugenden; die Schmieglinien einer Strahlfläche.** Es seien e und e_1 zwei Erzeugende einer windschiefen Strahlfläche Φ (Abb. 33). Ferner sei k die durch einen Punkt A von e gehende, von e verschiedene Schmieglinie. Da die Erzeugenden Schmiegtangenten sind, wollen wir in der Folge unter Schmiegtangenten und Schmieglinien stets die von den Erzeugenden verschiedenen verstehen. Die Berührebene τ von A schneidet Φ in einer Kurve, die aus e und einer Kurve c besteht, die von der Schmiegtangente a von A berührt wird. k und c haben also das Linienelement $(A\,a)$ gemeinsam.

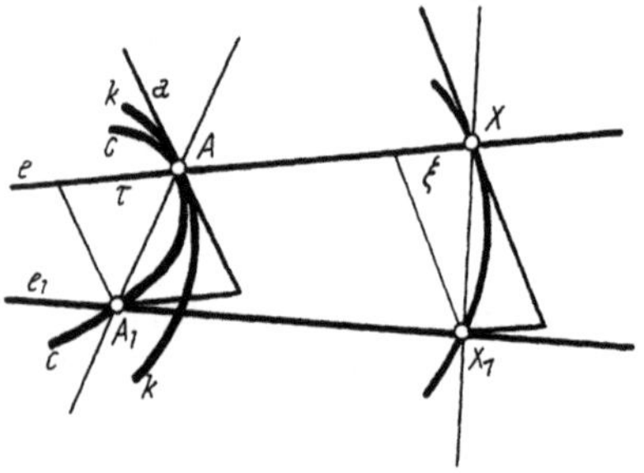

Abb. 33

Es sei nun A_1 der Schnittpunkt von τ mit e_1 und X_1 der Schnittpunkt der Berührebene ξ eines beliebigen Punktes X von e mit e_1. Es ist dann die Punktreihe $e\,(X)$ projektiv zum Ebenenbüschel $e\,(\xi)$ (Berührungskorrelation, § 92) und dieses perspektiv zur Punktreihe $e_1\,(X_1)$. Die Verbindungsgeraden $(X X_1)$ bilden daher eine Erzeugendenschar einer Quadrik $\overline{F}^2$, die Φ längs e berührt. Beim Grenzübergang $e_1 \to e$ geht die Sehne $(A A_1)$ von c in die Tangente von c und k in A, also in die Schmiegtangente a von P über (Abb. 33). Die Schmiegtangenten in den Punkten von e gehören daher der Fläche 2. Ordnung an, die aus $\overline{F}^2$ durch den Grenzübergang $e_1 \to e$ entsteht. Es gilt daher:

Satz 1: *Die Schmiegtangenten einer windschiefen Strahlfläche Φ längs einer Erzeugenden e bilden eine Quadrik, die „Schmiegquadrik" F^2 von Φ längs e.*

Wenn sich zwei Flächen längs einer Kurve berühren, so berühren sich die für irgendeinen Punkt P dieser Kurve mit derselben Konstanten gebildeten Dupinschen Indikatrizen der beiden Flächen in den Endpunkten ihres auf der Tangente von P liegenden gemeinsamen Durchmessers (§ 85). Im vorliegenden Fall ist die Berührkurve von Φ und F^2 die Erzeugende e. Da e eine der beiden Schmiegtangenten von Φ und F^2 in P ist, ist e eine gemeinsame Asymptote der beiden Indikatrizen. Für e als Durchmesser liegen daher beide Endpunkte im Fernpunkt U von e vereinigt, weshalb nach der obigen Bemerkung die beiden Indikatrizen sich in U mindestens hyperoskulieren müssen. Da sie aber auch die zweite Asymptote, d. i. die andere Schmiegtangente, gemeinsam haben, fallen die beiden Indikatrizen zusammen. Damit ist gezeigt:

Satz 2: *Die von den Schmiegtangenten einer windschiefen Strahlfläche Φ in den Punkten einer Erzeugenden e gebildete Schmiegquadrik oskuliert Φ in allen Punkten von e.*

Es soll nun die von J. SOLIN[1] und J. SOBOTKA[2] stammende Konstruktion der Schmiegtangente in einem gegebenen Punkt P einer Strahlfläche Φ besprochen werden (Abb. 34). Wir nehmen an, es sei von einer durch P gehenden Flächenkurve in P die Tangente t, die Schmiegebene σ und der in σ liegende Krümmungskreis k gegeben. Ist e die durch P gehende Erzeugende von Φ, so ist die Ebene $\tau = (e\,t)$ die Berührebene von Φ in P. Um die Berührungskorrelation auf e festzulegen, geben wir für zwei von P verschiedene Punkte Q, R von e die Berührebenen durch ihre Spuren q und r in σ an. Damit ist auch die Strahlfläche 2. Grades Ψ^2 bestimmt, die durch k geht und Φ längs e berührt. Schneiden q und r den Kreis k in Q_1 bzw. R_1, so sind $(Q\,Q_1)$ und $(R\,R_1)$ zwei Erzeugende von Ψ^2. Die Ebene $\tau = (e\,t)$ ist die gemeinsame Berührebene von Φ und Ψ^2 in P.

Es ist nun nachzuweisen, daß sich Φ und Ψ^2 in P oskulieren. Wenn man die DUPINschen Indikatrizen von Φ und Ψ^2 in P mit derselben Konstanten bildet

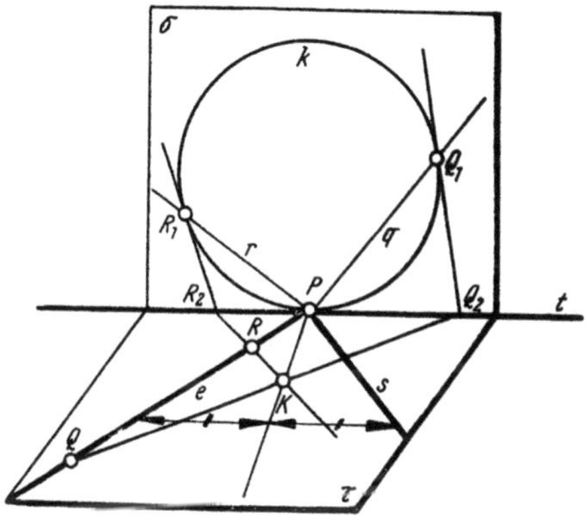

Abb. 34

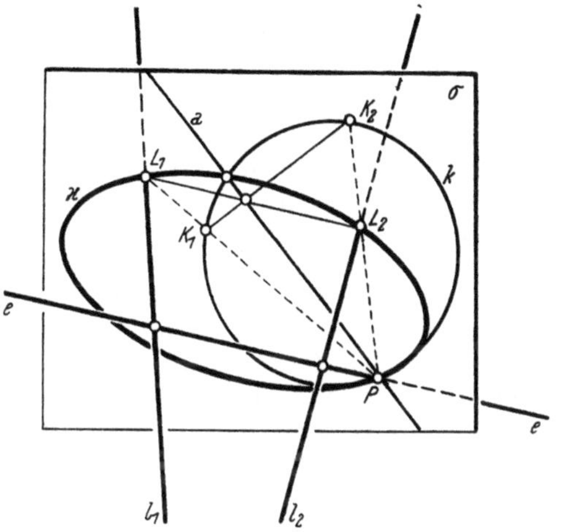

Abb. 35

und beachtet, daß sich Φ und Ψ^2 längs e berühren, weil sie in P, Q gemeinsame Berührebenen haben, so gilt nach dem oben Gesagten, daß sich die beiden Indikatrizen im Fernpunkt von e mindestens hyperoskulieren. Da aber k in P Krümmungskreis für Φ und Ψ^2 ist, oskulieren sich nach dem MEUSNIERschen Satz die durch t gelegten Normalschnitte von Φ und Ψ^2. Die Indikatrizen haben daher auf t gemeinsame Durchmesserendpunkte, was zusammen mit der Hyperoskulation im Fernpunkt von e ihr Zusammenfallen bewirkt, womit die Oskulation von Φ und Ψ^2 in P bewiesen ist.

Nun ermitteln wir die Spitze K des Ψ^2 längs k umschriebenen Kegels. Seine Berührebene τ_1 in Q_1 wird von der Erzeugenden $(Q\,Q_1)$ von Ψ^2 und der Tangente an k in Q_1 aufgespannt. Schneidet diese t in Q_2, so ist $(Q\,Q_2)$ die Spur von τ_1 in τ. Ebenso ermitteln wir in τ die Spur $(R\,R_2)$ der Berührebene τ_2 von Ψ^2 in R_1. Da τ Ψ^2 in P berührt, ist die Kegelspitze K der Schnittpunkt von $(Q\,Q_2)$ mit $(R\,R_2)$. Nach § 85 (letzter Satz) sind daher t und die Kegelerzeugende $(K\,P)$ ein Paar konjugierter Flächentangenten von Ψ^2, aber auch von Φ, da sich Ψ^2 und Φ in P oskulieren. Da die Paare konjugierter Flächentangenten die Schmiegtangenten harmonisch trennen, ist die gesuchte Schmiegtangente in P der zu e bezüglich t

[1] S.-B. böhm. Ges. Wiss. 1883.
[2] Ebenda 1893, 1903.

und (PK) harmonische Strahl s. Man findet ihn daher mittels der aus Abb. 34 ersichtlichen Streckenübertragung.

Zur *Konstruktion der Schmiegquadrik* einer Erzeugenden hat man für drei Punkte von e die Schmiegtangente anzugeben. Hat insbesondere die Strahlfläche Φ eine gerade Leitlinie l, so ist l Schmiegtangente in allen ihren Punkten und daher eine Erzeugende der Schmiegquadriken aller Erzeugenden. Hat Φ zwei gerade Leitlinien l_1, l_2, so läßt sich die Schmiegquadrik einer gegebenen Erzeugenden am einfachsten durch das folgende Verfahren ermitteln (Abb. 35): Es sei k der Krümmungskreis einer Flächenkurve in einem Punkt P von e. Die Ebene σ von k schneidet die Schmiegquadrik F^2 in einem Kegelschnitt $\varkappa$, der k in P oskuliert und durch ihre Schnittpunkte L_1, L_2 mit l_1, l_2 geht. Dadurch ist aber $\varkappa$ bestimmt und kann aus k durch eine Zentralkollineation erhalten werden, deren Zentrum in P liegt und deren Achse a durch P geht. Sind nämlich K_1, K_2 die Schnittpunkte der Kollineationsstrahlen (PL_1), (PL_2) mit k, so ist der Schnittpunkt der kollinear entsprechenden Geraden $(L_1 L_2)$, $(K_1 K_2)$ ein Punkt der durch P gehenden Kollineationsachse a. F^2 ist nun durch $l_1, l_2, \varkappa$ bestimmt. Legt man aus zwei Punkten F, G von $\varkappa$ die Treffgeraden f, g zu l_1, l_2, so sind die Treffgeraden von e, f, g die Schmiegtangenten von Φ in den Punkten von e.

Über die Schmieglinien einer windschiefen Strahlfläche gilt der folgende projektiv-invariante Satz von P. SERRET[1]:

Satz 3: *Die Schmiegtangentenkurven einer windschiefen Strahlfläche schneiden die Erzeugenden in projektiven Punktreihen.*

Beweis: Es seien k_1, k_2, k_3 drei Schmieglinien einer Strahlfläche Φ. Die Schnittpunkte der $k_{1,2,3}$ mit zwei Erzeugenden e und e_1 seien A, B, C bzw. A_1, B_1, C_1. Ist X ein von A, B, C verschiedener Punkt von e und das Doppelverhältnis $(A\,B\,C\,X) = \delta$, so beschreibt der Punkt X_1 von e_1, für den $(A_1, B_1, C_1, X_1) = \delta$ ist, eine Kurve k_x, wenn e_1 die Strahlfläche Φ durchläuft. Um den obigen Satz zu beweisen, hat man zu zeigen, daß die Tangente von k_x in einem beliebigen Punkt X die Schmiegtangente von X ist. Wir bezeichnen nun mit $\overline{F^2}$ die Quadrik, die durch die drei Erzeugenden (AA_1), (BB_1), (CC_1) bestimmt ist. Sie enthält auch die Erzeugende (XX_1), für die $(ABCX) = (A_1 B_1 C_1 X_1)$ ist. Für $e_1 \to e$ gehen die drei zuerst genannten Erzeugenden in die Tangenten $s_{1,2,3}$ der $k_{1,2,3}$, also in die Schmiegtangenten in A, B, C über. Daher ist $\lim \overline{F^2}$ die Schmiegquadrik F^2 von Φ längs e und damit ist $\lim (XX_1)$, d. i. die Tangente von k_x in X, tatsächlich die Schmiegtangente von Φ in X.

§ 95. Konstruktion der Hauptkrümmungsradien einer Strahlfläche. Ist a die Schmiegtangente in einem Punkt P der Erzeugenden e einer Strahlfläche Φ und d der Drall in e, so kann man durch Heranziehung der Formel von LAMARLE für die GAUSSsche Krümmung einer Strahlfläche [§ 63 Gl. 7(a)]

$$\frac{1}{R_1 R_2} = \frac{-d^2}{(v^2 + d^2)^2} \tag{1}$$

die Hauptkrümmungsradien R_1, R_2 leicht konstruieren. In Gl. (1) bedeutet v den Abstand des Punktes P vom Striktionspunkt der Erzeugenden e. Ist α der Winkel der Berührebene von P gegen die Zentralebene von e, so wird aus Gl. (1) mittels $v = d \operatorname{tg} \alpha$, § 92 Gl. (3), und mit $k^2 = |R_1 R_2|$:

$$\sqrt{|R_1 R_2|} = k = \frac{v^2 + d^2}{|d|} = |d| : \cos^2 \alpha. \tag{2}$$

[1] Théorie nouvelle géométrique et mécanique des courbes à double courbure, Paris 1860 S. 143.

Daraus ergibt sich die folgende Konstruktion der Hauptkrümmungsradien R_1, R_2 in P (Abb. 36). Die Erzeugende e und die Schmiegtangente a in P sind die Asymptoten der DUPINschen Indikatrix. Daher sind ihre Symmetralen t_1, t_2 die Krümmungstangenten in P und für den $\sphericalangle t_1 e = \varphi$ gilt $\operatorname{tg} \varphi = \sqrt{|R_2 : R_1|}$, da die Halbachsen der Indikatrix zu $\sqrt{|R_1|}$ und $\sqrt{|R_2|}$ proportional sind. Wir konstruieren nun aus d und v oder aus d und α das rechtwinklige Dreieck PUV mit $PU = |d|$ auf t_1, $UV = |v|$ $\sphericalangle UPV = \alpha$. Errichtet man in V das Lot auf (PV), so schneidet es t_1 in W_1, womit nach Gl. (2) $\sqrt{|R_1 R_2|} = k = PW_1$ ist. In dem bei W_1 rechtwinkligen Dreieck PW_1E mit E auf e ist $W_1E = k \operatorname{tg} \varphi = \sqrt{|R_1 R_2|\,|R_2 : R_1|} = |R_2|$. Ebenso ist in dem bei W_2 rechtwinkligen Dreieck PW_2A mit $PW_2 = c$ auf t_2 und mit A auf a die Kathete $W_2A = |R_1|$.

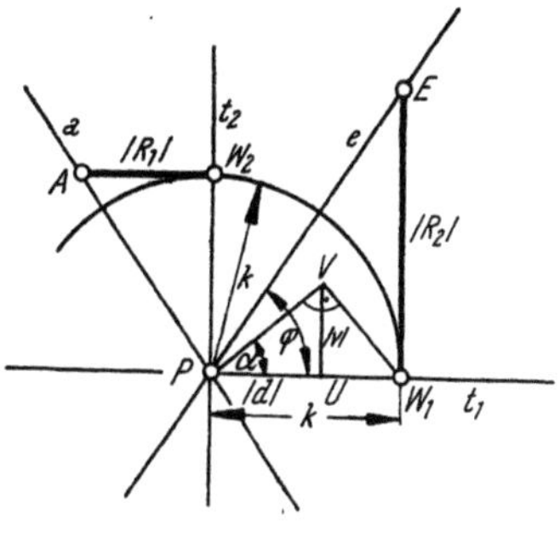

Abb. 36

§ 96. Konstruktion der Lieschen Schmieglinie einer Gewindestrahlfläche. In § 72 wurde eine Raumkurve als *Gewindekurve* bezeichnet, wenn ihre Tangenten einem Gewinde angehören. Ebenso werden Strahlflächen, deren Erzeugenden Strahlen eines Gewindes sind, *Gewindestrahlflächen* genannt. In § 71 wurde gezeigt, daß zu jedem Strahlgewinde eine projektive Punkt-Ebenenverwandtschaft gehört, die man *Nullsystem* nennt. Sie wird dadurch erklärt, daß jedem Punkt P die Ebene $\bar{\pi}$ der durch ihn gehenden Gewindestrahlen zugeordnet wird. P heißt der *Nullpunkt* von $\bar{\pi}$, $\bar{\pi}$ die *Nullebene* von P. Liegt ein Punkt A in einer Ebene β, so enthält die Nullebene $\bar{\alpha}$ von A den Nullpunkt $\bar{B}$ von β. Beschreibt ein Punkt eine Gerade g, so dreht sich seine Nullebene um die zu g *nullpolare Gerade* $\bar{g}$. Die Gewindestrahlen sind die einzigen Geraden, die mit ihren Nullpolaren zusammenfallen. Demnach wird jedes Schmiegelement $(P\,t\,\sigma)$ (Punkt, Gerade und Ebene in vereinigter Lage) durch das Nullsystem in ein Schmiegelement $(\bar{\pi}, \bar{t}, \bar{S})$ übergeführt. *Zwei Raumkurven, die in einem Nullsystem einander entsprechen, sind daher als „dual" zu bezeichnen*, ebenso wie zwei Raumfiguren, die zueinander bezüglich einer Kugel (Fläche 2. Ordnung) polar sind. Nun wurde in § 75 gezeigt, daß jede Raumkurve, aufgefaßt als Menge ihrer Schmiegelemente $(P\,t\,\sigma)$ durch Dualisierung in eine Kurve mit den entsprechenden Schmiegelementen $(\bar{\pi}, \bar{t}, \bar{S})$ übergeht. Wenden wir dieses Ergebnis auf eine *Gewindekurve* c an, indem wir sie mittels des dem Gewinde zugehörigen Nullsystems dualisieren, so geht sie in sich über, da jede Tangente von c als Gewindestrahl mit ihrer Nullpolaren zusammenfällt. Daraus folgt: *Die Nullebenen der Punkte einer Gewindekurve c sind deren Schmiegebenen; die Nullpunkte der Schmiegebenen von c sind deren Berührungspunkte.*

Bei Anwendung eines Nullsystems geht daher eine nichtabwickelbare Fläche Φ in eine nichtabwickelbare Fläche $\bar{\Phi}$ über in dem Sinn, daß den Punkten, Tangenten und Berührebenen von Φ in dieser Reihenfolge die Berührebenen, Tangenten und Punkte von $\bar{\Phi}$ so entsprechen, daß jedem Flächenelement $(P\,\alpha)$ von Φ ein Flächenelement $(\bar{\pi}\,\bar{A})$ von $\bar{\Phi}$ zugeordnet ist. Aus einer nichtabwickelbaren Gewindestrahlfläche Φ entsteht daher eine Fläche, die mit Φ identisch ist, weil sich die Erzeugenden von Φ als Gewindestrahlen im Nullsystem selbst entsprechen. Ist P ein Punkt auf einer regulären Erzeugenden e von Φ, so muß daher seine Nullebene $\bar{\pi}$ Φ berühren. Da e Gewindestrahl ist, geht $\bar{\pi}$ durch e

und berührt daher Φ in einem Punkt P_1 von e, der im allgemeinen von P verschieden ist. Durchläuft P die Erzeugende e, so ist die Punktreihe $e(P)$ dem Ebenenbüschel $e(\bar{\pi})$ projektiv zugeordnet, während dieses nach dem Satz von der Berührungskorrelation der Punktreihe $e(P_1)$ projektiv zugeordnet ist. Demnach ist die Zuordnung $P \rightarrow P_1$, die jedem Punkt P von e den Berührpunkt P_1 seiner Nullebene zuordnet, eine Projektivität. Nun ist aber $(P_1 \bar{\pi})$ ein Flächenelement von Φ, daher muß auch das dazu nullpolare Flächenelement, bestehend aus der Nullebene $\bar{\pi}_1$ von P_1 und dem Punkt P ein Flächenelement von Φ sein. Demnach ist die Nullebene $\bar{\pi}_1$ von P_1 die Berührebene von P. In der genannten Projektivität entsprechen sich also P und P_1 vertauschungsfähig. Sie ist daher eine Involution und wird in der Folge als *Kleinsche Involution*[1] bezeichnet.

Wir richten nun mit F. KLEIN unsere Aufmerksamkeit auf die beiden Doppelpunkte D_1, D_2 dieser Involution, die reell oder konjugiert komplex sein können. In jedem dieser Doppelpunkte $D_{1,2}$ wird Φ von seiner Nullebene $\delta_{1,2}$ berührt. *Es sei nun c die Kurve, die von den Doppelpunkten $D_{1,2}$ der Kleinschen Involutionen auf den Erzeugenden gebildet wird.* Ihre Tangenten sind, weil sie in den Nullebenen ihrer Berührpunkte liegen, Gewindestrahlen. c ist also eine Gewindekurve. Nach dem oben ausgesprochenen Lehrsatz sind demnach die Schmiegebenen von c die Nullebenen $\delta_{1,2}$ ihrer Punkte $D_{1,2}$. Da weiterhin, wie oben bemerkt, die $\delta_{1,2}$ Φ in ihren Nullpunkten $D_{1,2}$ berühren, ist c eine Schmieglinie von Φ. c ist die bereits in § 73 behandelte *Liesche Schmieglinie, der Ort der Punkte $D_{1,2}$, deren Nullebenen die Schmiegebenen der Kurve und Berührebenen zugleich sind.* Für die Berechnung der Punkte $D_1 D_2$ auf einer Erzeugenden e gilt die quadratische Gleichung § 73 Gl. (3).

Zur graphischen *Konstruktion der Lieschen Schmieglinie c* $(D_{1,2})$ hat man daher auf einer hinlänglichen Anzahl von Erzeugenden je zwei Punktepaare der KLEINschen Involution anzugeben, aus denen man dann $D_{1,2}$ konstruiert. Einen in den Rahmen der darstellenden Geomtrie gut passenden Konstruktionsvorgang hat H. NEUDORFER[2] angegeben, der auf folgender Bemerkung beruht: *Sind L eine punktförmige Lichtquelle, λ die Nullebene von L und e eine Erzeugende, so sind der Schnittpunkt $P = (\lambda e)$ und der auf e liegende Punkt P_1 der Eigenschattengrenze von Φ für die Lichtquelle L ein Punktepaar der Kleinschen Involution.* In der Tat ist die Ebene $(L P P_1)$ einerseits die Nullebene von P, weil sie die Gewindestrahlen $(L P)$ und $e = (P P_1)$ enthält, anderseits die Berührebene in P_1, weil sie e und den Φ in P_1 berührenden Lichtstrahl $(L P_1)$ enthält. Das Konstruktionsverfahren von NEUDORFER ist demnach das folgende: *Man konstruiert für zwei Lichtquellen L, L^* die Schnittkurven k, k^* von Φ mit den Nullebenen λ, λ^* von L, L^* und die Eigenschattengrenzen k_1, k_1^* von Φ für L, L^*. Die Kurvenpaare (k, k_1) und (k^*, k_1^*) schneiden jede Erzeugende e in zwei Punktepaaren der Kleinschen Involution, deren dadurch bestimmte Doppelpunkte der Lieschen Schmieglinie angehören.*

Schließlich soll noch gezeigt werden, *daß die Liesche Schmieglinie durch die Kuspidalpunkte der Gewindestrahlfläche geht.* Den oben bewiesenen Satz, daß die Schmiegebenen einer Gewindekurve die Nullebenen ihrer Berührpunkte sind, kann man durch die Aussage ersetzen, daß die Berührebenen einer Tangentenfläche deren Erzeugende einem Gewinde angehören, die Nullebenen der Gratpunkte der entsprechenden Berührerzeugenden sind. In einem Torsalelement einer windschiefen Strahlfläche Φ, bestehend aus der Torsalerzeugenden t, dem

[1] F. KLEIN, Math. Ann. 5 (1872), S. 274.
[2] S.-B. Akad. Wiss. Wien, math.-naturwiss. Kl. IIa, 134 (1925).

Kuspidalpunkt K und der Berührebene τ, verhält sich demnach Φ so wie eine im Gewinde enthaltene Torse mit dem Schmiegelement $(K\, t\, \tau)$. Daher ist τ die Nullebene von K. Nun ist aber die LIEsche Schmieglinie von Φ der Ort der Punkte, deren Berührebenen ihre Nullebenen sind. Also enthält sie die Kuspidalpunkte und berührt dort die Torsalerzeugenden.

§ 97. Konstruktion der Schmieglinien einer Netzfläche. Für das folgende sind zunächst einige konstruktive Ergänzungen über Strahlgewinde (§ 71) notwendig. Wir beweisen den Satz: *Ein Strahlgewinde ist durch ein Paar reziproker Polaren* $g\, g_1$ *und durch einen zu* g *und* g_1 *windschiefen Gewindestrahl* e *bestimmt*, d. h. man kann a) zu jedem Punkt P die Nullebene π und b) zu jeder Ebene π den Nullpunkt P konstruieren.

Zu a: Die Ebene σ, die P mit e verbindet, schneidet g und g_1 in zwei Punkten, deren Verbindungsgerade s dem Gewinde angehört. Der Schnittpunkt S der in der Ebene σ liegenden Gewindestrahlen e, s ist daher der Nullpunkt von σ. Somit ist $(S\, P)$ ein Gewindestrahl t durch P; ein zweiter Gewindestrahl ist die Treffgerade t_1 aus P an g und g_1. Nun ist die Ebene $(t\, t_1) = \pi$ die gesuchte Nullebene von P.

Zu b: Aus dem Punkt S, in dem e die Ebene π schneidet, läßt sich an g und g_1 eine Treffgerade s legen. Die Verbindungsebene σ der Gewindestrahlen e, s ist daher die Nullebene σ von S. Somit ist die Schnittgerade $t = (\sigma\, \pi)$ ein Gewindestrahl t in π; ein zweiter Gewindestrahl in π ist die Gerade t_1 durch die beiden Schnittpunkte von g und g_1 auf π. Nun ist der Punkt $(t\, t_1) = P$ der gesuchte Nullpunkt von π. Man sieht, daß die Aufgaben a und b sowie ihre Lösungsverfahren einander dual gegenüberstehen.

In § 68 wurden die Strahlkongruenzen, deren Strahlen zwei windschiefe Geraden f_1, f_2 schneiden, als *hyperbolisches* oder *elliptisches Strahlnetz* bezeichnet, je nachdem die *Brenngeraden* $f_{1,\,2}$ reell bzw. konjugiert komplex sind. Die durch einen Punkt P von f_1 gehenden Netzstrahlen sind die Geraden, die P mit den Punkten von f_2 verbinden. Sie bilden also das Strahlbüschel $(P\, \tau)$ mit dem Scheitel P und der Ebene $\tau = (P\, f_2)$. Durchläuft P die Punktreihe $f_1(P)$, so durchläuft τ das zu ihr perspektive Ebenenbüschel $f_2(\tau)$. Läßt man f_1 mit f_2 in eine Gerade f zusammenfallen, wobei die Perspektivität zwischen $f_1(P)$ und $f_2(\tau)$ in eine Projektivität (Korrelation) zwischen den Punkten P von f und den Ebenen τ durch f übergehen soll, so bilden die Strahlbüschel $(P\, \tau)$, bei denen P und τ entsprechende Elemente sind, eine Strahlkongruenz, die man *parabolisches Strahlnetz nennt.*

Eine solche Projektivität besteht, § 55 Gl. (8), zwischen den Punkten einer Erzeugenden einer Strahlfläche und den ihnen zugeordneten Berührebenen τ. Es gilt daher der Satz: *Die Tangenten einer Strahlfläche in den Punkten einer regulären Erzeugenden bilden ein parabolisches Strahlnetz.*

Wir richten nun unsere Aufmerksamkeit auf die Menge aller Strahlgewinde, die ein gegebenes Strahlnetz $\mathfrak{N}$ enthalten. Wir zeigten oben, daß ein solches Strahlgewinde bestimmt ist durch einen Gewindestrahl e, der keine Brenngerade des Strahlnetzes schneidet. Dasselbe gilt, wie man durch sinngemäße Änderung der obigen Überlegung erkennt, für ein parabolisches Strahlnetz. Es gilt also: *Ein Strahlgewinde ist durch ein Strahlnetz* $\mathfrak{N}$ *und einen zu den Brenngeraden von* $\mathfrak{N}$ *windschiefen Gewindestrahl* e *bestimmt.*

Ist nun P ein Punkt von e und ist ferner a der durch P gehende Netzstrahl, so ist die Ebene $(a\, e) = \pi$ die Nullebene von P bezüglich des durch $\mathfrak{N}$ und e bestimmten Gewindes $\mathfrak{G}$. Daraus ersieht man aber, daß $\mathfrak{N}$ mit jedem beliebigen von a verschiedenen Strahl des Büschels $(P\, \pi)$ dasselbe Gewinde $\mathfrak{G}$ bestimmt.

Man erhält daher je ein Gewinde durch $\mathfrak{N}$, indem man dem Punkt P je eine Ebene π durch a als Nullebene zuordnet, wobei man aber die Ebenen $(P\, f_{1,\,2})$ ausnehmen muß. Der Annahme $\pi = (P\, f_1)$ oder $(P\, f_2)$ entspricht kein Gewinde, sondern das *Strahlgebüsch* (§ 71), das aus allen Geraden besteht, die f_1 bzw. f_2 schneiden. Werden die Begriffe Strahlgewinde und Strahlgebüsch, wie in § 71, zum Begriff „linearer Strahlkomplex" zusammengefaßt, so geht aus der obigen Überlegung hervor, daß sich die linearen Strahlkomplexe durch ein Strahlnetz $\mathfrak{N}$ umkehrbar eindeutig auf die Ebenen eines Büschels $a(\pi)$ abbilden lassen. Damit begründet man die Aussage:

Alle linearen Strahlkomplexe durch ein Strahlnetz bilden ein Büschel von linearen Strahlkomplexen; diese sind Gewinde, abgesehen von den Gebüschen, deren Achsen die Brenngeraden des Netzes sind. Das den Gewinden eines Büschels gemeinsame Strahlnetz kann elliptisch, hyperbolisch oder parabolisch sein.

Wenn die Erzeugenden einer Strahlfläche Φ einem Strahlnetz $\mathfrak{N}$ angehören, nennt man Φ eine *Netzfläche*. Nach dem letzten Satz ist sie daher auch Gewinde-

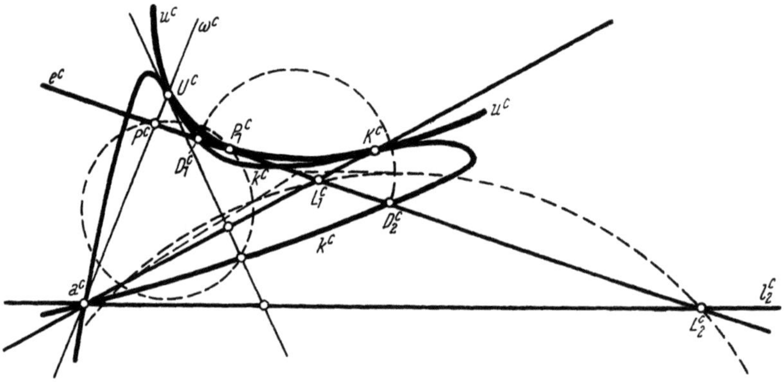

Abb. 37

fläche in allen Gewinden des Büschels, die durch $\mathfrak{N}$ gehen. Φ besitzt daher zu jedem dieser Gewinde eine *Liesche Schmieglinie*, § 96. Demnach lassen sich die Schmieglinien k einer Netzfläche nach dem *Verfahren von Neudorfer*, § 96, konstruieren. In Abb. 37, die als Zentralprojektion gedacht ist, wird Φ als Strahlfläche mit zwei reellen windschiefen Leitgeraden l_1, l_2 angenommen. Φ gehört dann dem hyperbolischen Strahlnetz $\mathfrak{N}$ mit den Brenngeraden $l_{1,\,2}$ an[1]. Wir greifen nun aus dem Gewindebüschel durch $\mathfrak{N}$ ein Gewinde $\mathfrak{G}$ dadurch heraus, daß wir dem Projektionszentrum O eine durch die Treffgerade a aus O an l_1, l_2 gehende Ebene ω als Nullebene zuweisen. Man erhält nun auf einer Erzeugenden e von Φ ein Punktepaar $(P P_1)$ der *Kleinschen Involution*, § 96, indem man dem Schnittpunkt $P = (e\,\omega)$ den Schnittpunkt P_1 von e mit der Kurve u des wahren Umrisses von Φ bezüglich O zuordnet. In Abb. 37 sind e^c, l_1^c, l_2^c die Bilder von e, l_1, l_2. Das Bild von a ist der Schnittpunkt $a^c = (l_1^c\, l_2^c)$ und die Ebene ω bildet sich als eine von $l_{1,\,2}^c$ verschiedene Gerade ω^c durch a^c ab. Der scheinbare Umriß u^c wird als gegeben angenommen. Nun ist P^c der Schnittpunkt $(e^c\,\omega^c)$ und P_1^c der Berührpunkt von e^c mit u^c. Auch die Punkte $L_1^c = (e^c\, l_1^c)$ und $L_2^c = (e^c\, l_2^c)$ sind das Bild eines Punktepaares L_1, L_2 der Involution, weil die Nullebene von L_1 die Ebene $(L_1\, l_2)$ ist, die Φ in L_2 berührt. Die beiden auf e liegenden Punkte der Lieschen Schmieglinie k sind die Doppelpunkte der In-

[1] Der Leser beschrifte in Abb. 37 $(a^c\, L_1^c)$ mit l_1^c.

volution, also die beiden Punkte $D_{1,2}$, die die Punktepaare L_1, L_2 und P, P_1 harmonisch trennen. Sie sind reell, wenn sich die beiden Punktepaare nicht trennen. Im Zentralriß wird man daher durch die Punktepaare L_1^c, L_2^c und P^c, P_1^c je einen Kreis so legen, daß sie sich in zwei reellen Punkten schneiden. Ihre Verbindungsgerade schneidet e^c in einem Punkt, der die Mitte eines beide Kreise rechtwinklig schneidenden Kreises ist und aus e^c die gesuchten Punkte D_1^c, D_2^c von k^c ausschneidet.

In einem Schnittpunkt U^c von ω^c mit u^c fallen die beiden Punkte P^c, P_1^c zusammen. U^c ist daher ein Doppelpunkt der Involution auf der Tangente von u^c in U^c. Der zweite liegt zu U^c bezüglich l_1^c, l_2^c harmonisch. In U^c wird u^c von k^c berührt. Der wahre Umriß u einer Strahlfläche geht durch ihre Kuspidalpunkte. Der Schnittpunkte K^c von u^c mit l_1^c in Abb. 37 ist der Zentralriß eines Kuspidalpunktes K. Nach § 96 (Ende) müssen u^c und k^c in K^c einander berühren. Durch Änderung von ω^c durch a^c lassen sich alle Schmieglinien von Φ gewinnen.

Wir wenden nun das eben erklärte Verfahren zur Ermittlung der *Schmieglinien der geraden Konoide* an. Ein gerades Konoid ist in dem Strahlnetz $\mathfrak{N}$ enthalten, dessen Strahlen die Leitgerade l von Φ rechtwinklig schneiden. Die Brenngeraden von $\mathfrak{N}$ sind demnach l und die Ferngerade l_u der zu l normalen Ebenen. Φ ist demnach auch Gewindefläche in allen Gewinden mit der Achse l. Um eines dieser Gewinde herauszugreifen, kann man den Parameter k des Gewindes wählen (§ 71).

Faßt man l als z-Achse eines Systems von Zylinderkoordinaten r, ϑ, z auf, so ist

$$z = f(\vartheta) \tag{1}$$

die allgemeine Darstellung der geraden Konoide mit der Leitgeraden $l = z$. Diese ist das Gemeinlot aller Erzeugenden und daher ihre gemeinsame Zentraltangente. l ist daher die Striktionslinie von Φ. Für den Drall d, § 92 Gl. (2), gilt nach Gl. (1)

$$d = dz : d\vartheta = f'(\vartheta). \tag{2}$$

Für einen Punkt $P(r, \vartheta, z)$ von Φ, dessen Berührebene τ mit l den Winkel ω einschließt, gilt nach § 92 Gl. (3)

$$r = d \operatorname{tg} \omega. \tag{3}$$

Faßt man nun Φ als Gewindestrahlfläche in einem Gewinde mit der Achse l und dem Parameter k auf, so ist jeder der beiden Punkte $D_{1,2}$ einer Erzeugenden, die der Lieschen Schmieglinie angehören, durch die Bedingung bestimmt, daß seine Nullebene Berührebene von Φ ist. Somit gilt nach § 71 Gl. (9)

$$k = r \operatorname{tg} \omega. \tag{4}$$

Entfernt man $\operatorname{tg} \omega$ aus Gln. (3) und (4), so erhält man mittels Gl. (2)

$$r^2 = k f'(\vartheta) \tag{5}$$

als *Gleichung des Grundrisses der Schmieglinien des geraden Konoids.*

Die in Abb. 37 durchgeführte Konstruktion der Schmieglinien einer Netzfläche gilt sinngemäß auch, wenn die Strahlfläche einem parabolischen Strahlnetz angehört. Die sonst getrennten Brenngeraden des Netzes sind in diesem Fall in einer Brenngeraden vereinigt, also ist $l_1^c = l_2^c = l^c$. Der durch das Auge O gehende Netzstrahl a verbindet O mit dem Punkt a^c von l, der der Ebene $(O\,l)$ in der das Strahlnetz definierenden Korrelation zugeordnet ist. Durch diesen Punkt a^c sind die Geraden ω^c zu legen. Im vorliegenden Fall ist jeder Schnittpunkt L der Leitgeraden l mit einer Erzeugenden e bereits ein Doppelpunkt der Kleinschen Involution. l ist daher ein Bestandteil aller Schmieglinien.

Ist nun e^c das Bild einer Erzeugenden e, so ist der zu $L^c = (l^c e^c)$ bezüglich $P^c = (\omega^c e^c)$ und dem Berührpunkt $P_1{}^c$ von e^c und u^c harmonische Punkt ein Punkt des Bildes der zu ω gehörigen Schmieglinie.

Konstruktive Fragen bei besonderen Strahlflächen werden in den §§ 102, 103, 104 behandelt werden.

XI. Konstruktive Differentialgeometrie besonderer Flächen und Kurven

§ 98. Drehflächen; verallgemeinerte Drehflächen, Gesimsflächen. Wenn sich eine Kurve k um eine feste Achse a dreht, so erzeugt sie eine Drehfläche Φ. Die Punkte von k beschreiben die *Parallelkreise* von Φ, deren Mitten auf a liegen

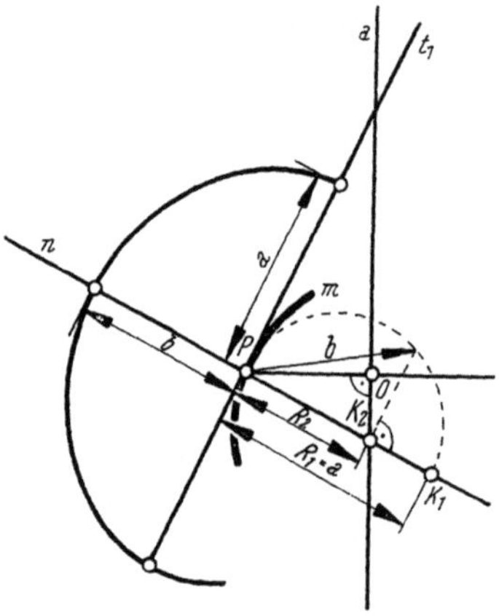

Abb. 38

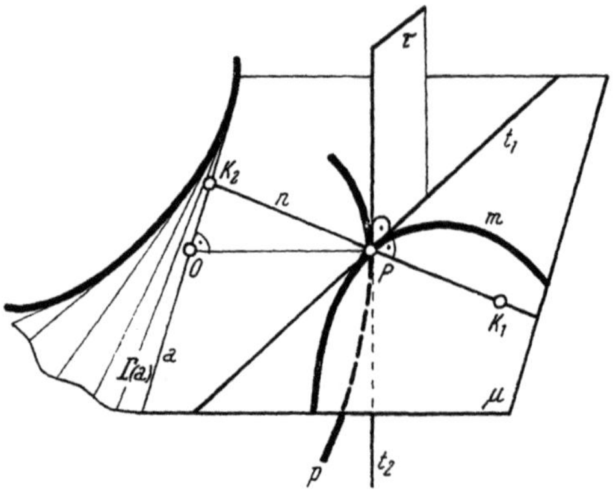

Abb. 39

und deren Ebenen zu a normal sind. Die Schnitte von Φ mit den Ebenen durch a sind die *Meridiane* von Φ. Da die Drehflächen in der Literatur der darstellenden Geometrie eingehend behandelt werden, beschränken wir uns hier auf einen Hinweis über die *Konstruktion der Dupinschen Indikatrix*. In Abb. 38 ist eine Drehfläche Φ durch die in der Zeichenebene liegende Meridiankurve (Halbmeridian) m und durch die Drehachse a gegeben. Zur Konstruktion der Indikatrix in einem Punkt P von m ermitteln wir zunächst die Hauptkrümmungsmitten K_1, K_2 von Φ in P. Da jede Meridianebene eine Symmetrieebene von Φ ist, ist die Meridiantangente t_1 in P eine Krümmungstangente in P; die andere ist daher die Parallelkreistangente. *Auf einer Drehfläche sind daher die Meridiane und die Parallelkreise die Krümmungslinien.* Die Kurvennormale n von m ist zugleich die Flächennormale in P. Da der Meridian m ein Hauptnormalschnitt ist, ist K_1 die Krümmungsmitte von m in P. Die zweite Hauptnormalschnittebene geht durch n und die Parallelkreistangente t_2 in P. Ist O der Mittelpunkt des Parallelkreises durch P, so ergibt sich die Hauptkrümmungsmitte K_2 nach dem MEUSNIERschen Satz in der Form § 83 Satz 1 als der Schnittpunkt von a mit n. Damit sind $R_1 = P K_1$, $R_2 = P K_2$ die Hauptkrümmungsradien. In der Annahme von Abb. 38 liegen K_1, K_2 auf derselben Seite von t_1; P ist daher ein elliptischer Punkt. Zur Konstruktion der Indikatrix i^2, $\varrho = \sqrt{c\,R}$, wählen wir $c = R_1$; ihre Halbachsen sind dann $a = R_1$, $b = \sqrt{R_1 R_2}$. Sie kann daher, wie aus Abb. 38 ersichtlich, in umgeklappter Lage gezeichnet werden.

Wir betrachten nun die Fläche Φ, die von einer ebenen Kurve m erzeugt wird, deren Ebene μ auf einer Torse Γ rollt, Abb. 39. μ ist dabei stets Berührebene von Γ und dreht sich in jedem Augenblick (momentan) ohne zu gleiten um die jeweilige Berührerzeugende a von μ. Φ kann daher als *verallgemeinerte Drehfläche* bezeichnet werden.

Die Bahnkurven der Punkte von μ sind daher die *Planevolventen* p der Gratlinie von Γ, § 59, d. h. die die Berührebenen μ von Γ rechtwinklig schneidenden Kurven; sie können auch als die Planevolventen von Γ bezeichnet werden. Die Planevolventen p in den Punkten von m haben dort Tangenten, die zu μ normal und daher zueinander parallel sind. Der Fläche Φ ist demnach längs m ein Zylinder mit dem Normalschnitt m umschrieben. Somit sind in jedem Punkt von m die Tangente an m und die Tangente an p zwei konjugierte und normale Tangenten. Es gilt daher: *Auf einer verallgemeinerten Drehfläche Φ sind die verschiedenen Lagen der sie erzeugenden ebenen Kurven m und die m schneidenden Planevolventen p der Achsentorse $\Gamma(a)$ die Krümmungslinien.*

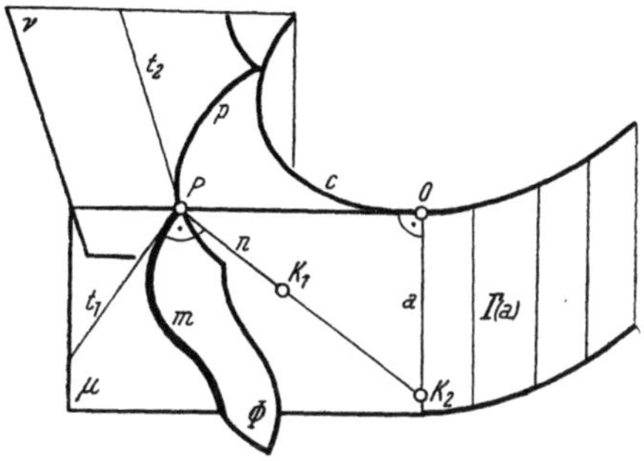

Abb. 40

Sind (Abb. 39) t_1, t_2 die Tangenten von m und p in P, so ist die Berührebene $\tau = (t_1\,t_2)$ von Φ in P zu μ normal und die Flächennormale n in P ist die in μ liegende Kurvennormale von m in P. Von den auf n liegenden Hauptkrümmungsmitten K_1, K_2 ist K_1 die Krümmungsmitte von m. μ ist stets die Normalebene von p in P, demnach ist die Achsentorse $\Gamma(a)$ die Polartorse, § 56, von p. Die in μ liegende Erzeugende a von Γ ist daher in der Krümmungsmitte O von p in P zur Schmiegebene von p in P normal. Somit ist der Fußpunkt O des aus P auf a gefällten Lotes die Krümmungsmitte von p in P. a steht in O auf der Schmiegebene $(O\,t_2)$ von p in P normal, weshalb nach dem Meusnierschen Satz der Schnittpunkt von a mit der Flächennormalen n die Hauptkrümmungsmitte K_2 ist. Damit kann die *Dupinsche Indikatrix* von P in der Berührebene konstruiert werden.

Wird m als Kreis gewählt, dann ist die von ihm erzeugte Fläche, wenn seine Ebene auf einer Torse Γ rollt, eine *Rohrfläche*. Da die Bahntangenten in den Punkten von m zu μ normal sind, wird Φ längs m von der Kugel mit dem Großkreis m berührt. Man kann damit die Rohrflächen auch so erklären: *Die Hüllfläche aller Kugeln mit festem Radius, deren Mitten M auf einer Kurve c_m liegen, ist eine Rohrfläche.* Es sei daran erinnert, daß die Berührkreise m der der Rohrfläche eingeschriebenen Kugeln nach dem oben Gesagten ein System von Krümmungslinien bilden.

Eine verallgemeinerte Drehfläche heißt *Gesimsfläche*, wenn die Achsentorse ein Zylinder ist. In Abb. 40 wird eine Gesimsfläche von einer ebenen Kurve m erzeugt, deren Ebene μ auf dem Zylinder $\Gamma(a)$ rollt. Die Planevolventen von Γ sind jetzt ebene Kurven, die Evolventen der Normalschnitte von Γ. Über die Krümmungslinien und die Hauptkrümmungsmitten K_1, K_2 gilt unverändert das oben Gesagte.

§ 99. Schiebflächen. Zu den bereits in § 42 eingeführten *Schiebflächen*

$$\mathfrak{z} = \mathfrak{x}(u) + \mathfrak{y}(v) \tag{1}$$

sollen im folgenden zusätzliche Bemerkungen gemacht werden (Abb. 41). Sind O der Nullpunkt der Ortsvektoren, $\mathfrak{x} = \mathfrak{x}(u)$ eine Kurve c_1 und $\mathfrak{y} = \mathfrak{y}(v)$ eine von c_1

verschiedene Kurve c_2, P_1 ein Punkt von c_1, P_2 ein Punkt von c_2, so ist nach Gl. (1) der vierte Eckpunkt des durch P_1, O, P_2 bestimmten Parallelogramms ein Punkt P der Schiebfläche Φ. Hält man P_1 auf c_1 fest, während P_2 c_2 durchläuft, so erhält man durch diese Konstruktion die v-Linie c_v durch P. Sie entsteht aus c_2 durch Parallelverschiebung mit dem Schiebvektor $\overrightarrow{OP_1}$. Ebenso erhält man die durch P gehende u-Linie von Φ, wenn man P_2 festhält und P_1 die Kurve c_1 durchlaufen läßt. Sie entsteht aus c_1 durch Schiebung mit dem Vektor $\overrightarrow{OP_2}$. Daraus folgt, daß jede Parameterlinie in jede andere derselben Art durch je eine

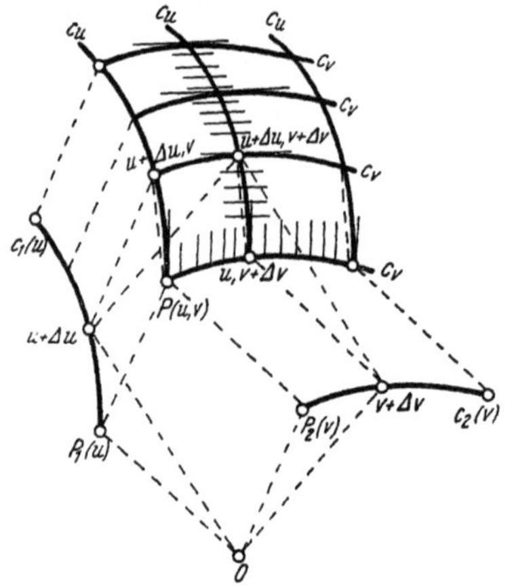

Abb. 41

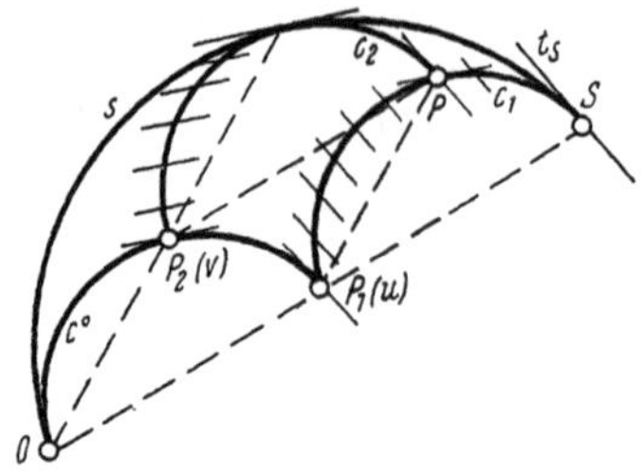

Abb. 42

Schiebung übergeführt werden kann. Wir betrachten nun die zwei v-Linien, die zu u und $u + \Delta u$ gehören, sowie die zu v und $v + \Delta v$ gehörigen u-Linien. Sie bilden auf der Fläche ein krummliniges Viereck, dessen Ecken im Raum ein Parallelogramm bilden. Die beiden v-Linien lassen sich daher durch eine Zylinderfläche verbinden, auf der die Geraden $((u, v)\,(u + \Delta u, v))$ und $((u, v + \Delta v)\,(u + \Delta u,\ v + \Delta v))$ Erzeugende sind. Daraus folgt für $\Delta u \to 0$, daß der Fläche längs jeder v-Linie c ein Zylinder umschrieben ist, dessen Erzeugenden die Tangenten an die u-Linien c_u sind; das Entsprechende gilt für die v-Linien. Nennt man die gemäß der Parameterdarstellung Gl. (1) bestimmten Parameterlinien der Fläche ihre *Schiebkurven*, so kann man nach § 30 Satz 1 sagen:

Satz 1: *Die beiden Scharen der Schiebkurven einer Schiebfläche bilden ein konjugiertes Netz.*

Da nach dem Gesagten die Tangenten an die u-Linien in den Punkten einer v-Linie parallel sind, läßt sich die Schiebfläche durch eine Bewegung einer v-Linie erzeugen, bei der diese in jedem Zeitpunkt eine momentane Schiebung in der Richtung der sie schneidenden u-Linien ausführt. Dafür und für die entsprechende Bemerkung bei Vertauschung von u und v sagt man kürzer:

Satz 2: *Die Schiebfläche entsteht durch die „krumme Schiebung" einer Schiebkurve der Fläche längs einer Schiebkurve der anderen Schar.*

Wir haben bisher angenommen, daß die beiden Kurven $c_1(u)$ ($\mathfrak{x} = \mathfrak{x}(u)$) und $c_2(v)$ ($\mathfrak{y} = \mathfrak{y}(v)$) nicht zusammenfallen. Wir lassen jetzt c_1 mit c_2 in einer Raumkurve c^0 zusammenfallen, die wir mit zwei Parametern u, v belegt denken. c^0 sei demnach sowohl durch $\mathfrak{x} = \mathfrak{x}(u)$ als auch durch $\mathfrak{y} = \mathfrak{x}(v)$ gegeben. Wir betrachten jetzt die Schiebfläche

$$\mathfrak{z} = \mathfrak{x}(u) + \mathfrak{x}(v). \tag{2}$$

Sie ist nach Gl. (2) der Ort der Mittelpunkte der Sehnen der Kurve $\mathfrak{z} = 2\,\mathfrak{x}(u)$ und ist daher als *Sehnenmittenfläche* zu bezeichnen, wie bereits in § 42 hervorgehoben wurde.

Wir konstruieren nun die durch Gl. (2) bestimmte Schiebfläche (Abb. 42), wobei wir den Nullpunkt O der Ortsvektoren $\mathfrak{z}$ auf c^0 annehmen. Nehmen wir auf c^0 einen Punkt $P_1(u)$ und einen Punkt $P_2(v)$ an, so ist nach Gl. (2) der vierte Eckpunkt des durch P_1, O, P_2 bestimmten Parallelogramms der Punkt $P(u, v)$ der Fläche. Wird $P_2(v)$ festgehalten und beschreibt P_1 die Kurve c^0, so beschreibt $P(u, v)$ die u-Linie c_2, die aus c^0 durch die Schiebung mit dem Vektor $\overrightarrow{OP_2}$ hervorgeht. Wird dagegen $P_1(u)$ festgehalten, beschreibt $P(u, v)$ eine v-Linie c_1, die aus c^0 durch die Schiebung mit dem Vektor $\overrightarrow{OP_1}$ entsteht. Nun gehört aber zu $P_1(u)$ auch ein v-Wert und zu $P_2(v)$ ein u-Wert. Jede Parameterlinie ist daher zugleich u-Linie und v-Linie; sie lassen sich daher nur in beschränkten Gebieten unterscheiden. Durch jeden Punkt der Fläche gehen, wie im allgemeinen Fall, zwei dieser Schiebkurven und bilden ein konjugiertes Netz.

Wenn man P_2 in O annimmt und festhält, während P_1 c^0 durchläuft, so liefert die Parallelogrammkonstruktion die Kurve c^0 als Schiebkurve. Die durch einen Punkt P_1 von c^0 gehende, von c^0 verschiedene Schiebkurve c_1 entsteht aus c^0 durch die Schiebung mit dem Vektor $\overrightarrow{OP_1}$. c_1 enthält daher auch den Punkt S von (OP_1), für den $\overrightarrow{OS} = 2\,\overrightarrow{OP_1}$ gilt. In S hat die Tangente t_s von c_1 die Richtung der Tangente von c^0 in P_1. t_s ist daher auch eine Erzeugende des Φ längs c_1 umschriebenen Zylinders und fällt also mit der konjugierten Tangente zusammen. t_s ist daher eine *Schmiegtangente* von Φ. Wenn P_1 c^0 durchläuft, so ergeben die Linienelemente (S, t_s) die Kurve s, die aus c^0 durch die zentrische Ähnlichkeit (Streckung) entsteht, die die Pfeile $\overrightarrow{OP_1}$ von O aus verdoppelt. Diese Kurve s ($\mathfrak{z} = 2\,\mathfrak{x}(u)$) ist die Kurve, deren Sehnenmittenfläche die betrachtete Schiebfläche ist. Es gilt somit: *Jede Kurve ist Schmieglinie ihrer Sehnenmittenfläche.*

Als Beispiel betrachten wir die Sehnenmittenfläche der Schraublinie $x = r\cos u$, $y = r\sin u$, $z = p\,u$. Die Sehnenmittenfläche $2\,\mathfrak{z} = \mathfrak{x}(u) + \mathfrak{x}(v)$ ist daher $x = r\cos {}^1/_2\,(u+v)\cos {}^1/_2\,(u-v)$, $y = r\sin {}^1/_2\,(u+v)\cos(u-v$, $z = {}^1/_2\,p\,(u+v)$, woraus durch Einführung neuer Parameter $\varrho = r\cos {}^1/_2\,(u-v)$, $\omega = {}^1/_2\,(u+v)$ die Parameterdarstellung der Wendelfläche

$$x = \varrho\cos\omega, \qquad y = \varrho\sin\omega, \qquad z = p\,\omega$$

als Sehnenmittenfläche der Schraublinie entsteht, die von den Loten (Hauptnormalen) aus den Punkten der Schraublinie auf die Schraubachse gebildet wird.

Abschließend sei noch bemerkt, daß die durch Gl. (2) definierten und als Sehnenmittenflächen erkannten Schiebflächen, Schiebflächen einer besonderen Gattung sind. Sie entstehen durch die krumme Schiebung einer Kurve an sich selbst.

§ 100. Schraubungen; allgemeine Schraubflächen. Unter einer Schraubung (a, k) mit der Schraubachse a und dem Parameter k versteht man eine Bewegung des Raumes, bei der der Raum um die feste Achse a gedreht und zugleich in der Richtung von a derart parallel verschoben wird, daß in jedem Zeitabschnitt das Verhältnis der zugehörigen Schiebstrecke zum zugehörigen Drehwinkel den konstanten Wert k hat. Die Schraublinie, die dabei ein Raumpunkt P_0 mit den Zylinderkoordinaten r, φ_0, z_0 beschreibt, wobei die Schraubachse als z-Achse zugleich für ein rechtwinkliges Achsenkreuz gewählt wird, ist

$$x = r\cos(\varphi_0 + \varphi), \qquad y = r\sin(\varphi_0 + \varphi), \qquad z = z_0 + k\,\varphi; \tag{1}$$

darin ist φ der Drehwinkel, $k\,\varphi$ die Schiebstrecke zum Schraublinienbogen $\widehat{P_0P}$. Die zu $\varphi = 2\pi$ gehörige Schiebstrecke ist die „*Ganghöhe*“ H, so daß $k = H : 2\pi$ ist, weshalb k auch als *reduzierte Ganghöhe* bezeichnet wird. Die Bahnschraublinien einer Schraubung (a, k), die eine Kurve c, die keine Bahnschraublinie ist, treffen, bilden eine *Schraubfläche* Φ, die zugleich der Ort aller möglichen Lagen von c bei der Schraubung (a, k) ist. Für die konstruktive Behandlung der Schraubflächen ist der Begriff *Drehflucht*[1] an die Spitze zu stellen. Zu seiner Erklärung wurde in der Grund- und Aufrißdarstellung Abb. 43 die Schraubachse a lotrecht angenommen. Wir tragen nun den Schraubparameter als Strecke k auf a von der Grundrißebene aus nach aufwärts auf und verwenden ihren oberen Endpunkt C als Zentrum für eine Zentralprojektion zur Abbildung der Fern-

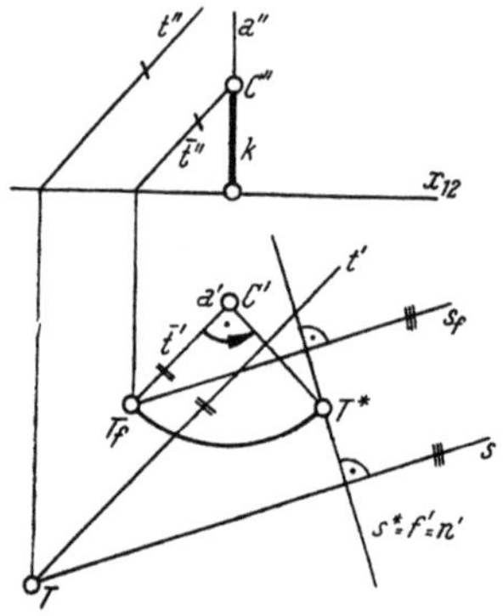

Abb. 43

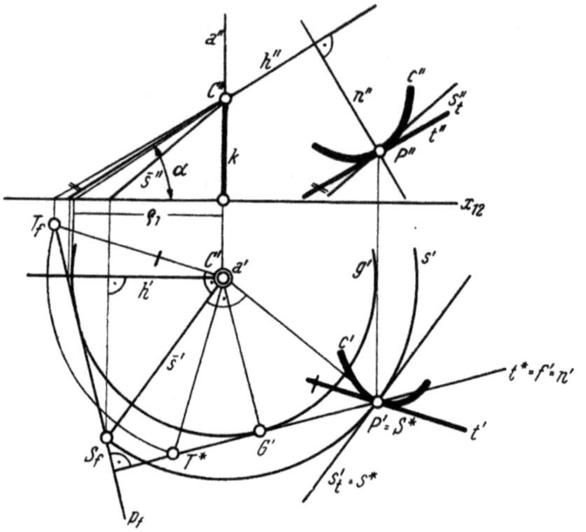

Abb. 44

punkte und Ferngeraden des Raumes auf die Grundrißebene Π_1. Dadurch wird jeder Geraden t ihr Fluchtpunkt T_f als Bild des Fernpunktes zugeordnet. T_f ist demnach der erste Spurpunkt der Parallelen $\bar{t}$ zu t durch C. Ist s die Spur einer durch t gehenden Ebene σ in Π_1, so ist die Parallele s_f zu s durch T_f, die „*Fluchtspur*" von σ, das Bild ihrer Ferngeraden und damit der Ort der Fluchtpunkte aller Geraden von σ und der zu σ parallelen Geraden. Übt man nun auf die Fluchtpunkte T_f und die Fluchtspuren s_f in Π_1 eine Vierteldrehung $(\pi/2)$ im positiven oder negativen Sinn aus, je nachdem die Schraubung eine Rechts- oder Linksschraubung ist, so erhält man aus T_f die *Drehflucht* T^* der Geraden t und aus s_f die *Drehflucht* s^* der Ebene σ. Wegen $s^* \perp s$ gilt der

Satz 1: *Die Drehflucht einer Ebene hat die Richtung des Grundrisses ihrer Falllinien und Normalen.*

In Abb. 44 sei eine Schraubung durch (a, k) gegeben. Der Grundriß s' einer Bahnschraublinie s ist ein Kreis mit der Mitte a'. Ist ϱ der Radius von s' und bildet man mit ϱ und k als Katheten ein rechtwinkliges Dreieck, dessen k gegenüberliegender Winkel α sei, so ist $\operatorname{tg} \alpha = k : \varrho = H : 2\pi\varrho$. α ist daher der Steigungswinkel der Schraublinie s. Daraus folgt weiter, wenn man den oben eingeführten Endpunkt C der Parameterstrecke k als „Nebenauge" bezeichnet, der

Satz 2: *Der Richtkegel der Tangentenfläche einer Schraublinie s ist der Drehkegel, der den Normalriß s' von s auf eine achsennormale Ebene mit dem zugehörigen Nebenauge C verbindet.*

---

[1] Th. Schmid, S.-B. Akad. Wiss. Wien, math.-naturwiss. Kl. IIa, 99 (1890), S. 952; Darstellende Geometrie, 2. Bd., 2. Aufl. 1923, § 40.

Mittels dieses Richtkegels läßt sich die Schraubtangente s_t der Schraublinie s in einem gegebenen Punkt P konstruieren, Abb. 44. s'_t ist die Tangente von s' in P'. Die zu s_t parallele Erzeugende $\bar{s}_t$ des Richtkegels hat ihren ersten Spurpunkt S_f auf s' und ist durch $(S_f C') \parallel s_t'$ und den Schraubsinn bestimmt. Nun hat man den Aufriß $\bar{s}''$ zu zeichnen und erhält damit die Richtung von s_t''.

Wird, wie in Abb. 44, eine Rechtsschraubung vorausgesetzt, so gelangt S_f, d. i. der Fluchtpunkt von s_t, durch eine positive Vierteldrehung nach P'. P' ist daher die Drehflucht S^* von s_t. Also gilt:

Satz 3: *Die Drehflucht einer Schraubtangente ist der Grundriß ihres Berührpunktes.*

Eine Schraubtangente ist Fallinie in der Schmiegebene ihres Berührpunktes; somit gilt nach den Sätzen 1 und 3

Satz 4: *Die Drehflucht s^* der Schmiegebene σ einer Schraublinie s ist der Grundriß ihrer Tangente im Berührpunkt von σ.*

Da die Schmiegebenen von s die Berührebenen der Tangentenfläche von s (Schraubtore mit der Gratschraublinie s) sind, kann man den Satz 4 auch in der Form aussprechen:

Satz 5: *Die Drehflucht einer Berührebene einer Schraubtorse ist der Grundriß ihrer Berührerzeugenden.*

Wir betrachten nun die Schraubfläche Φ, die durch die Schraubung (a, k) einer durch P gehenden Kurve c entstehe und fragen nach der Berührebene τ in P. τ ist durch die Schraubtangente s_t in P und durch die Tangente t von c in P bestimmt. Konstruiert man den Fluchtpunkt T_f von t, wie in Abb. 43, dann ist, Abb. 44, $(T_f S_f)$ die Fluchtspur von τ. $(C S_f T_f)$ ist die zu τ parallele Ebene $\bar{\tau}$ durch C. Zeichnet man nun die zur Aufrißebene parallele Hauptlinie h von $\bar{\tau}$ durch C, so ist das aus P'' auf h'' gefällte Lot der Aufriß n'' der Flächennormalen n von Φ in P und das aus P' auf $(T_f S_f)$ gefällte Lot der Grundriß n' von n. Wird $(T_f S_f)$ um a' durch $\pi/2$ gedreht, so erhält man die Drehflucht t^* von τ. Aus den Sätzen 1 und 3 folgt nun der wichtige

Satz 6: *Die Drehflucht einer Berührebene einer Schraubfläche Φ ist zugleich der Grundriß der Falltangente sowie der Flächennormalen von Φ im Berührpunkt.*

Sei Φ eine von einer Schraubtorse verschiedene Schraubfläche. Φ wird längs der durch P gehenden Bahnschraublinie s von einer Schraubtorse Γ berührt, deren Erzeugenden nach dem Gesagten die Falltangenten f von Φ in den Punkten von s sind. Der Grundriß der Gratschraublinie g von Γ ist daher der Kreis g' mit der Mitte a' und der Tangente $t^* = f'$. Zieht man nun § 30 Satz 1 heran, so hat man den

Satz 7: *In einem Punkt einer Schraubfläche bilden die Schraubtangente und die Falltangente ein Paar konjugierter Flächentangenten.*

Die Konstruktion der *Dupinschen Indikatrix* der Schraubfläche Φ in P kann auf die folgenden Bemerkungen gegründet werden. Ist $\mathfrak{K}$ die Krümmungsmitte einer Kurve c von Φ in P, die von der Bahnschraublinie verschieden ist, so erhält man (Meusnierscher Satz) die Krümmungsmitte K des Normalschnittes von Φ durch die Tangente t von c in P, indem man die in $\mathfrak{K}$ auf der Schmiegebene $(t\,\mathfrak{K})$ normale Gerade (Polarachse) mit der nach Abb. 44 konstruierten Flächennormalen n zum Schnitt bringt. Der Krümmungsradius PK dieses Normalschnittes bestimmt den auf t liegenden Durchmesser der Indikatrix i, von der nach Satz 7 die nach Abb. 44 konstruierte Falltangente f und die Schraubtangente s_t ein Paar konjugierter Durchmesser bilden. Da ferner der Krümmungsradius r der Bahnschraublinie in P nach § 79 Gl. (12) $r = \varrho : \cos^2 \alpha$ ist und damit auch der auf s_t liegende Durchmesser von i konstruierbar ist, kann nun i mittels bekannter Sätze aus der Kegelschnittslehre konstruiert werden.

§ 101. **Zyklische Schraubflächen.** Schraubflächen, die durch Schraubung eines Kreises entstehen, heißen *zyklische Schraubflächen.* Von besonderem Interesse sind die beiden im folgenden behandelten Schraubflächen aus dieser Gattung.

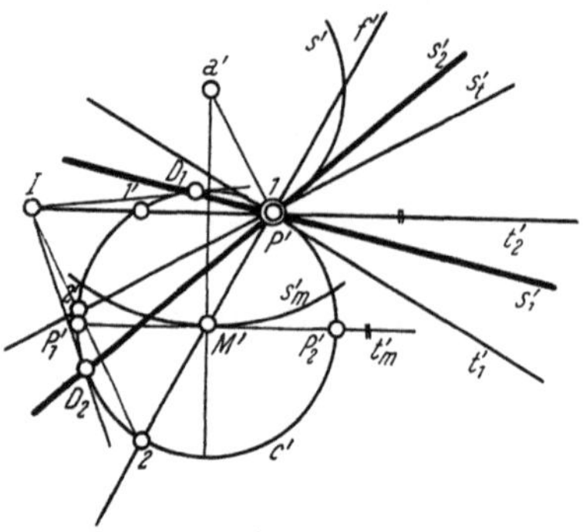

Abb. 45

Ist die Ebene des Kreises zur Schraubachse a normal, so erzeugt er eine *gerade zyklische Schraubfläche.* Abb. 45 zeigt die Konstruktion der *Schmiegtangenten* s_1, s_2 in einem Punkt P dieser Fläche Φ, wobei der erzeugende Kreis parallel zur Grundrißebene angenommen ist. Sind c, c_1 zwei Lagen dieses Kreises auf der Fläche, so lassen sich c und c_1 durch einen schiefen Kreiszylinder verbinden, dessen Erzeugenden zur Verbindungsgeraden der Mitten M, M_1 von c, c_1 parallel sind. Da diese auf der Schraublinie s_m liegen, die die Mitte M von c bei der Schraubung durchläuft, konvergiert dieser Zylinder für $M_1 \to M$ gegen einen Kreiszylinder, der Φ längs c berührt und dessen Erzeugenden zur Tangente t_m von s_m in M parallel sind. Damit sind nach § 30 Satz 1 ein Paar konjugierter Tangenten in P bekannt, nämlich die Tangente t_1 von c in P und die durch P gehende zu t_m parallele Zylindererzeugende t_2. Nebenbei bemerkt, folgt aus der Existenz dieses Φ längs c berührenden Zylinders, daß sich Φ auch als *Schiebfläche* (§ 99) erzeugen läßt, die durch die auf c ausgeübte krumme Schiebung entsteht, bei der die Mitte M von c an die Schraublinie s_m als Schiebkurve gebunden ist. Die Tatsache, daß t_1 und t_2 konjugierte Tangenten sind, folgt dann auch aus § 99 Satz 1. Ein zweites Paar konjugierter Tangenten in P ist nach § 100, Satz 7 die Falltangente f und die Schraubtangente s_t. Im Grundriß (Abb. 45) ist $f' = (M'\,P')$ und s_t' das in P' auf $(a'\,P')$ gefällte Lot. Bei dem ausgewählten Punkt P trennen sich die Strahlenpaare t_1, t_2 und f_1, s_t nicht. In P ist daher die Involution konjugierter Tangenten hyperbolisch. Ihre Doppelstrahlen sind die gesuchten Schmiegtangenten $s_{1,2}$ (§ 30). Zu ihrer Konstruktion schneidet man die Strahlinvolution im Grundriß mit dem Kreis c durch P, wobei die Paare t_1', t_2' und f', s_t' die Punktepaare 1, 1' und 2, 2' auf c liefern. Der Schnittpunkt von (1 1') mit (2 2') ist das Involutionszentrum I. Sind nun $D_{1,2}$ die Berührpunkte der aus I an c' gelegten Tangenten, so sind $s_1' = (P'\,D_1)$ und $s_2' = (P'\,D_2)$ die Grundrisse der gesuchten Schmiegtangenten $s_{1,2}$. Da sie in der Berührebene $(t_1\,t_2)$ liegen, lassen sie sich auch leicht im Aufriß zeichnen.

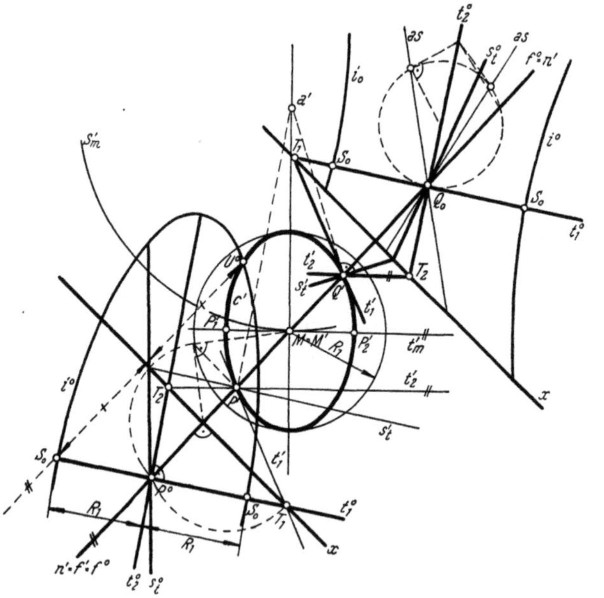

Abb. 46

In den Endpunkten P_1, P_2 des Durchmessers von c, der den lotrechten Zylinder durch s_m berührt, artet die Involution konjugierter Tangenten aus. Es fällt nämlich dort f mit t_2 zusammen, während s_t und t_1 verschieden sind. Die Bahnschraublinien dieser parabolischen Flächenpunkte trennen die Gebiete der hyperbolischen und elliptischen Flächenpunkte.

Wir betrachten nun die *Schraubrohrfläche* oder *Serpentine*. Ein Punkt M durchlaufe bei der Schraubung (a, k) die Schraublinie s_m. Wird auch die Normalebene ν von s_m in M von der Schraubung erfaßt, so bleibt ν stets Normalebene von s_m in M. Ist nun c ein Kreis in ν mit der Mitte M, so erzeugt er bei der Schraubung die Schraubrohrfläche Φ. Die Normalebenen ν von s_m umhüllen die Polartorse Γ von s_m. s_m ist als Planevolvente von Γ die Bahn des Punktes M, wenn ν auf Γ rollt. Bei dieser Rollung von ν auf Γ erzeugt der in ν liegende Kreis c die Schraubrohrfläche Φ. *Die Schraubrohrfläche gehört damit auch in die Gattung der verallgemeinerten Drehflächen* (§ 98). Da ν beim Rollen auf Γ sich momentan um die jeweilige Berührerzeugende von Γ dreht, sind die Bahntangenten der Punkte von ν zu ν normal. Daraus folgt aber, daß Φ längs c von einem zu ν normalen Drehzylinder $\mathfrak{Z}$ berührt wird. Φ wird daher auch längs c von der Kugel mit dem Großkreis c berührt. Φ ist demnach auch eine *Rohrfläche* mit der Mittellinie s_m (§ 98).

In Abb. 46 wurde die *Konstruktion der Dupinschen Indikatrix* von Φ in einem elliptischen Punkt P und in einem hyperbolischen Punkt Q im Normalriß (Grundriß) auf die zur Schraubachse a normale Grundrißebene Π_1 durchgeführt. Zunächst wurde der Punkt a' als Grundriß von a und der Grundrißkreis s_m' von s_m angenommen. Da die Tangente t_m von s_m in M zur Ebene ν des Kreises c normal steht, ist c' eine Ellipse, deren Mitte M' auf s_m' liegt und deren Hauptachse durch a' geht. Nach dieser Wahl von c' läßt sich die Konstruktion im Grundriß allein durchführen. Jede der beiden Erzeugungsweisen von Φ liefert in einem Flächenpunkt P je ein Paar konjugierter Flächentangenten. Nach § 100 Satz 7 sind die Falltangente f und die Schraubtangente s_t ein solches Paar. Da Φ in P von der Kugel mit der Mitte M berührt wird, ist $(M P)$ die Flächennormale n und daher $(M' P') = n' = f'$. s_t' ist das in P' auf $(a' P')$ errichtete Lot. Da Φ längs c von dem Drehzylinder $\mathfrak{Z}$ berührt wird, dessen Erzeugenden die Richtung der Tangente t_m von s_m in M haben, sind nach § 30 Satz 1 in P die Tangente t_1 von c und die Zylindererzeugende t_2 ein weiteres Paar konjugierter Tangenten. t_1' ist die Tangente von c' in P' und t_2' die Parallele zur Tangente t_m' von s_m' in M'. Da t_1 zu t_2 normal ist, bilden t_1, t_2 das Paar der Krümmungstangenten in P, also die Symmetrieachsen der Indikatrix i. Wir zeichnen nun i nach einer Drehung der Berührebene τ von P in die Grundrißebene Π_1. Es sei die zu f' normale Gerade x die Spur $(\tau \Pi_1)$. Sie schneidet t_1', t_2' in den Punkten T_1, T_2, die bei der Drehung fest bleiben, so daß sich die gedrehte Lage P^0 von P als der Schnittpunkt von f' mit einem der beiden Halbkreise über dem Durchmesser $T_1 T_2$ ergibt. Da die Flächennormale n der Durchmesser $(M P)$ von c ist, ist c der Hauptnormalschnitt durch t_1 und $PM = R_1$ der zugehörige Hauptkrümmungsradius. Wählt man für die Konstruktion der Indikatrix $\mathfrak{r} = \sqrt{k R}$, $k = R_1$, so ist die auf t_1 liegende Halbachse von i $PS = R_1$. In der gedrehten Lage i^0 von i können daher die Scheitel S^0 von i^0 auf t_1^0 eingezeichnet werden. i^0 ist damit durch die Scheitel S^0 auf t_1^0 und die beiden konjugierten Durchmessergeraden $f' = f^0$ und s_t^0 bestimmt. Da i^0 zu jeder Durchmessergeraden in der Richtung der konjugierten schief symmetrisch ist, läßt sich sofort aus S^0 ein weiterer Punkt U^0 von i^0 finden. Damit ist i^0 durch bekannte Ellipsen- bzw. Hyperbeleigenschaften leicht konstruierbar (Abb. 46).

Man überzeuge sich noch, daß die Punkte P_1, P_2, die aus c von der zur Schraubachse parallelen Ebene durch t_m ausgeschnitten werden, parabolische Punkte sind, da dort f mit t_2 zusammenfällt, s_t und t_1 aber verschieden sind.

§ 102. **Strahlschraubflächen.** Eine durch Schraubung einer Geraden e um eine Achse a entstehende Strahlschraubfläche Φ gehört je nach Lage von e gegen a einer von vier verschiedenen Gattungen an. Man nennt Φ *offen* oder *geschlossen*, je nachdem e und a einander kreuzen oder schneiden; *schief* oder *gerade*, je nachdem der $\sphericalangle\, e\, a$ kein rechter oder ein rechter ist. Die schiefe, geschlossene Strahlschraubfläche heißt auch *scharfgängig*, die gerade, geschlossene ist die *Wendelfläche*.

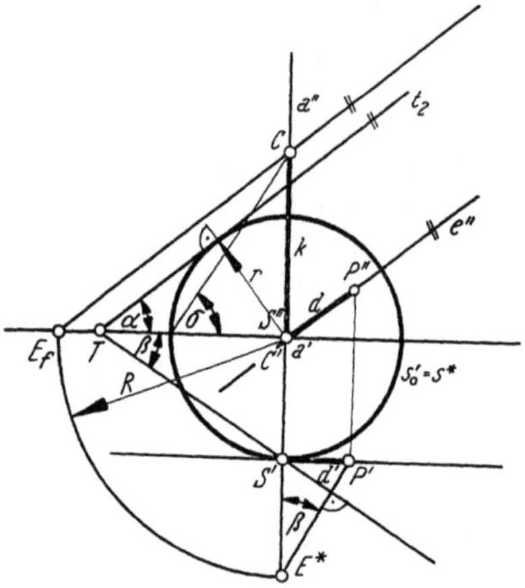

Abb. 47

Es soll nun der *Drall einer schiefen, offenen Strahlschraubfläche* Φ konstruiert werden (Abb. 47)[1]. Wir bedienen uns dabei einer Darstellung im Grund- und Aufriß. Die lotrechte Schraubachse a liege in der Aufrißebene Π_2, das Gemeinlot zwischen a und der zu Π_2 parallelen Erzeugenden e in der Grundrißebene Π_1. Legt man durch einen beliebigen Raumpunkt die Parallelen zu den Erzeugenden von Φ, so erhält man einen Drehkegel mit lotrechter Achse. Die Berührebenen dieses Richtkegels sind zu den asymptotischen Ebenen der entsprechenden Erzeugenden parallel. Die *asymptotische Ebene* der in Abb. 47 dargestellten, zu Π_2 parallelen Erzeugenden e ist daher die zweitprojizierende Ebene durch e; ihre *Zentralebene* ζ ist die lotrechte Ebene durch e. Der Berührpunkt von ζ, der *Striktionspunkt*, ist der auf e liegende Fußpunkt S des Gemeinlotes von e und a, da auch die Bahnschraublinie in S die Zentralebene ζ berührt. S beschreibt bei der Schraubung die *Kehlschraublinie* s_0 *als Striktionslinie von* Φ. Für die Konstruktion des Dralls d von e verwenden wir das in § 92 erklärte, aus Formel (3) für $\omega = 45^0$ folgende Verfahren. Der Kreis s_0' $(r = S'\,a', a')$, d. i. der Grundriß der Kehlschraublinie s_0, kann in Abb. 47 auch als ein in Π_2 liegender Kreis s^* aufgefaßt werden. Mit S verbunden, liefert s^* den Drehkegel mit der Spitze S, dessen Erzeugenden und Berührebenen unter 45^0 gegen Π_2 geneigt sind. Nach dem genannten Verfahren haben wir nun eine der beiden Berührebenen τ dieses Kegels durch e zu legen. Ihre zweite Spur $t_2 = (\tau\, \Pi_2)$ ist eine zu e'' parallele Tangente von s^*, während die erste Spur $t_1 = (\tau\, \Pi_1)$ den Achsenschnittpunkt T von t_2 mit S verbindet. Es ist nun der Punkt P zu suchen, in dem τ die Strahlschraubfläche Φ berührt, denn dann ist $S P = d$ der gesuchte Drall. Dazu verwenden wir § 100 Satz 6. Wir zeichnen zunächst den Fluchtpunkt E_f von e für das Nebenauge C auf a, für das $\Pi_1\, C = k$ der Schraubparameter ist. Wird E_f durch $\pi/2$ (Rechtsschraubung) um a' gedreht, so erhält man die Drehflucht E^* von e, durch die nach dem genannten Satz der Grundriß f' der Falltangente des Berührpunktes P geht. P' ist daher der Schnittpunkt von e' mit dem aus E^* auf t_1 gefällten Lot. Im Aufriß erscheint der Drall $d = S''\, P''$ in wahrer Größe.

Aus dieser Konstruktion läßt sich auch eine Formel für d gewinnen, wobei k, der Neigungswinkel α von e gegen Π_1 und der Anstiegswinkel σ der Kehlschraublinie als gegeben angesehen werden. Aus Abb. 47 entnimmt man folgende Be-

[1] In Abb. 47 fehlt die Beschriftung e' für $(S'P')$ und t_1 für (TS').

ziehungen: $a'\,T = r : \sin\alpha$, $\operatorname{tg}\beta = r : a'\,T$; also ist $\operatorname{tg}\beta = \sin\alpha$; $a'\,E_f = R = k \operatorname{ctg}\alpha$, $r = k \operatorname{ctg}\sigma$, $S'\,P' = d' = (R - r)\operatorname{tg}\beta = (R - r)\sin\alpha$. Wegen $R - r = k\,(\operatorname{ctg}\alpha - \operatorname{ctg}\sigma)$ ist demnach $d' = k \sin\alpha\,(\operatorname{ctg}\alpha - \operatorname{ctg}\sigma) = k\,(\cos\alpha \sin\sigma - \sin\alpha\cos\sigma) : \sin\sigma$. Mit $d = d' : \cos\alpha$ ergibt sich

$$d = \frac{k \sin(\sigma - \alpha)}{\sin\sigma\cos\alpha}. \tag{1}$$

Für die geschlossene Strahlschraubfläche ist die Schraubachse die Kehlschraublinie, also $r = 0$, $\sigma = 90°$. Es gilt daher nach Gl. (1) der

Satz 1: *Der Drall der geschlossenen Strahlschraubfläche ist gleich dem Schraubparameter.*

Es soll nun in einem Punkt P einer schiefen, offenen Strahlschraubfläche die von der Erzeugenden e verschiedene *Schmiegtangente* s konstruiert werden. Da

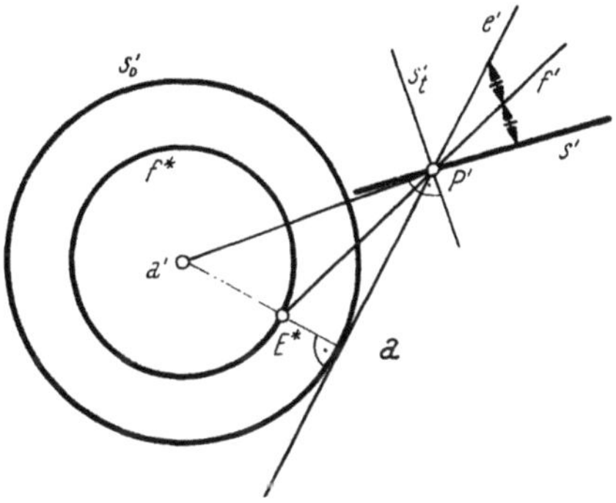

Abb. 48a

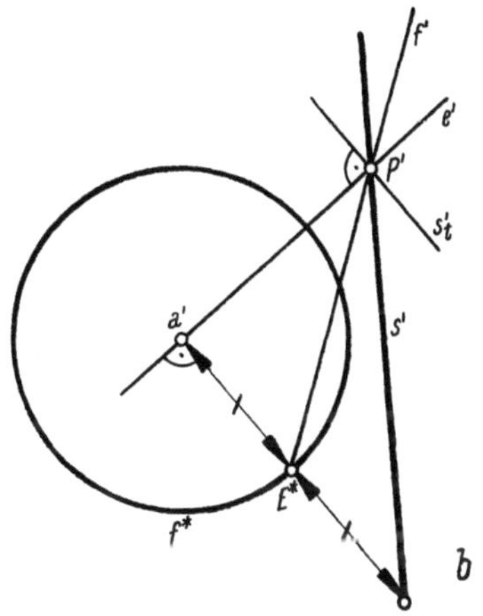

Abb. 48b

die Schmiegtangenten die Doppelstrahlen der Involution konjugierter Tangenten (die Asymptoten der Indikatrix) sind, können wir s gemäß § 100 Satz 7 als den zu e bezüglich der Falltangente f und der Schraubtangente s_t von P harmonischen Strahl konstruieren. Im Fall einer offenen, schiefen Strahlschraubfläche gestaltet sich die Konstruktion bei lotrechter Drehachse a im Grundriß folgendermaßen (Abb. 48a): Der Kreis s_0' mit der Mitte a' sei der Grundriß der Kehlschraublinie s_0. Er wird von den Grundrissen e' der Erzeugenden e berührt. Der Ort ihrer Fluchtpunkte und Drehfluchtpunkte für das Nebenauge C ist ein zu s_0' konzentrischer Kreis f^*. Denkt man sich die Berührebene τ in P durch die Erzeugende e und die Schraubtangente s_t bestimmt, so ist die Drehflucht von τ die Verbindungsgerade der Drehflucht von s_t, d. i. nach § 100 Satz 3 P', mit der Drehflucht E^* von e. E^* ist einer der beiden Punkte, in denen das aus a' auf e' gefällte Lot den Fluchtkreis f^* schneidet. Nach § 100 Satz 6 ist daher $(E^*\,P') = f'$ der Grundriß der Falltangente f von P und s_t' ist das in P' auf $(a'\,P)$ errichtete Lot. Nun ist der zu e' bezüglich $(f'\,s_t')$ harmonische Strahl s' der Grundriß der gesuchten Schmiegtangente. Man erhält daher s' aus e' durch die schiefe Symmetrie an f' in der Richtung von s_t'.

Die Konstruktion der Schmiegtangente s in einem Punkt P einer geraden, offenen Strahlschraubfläche Φ unterscheidet sich von der Konstruktion in Abb. 48a nur dadurch, daß E^* der Fernpunkt der zu e' normalen Geraden ist.

Ist Φ eine scharfgängige Strahlschraubfläche, so tritt an die Stelle des Kreises s_0' der Punkt a' (Abb. 48b). E^* ist einer der Endpunkte des zu e' normalen Durchmessers von f^* und durch die schiefe Symmetrie an $f' = (E^* P')$ in der Richtung $s_t' \parallel (a' E^*)$ geht a' in einem Punkt $\mathfrak{S}$ des Grundrisses s' der gesuchten Schmiegtangente über[1]. Diese Bemerkung läßt einen Schluß auf den Charakter des Grundrisses der Schmieglinie zu. Bei Polarkoordinaten mit dem Pol in a' ist die Strecke $a'\mathfrak{S}$ die „*Polarsubtangente*" des Linienelementes $(P' s')$. Da sich für die Polarsubtangente in einem Punkt einer Kurve in Polarkoordinaten, $r = r(\varphi)$, der Ausdruck $r^2 d\varphi : dr$ ergibt, genügen die Grundrisse der Schmieglinien der scharfgängigen Schraubflächen der Differentialgleichung $r^2 d\varphi : dr =$ konst. $=$ $=$ Durchmesser von f^*. Sie sind daher die *hyperbolischen Spiralen* $r\varphi = konst.$

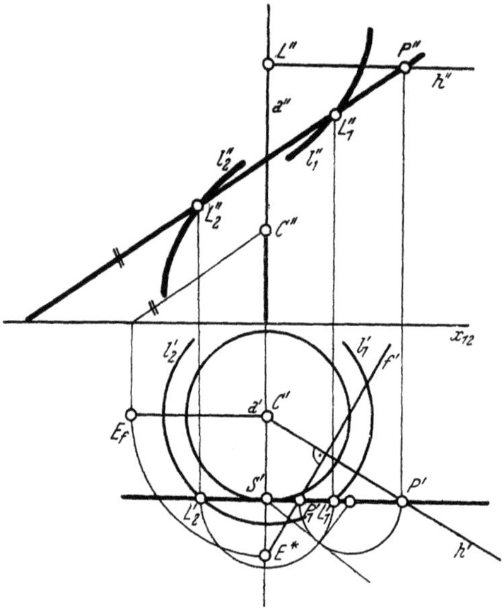

Abb. 49

Auf einer *Wendelfläche* fällt in jedem Punkt P die Falltangente f mit der Schraubtangente s_t zusammen. s_t ist daher die Schmiegtangente in P; also gilt der

Satz 2: *Die von den Erzeugenden verschiedenen Schmieglinien einer Wendelfläche sind die auf ihr liegenden Bahnschraublinien.*

Da in jedem Punkt P der Wendelfläche die Schmiegtangente die Erzeugende rechtwinklig schneidet, sind die Dupinschen Indikatrizen gleichseitige Hyperbeln. Die Hauptkrümmungsradien in P sind daher entgegengesetzt gleich. Die Wendelfläche ist daher eine Fläche verschwindender mittlerer Krümmung [§ 29 Gl. (5)] und daher (§ 42) eine *Minimalfläche.*

Da man nach dem Voranstehenden für jeden Punkt einer Strahlschraubfläche den Drall und die Schmiegtangente als bekannt ansehen kann, läßt sich zur *Konstruktion der Dupinschen Indikatrix einer Strahlschraubfläche* das in § 95 (Abb. 36) erklärte Verfahren anwenden.

Die in § 96 erläuterte Konstruktion der *Lieschen Schmieglinie einer Gewindestrahlfläche* soll nun auf die offene, schiefe Strahlschraubfläche angewendet werden. Nach § 71 ist ein Strahlgewinde durch ein Paar nullpolarer Geraden und durch einen zu ihnen windschiefen Gewindestrahl eindeutig bestimmt. Ein Gewinde ist daher auch durch seine Achse a und eine a nicht rechtwinklig schneidende oder kreuzende Gerade als Gewindestrahl e bestimmt. Da nach § 71 Gl. (9) ein Gewinde bei allen Schraubungen um seine Achse a in sich übergeht, erzeugt e bei jeder Schraubung (a, k) eine Strahlschraubfläche Φ, die mit allen Erzeugenden dem Gewinde angehört und demnach eine Gewindestrahlfläche ist. Die Liesche Schmieglinie von Φ ist der Ort der Doppelpunkte der Kleinschen Involutionen auf den Erzeugenden von Φ (§ 96). Abb. 49 zeigt ihre Konstruktion im Grund- und Aufriß[2], wobei a lotrecht und e parallel zur Aufrißebene Π_2 angenommen ist. C und a im Abstand k oberhalb der Grundrißebene Π_1 ist das

[1] Der Leser ergänze in Abb. 46b den Buchstaben $\mathfrak{S}$.

[2] Der Leser ergänze in Abb. 49 die Beschriftung e', e''.

zum Schraubparameter k gehörige Nebenauge. Legt man durch e eine beliebige Ebene τ, so bilden der Punkt von e, in dem τ die Schraubfläche berührt und der auf e liegende Nullpunkt von τ ein Punktepaar der KLEINschen Involution. Wählt man als τ die zu Π_2 normale Ebene durch e, d. i. die asymptotische Ebene von e, so berührt sie Φ im Fernpunkt von e; ihr Nullpunkt ist der Striktionspunkt S von e, da durch S zwei Gewindestrahlen gehen, nämlich e und das Gemeinlot von e und a. S ist somit der Zentralpunkt der Involution. Legt man die Ebene τ durch e und einen Punkt L von a, so ist die durch L gehende waagrechte Hauptlinie h von τ ein Nullstrahl und ihr Schnittpunkt P mit e ist daher der Nullpunkt von τ. Um den Berührpunkt P_1 von τ zu finden, wenden wir § 100 Satz 6 an. Nach diesem schneidet die Drehflucht von τ e' im Grundriß von P_1. Die Drehflucht von τ geht durch die Drehflucht E^* von e und ist zu h' normal, weil τ durch die waagrechte Gerade h geht. Damit ist auf e die KLEINsche Involution durch den Zentralpunkt S und das Punktepaar P, P_1 bestimmt[1]. Ihre Doppelpunkte L_1, L_2 liegen zu S symmetrisch, trennen L_1, L_2 harmonisch und sind daher (Abb. 49) konstruierbar.

Da bei der Schraubung (a, k) das Gewinde in sich übergeht, besteht die LIEsche Schmieglinie aus den beiden Bahnschraublinien l_1, l_2 durch die Doppelpunkte L_1, L_2.

§ 103. Das Plückersche Konoid. Die folgenden Betrachtungen sind dem *Plückerschen Konoid*, auch *Zylindroid* genannt, gewidmet. Gegeben sei ein zur Grundrißebene Π_1 normaler Drehzylinder, der von einer Ebene ε, die in Abb. 50 normal zur Aufrißebene Π_2 angenommen wurde, nach der Ellipse k geschnitten wird. d sei die Erzeugende des Zylinders, die durch den Hauptscheitel A von k geht. Wir erklären nun das PLÜCKERsche Konoid Ψ als den Ort der Geraden e, die k und d schneiden und außerdem zu Π_1 parallel sind. Nach dieser Erklärung ist Ψ ein gerades Konoid mit der Richtebene Π_1. Irgendeine zwischen den Hauptscheiteln A, B von k liegende, zu Π_1 parallele Ebene schneidet k in zwei reellen Punkten E, E_1 und d in D. Damit sind $e = (DE)$ und $e_1 = (DE_1)$ zwei sich auf d in D schneidende Erzeugenden von Ψ. Die durch A bzw. B gehenden, zu Π_1 parallelen Ebenen schneiden d in Punkten $K_1 = A$ und K_2, für welche die eben erklärten Erzeugendenpaare e, e_1 zusammenfallen, und zwar für K_1 in die

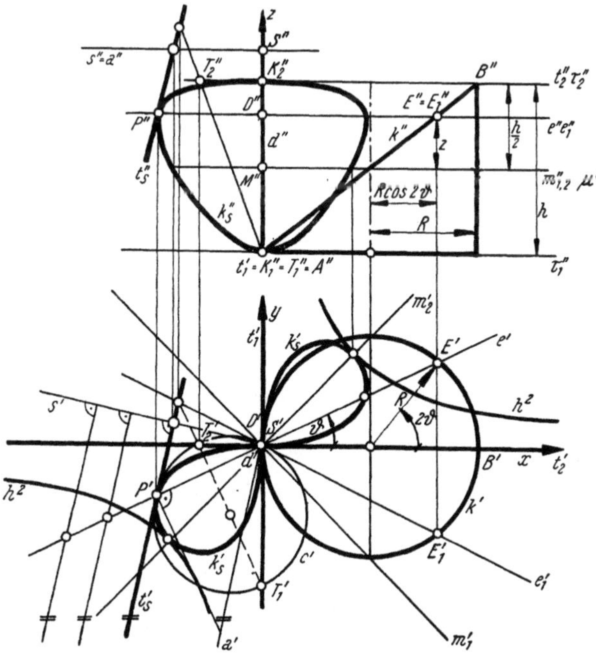

Abb. 50

[1] Für L als Lichtquelle ist P, P_1 auf e das Punktepaar der Konstruktion von H. NEUDORFER (§ 96).

Scheiteltangente t_1 von k in A und für K_2 in $t_2 = (K_2 B)$. t_1, t_2 sind demnach *Torsallinien* von Ψ mit den *Kuspidalpunkten* K_1, K_2. Die *Torsalebenen*, d. s. die Berührebenen von Ψ längs t_1, t_2 sind die zu Π_1 parallelen Ebenen $\tau_1 \tau_2$ durch t_1 bzw. t_2. Ihr Abstand ist die *Höhe* $h = K_1 K_2$ des Konoids. Die zu t_1 und t_2 parallele Ebene durch den Mittelpunkt M von $K_1 K_2$ ist die *Mittelebene* μ. Die in ihr liegenden Erzeugenden m_1, m_2, die *Mittelerzeugenden*, schneiden sich, wie aus Abb. 50 ersichtlich, rechtwinklig. Da durch jeden Punkt D von d zwei Erzeugenden e, e_1 gehen, die reell getrennt, zusammenfallend oder konjugiert-komplex sein können, letzteres, wenn D außerhalb der Strecke $K_1 K_2$ liegt, heißt d die *Doppelgerade* von Ψ.

Wir bilden nun die Gleichung des PLÜCKERschen Konoids, wobei wir zunächst das $x\,y$-Kreuz in die Symmetralen des Winkels der Mittelerzeugenden legen, die zugleich die Grundrisse t_2', t_1' der Torsallinien sind. Ist R der Halbmesser des Drehzylinders, z der Abstand einer Erzeugenden e von der Mittelebene $\mu = (x\,y)$ und $\vartheta = \sphericalangle\, x\, e$, so entnimmt man aus Abb. 50 $z : h/2 = R\,(\cos 2\vartheta) : R$, d. i. die Gleichung von Ψ in Zylinderkoordinaten

$$z = \frac{h}{2} \cos 2\vartheta, \tag{1$_1$}$$

oder in x, y, z

$$z\,(x^2 + y^2) = \frac{h}{2}\,(x^2 - y^2). \tag{1$_2$}$$

Dreht man das $x\,y$-Kreuz in die Mittelerzeugenden m_1, m_2 $(\vartheta = \vartheta_1 - \pi/4)$, so entsteht aus Gl. $(1_{1,2})$

$$z = \frac{h}{2} \sin 2\vartheta_1, \qquad z\,(x^2 + y^2) = h\,x\,y. \tag{2$_{1,2}$}$$

Für ein Achsenkreuz, das nur an die Bedingung geknüpft ist, daß die z-Achse in der Doppelgeraden liegt, lautet die Gleichung des PLÜCKERschen Konoids nach Gl. (1_2) bzw. Gl. (2_2)

$$z\,(x^2 + y^2) = a\,x^2 + 2\,b\,x\,y + c\,y^2, \tag{3}$$

worin die Konstanten a, b, c nicht gleichzeitig Null sind.

Als Anwendungsbeispiel der Gleichung § 97 (5) $r^2 = k\,f'(\vartheta)$ ergeben sich gemäß Gl. (1_1) mit $f = \frac{h}{2} \cos 2\vartheta$ die Grundrisse der *Schmieglinien des Plückerschen Konoids*:

$$r^2 = C \sin 2\vartheta, \qquad (C = \text{konst.}) \tag{4}$$

oder in rechtwinkligen Koordinaten

$$(x^2 + y^2)^2 = 2\,C\,x\,y. \tag{5}$$

Die Grundrisse der Schmieglinien sind demnach *Bernoullische Lemniskaten.* Abb. 50 zeigt die Konstruktion der durch P gehenden Schmieglinie k_s auf Grund der bekannten Erklärung der BERNOULLIschen Lemniskaten[1] als Fußpunktkurven der gleichseitigen Hyperbeln für den Mittelpunkt als Pol. Demnach bilden die Fußpunkte der aus der Mitte der gleichseitigen Hyperbel h^2 auf ihre Tangenten gefällten Lote eine BERNOULLIsche Lemniskate, deren Scheitel in den Hyperbelscheiteln liegen und deren Doppeltangenten die Asymptoten der Hyperbel sind. Da die Lemniskate nach Gl. (5) die Koordinatenachsen im Nullpunkt berührt, sind die Grundrisse $t_2' = x$, $t_1' = y$ der Torsallinien die Asymptoten von h^2. Die in P' auf $(d'\,P')$ errichtete Normale ist eine Tangente von h^2. Demnach kann

[1] Vgl. etwa H. WIELEITNER, Spezielle ebene Kurven 1908, S. 14.

h^2 und damit die Lemniskate k_s' durch P' gezeichnet werden. In Abb. 50 wurde auch der Aufriß k_s'' der Schmieglinie k_s eingezeichnet. Sie geht, wie in § 96 (Ende) gezeigt wurde, durch die Kuspidalpunkte $K_{1,2}$ und hat dort die Torsallinien als Tangenten.

Das durch die Gl. (3) dargestellte Plückersche Konoid enthält die Erzeugende $x = 0$, $z = c$. Wird durch sie irgendeine Ebene $z = A\,x + c$ gelegt, so erhält man, indem man mittels dieser Gleichung z aus Gl. (3) entfernt und durch x kürzt, die Gleichung $A\,(x^2 + y^2) + (c - a)\,x - 2\,b\,y = 0$ eines Kreises durch den Nullpunkt (0, 0) als Grundriß der Schnittkurve, nach der die gewählte Ebene das Konoid, abgesehen von der Erzeugenden, schneidet. Da das Konoid für jedes Achsenkreuz, dessen z-Achse die Doppelgerade ist, die Form (3) hat, ist die oben ausgewählte Erzeugende keine ausgezeichnete und es gilt daher der

Satz 1: *Jede durch eine Erzeugende eines Plückerschen Konoids ψ gehende Ebene, die zur Richtebene weder parallel noch normal ist, schneidet ψ, abgesehen von der Erzeugenden, nach einer Ellipse, die mit der Doppelgeraden einen Punkt gemeinsam hat und deren Normalriß auf die Richtebene ein Kreis ist.*

Es sei (Abb. 50) c eine Ellipse, in der eine durch die Erzeugende e gelegte Ebene τ das Plückersche Konoid Ψ schneidet, und D der auf der Doppelgeraden d liegende Punkt von c. Ist e_1 die zweite durch D gehende Erzeugende, so ist $(e_1\,d)$ eine der beiden Berührebenen von Ψ in D und muß daher von c in D berührt werden. Der Grundrißkreis c' von c muß daher e_1', d. i. die zu e' bezüglich t_2' symmetrische Gerade, in d' berühren und dasselbe gilt für die Grundrißkreise c' aller auf Ψ liegenden Ellipsen, deren Ebenen durch e gehen. Ihre Tangenten t_s' in den Punkten P' von e' sind daher parallel. Nun ist aber P der Berührpunkt der Ebene τ und daher ist die Tangente t_s der Schnittellipse c in P die *Schmiegtangente* t_s von P. Für $P = D$ ist $t_s = d$.

Wir konstruieren nun die *Schmiegquadrik* $F^2 = \{t_s\}$ von ψ längs e. Da, wie bereits gesagt, die t_s' parallel sind, haben die t_s eine Richtebene, die zu t_s' und d parallel ist. Für die zweite Erzeugendenschar von F^2 ist die Grundrißebene Π_1 Richtebene, weil die Ferngerade der Grundrißebene als Leitgerade Schmiegtangente ist. Demnach ist die Achse a von F^2 zu t_s' parallel und d eine der beiden Scheitelerzeugenden. Die zweite Scheitelerzeugende s ist daher zu Π_1 parallel in der zu t_s' normalen Richtung.

Die Aufrisse von t_s, s und des Scheitels $S = (s\,d)$ von F^2 können nun in Abb. 50 eingezeichnet werden. Die Ellipse c, die t_s in P berührt, schneidet die Torsalgeraden t_1, t_2 in zwei Punkten T_1, T_2. t_s schneidet $(T_1\,T_2)$, woraus sich t_s'' ergibt. s' ist die Normale zu t_s' durch d'. s'' ist die x-Parallele durch den Aufriß des Punktes $(s\,t_s)$, dessen Grundriß $(s'\,t_s')$ ist. Damit ist $S'' = (s''\,d'')$. Die Aufrisse t_s'' der Schmiegtangenten in den Punkten von e bilden ein Strahlbüschel, da das Projektionszentrum für den Aufriß auf der Ferngeraden von Π_1 liegt, die, wie bereits gesagt, der Schmiegquadrik angehört.

Nach Satz 1 kann jeder Kreis c' durch d' als der Grundriß einer auf Ψ liegenden Ellipse c angesehen werden. Ψ ist daher der Ort aller d rechtwinklig schneidenden Geraden, die irgendeine dieser Ellipsen schneiden.

Satz 2: *Das Plückersche Konoid ist der Ort aller Geraden, die eine auf einem Drehzylinder liegende Ellipse und eine Erzeugende dieses Zylinders, letztere rechtwinklig, schneiden.*

Zu dieser Erklärung steht die folgende in engster Beziehung:

Satz 3: *Das Plückersche Konoid ist der Ort der Gemeinlote, die eine feste Gerade d mit allen Geraden eines Strahlbüschels bestimmt, vorausgesetzt, daß d den Scheitel des Büschels nicht enthält und zu seiner Ebene nicht parallel ist.*

Beweis: Im Normalriß (Grundriß) auf eine zu d normale Ebene Π_1 erscheint d als Punkt d' und das Gemeinlot e zu d und einem Strahl t des Büschels (A, α) als das Lot e' aus d' auf t'. Ist F der Lotfußpunkt $(e\,t)$, so bilden, wenn t das Büschel durchläuft, die Grundrisse F' der Punkte F den Kreis c' über dem Durchmesser $d'A'$. Da die Punkte F dem projizierenden Zylinder ζ über c' und der Büschelebene α angehören, liegen sie auf einer Ellipse c des Zylinders. Die Gemeinlote e und d und den Strahlen t des Büschels sind daher die Geraden, die die Ellipse c und die Erzeugende d von ζ, letztere rechtwinklig schneiden. Sie bilden daher nach Satz 2 ein PLÜCKERsches Konoid.

Wir behandeln nun zwei differentialgeometrische Fragestellungen, die auf ein PLÜCKERsches Konoid führen. Es sei $\mathfrak{N}$ das parabolische Strahlnetz, § 97, das von den Tangenten einer windschiefen Strahlfläche Φ in den Punkten einer Erzeugenden e gebildet wird. Zu $\mathfrak{N}$ gehört die Ferngerade u der asymptotischen Ebene α und die auf α normale Zentraltangente z, die Φ im Striktionspunkt $S = (e\,z)$ berührt (Abb. 51, wo $e \perp \Pi_2$ und $z \perp \Pi_1$ ist). Ist t eine weitere Tangente aus $\mathfrak{N}$, so bestimmen z, t, u eine Erzeugendenschar eines hyperbolischen Paraboloids $\mathfrak{P}$ mit einer Richtebene, die zu t und z parallel ist. Da z, t und u in $\mathfrak{N}$ enthalten sind, folgt aus der Berührungskorrelation, daß alle Erzeugenden von $\mathfrak{P}$ Tangenten von Φ sind und $\mathfrak{N}$ angehören. Ist nun n, Abb. 51, das Gemeinlot von z und t, so ist n zur asymptotischen Ebene α parallel, schneidet also auch u, gehört damit zur zweiten Erzeugendenschar von $\mathfrak{P}$ und schneidet daher alle Erzeugenden der ersten Schar rechtwinklig. Wenn wir daher die Frage nach den Gemeinloten stellen, die z mit allen in $\mathfrak{N}$ enthaltenen Flächentangenten bestimmt, genügt es, die Gemeinlote zu bilden, die z mit den Tangenten von Φ in einem einzigen Punkt P von e bestimmt. Nach Satz 3 bilden sie ein PLÜCKERsches Konoid Ψ, dessen Doppelgerade z ist. e ist Gemeinlot zu z und allen Tangenten aus $\mathfrak{N}$, die e rechtwinklig schneiden. e ist daher eine Erzeugende des Konoids.

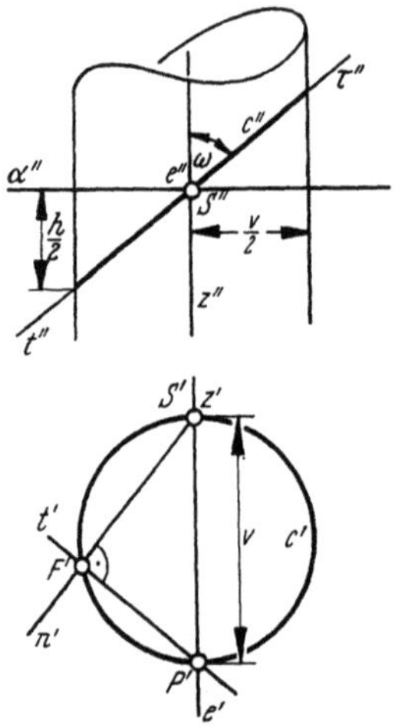

Abb. 51

Die Gemeinlote zu z und den Tangenten von Φ in P haben auf diesen Fußpunkte F, die sich im Normalriß auf $\alpha = \Pi_1$ als der Kreis c' über dem Durchmesser $S'P'$ abbilden (Abb. 51). Die Fußpunkte F liegen daher auf dem Drehzylinder über c' und bilden dort seine Schnittellipse c mit der Berührebene τ von P. e ist daher die Nebenachse von c und damit eine der beiden Mittelerzeugenden des PLÜCKERschen Konoids. Ist $v = \overline{SP}$, ω der Winkel von τ gegen die Zentralebene und d der Drall von e als einer Erzeugenden von Φ, so ist [§ 92 Gl. (3)] $v = d \operatorname{tg} \omega$. Anderseits sind die Abstände der Hauptscheitel der Ellipse c von α gleich $v/2 \operatorname{ctg} \omega$. Somit ist $h = v \operatorname{ctg} \omega$ die Höhe von Ψ, wodurch man mittels der letzten Gleichung $h = d$ erhält. Zusammenfassend gilt also:

Satz 4: *Die Gemeinlote, die die Tangenten einer windschiefen Strahlfläche Φ in den Punkten einer Erzeugenden e mit der zugehörigen Zentraltangente z bestimmen, bilden ein Plückersches Konoid Ψ, auf dem z die Doppelgerade und e eine Mittelerzeugende ist; die Höhe von Ψ ist gleich dem Drall von Φ in e.*

Ein PLÜCKERsches Konoid erscheint auch im folgenden Satz der Kurventheorie:

Satz 5: *Der Ort der Achsen aller Schraublinien, die eine Raumkurve k in einem Punkt P oskulieren, ist das Plückersche Konoid, dessen Torsallinien die Tangente von k in P und die zugehörige Krümmungsachse sind.*

Beweis: In Abb. 52 wurde eine Schraublinie s mit lotrechter Achse im Grund- und Aufriß dargestellt und auf s ein Punkt P auf der vordersten Erzeugenden des Schraubzylinders ausgewählt. Die Tangente t von s in P ist zur Aufrißebene Π_2 parallel und zur Grundrißebene Π_1 unter dem Winkel α geneigt. Die Schmiegebene von P ist die zu Π_2 normale Ebene durch t und die Hauptnormale h die Normale durch P auf die Schraubachse. Nach § 79 Gl. (12) gilt daher für den Krümmungsradius R von s in P, wenn r den Radius des Schraubzylinders bedeutet, $R = r : \cos^2 \alpha$ und kann daher, wie in Abb. 41 ersichtlich, konstruiert werden. Es sei nun k eine die Schraublinie s in P oskulierende Kurve. k und s haben in P das begleitende Dreikant t, b, h gemeinsam, in das wir in dieser Reihenfolge das Achsenkreuz x, y, z legen. Die gemeinsame Krümmungsmitte von s und k in P ist der Punkt $K(0, 0, R)$. Die Schraubachse ist durch $z = r$ und $x = y \operatorname{tg} \alpha$ bestimmt. Somit ist $\cos^2 \alpha = y^2 : (x^2 + y^2)$, woraus aus den früheren Gleichungen $r = R \cos^2 \alpha$ und $z = r$

$$z\,(x^2 + y^2) = R\,y^2 \tag{6}$$

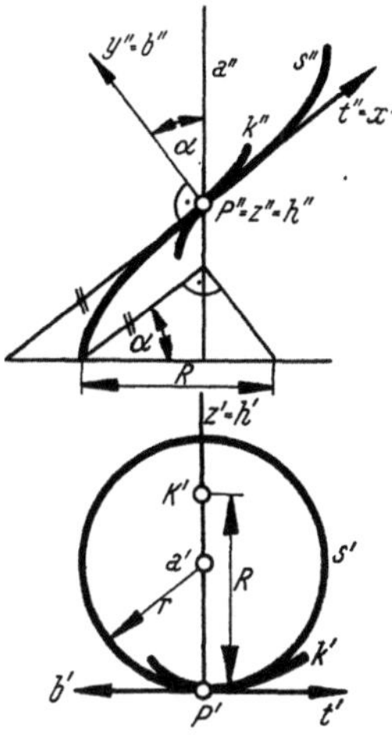

Abb. 52

folgt. Nach Gln. (3), (6) ist der Ort der Schraubachsen der k in P oskulierenden Schraublinien tatsächlich ein Plückersches Konoid. Für $z = 0$ ist nach Gl. (6) $y^2 = 0$, d. h. die Tangente t ist eine Torsallinie; für $z = R$ ist $x^2 = 0$, d. h. die Krümmungsachse, d. i. die zur Schmiegebene in der Krümmungsmitte normale Gerade, ist die zweite Torsallinie.

§ 104. Die Striktionslinie des einschaligen Hyperboloids.

Es wird nun eine Konstruktion der Striktionslinie einer Erzeugendenschar eines einschaligen Hyperboloids Φ gezeigt, die von J. Hjelmslev[1] und O. Danzer[2] herrührt. Die Kehlellipse k von Φ mit den Achsen AA_1, BB_1 ist in Abb. 53 parallel zur Grundrißebene angenommen; ferner sei die Aufrißebene Π_2 die Symmetrieebene durch AA_1, die Φ nach der Hyperbel h schneide. Es wird nun die zu Φ konzentrische Kugel $\varkappa$ eingeführt die Φ in B und B_1 berührt. Sie schneide Π_2 nach einem

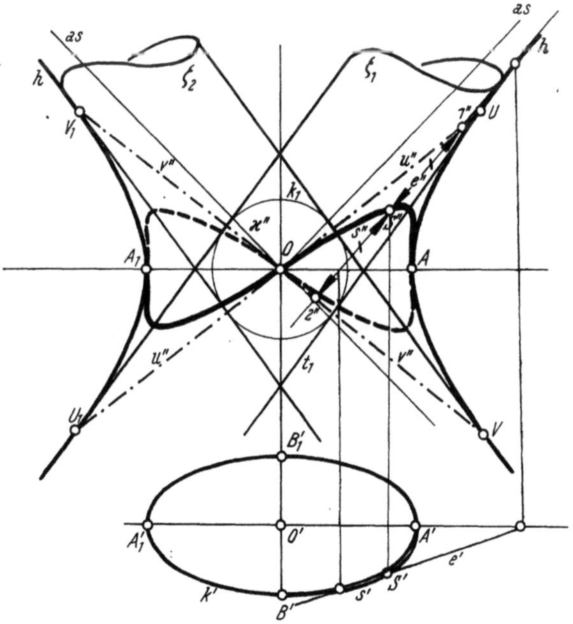

Abb. 53

[1] Darstellende Geometrie 1914, S. 307, bereits 1902 in einer dänisch geschriebenen Arbeit mitgeteilt.

[2] S.-B. Akad. Wiss. Wien, math.-naturwiss. Kl. IIa (1913), S 1107.

Kreis k_1. Wird $BB_1 < AA_1$ angenommen, so besitzen h und k_1 vier gemeinsame reelle Tangenten. Ist t_1 eine derselben, U ihr Berührpunkt auf h, so berührt der $\varkappa$ umschriebene Drehzylinder ζ_1 durch t_1 Φ in den drei Punkten B, B_1, U und daher in allen Punkten der Ellipse u, die die Ebene (BB_1U) aus ζ_1 und Φ ausschneidet. ζ_1 ist also ein Φ längs u berührender Drehzylinder. Durch Spiegelung von ζ_1 an der durch (BB_1) gehenden Symmetrieebene von Φ entsteht ein Drehzylinder ζ_2, der Φ längs der zu u symmetrischen Ellipse v berührt.

Der Asymptotenkegel, d. i. der Berührkegel von Φ mit der Spitze im Mittelpunkt O, wird von den asymptotischen Ebenen der beiden Erzeugendenscharen von Φ umhüllt. Wir greifen nun eine dieser beiden Scharen heraus und fragen nach ihrer Striktionslinie s. Ist e eine Erzeugende der Schar, die wir im Grund- und Aufriß als zugeordnete Tangenten e', e'' von k' und h annehmen, so erhalten wir den Striktionspunkt S von e durch folgende Überlegung. Sind 1 und 2 die Punkte, die e mit den Ellipsen u und v gemeinsam hat, und E_u der Fernpunkt von e, so können wir für die Punkte 1, 2, E_u die Berührebenen von Φ angeben. In 1 und 2 sind die Berührebenen ε_1, ε_2 die Ebenen, die die Zylinder ζ_1 bzw. ζ_2 und damit auch die Kugel $\varkappa$ berühren. Die Berührebene von E_u ist die asymptotische Ebene α, die durch O geht. Der Striktionspunkt S von e ist der Berührpunkt der zu α normalen Zentralebene ζ durch e. Da α den Winkel der Ebenen ε_1, ε_2 hälftet, werden α und ζ von ε_1 und ε_2 harmonisch getrennt. Da aber die Punkte einer Erzeugenden ihren Berührebenen projektiv zugeordnet sind, §§ 55, 92, ist der Striktionspunkt S der zum Fernpunkt E_u bezüglich 1 und 2 harmonisch liegende Punkt, also der Mittelpunkt der Strecke 12, d. h.:

Die Striktionslinien der beiden Erzeugendenscharen eines einschaligen Hyperboloids halbieren auf jeder Erzeugenden e die Strecke, die von den Berührellipsen der beiden Φ eingeschriebenen Drehzylinder aus e ausgeschnitten wird.

Eine nähere Untersuchung lehrt, daß diese Striktionslinie s eine rationale Raumkurve 4. Ordnung ist. Ihr Aufriß s'' (Abb. 53) kann drei verschiedene Formen annehmen, da die Scheiteltangente von s'' in A'' s'' in zwei weiteren Punkten schneidet, die reell getrennt oder konjugiert komplex sind, aber auch in A'' zusammenfallen können.

In einer Projektion einer Strahlfläche 2. Ordnung ist das Bild jeder Erzeugenden der einen Schar zugleich das Bild einer Erzeugenden der anderen Schar. Aus der obigen Konstruktion folgt daher, daß die Striktionslinien der beiden Erzeugendenscharen des Hyperboloids, obwohl sie zwei verschiedene Kurven sind, gemeinsame Normalrisse auf den drei Symmetrieebenen haben.

§ 105. Böschungslinien und Böschungsflächen. Eine Raumkurve c, deren Tangenten mit einer festen, im folgenden stets waagrecht gedachten Ebene (Grundrißebene) Π einen festen Winkel α einschließen, heißt *Böschungslinie.* c schneidet die Erzeugenden des lotrechten Zylinders $\mathfrak{Z}$ durch c unter dem konstanten Winkel $\beta = \pi/2 - \alpha$.

Der Richtkegel $\mathfrak{K}$ einer Böschungslinie c ist ein Drehkegel, dessen Achse a zu Π normal ist. Ist t die Tangente von c in P und $\bar{t}$ die zu t parallele Erzeugende von $\mathfrak{K}$, so ist die Schmiegebene σ von P zur Berührebene $\bar{\sigma}$ von $\mathfrak{K}$ längs $\bar{t}$ parallel. Daraus folgt der

Satz 1: *Ist (P, t) ein Linienelement einer Böschungslinie, so ist die Hauptnormale von P die t in P rechtwinklig schneidende waagrechte Gerade; die rektifizierende Ebene von P ist die lotrechte Ebene durch t.*

Ist $r = PM$ der Krümmungsradius von c in P und r_o der Krümmungsradius des Grundrisses c' in P' (Abb. 54), so ist [§ 79 Gl. (12)]

$$r = r_0 : \cos^2 \alpha. \tag{1}$$

Da demnach $r_0 : r$ konstant ist, sagt man:

Satz 2: *Der Grundriß der Kurve der Krümmungsmitten einer Böschungslinie c ist eine „Zwischenevolute" des Grundrisses von c.*

Der Betrag der konischen Krümmung des Richtkegels von c ist $|\varkappa_2| = \operatorname{tg}\alpha$, § 81 Gl. (2), woraus für den Torsionsradius $\varrho_t = 1 : |\varkappa_1|$ nach $\varkappa_1 = \varkappa\varkappa_2$ [§ 82 Gln. (2) und (1)]

$$\varrho_t = r \operatorname{ctg}\alpha = r_0 : \sin\alpha\cos\alpha \tag{2}$$

folgt. Die Torsion der in Abb. 54 angenommenen Böschungslinie ist (§ 13) positiv oder negativ, je nachdem t'' nach rechts oder nach links ansteigt.

Es soll nun die Mitte O der *Schmiegkugel* von P ermittelt werden (Abb. 54). Sie liegt nach § 14 Gl. (8) auf der Geraden (Krümmungsachse), die in der Krümmungsmitte M von P auf der Schmiegebene normal ist, so, daß $\overrightarrow{MO} = e = \varrho_t\, dr : ds$ in der Binormalenrichtung beträgt, wenn s die Bogenlänge auf c ist (wachsend in der Tangentenrichtung). Ist s_0 die Bogenlänge auf dem Grundriß c' von c, so ist $ds_0 : ds = \cos\alpha$ und somit nach Gl. (1) $dr : ds = dr_0 : ds_0 \cos\alpha$. Ist nun e_1 die „zweite" Evolute (Evolute der Evolute) von c' und auf dieser K_1 die zweite Krümmungsmitte von P', so gilt für $r_1 = KK_1$ nach § 80 Gl. (1) $r_1 = r_0\, dr_0 : ds_0$. Somit ist nach dem obigen $dr : ds = r_1 : r_0 \cos\alpha$, woraus mittels Gl. (2)

$$e = MO = \frac{r_1}{\sin\alpha\cos^2\alpha}, \quad e' = M'O' = \frac{r_1}{\cos^2\alpha} \tag{3}$$

folgt. Nach Gln. (1) und (3) ist

$$e' : r_1 = r : r_0. \tag{4}$$

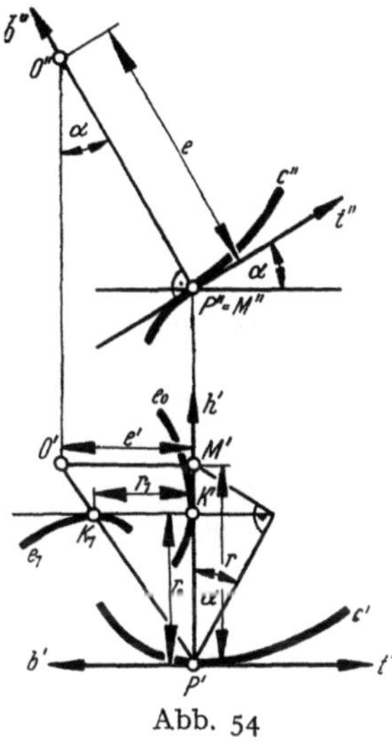

Abb. 54

Zur Konstruktion von O (Abb. 54) ermittelt man zuerst $P'M' = r$ gemäß Gl. (1); dann liegt O' gemäß Gl. (4) auf der Parallelen zu t' durch M' im Schnittpunkt mit $(P'K_1)$. *Es besteht demnach die bemerkenswerte Beziehung, daß P', K_1, O' auf einer Geraden liegen.*

Die Böschungslinien auf den lotrechten Drehzylindern sind die *gewöhnlichen Schraublinien*. Für sie ist r_0 der Zylinderradius. Wegen $r = r_0 : \cos^2\alpha =$ konst. ist $dr : ds = 0$ und somit auch $e = 0$. Somit gilt der

Satz 3: *Die Kurve der Krümmungsmitten einer gewöhnlichen Schraublinie c ist eine koaxiale Schraublinie; diese ist zugleich der Ort der Schmiegkugelmitten von c und damit die Gratlinie der Polartorse von c.*

Als *Böschungsflächen* bezeichnet man die Tangentenflächen der Böschungslinien. Aus der eingangs gemachten Bemerkung über den Richtkegel einer Böschungslinie ergibt sich:

Satz 4: *Die Fallinien einer Böschungsfläche Φ sind ihre Erzeugenden. Die Schichtenlinien einer Böschungsfläche, d. s. ihre Schnitte mit den waagrechten Ebenen, sind die Filarevolventen (§ 59) der Gratlinie von Φ. Die Grundrisse der Schichtenlinien sind die Evolventen des Grundrisses der Gratlinie.*

§ 106. Drehkegelloxodromen. Sollen die zum konstanten Anstiegswinkel α gehörigen Böschungslinien einer Fläche Φ, $z = f(x, y)$, analytisch gekennzeichnet werden, so hat man $dz : \sqrt{dx^2 + dy^2} = \operatorname{tg}\alpha = c$ anzusetzen, wenn die z-Achse als „lotrecht" vorausgesetzt wird. Mit $f_x = p$, $f_y = q$ und $dz = p\,dx + q\,dy$ ergibt sich so die *Differentialgleichung der Böschungslinien* von Φ

$$(p^2 - c^2)\,dx^2 + 2\,p\,q\,dx\,dy + (q^2 - c^2)\,dy^2 = 0. \tag{1}$$

Es sollen nun die *Böschungslinien auf Drehkegeln* betrachtet werden. Da in einem Punkt der Böschungslinie c die Erzeugende e, die Tangente t und die Parallele a_1 zur Kegelachse a ein bei e rechtwinkliges Dreikant bilden, ist längs c wegen $\sphericalangle\, e\,a_1 =$ konst. und $\sphericalangle\, a_1\,t =$ konst. auch $\sphericalangle\, e\,t =$ konst. c schneidet daher die Erzeugenden unter festem Winkel. Da man eine Kurve auf einer Drehfläche, die die Meridiane unter festem Winkel schneidet, *Loxodrome* nennt, so folgt aus dieser Überlegung der

Satz 1: *Die Böschungslinien eines Drehkegels mit lotrechter Achse sind seine Loxodromen. Der Normalriß einer Drehkegelloxodrome auf eine zur Kegelachse normale Ebene ist eine Kurve, die die Strahlen durch den Normalriß der Kegelspitze unter einem festen Winkel ε schneidet, also eine logarithmische Spirale.*

Macht man den Scheitel dieses Strahlbüschels zum Pol von Polarkoordinaten r, ω und ist ε der eben genannte feste „Schnittwinkel", so ergibt sich die Polargleichung der logarithmischen Spiralen aus $r' : r = \operatorname{ctg} \varepsilon$ als

$$r = k\,e^{a\,\omega}, \qquad (a = \operatorname{ctg} \varepsilon). \tag{2$_{1,2}$}$$

Es gilt auch die Umkehrung des Satzes 1:

Satz 1a: *Jede Böschungslinie, deren Grundriß eine logarithmische Spirale ist, ist Loxodrome eines Drehkegels mit lotrechter Achse.*

Aus der Definition der logarithmischen Spiralen folgert man unmittelbar den

Satz 2: *Irgend zwei logarithmische Spiralen, die zu demselben Spiralpunkte S und zu demselben Schnittwinkel ε gehören, lassen sich sowohl durch eine Drehung um S als auch durch eine Streckung von S aus ineinander überführen.*

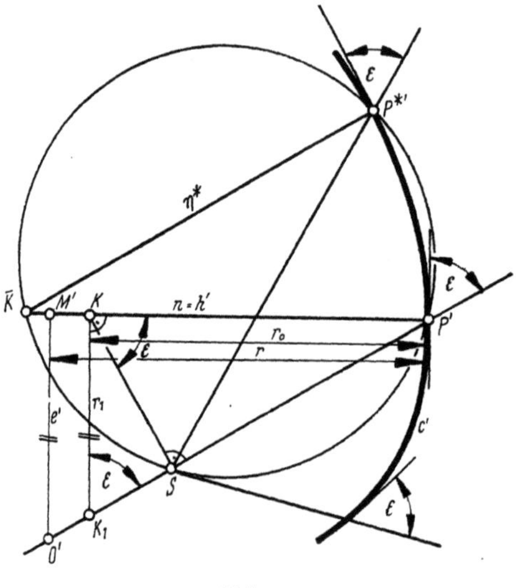

Abb. 55

Es soll nun eine *Konstruktion der Krümmungsmitten der logarithmischen Spirale* gezeigt werden. Es seien (Abb. 55) P', $P^{*\prime}$ zwei Punkte der logarithmischen Spirale c' und n, n^* ihre Normalen, die sich in $\overline{K}$ schneiden mögen. Da c' alle Strahlen durch S unter festem Winkel ε schneidet, ist $\sphericalangle\, P'SP^{*\prime} = = \sphericalangle\, P'\overline{K}P^{*\prime}$. Daraus folgt aber, daß der durch S, P', $P^{*\prime}$ gehende Kreis auch durch $\overline{K}$ geht. Beachtet man, daß die Mitte dieses Kreises auf der Streckensymmetrale von $P'P^{*\prime}$ liegt und daß $\overline{K}$ für $P^{*\prime} \to P$ in die Krümmungsmitte K von c' in P' übergeht (§ 78 Abb. 12), so ergibt sich, daß $\sphericalangle\, P'SK = \pi/2$ ist, so daß K der Schnittpunkt von n mit der (SP') in S rechtwinklig schneidenden Geraden ist. Aus $SK : SP' = \operatorname{ctg} \varepsilon$ und $\sphericalangle\, P'SK = \pi/2$ folgt nach Satz 2 der

Satz 3: *Die Evolute einer logarithmischen Spirale c' entsteht aus c' durch die Drehstreckung (S; $\pi/2$, ctg ε) um ihren Spiralpunkt S und ist daher zu c' kongruent.*

Zur Ermittlung der Krümmungsmitten M und der Schmiegkugelmitten O (Abb. 55) hat man die in Abb. 54 gezeigte Konstruktion auszuführen. Dazu benötigt man zuerst die zweite Krümmungsmitte K_1 von c' in P'. Sie ist die Krümmungsmitte der Evolute von c' in K. Da diese nach Satz 3 eine logarithmische Spirale um S mit dem Schnittwinkel ε ist, ist nach der eben bewiesenen Konstruktion K_1 der Schnittpunkt von (SP') mit der Normalen zu n in K. Ist nun M' auf n der Grundriß der Krümmungsmitte M von c in P, $P'M' = PM = r = r_0 : \cos^2 \alpha$, so ist, Abb. 55 der Grundriß O' der Schmiegkugelmitte der Schnittpunkt von $(K_1 P')$ mit dem auf n in M' errichteten Lot.

Wenn P' die Kurve c' durchläuft, so sind die zu jedem P' gehörigen Figuren S, P', K, M', O' zueinander ähnlich. Es ist demnach $\sphericalangle P'SM' =$ konst. und $SP' : SM' =$ konst. $= k_0$. Somit geht der Grundriß m' der Kurve m der Krümmungsmitten M aus c' durch eine Drehstreckung um S hervor. m' ist daher eine zu c' kongruente logarithmische Spirale. Da ferner entsprechende Punkte P, M stets gleich hoch liegen (§ 105 Satz 1) und da auch für die Bogendifferentiale ds_0, ds_1 von c' und m' $ds_0 : ds_1 = k_0$ gilt, ist m selbst eine Böschungslinie.

Wenn P' die Kurve c' durchläuft, bleibt auch $SP' : SO'$ konstant. Der Grundriß o' der Gratlinie o der Polartorse geht daher aus c' durch eine Streckung hervor. o' ist daher eine zu c' kongruente logarithmische Spirale. Da die Normalebenen irgendeiner Böschungslinie gegen die waagrechte Bezugsebene gleich geneigt sind, ist die Gratlinie der Polartorse einer Böschungslinie auch eine Böschungslinie. Also gilt nach Satz 1a der

Satz 4: *Die Kurve der Krümmungsmitten und die Gratlinie der Polartorse einer Drehkegelloxodrome sind Drehkegelloxodromen derselben Spiralachse.*

§ 107. Böschungslinien auf Drehflächen 2. Ordnung mit lotrechter Achse. *Die Böschungslinien auf einem Drehparaboloid Φ mit lotrechter Drehachse* lassen sich durch die folgende Überlegung gewinnen[1]. Ist c eine Böschungslinie auf Φ, σ die Schmiegebene von c in P, so schneidet σ Φ in einer Ellipse k, die c in P oskuliert. Sind k', c', P' die Grundrisse von k, c, P auf eine zur Drehachse normale Grundrißebene Π, so oskuliert k' c' in P'. Da k' nach einem bekannten Satz ein Kreis ist[2], ist k' der Krümmungskreis von c' in P'. Die Mittelpunkte von k und k' liegen auf dem zur Ebene σ konjugierten Durchmesser d von Φ. Da die Schmiegebenen σ von c gegen die Drehachse a gleiche Neigung haben, ist der Ort der zu ihnen konjugierten Durchmesser d ein Drehzylinder um a. Sein Schnittkreis mit Π enthält nach dem Gesagten die Krümmungsmitten von c', ist also die Evolute von c'. Es gilt daher der

Satz 1[3]**:** *Die Grundrisse der Böschungslinien auf einem Drehparaboloid mit lotrechter Achse sind Kreisevolventen.*

Eine einheitliche Theorie der Böschungslinien auf den vom Drehparaboloid verschiedenen regulären Drehflächen 2. Ordnung mit lotrechter Achse kann auf die natürliche Gleichung (§ 46) ihrer Grundrisse gegründet werden. Wir gehen von den *Böschungslinien auf einer Kugel aus.* Für jede Kurve c auf einer Kugel ist diese die Schmiegkugel aller Punkte von c. Ist R der Kugelradius, $r(s)$ der Krümmungsradius von c als Funktion der Bogenlänge s, ϱ_t der Torsionsradius, so ist nach § 14 Gl. (9) $R^2 = r^2 + \varrho_t^2 (dr : ds)^2$. Setzt man darin nach § 105

---

[1] W. BLASCHKE, Bemerkungen über allgemeine Schraublinien. Mh. Math. Phys. 19 (1908), S. 194. Daselbst auch Literaturangaben.

[2] Er folgt unmittelbar aus den Gleichungen $x^2 + y^2 = 2pz$ und $z = ax + b$ des Paraboloids und der Ebene.

[3] M. MUTH, Jber. Realschule zu Stollberg, 1893.

Gl. (2) $\varrho_t = r \operatorname{ctg} \alpha$, so erhält man $\operatorname{tg} \alpha \, ds = r \, dr : \sqrt{R^2 - r^2}$ oder integriert mit Verfügung über den Nullpunkt für s:

$$s^2 \operatorname{tg}^2 \alpha + r^2 = R^2. \tag{1}$$

Ist s_0 die Bogenlänge auf dem Grundriß c' von c, $r_0(s_0)$ der Krümmungsradius von c', so ist (wegen $\alpha =$ konst.) $s = s_0 : \cos \alpha$ und nach § 105 Gl. (1) $r = r_0 : \cos^2 \alpha$. Damit geht Gl. (1) in die *natürliche Gleichung des Grundrisses der sphärischen Böschungslinien.*

$$\frac{s_0^2 \sin^2 \alpha}{R^2 \cos^4 \alpha} + \frac{r_0^2}{R^2 \cos^4 \alpha} = 1 \tag{2}$$

über. Gl. (2) hat die Form

$$\frac{s_0^2}{p} + \frac{r_0^2}{q} = 1, \qquad p = \frac{R^2 \cos^4 \alpha}{\sin^2 \alpha}, \qquad q = R^2 \cos^4 \alpha; \tag{3$_{1,2,3}$}$$

darin sind $p > 0$, $q > 0$, $p > q$. Mit dieser Einschränkung sind durch die Wahl von p und q die Werte R und α bestimmt.

Wir wollen im folgenden die *affine Transformation* des Raumes $x_1 = x$, $y_1 = y$, $z_1 = a z$ mit $a =$ konst. als eine *normale Streckung des Raumes an der $x\,y$-Ebene* bezeichnen. Wird diese als Grundrißebene Π gewählt, so haben je zwei entsprechende Raumpunkte denselben Grundriß, und für die Neigungswinkel α, α_1 entsprechender Geraden gilt $\operatorname{tg} \alpha_1 = a \operatorname{tg} \alpha$. Daraus folgt aber, *daß jede normale Streckung an Π jede Böschungslinie bezüglich Π in eine Böschungslinie mit demselben Grundriß überführt.* Gl. (3) kennzeichnet daher nicht nur die sphärischen Böschungslinien, sondern alle *Böschungslinien auf den Drehellipsoiden mit lotrechter Achse.*

Wir üben nun auf die Kugel $x^2 + y^2 + z^2 = R^2$ die komplexe normale Streckung an Π $(z = 0)$ $x = x_1$, $y = y_1$, $z = i z_1$ aus und erhalten dadurch das *einschalige Drehhyperboloid* $x_1^2 + y_1^2 - z_1^2 = R^2$, dessen Erzeugenden unter $\pi/4$ gegen Π geneigt sind. Für entsprechende Neigungswinkel α, α_1 ist $\operatorname{tg} \alpha_1 = i \operatorname{tg} \alpha$, somit $\sin^2 \alpha = \operatorname{tg}^2 \alpha_1 : (\operatorname{tg}^2 \alpha_1 - 1)$, $\cos^2 \alpha = -1 : (\operatorname{tg}^2 \alpha_1 - 1)$ und nach Gl. $(3_{2,3})$

$$p = R^2 : (\operatorname{tg}^2 \alpha_1 - 1) \operatorname{tg}^2 \alpha_1, \qquad q = R^2 : (\operatorname{tg}^2 \alpha_1 - 1)^2. \tag{4$_{1,2}$}$$

Es sind nun zwei Fälle zu unterscheiden: a) $\alpha_1 < \pi/4$, demnach nach Gl. $(4_{1,2})$ $p < 0$, $q > 0$; b) $\alpha_1 > \pi/4$, demnach $p > 0$, $q > 0$, $p < q$, je nachdem die Böschungslinien flacher oder steiler als die Erzeugenden sind. *Gl. (3_1) mit diesen Bedingungen für p, q kennzeichnet die Böschungslinien auf den einschaligen Drehhyperboloiden mit lotrechter Drehachse.*

Die nullteilige Kugel $x^2 + y^2 + z^2 + R^2 = 0$ geht durch die normale Streckung an Π mit $x = x_1$, $y = y_1$, $z = i z_1$ in das *zweischalige Drehhyperboloid* $x_1^2 + y_1^2 - z_1^2 + R^2 = 0$ über, dessen asymptotische Ebenen unter $\pi/4$ gegen Π geneigt sind. Reelle Böschungslinien können daher nur für $\alpha_1 < \pi/4$ auftreten. Da der Halbmesser der nullteiligen Kugel $i\,R$ ist, erhält man p, q aus Gl. $(4_{1,2})$ durch Multiplikation mit -1. Es ist daher $\alpha_1 < \pi/4$, $p > 0$, $q < 0$. *Gl. (3_1) mit diesen Bedingungen für p, q kennzeichnet die Böschungslinien auf den zweischaligen Drehhyperboloiden mit lotrechter Drehachse.*

Der Übergang von Gl. (3_1) zu einer Parameterdarstellung des Grundrisses der Böschungslinien erfolgt nach § 46 Gl. (3). Es ergeben sich[1] bei lotrechter Drehachse für die Drehellipsoide *Epizykloiden* $(p > 0, q > 0, p > q)$, für die

[1] H. Wieleitner, Spezielle ebene Kurven, § 24.

einschaligen Drehhyperboloide *Hypozykloiden* ($p > 0, q > 0, p < q$) oder *Hyperzykloiden* ($p < 0, q > 0$) und für die zweischaligen Drehhyperboloide *Parazykloiden* ($p > 0, q < 0$)[1].

Eine *Epizykloide* ist die Bahn eines Umfangpunktes eines Kreises $\varkappa$, der im Außengebiet eines Kreises k auf k rollt. Es ist dabei gleichgültig, ob der rollende Kreis $\varkappa$ den festen k nicht umschließt oder umschließt. Wenn $\varkappa$ im Inneren von k auf k rollt, beschreibt ein Umfangpunkt von $\varkappa$ eine *Hypozykloide* (Ausnahmefall § 115, Satz 2). Ist R der Radius von k, r der Radius von $\varkappa$, so bestimmen die Parameterdarstellungen

$$x = (R \pm r)\cos t \mp r\cos\frac{(R \pm r)\,t}{r}, \quad y = (R \pm r)\sin t - r\sin\frac{(R \pm r)\,t}{r}, \qquad (5_{1,2})$$

$$x = (R \pm r)\cos t \pm r\cos\frac{(R \pm r)\,t}{r}, \quad y = (R \pm r)\sin t + r\sin\frac{(R \pm r)\,t}{r} \qquad (5_{3,4})$$

für die oberen Vorzeichen die Epizykloiden Gln. $(5_{1,3})$, für die unteren mit $R > r$ die Hypozykloiden Gln. $(5_{2,4})$ von zwei diametral gegenüberliegenden Punkten von $\varkappa$. Gln. $(5_{2,4})$ entstehen aus Gln. $(5_{1,3})$, indem man dort r durch $-r$ ersetzt.

Die Frage, ob Gln. $(5_{1,3})$ auch für komplexe Werte $R = R_1 + i R_2$ und $r = r_1 + i r_2$ eine reelle Kurve darstellen kann, führt zu zwei solchen Möglichkeiten[2]. a) $R_1 = -2 r_1$, $R_2 = 0$: Aus Gln. (5_1) entsteht dann mit $t = u\,(1 - i\,r_2/r_1)$ und nach einer Ähnlichkeitstransformation die *Parazykloide*

$$x = r_1 \cos u \operatorname{ch}\frac{r_1 u}{r_2} + r_2 \sin u \operatorname{sh}\frac{r_1 u}{r_2}, \quad y = r_1 \sin u \operatorname{ch}\frac{r_1 u}{r_2} - r_2 \cos u \operatorname{sh}\frac{r_1 u}{r_2}. \qquad (6)$$

b) $R_1 = 0$, $R_2 = -2 r_2$: Aus Gl. (5_3) entsteht dann mit $t = u\,(1 + i\,r_2/r_1)$ und nach einer Ähnlichkeitstransformation die *Hyperzykloide*

$$x = r_1 \cos u \operatorname{ch}\frac{r_2 u}{r_1} - r_2 \sin u \operatorname{sh}\frac{r_2 u}{r_1}, \quad y = r_1 \sin u \operatorname{ch}\frac{r_2 u}{r_1} + r_2 \cos u \operatorname{sh}\frac{r_2 u}{r_1}. \qquad (7)$$

§ 108. **Pseudogeodätische Linien auf Zylindern.** W. WUNDERLICH hat in zwei Arbeiten[3] für die Kurven einer Fläche Φ, deren Schmiegebenen mit den entsprechenden Berührebenen von Φ einen festen Winkel ω einschließen, die Bezeichnung *pseudogeodätische Linien* vorgeschlagen und bemerkenswerte Ergebnisse über diese Kurvengattung auf Zylinder- und Kegelflächen erzielt. Von diesen sonst kaum beachteten Kurven können die Sonderfälle $\omega = \pi/2$, die *geodätischen Linien*, und $\omega = 0$, die *Schmieglinien*, ausgenommen werden.

Wegen $\omega =$ konst. ist in § 34 Gl. (4_3) $\omega' = 0$ zu setzen, woraus der Satz folgt:

Satz 1: *Die pseudogeodätischen Linien einer Fläche sind die Kurven, auf denen in jedem Punkt die Torsion gleich der geodätischen Torsion ist.*

Im folgenden werden die pseudogeodätischen Linien auf Zylinderflächen untersucht. Der in einer waagrechten Ebene Π_1 gegebene Normalschnitt c' eines Zylinders Φ sei durch die natürliche Gleichung $r_1 = r_1(s_1)$ zwischen Krümmungsradius r_1 und Bogenlänge s_1 gegeben. Ist $(P\,t)$ ein Linienelement von Φ, so hat der durch t gelegte Normalschnitt von Φ gemäß § 79 Gl. (12), wenn α den Neigungswinkel von t gegen Π_1 bedeutet, in P den Krümmungsradius $R = r_1 : \cos^2 \alpha$.

---

[1] Zuerst bewiesen von A. ENNEPER, Über Loxodromen, Ber. Sächs. Ges. Wiss. Leipzig 1902.

[2] H. WIELEITNER, a. a. O. Nr. 187, 188.

[3] Pseudogeodätische Linien auf Zylinderflächen. S.-B. Akad. Wiss. Wien, math.-naturwiss. Kl. IIa, 158 (1950), S. 61; Pseudogeodätische Linien auf Kegelflächen, ebenda, S. 75.

Nach dem MEUSNIERschen Satz ist daher der Krümmungsradius r einer Flächenkurve c im Linienelement $(P\,t)$, deren Schmiegebene gegen die Zylindernormale unter dem Winkel $\pi/2 - \omega$ geneigt ist, durch $r = r_1 \sin\omega : \cos^2\alpha$ gegeben. Daraus folgt nach § 34 Gl. (4_1) mit $\varkappa = 1 : r$ für die geodätische Krümmung $\varkappa_g$ von c

$$r_1 \varkappa_g = \operatorname{ctg}\omega \cos^2\alpha, \qquad r_1 = r_1(s_1). \tag{1}$$

Ist s die Bogenlänge auf c, so ist $ds_1 : ds = \cos\alpha$. Nach dem am Beginn von § 47 genannten Satz liefert die Verebnung von Φ $\varkappa_g = d\alpha : ds$. Damit entsteht mit $\omega =$ konst. aus Gl. (1) die Differentialgleichung

$$\frac{d\alpha}{\cos^2\alpha} = \operatorname{ctg}\omega \frac{ds_1}{r_1(s_1)}, \tag{2}$$

woraus durch Integration

$$\ln \operatorname{tg}\left(\frac{\alpha}{2} + \frac{\pi}{4}\right) = \operatorname{ctg}\omega \int \frac{ds_1}{r_1(s_1)} \tag{3}$$

folgt. Ist $\varphi(s_1)$ der Winkel, den die Tangenten des Grundrisses c' von c mit einer festen Nullrichtung in der Grundrißebene Π_1 bilden, so ist $ds_1 : d\varphi = r_1(s_1)$. Das Integral in Gl. (3) ist daher $\varphi(s_1) +$ konst. Setzt man $\operatorname{ctg}\omega = k$ und verfügt man über die Nullrichtung so, daß für $\varphi = 0$, $\alpha = 0$ ist, so lautet Gl. (3)

$$\ln \operatorname{tg}\left(\frac{\alpha}{2} + \frac{\pi}{4}\right) = k\,\varphi(s_1). \tag{3a}$$

Ist z die Höhe der Punkte von c über Π_1, so ist $dz : ds_1 = \operatorname{tg}\alpha$. Berechnet man nun aus Gl. (3a) $\operatorname{tg}\alpha$, so erhält man mittels einer Formel über Hyperbelfunktionen[1] für die pseudogeodätischen Linien auf dem Zylinder $r_1 = r_1(s_1)$

$$\operatorname{tg}\alpha = dz : ds_1 = \operatorname{sh} k\varphi, \qquad z = \int \operatorname{sh} k\varphi(s_1)\, ds_1 + \text{konst.} \tag{4$_{1,2}$}$$

Gl. (4_2) ist zugleich die Gleichung ihrer Verebnung in rechtwinkligen Koordinaten s_1, z.

Läßt man die den Tangentenvektoren $\mathfrak{t}$ einer Raumkurve entsprechenden Pfeile von einem Punkt O ausstrahlen, so bestimmen die Pfeilspitzen auf der Einheitskugel $\mathfrak{K}$ um O das sphärische Tangentenbild c^* der Raumkurve c. Aus der FRENETschen Formel $\mathfrak{t}' = \varkappa\,\mathfrak{h}$ folgt, daß die entsprechenden Hauptnormalenvektoren die Tangentenvektoren von c^* sind. Im vorliegenden Fall ist der feste Winkel ω, den die Schmiegebene von c in P mit der Berührebene τ des Zylinders einschließt, der Winkel, den die Hauptnormale in P mit τ bildet. Wenn man daher der Ebene τ den zu ihr parallelen Großkreis von $\mathfrak{K}$ zuordnet, so wird dieser in dem P entsprechenden Kugelpunkt P^* von c^* von der Tangente des Tangentenbildes unter dem Winkel ω geschnitten. Beachtet man nun, daß die den Berührebenen des Zylinders entsprechenden Großkreise der Kugel ein „Meridianbüschel" bilden, so folgt, daß c^* diese Meridiankreise unter konstantem Winkel schneidet. Es gilt mithin:

Satz 2: *Das sphärische Tangentenbild einer pseudogeodätischen Linie ($\omega =$ konst.) auf einem Zylinder ist eine Kurve, die das zu den Berührebenen des Zylinders parallele Meridianbüschel der Kugel unter dem konstanten Winkel ω schneidet, also eine Kugelloxodrome.*

Wir wählen nun den Zylinder als *Drehzylinder* $x = r_1 \cos\varphi$, $y = r_1 \sin\varphi$. Dann ist $\varphi = s_1 : r_1$, so daß mit

$$k : r_1 = p \tag{5}$$

[1] $(1 - \operatorname{th}^2 x)\operatorname{sh} 2x = 2\operatorname{th} x$.

und Gl. (4_2) die *pseudogeodätischen Linien auf Drehzylindern* durch

$$x = r_1 \cos (s_1 : r_1), \qquad y = r_1 \sin (s_1 : r_1), \qquad p\, z = \operatorname{ch} p\, s_1 \qquad (6_{1,2,3})$$

dargestellt werden. Gl. (6_3) ist in rechtwinkligen Koordinaten s_1, z einer Ebene die *Kettenlinie*. Somit gilt:

Satz 3: *Die Verebnung einer pseudogeodätischen Linie auf einem Drehzylinder liefert eine Kettenlinie.*

Die Kettenlinie wird in § 116 (Abb. 68) konstruktiv behandelt werden.

XII. Das konforme und das projektive Bild der nichteuklidischen Geometrien auf den Flächen konstanter Gaußscher Krümmung

§ 109. Das projektive Bild der elliptischen Geometrie. In § 41 wurde ein Vektor $\mathfrak{a} \neq 0$ als *isotrop* bezeichnet, wenn sein Betrag $|\mathfrak{a}|$ Null ist, was nur im komplexen Raum möglich ist. Sind x, y, z rechtwinklige Koordinaten und lassen wir die isotropen Vektoren vom Nullpunkt O (0, 0, 0) ausstrahlen, so erfüllen sie den *isotropen Kegel*

$$x^2 + y^2 + z^2 = 0. \qquad (1)$$

Wenn man von den x, y, z auf homogene Koordinaten x_i ($i = 0, 1, 2, 3$) durch $x = x_1 : x_0$, $y = x_2 : x_0$, $z = x_3 : x_0$ übergeht, so sind durch $x_0 = 0$ die „Fernpunkte" des nunmehr projektiven Raumes eingeführt und der Schnitt von (1) mit der Fernebene ist durch

$$x_0 = 0, \qquad x_1^2 + x_2^2 + x_3^2 = 0 \qquad (2)$$

gegeben. Dieser nullteilige Kegelschnitt[1] heißt der *absolute Kegelschnitt des Raumes*. Er sei in der Folge mit i^2 bezeichnet. Sind a_1, a_2, a_3 die Richtungskosinus einer orientierten Geraden, die den Nullpunkt O des Achsenkreuzes mit einem Punkt P (x, y, z) verbindet, ferner $l = OP$, so ist $x = l\, a_1$, $y = l\, a_2$, $z = l\, a_3$. Daher sind $x_0 = 1 : l$, $x_1 = a_1$, $x_2 = a_2$, $x_3 = a_3$ homogene Koordinaten von P. Daraus entstehen mit $l \to \infty$ die homogenen Koordinaten $0, a_1, a_2, a_3$ des Fernpunktes der Geraden (OP), worin die a_i durch zu ihnen proportionale *Richtungsparameter* $\lambda\, a_i$ ersetzt werden dürfen.

Sind a_i und b_i Richtungsparameter von zwei zueinander normalen Richtungen, so ist nach § 3 Satz 1 und § 5 Gl. (7) $a_1 b_1 + a_2 b_2 + a_3 b_3 = 0$. Im Hinblick auf Gl. (2) gilt daher der

Satz 1: *Zwei Richtungen sind zueinander normal, wenn ihre Fernpunkte zum absoluten Kegelschnitt i^2 konjugiert sind.*

Die Bedingung, daß zwei zueinander normale Richtungen zusammenfallen ($b_i = \lambda\, a_i$), lautet nach der letzten Gleichung $\Sigma\, a_i^2 = 0$. Diese ausgezeichneten Richtungen sind demnach nach Gl. (2) durch die Punkte von i^2 bestimmt. Sie heißen *isotrope Richtungen*. Geraden, die i^2 schneiden, heißen auch *isotrope Geraden* oder *Minimalgeraden*. Der isotrope Kegel, Gl. (1), der O mit i^2 verbindet, heißt auch *Minimalkegel* von O.

Eine Ebene $\sum_0^3 n_i\, x_i = 0$ hat die Ferngerade $x_0 = 0$, $\sum_1^3 n_i\, x_i = 0$. Der Fernpunkt der zur Ebene normalen Geraden ist $(0, n_1, n_2, n_3)$. Nach Gl. (2) ist er der Pol der Ferngeraden bezüglich i^2. Also gilt der

[1] Ein Kegelschnitt heißt nullteilig, wenn er keine reellen Punkte, jedoch eine reelle Gleichung besitzt; sein Polarsystem ist daher reell.

Satz 2: *Eine Richtung und eine Ebenenstellung sind zueinander normal, wenn der Fernpunkt der Richtung der Pol der Ferngeraden der Stellung bezüglich des absoluten Kegelschnittes i^2 ist.*

Soll eine Richtung (Fernpunkt n_i) zu der zu ihr normalen Ebenenstellung (Ferngerade $x_0 = 0$, $\sum_1^3{}' n_i x_i = 0$) zugleich parallel sein, so folgt dafür $n_0 = 0$, $n_1^2 + n_2^2 + n_3^2 = 0$. Diese Bedingung wird nur von den isotropen Richtungen, d. h. von den Punkten von i^2 erfüllt. Die zu einem solchen Punkt gehörige normale Ebenenstellung wird durch seine Tangente an i^2 bestimmt. Man nennt die (komplexen) Ebenen, die i^2 berühren, *isotrope Ebenen* oder *Minimalebenen*. *Der Minimalkegel durch O wird somit von den durch O gehenden Minimalebenen umhüllt.*

Wir betrachten nun in irgendeiner (reellen) Ebene ε durch O das Strahlbüschel mit dem Scheitel O. Irgendeinen Strahl dieses Büschels können wir durch seinen Winkel φ gegen einen festen, orientierten Strahl x des Büschels kennzeichnen. Sind φ und φ_1 die Richtungswinkel von zwei zueinander normalen Strahlen des Büschels, so gilt $\operatorname{tg}\varphi \operatorname{tg}\varphi_1 = -1$. Die Bedingung, daß ein Strahl des Büschels mit dem zu ihm normalen Strahl des Büschels zusammenfällt, lautet daher $\operatorname{tg}\varphi = \pm i$. Diese beiden konjugiert komplexen Minimalstrahlen $m_1(i)$, $m_2(-i)$ sind die Schnittgeraden von ε mit dem Minimalkegel durch O. Es seien nun a, b zwei reelle Strahlen des Büschels mit den Richtungswinkeln α, β. Das Doppelverhältnis $(a\, b\, m_1\, m_2)$ ist gleich dem Doppelverhältnis der vier Punkte, in denen die vier Strahlen eine zu x normale Gerade von ε im Abstand Eins von O schneiden. Es ist also

$$(a\, b\, m_1\, m_2) = \frac{i - \operatorname{tg}\alpha}{i - \operatorname{tg}\beta} : \frac{-i - \operatorname{tg}\alpha}{-i - \operatorname{tg}\beta}.$$

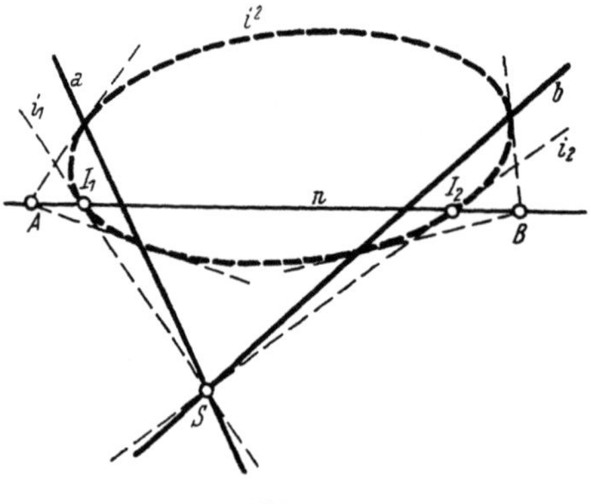

Abb. 56

Mittels der Formel $\cos\omega + i \sin\omega = e^{i\omega}$ folgt daraus $(a\, b\, m_1\, m_2) = e^{2i(\alpha-\beta)}$. Ist φ der Winkel $\sphericalangle a b = \beta - \alpha$, so folgt aus der letzten Gleichung

$$\varphi = \frac{i}{2} \ln(a\, b\, m_1\, m_2). \tag{3}$$

Da die Exponentialfunktion die Periode $2i\pi$ hat, ist durch Gl. (3) der Winkel φ nur modulo π, d. h. bis auf Vielfache von π bestimmt. Gl. (3) ist die wichtige *Laguerresche Formel*[1], die den Winkel $\sphericalangle a b$ mittels des Doppelverhältnisses ausdrückt, das die Schenkel a, b mit den in der Winkelebene liegenden Minimalstrahlen m_1, m_2 durch den Scheitel bilden. Sind A, B die Fernpunkte von a, b und I_1, I_2 die Fernpunkte von m_1, m_2, also die Schnittpunkte der Winkelebene ε mit dem absoluten Kegelschnitt i^2, so ist nach Gl. (3)

$$\varphi = \frac{i}{2} \ln(A\, B\, I_1\, I_2); \tag{4}$$

man nennt I_1, I_2 die *absoluten Punkte* von ε. In Abb. 56 sind i^2 durch die gestrichelte Ellipse und die konjugiert-komplexen absoluten Punkte I_1, I_2 durch Kreuzchen symbolisch angedeutet.

[1] Nouv. Ann. Math. 12 (1853), S. 57; Oeuvres II, S. 6.

Es seien nun α, β zwei Ebenen durch O und $\varphi = \sphericalangle \alpha\beta \pmod{\pi}$. Sind nun (Abb. 56) I_1, I_2 die absoluten Punkte der zu α und β normalen Ebenenstellung auf ihrer Ferngeraden n, ferner A der Normalenfernpunkt von α und B der Normalenfernpunkt von β, so stellt Gl. (4) den Winkel φ der beiden Ebenen dar. Nun ist aber das Polarsystem eines Kegelschnittes eine projektive Punkt-Geradenverwandtschaft. Das Doppelverhältnis der vier Punkte A, B, I_1, I_2 auf n ist daher nach Satz 2 dem Doppelverhältnis ihrer durch den Fernpunkt S der Schnittgeraden $(\alpha\beta) = s$ gehenden Polaren; es sind dies die Ferngeraden a, b von α, β und die Tangenten i_1, i_2 an den absoluten Kegelschnitt i^2 in I_1, I_2. Für den $\sphericalangle \alpha\beta = \varphi$ gilt also:

$$\varphi = \frac{i}{2} \ln (a\, b\, i_1\, i_2). \tag{5}$$

Die Ebenen, die s mit i_1 und i_2 verbinden, sind die durch s gehenden Minimalebenen ι_1, ι_2, so daß statt Gl. (5) auch

$$\varphi = \frac{i}{2} \ln (\alpha\, \beta\, \iota_1\, \iota_2) \tag{6}$$

geschrieben werden kann.

Nach dieser Vorbereitung sind wir nun in der Lage, ein ebenes Bild der auf den Flächen Φ konstanten positiven Krümmungsmaßes herrschenden elliptischen Geometrie (§ 50 Satz 2) herzustellen.

Ein genügend beschränktes Stück von Φ läßt sich in ein Kugelstück gleichen Krümmungsmaßes $K > 0$ verbiegen (§ 50). Durch Wahl der Einheitsstrecke kann $K = 1$ gesetzt werden, womit die Kugel Einheitskugel wird. Die geodätischen Linien von Φ gehen durch die Verbiegung in die Großkreisbögen der Kugel über. Sind A, B zwei Punkte auf Φ und φ die Länge des A mit B verbindenden geodätischen Bogens — wir wollen φ die *elliptische Länge* $\overline{AB}$ nennen —, so entsprechen A, B zwei Kugelpunkte $\mathfrak{A}, \mathfrak{B}$ und diesen durch Projektion aus der Kugelmitte auf die Fernebene zwei auch mit A, B bezeichnete Fernpunkte. Die elliptische Länge φ von A, B ist gleich der Maßzahl des Großkreisbogens $\widehat{\mathfrak{A}\mathfrak{B}}$ auf der Kugel und daher gleich dem durch Gl. (4) bestimmten Wert von φ für die Punkte A, B in Abb. 56.

Da die Verbiegung winkeltreu ist, ist der Winkel φ, in dem sich zwei geodätische Linien auf Φ schneiden, gleich dem Winkel der entsprechenden Großkreise und deren Ebenen α, β. φ ist damit der durch Gl. (5) bestimmte Wert für die Ferngeraden a, b von α und β in Abb. 56.

Denken wir uns nun die in der Fernebene gedachte Abb. 56 durch eine reelle Kollineation in irgend eine reelle Ebene übertragen, so stellt Abb. 56 mit den Formeln (4) und (5) ein projektives Bild der elliptischen Geometrie der Ebene dar. Es wird als projektiv bezeichnet, weil der *elliptische Längenbegriff*, Gl. (4), und der *elliptische Winkelbegriff*, Gl. (5), als projektiv invariante Beziehungen zu einem (nullteiligen) Kegelschnitt (Maßkegelschnitt) erklärt sind. Der Gesamtheit (Gruppe) der Isometrien (Verbiegungen) auf Φ entspricht die Gruppe der kongruenten Transformationen auf der Kugel und im ebenen Bild die Gruppe aller Kollineationen, die den nullteiligen Maßkegelschnitt in sich transformieren. Die Formeln (4), (5) werden auch unter der Bezeichnung *Cayley-Kleinsche elliptische Maßbestimmung* zusammengefaßt.

§ 110. **Das konforme Bild der elliptischen Geometrie.** Die *stereographische Projektion* einer Kugel ist die Projektion der Kugelfläche aus einem Punkt N der Kugel auf eine zum Durchmesser ON normale Ebene Π. In Abb. 57 wurde Π als die Ebene des Großkreises m gewählt. Da zu jedem Kugeldurchmesser die zu ihm normale Großkreisebene konjugiert ist, ist nach § 109 der Minimalkegel von O der Asymptotenkegel der Kugel. *Alle Kugeln gehen daher durch den absoluten Kegelschnitt i^2.* Die Erzeugenden der Kugel sind daher Minimalgeraden und können als *Minimalerzeugende* bezeichnet werden. Sind nun $\mathfrak{A}$ ein Punkt der Kugel, A seine stereographische Projektion aus N auf Π, $\mathfrak{e}_1$, $\mathfrak{e}_2$ die beiden Minimalerzeugenden der Kugel in $\mathfrak{A}$, so liegen die Schnittpunkte von $\mathfrak{e}_1$, $\mathfrak{e}_2$ mit der zu Π parallelen Berührebene der Kugel in N auch auf den Minimalerzeugenden $\mathfrak{n}_1$, $\mathfrak{n}_2$ von N und diese Schnittpunkte müssen sich in die absoluten Punkte I_1, I_2 von Π projizieren, so daß die stereographische Projektion die Minimalerzeugenden $\mathfrak{e}_1$, $\mathfrak{e}_2$ in die Minimalgeraden e_1, e_2 des Punktes A in Π überführt. Beachtet man noch, daß jeder Kreis durch die absoluten Punkte seiner Ebene geht, weil die Involution konjugierter Durchmesser eine Rechtwinkelinvolution ist, so lassen sich die folgenden Aussagen machen:

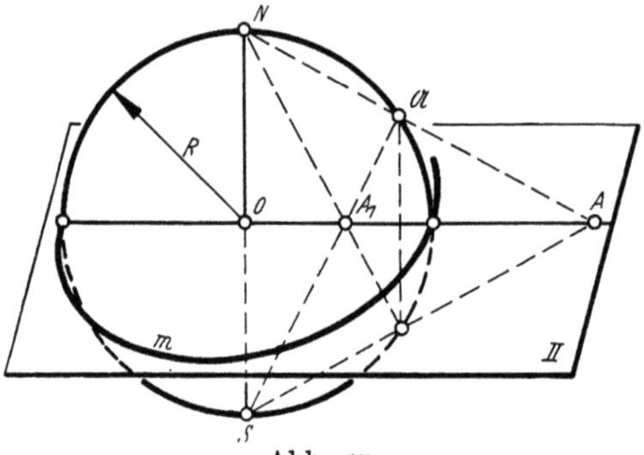

Abb. 57

Satz 1: *Die stereographische Projektion eines Kugelkreises $\mathfrak{k}$, der nicht durch das Projektionszentrum N geht, ist ein Kreis k.*

Beweis: $\mathfrak{k}$ muß mit jeder der beiden Minimalerzeugenden $\mathfrak{n}_1$, $\mathfrak{n}_2$ des Punktes N je einen Punkt gemeinsam haben; da sich diese in die absoluten Punkte I_1, I_2 von Π projizieren, ist k tatsächlich ein Kreis.

Satz 2: *Die stereographische Projektion ist winkeltreu.*

Beweis: Der Winkel, den zwei Kugeltangenten $\mathfrak{t}_1$, $\mathfrak{t}_2$ in $\mathfrak{A}$ einschließen, ist nach der LAGUERREschen Formel, § 109 Gl. (3), eine Funktion des Doppelverhältnisses $(\mathfrak{t}_1, \mathfrak{t}_2, \mathfrak{e}_1, \mathfrak{e}_2)$. Da nach dem oben Gesagten die Projektionen $e_{1,2}$ von $\mathfrak{e}_{1,2}$ auch Minimalgeraden sind, folgt aus der Invarianz des Doppelverhältnisses bei Zentralprojektion und aus der LAGUERREschen Formel die Gleichheit des Winkels $\sphericalangle\, \mathfrak{t}_1 \mathfrak{t}_2$ mit seiner Projektion.

Wir projizieren nun die Kugel (Abb. 57) auch aus dem zu N diametral gegenüberliegenden Punkt S auf die Ebene Π. Sind nun A und A_1 die stereographischen Bilder eines Kugelpunktes $\mathfrak{A}$ aus N und aus S und ist R der Kugelradius, so folgt aus $(NOA) \sim (A_1 O S)$

$$OA \,.\, OA_1 = R^2. \tag{1}$$

Nach Gl. (1) liegen A und A_1 zum Großkreis *m invers.* Aus diesem Zusammenhang der Inversion mit der stereographischen Projektion folgen unmittelbar die Sätze:

Satz 3: *Eine Inversion führt einen Kreis, der nicht durch die Mitte O des Inversionskreises geht, in einen Kreis über. Den Kreisen durch O sind die Geraden zugeordnet, die nicht durch O gehen; die Geraden durch O entsprechen sich selbst.*

Satz 4: *Die Inversion ist gegensinnig winkeltreu (konform).*

Satz 5: *Das Doppelverhältnis von vier Punkten eines Kreises ist gegenüber Inversionen invariant.*

Um die Inversion eineindeutig zu machen, muß man die euklidische Ebene durch einen einzigen Fernpunkt abschließen und diesen der Mitte des Inversionskreises zuordnen. Die so ergänzte Ebene heißt die *konforme Ebene.* Sie ist die Ebene der *Inversionsgeometrie,* die die geometrischen Aussagen zusammenfaßt, die bei den Transformationen invariant bleiben, die sich aus Inversionen zusammensetzen lassen. Wenn man die konforme Ebene aus der euklidischen durch die Hinzunahme eines Fernpunktes herstellt, sind die euklidischen Geraden in der konformen Ebene als Kreise durch den Fernpunkt anzusehen, weshalb hier zwischen Geraden und Kreisen nicht zu unterscheiden ist. Der Satz 3 als Satz der konformen Ebene lautet daher: *Eine Inversion führt ausnahmslos jeden Kreis der konformen Ebene in einen Kreis über.*

Zur Herstellung eines ebenen Bildes der auf einer Fläche Φ konstanten positiven Krümmungsmaßes herrschenden elliptischen Geometrie bedienen wir uns der stereographischen Projektion der entsprechenden Kugel aus S auf Π. Den geodätischen Linien auf Φ entsprechen die Großkreise der Kugel. Ihre stereographischen Bilder in Π sind die Kreise, die den in Π liegenden Großkreis m der Kugel in diametral gegenüberliegenden Punkten schneiden. Ist M der Mittelpunkt eines solchen Kreises, ϱ sein Radius und $OM = c$, so ist $\varrho^2 - R^2 = c^2$. Wir bezeichnen mit m_i den nullteiligen Kreis mit der Mitte O und dem imaginären Radius $R_1 = i\,R$, womit die letzte Gleichung in $\varrho^2 + R_1{}^2 = c^2$ übergeht. Diese ist aber die Bedingung dafür, daß sich zwei Kreise mit den Radien ϱ, R_1 und der Zentralentfernung c rechtwinklig schneiden. Es gilt also der

Satz 6: *Den geodätischen Linien von Φ entsprechen in den Ebenen die Kreise, die einen nullteiligen Kreis m_i orthogonal schneiden, d. s. die Kreise des „elliptischen Kreisbündels“ mit dem nullteiligen Grundkreis m_i.*

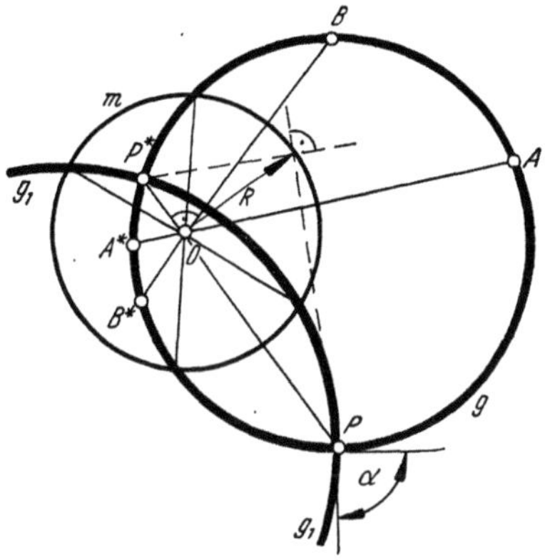

Abb. 58

In der elliptischen Geometrie auf der Kugel werden zwei diametral gegenüberliegende Kugelpunkte identifiziert (§ 50). Ist nun g (Abb. 58) die stereographische Projektion eines Großkreises, so bilden sich dessen Paare gegenüberliegender Punkte als die Punktepaare (P, P^*) von g ab, die auf je einem Strahl durch O liegen. Für sie gilt $\overrightarrow{OP} \cdot \overrightarrow{OP^*} = -R^2$, sie sind also nach Gl. (1) zu m_i invers, zu m „antiinvers“. *Im stereographischen Bild der elliptischen Geometrie sind demnach die Paare (PP^*) der zu m antiinversen Punkte als die „elliptischen Punkte“ und die m in Gegenpunkten (m_i rechtwinklig) schneidenden Kreise g als „elliptische Geraden“ anzusehen.*

Weiterhin ist folgende Bemerkung wichtig: *m_i ist die Zentralprojektion des absoluten Kegelschnittes i^2 aus dem Zentrum N der stereographischen Projektion.* Da nämlich $ON = R$ und $R\,i$ der Radius von m_i ist, ist der m_i aus N projizierende Kegel der Minimalkegel mit der Spitze N.

Es seien nun A, B zwei Punkte der Kugel, a, b die Durchmesser durch A, B, $\varphi = \sphericalangle\, a\, b$, g der durch A und B gehende Großkreis und U, $\overline{U}$ die absoluten Punkte der Ebene $(a\,b)$. Bezeichnet $(A\,B\,U\,\overline{U})$ das Doppelverhältnis der vier Punkte auf g, also das Doppelverhältnis der vier Strahlen, durch die jene aus irgendeinem Punkt von g projiziert werden, so ist nach der Laguerreschen Formel, § 109 Gl. (3), $i/2 \ln (A\,B\,U\,\overline{U}) = \varphi/2$ der Peripheriewinkel zum Zentriwinkel $\varphi = \sphericalangle\, a\, b$. Also ist

$$\varphi = i \ln (A\,B\,U\,\overline{U}), \qquad (\mathrm{mod}\ \pi). \tag{2}$$

Projiziert man nun A, B, U, $\overline{U}$ aus N auf Π und bezeichnet man die Bilder ebenso wie die Raumelemente, so gibt Gl. (2) die Maßzahl der „elliptischen Strecke“ $\overline{A\,B}$

auf g (Abb. 58) an. U, $\bar{U}$ sind jetzt in Gl. (2) die Bilder der absoluten Punkte der Ebene $(a\,b)$. Nach der oben bemerkten Bedeutung von m_i sind sie die Schnittpunkte von g mit m_i.

Besonders einfach ist die *Winkelmessung* im ebenen Bild. Da die stereographische Projektion winkeltreu ist, ist der Winkel, den zwei Großkreise in einem Kugelpunkt $\mathfrak{P}$ einschließen, gleich dem Winkel α, den ihre Bildkreise g, g_1 einschließen (Abb. 58).

Alle kongruenten Transformationen der Kugel, die die Kugel in sich überführen, lassen sich durch die Aufeinanderfolge von Spiegelungen an den Großkreisebenen der Kugel erzeugen. Da aber eine solche Spiegelung durch die stereographische Projektion in die Inversion an dem Bild des Großkreises übergeführt wird, gilt der

Satz 7: *Der dreigliedrigen Gruppe der kongruenten Transformationen der Kugel in sich entspricht im konformen Bild die Gruppe Γ der Transformationen, die sich aus den Inversionen an den Kreisen des elliptischen Kreisbündels mit dem nullteiligen Grundkreis m_i zusammensetzen lassen.*

Damit haben wir durch die Verbiegung eines Flächenstückes konstanten positiven Krümmungsmaßes auf eine Kugel desselben Krümmungsmaßes und die nachfolgende stereographische Projektion der Kugel ein Bild der elliptischen Geometrie auf Φ in der konformen Ebene erhalten. *In diesem konformen Bild der elliptischen Geometrie sind die „Geraden" die Kreise eines elliptischen Kreisbündels, die Winkelmaßzahl von zwei Geraden ist das im gewöhnlichen Sinn gemessene Bogenmaß, die Längenmaßzahl ist durch Gl.* (2) *definiert und die kongruenten Transformationen sind durch die Gruppe Γ gegeben.*

§ 111. **Das konforme und das projektive Bild der hyperbolischen Geometrie.** In § 51 (Abb. 9) wurde eine Abbildung der auf den Flächen konstanten negativen Krümmungsmaßes K herrschenden *hyperbolischen Geometrie* auf die Halbebene hergestellt. Dabei entsprechen den geodätischen Linien, den „Geraden" der hyperbolischen Geometrie, die Halbkreise, deren Endpunkte U_1, U_2 der Grenzgeraden der Halbebene angehören. Wir üben nun auf diese Halbebene eine Inversion, § 110, an einem Inversionskreis aus, der in der ergänzenden Halbebene liegt. Die andere Halbebene geht dann in das Innere des ihrer Grenzgeraden entsprechenden Kreises m über (Abb. 59). Als die „hyperbolischen Geraden" erscheinen nun die Kreisbögen, die mit ihren Endpunkten U_1, U_2 im Innern von m auf m rechtwinklig aufsitzen. Bei dieser Abbildung der hyperbolischen Geometrie ist die Ebene als konforme Ebene, § 110, aufzufassen, in der die euklidischen Geraden als Kreise durch den Fernpunkt anzusehen sind. Wollen wir volle Analogie zum konformen Bild der elliptischen Geometrie, § 110 Abb. 58, herstellen, so sind die vollständigen m rechtwinklig schneidenden Kreise als die hyperbolischen Geraden anzusehen. Sie bilden das *hyperbolische Kreisbündel* mit dem Grundkreis m. Damit muß aber der Punktbegriff abgeändert werden. Da nämlich zwei sich schneidende Kreise g, g_1 des Bündels (Abb. 59) zwei zu m inverse Punkte P, P^* gemeinsam haben, müssen diese als *ein* Punkt identifiziert werden.

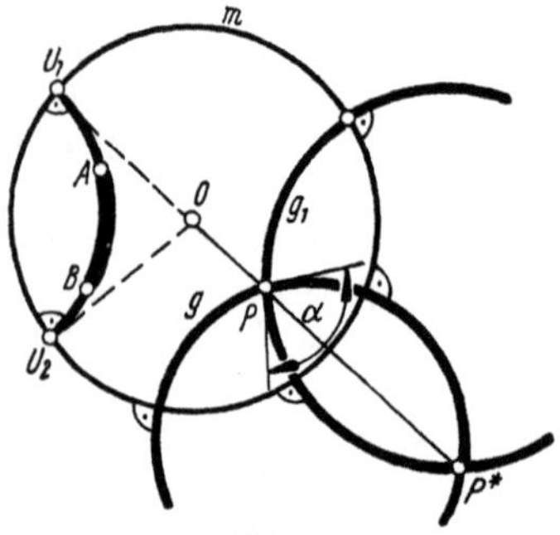

Abb. 59

Da die Abbildung auf die Halbebene, § 51, und die Inversion winkeltreu sind, ist der Winkel $\sphericalangle\, g\, g_1$ der im Bogenmaß gemessene Schnittwinkel der Kreise g, g_1,

Nach § 51, Gl. (12) ist

$$l = \ln (A\,B\,U_1\,U_2) \tag{1}$$

die hyperbolische Längenmaßzahl der Strecke AB. Da das Doppelverhältnis von vier Punkten eines Kreises gegenüber Inversionen invariant ist, § 110 Satz 5, gilt Gl. (1) auch für das in Abb. 59 gegebene Bild. Die kongruenten Transformationen der *hyperbolischen Geometrie im konformen Bild* sind die Transformationen, die sich aus den Inversionen an den Kreisen des hyperbolischen Bündels (m) zusammensetzen lassen.

Aus diesem konformen Bild der hyperbolischen Geometrie läßt sich ein *projektives* entwickeln, das ein Gegenstück zum projektiven Bild (§ 109) der elliptischen Geometrie ist. Wir fassen den Grundkreis m des hyperbolischen Kreisbündels (Abb. 58) als Äquatorkreis einer Kugel auf und projizieren das Innere von m aus dem „Südpol" S auf die „nördliche" Halbkugel. Dem Kreisbogen mit den Punkten A, B, der in U_1, U_2 rechtwinklig zu m endet, entspricht auf der nördlichen Halbkugel der Halbkreis der in U_1, U_2 rechtwinklig zu m endet; die A, B entsprechenden Punkte seien $\mathfrak{A}$, $\mathfrak{B}$ (Abb. 60), ihre Normalrisse auf die

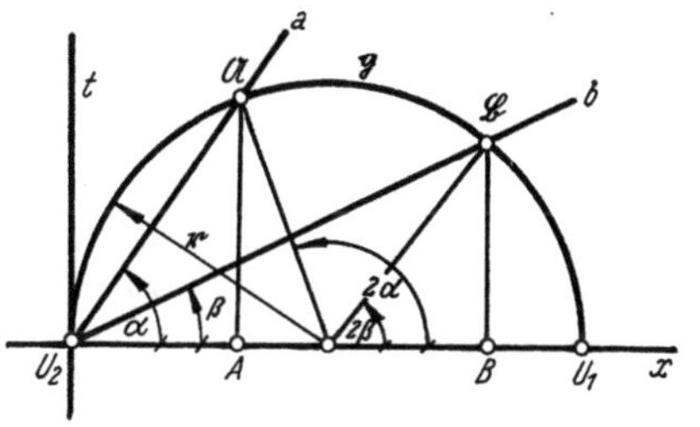

Abb. 60

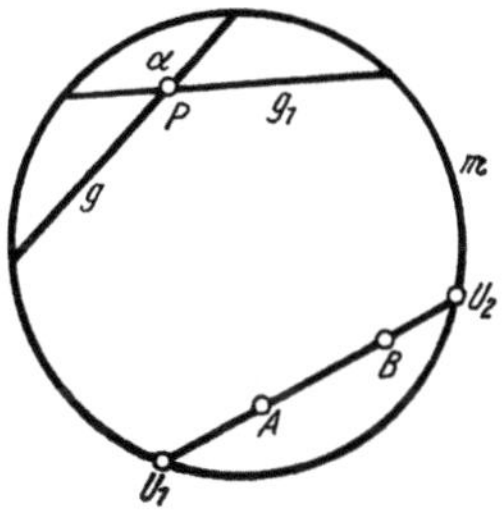

Abb. 61

Gerade $(U_1\,U_2) = x$ seien auch mit A, B bezeichnet. t sei die Tangente in U_2. Sind α, β die Winkel der Geraden $a = (U_2\,\mathfrak{A})$, $b = (U_2\,\mathfrak{B})$ gegen x, so ist das Doppelverhältnis $(\mathfrak{A}\,\mathfrak{B}\,U_1\,U_2) = (a\,b\,x\,t) = (\sin\alpha : \sin\beta) : (\cos\alpha : \cos\beta) = \operatorname{tg}\alpha : \operatorname{tg}\beta$. Ist $\mathfrak{r}$ der Radius von $\mathfrak{g}$, so ist das Doppelverhältnis $(A\,B\,U_1\,U_2) = [\mathfrak{r}\,(1 - \cos 2\alpha) : \mathfrak{r}\,(1 - \cos 2\beta)] : [\mathfrak{r}\,(-1 - \cos 2\alpha) : \mathfrak{r}\,(-1 - \cos 2\beta)] = \operatorname{tg}^2\alpha : \operatorname{tg}^2\beta$. Also ist

$$(\mathfrak{A}\,\mathfrak{B}\,U_1\,U_2)^2 = (A\,B\,U_1\,U_2). \tag{2}$$

Im konformen Bild liefert Gl. (1) für die Punkte A, B in Abb. 59 die Längenmaßzahl der hyperbolischen Strecke AB. Das dort mit $(A\,B\,U_1\,U_2)$ bezeichnete Doppelverhältnis ist gleich dem Doppelverhältnis $(\mathfrak{A}\mathfrak{B}\,U_1\,U_2)$ auf dem Kreis in Abb. 60. Im projektiven Bild der hyperbolischen Geometrie, das wir aus dem konformen durch stereographische Projektion aus S auf die Kugel und nachfolgende Normalprojektion der Kugel ableiten, ist gemäß Gln. (1) und (2) die Länge l der Strecke AB (Abb. 61)

$$l = \frac{1}{2} \ln (A\,B\,U_1\,U_2). \tag{3}$$

Im konformen Bild (Abb. 59) wird der Winkel α von zwei hyperbolischen Geraden g, g_1 durch die im Bogenmaß gemessene Maßzahl $(\operatorname{mod} \pi)$ angegeben. Durch die stereographische Projektion auf die Kugel erscheint der Winkel α ungeändert als Schnittwinkel der Halbkreise $\mathfrak{g}$, $\mathfrak{g}_1$. Sind $\mathfrak{u}_1$, $\mathfrak{u}_2$ die beiden Minimalerzeugenden der Kugel (§ 110) im Schnittpunkt $\mathfrak{P} = (\mathfrak{g}, \mathfrak{g}_1)$, so ist nach der LAGUERREschen Formel, § 109 Gl. (3), $\alpha = i/2 \ln (\mathfrak{g}\,\mathfrak{g}_1\,\mathfrak{u}_1\,\mathfrak{u}_2)$. Durch die Normalprojektion gehen $\mathfrak{u}_1$, $\mathfrak{u}_2$ in die Tangenten aus dem Normalriß P von $\mathfrak{P}$ an den Äquatorkreis m der Kugel über, da dieser der Normalumriß der Kugel ist und daher von den Normalrissen der Erzeugenden berührt wird. Somit ist der hyperbolische Winkel α der Geraden g, g_1 in Abb. 61

$$\alpha = \frac{i}{2} \ln (a\, b\, u_1\, u_2), \tag{4}$$

worin u_1, u_2 die konjugiert komplexen Tangenten aus P an m bedeuten. Auf Grund der Längenmessung, Gl. (3), und der Winkelmessung, Gl. (4), ist es in Abb. 61 gestattet, den Kreis m durch irgendeinen (einteiligen) Kegelschnitt m zu ersetzen.

Wir haben damit in voller Analogie zu § 109 Abb. 56 die *Cayley-Kleinsche Maßbestimmung*[1] für den hyperbolischen Fall gewonnen und sehen, daß diese Maßbestimmungen für den elliptischen und den hyperbolischen Fall sich bloß durch die Realität des „*Maßkegelschnittes*" m unterscheiden; er ist im elliptischen Fall nullteilig, im hyperbolischen einteilig. In diesen projektiven Bildern der beiden nichteuklidischen Geometrien erscheinen die Transformationen, die den Isometrien auf den Flächen konstanten Krümmungsmaßes entsprechen, als die Kollineationen, die den Maßkegelschnitt in sich überführen. Sie bilden die dreigliedrige Gruppe der nichteuklidisch-kongruenten Transformationen.

§ 112. Anwendung der Cayley-Kleinschen Maßbestimmung in der Theorie der Böschungslinien auf Flächen 2. Ordnung. Als differentialgeometrische Anwendung der CAYLEY-KLEINschen Maßbestimmung werden im folgenden die Grundgedanken einer von W. WUNDERLICH[2] entwickelten Theorie der Böschungslinien auf Flächen 2. Ordnung dargelegt. In § 107 wurden bereits die Böschungslinien auf Drehflächen 2. Ordnung mit lotrechter Achse betrachtet.

Φ^2 sei zunächst eine Mittelpunktsfläche 2. Ordnung in allgemeiner Lage zur „waagrechten" Ebene Π. Damit auf einer Fläche Φ Böschungslinien mit einem gegebenen Neigungswinkel α existieren, muß α kleiner sein als das Maximum der Neigungswinkel der Berührebenen von Φ gegen Π. Auf Φ gibt es dann eine oder mehrere Kurven s, die jene Gebiete abgrenzen, wo es Böschungslinien mit dem Neigungswinkel α gibt. Innerhalb dieser Gebiete sind die Neigungswinkel der Berührebenen größer als α, auf den *Grenzkurven* gleich α. In einem Punkt P von s hat die „Falltangente" von Φ den Neigungswinkel α und da diese von der Tangente an s in P im allgemeinen verschieden ist, müssen die Böschungslinien des Neigungswinkels α auf s im allgemeinen Spitzen haben.

Es sei nun u^2 der zum Winkel α gehörige *Böschungsfernkreis*, d. h. der in der Fernebene liegende Kegelschnitt, dessen Punkte und Tangenten den Richtungen bzw. Stellungen jener Geraden und Ebenen des Raumes zugeordnet sind, die den Neigungswinkel α haben. Ist nun P ein Punkt der Grenzkurve s (α) einer Fläche 2. Ordnung Φ^2, so ist die Ferngerade der Berührebene von P eine Tangente von u^2; die ihr im Polarsystem von Φ^2 zugeordnete Polare ist der durch P gehende Durchmesser von Φ^2. Ist Γ der u^2 polar zugeordnete Durchmesserkegel, so gilt nach dem Gesagten der

Satz 1: *Die zu einem Steigungswinkel gehörige Grenzkurve einer Φ^2 ist die Quartik, in der Φ^2 den dem Böschungsfernkreis polar zugeordneten Durchmesserkegel Γ schneidet.*

---

[1] S. A. CAYLEY, A Sixth Memoir on Quantics, Lond. Trans. 149 (1859); F. KLEIN, Vorlesungen über Nichteuklidische Geometrie (Grundlehren der mathematischen Wissenschaften, Bd. 26), Berlin 1928.

[2] Über die Böschungslinien auf Flächen 2. Ordnung, S.-B. Akad. Wiss. Wien, math.-naturwiss. Kl. IIa 155 (1947).

Es sei nun $(P\,t)$ ein Linienelement einer Böschungslinie c auf Φ^2, T_u der auf dem Böschungsfernkreis u^2 liegende Fernpunkt von t. Der aus T_u der Φ^2 umschriebene Zylinder berührt Φ^2 längs eines Kegelschnittes k durch P, dessen Ebene die dem Fernpunkt T_u im Polarsystem von Φ^2 zugeordnete Durchmesserebene $\varkappa$ ist. Die Tangente t_1 von k in P ist daher die zu t *konjugierte Flächentangente* (§ 30 Satz 1). Die den Punkten T_u von u^2 polar entsprechenden Durchmesserebenen umhüllen aber den schon eingeführten Durchmesserkegel Γ, d. h.:

Satz 2: *Die Böschungslinien einer Mittelpunktsfläche 2. Ordnung Φ^2 und die Kegelschnitte, die die Berührebenen des Durchmesserkegels Γ aus Φ^2 ausschneiden, der dem Böschungsfernkreis u^2 polar zugeordnet ist, bilden ein konjugiertes Netz. Die zu den Tangenten der Böschungslinien konjugierten Tangenten berühren Γ.*

Wir bilden nun Φ^2 durch Zentralprojektion aus dem Mittelpunkt O von Φ^2 auf eine Ebene Π ab. Es sei (Abb. 62) m der einteilige oder nullteilige scheinbare Umriß von Φ^2, also der Schnitt von Π mit dem Asymptotenkegel von Φ^2. Ferner sei $\varkappa$ der Schnitt von Π mit dem oben erklärten Durchmesserkegel Γ. Es seien nun $(P\,t)$ ein Linienelement einer Böschungslinie auf Φ^2, t_1 die zu t konjugierte Flächentangente und e, e_1 das durch P gehende reelle oder komplexe Erzeugendenpaar von Φ^2. t, t_1 liegen zu e, e_1 harmonisch. In der Zentralprojektion aus O auf Π bilden sich e, e_1, t, t_1 als die Strahlenpaare (e^0, e_1^0), $(t^0 t_1^0)$ durch den Bildpunkt P^0 von P ab; dabei sind e^0, e_1^0 die Tangenten aus P^0 an den scheinbaren Umriß m, während t_1^0 nach Satz 2 eine Tangente von $\varkappa$ ist. Zur Kennzeichnung der harmonischen Lage von (t^0, t_1^0) bezüglich (e^0, e_1^0) bedienen wir uns der Ausdrucksweise der *Cayley-Kleinschen Maßbestimmung* (§ 109, § 111), indem wir m als *Maßkegelschnitt* wählen. Es sind dann t^0 und t_1^0 als *„normal" im Sinn der auf m gegründeten Winkelmetrik* (m) zu bezeichnen, da nach § 111 Gl. (4) wegen $(t^0, t_1^0\, e^0\, e_1^0) = -1$ der Winkel $\sphericalangle\, t^0\, t_1^0 = \pi/2$ ist. Faßt man nun eine Böschungslinie von Φ^2 mit ihren Linienelementen $(P\,t)$ ins Auge, so liefert die Zentralprojektion aus O nach dem Gesagten eine Kurve c^0, die die Tangenten t_1^0 von $\varkappa$ rechtwinklig im Sinn der Metrik (m) durchsetzt und daher als *Evolvente von $\varkappa$* im Sinn der nichteuklidischen Metrik (m) zu bezeichnen ist. Es gilt mithin der

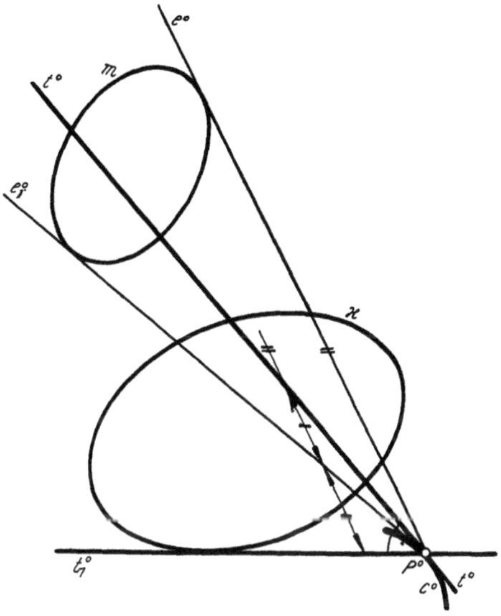

Abb. 62

Satz 3: *Projiziert man die zu einem bestimmten Steigungswinkel α gehörigen Böschungslinien einer regulären Mittelpunktsfläche 2. Ordnung Φ^2 aus ihrem Mittelpunkt auf eine Ebene Π, so erhält man die Evolventen eines Kegelschnittes $\varkappa$ im Sinne der Cayley-Kleinschen Maßbestimmung bezüglich des Kegelschnittes m, in dem der Asymptotenkegel von Φ^2 die Bildebene Π schneidet.*

Die voranstehenden Überlegungen ändern sich nur unwesentlich, wenn Φ^2 ein *Paraboloid* ist. In diesem Fall übernimmt der Achsenfernpunkt O von Φ^2 die Rolle des Mittelpunktes. Der Asymptotenkegel zerfällt in die beiden Ebenenbüschel, deren Achsen die reellen oder konjugiert komplexen Fernerzeugenden i_1, i_2 von Φ^2 sind. Sind I_1, I_2 ihre Spurpunkte in Π, so treten die Strahlbüschel (I_1), (I_2)

in Π mit den Scheiteln I_1, I_2 an die Stelle des obigen Maßkegelschnittes m. Auch wenn m als Kurve 2. Klasse in zwei Strahlbüschel zerfällt, legt die Formel (4) in § 111 die Winkelmetrik fest, die man dann *parabolisch* nennt. Sie ist das projektive Bild der euklidischen Winkelmetrik, die sich mittels der LAGUERREschen Formel, § 109 Gl. (3), auf die beiden isotropen Parallelstrahlbüschel $\pm i\,x + y + {}$ $+$ konst. $= 0$ gründet, deren Scheitel die absoluten Punkte I_1, I_2 sind.

Damit ordnet sich der Satz 1 in § 107 über die *Böschungslinien eines Drehparaboloides mit lotrechter Achse* zwanglos in die voranstehende Theorie von W. WUNDERLICH ein. Die Zentralprojektion aus O ist hier die Grundrißbildung auf die zur lotrechten Drehachse normale Ebene Π. Die Involution konjugierter Tangenten im Scheitel S des Paraboloides Φ^2 ist eine Rechtwinkelinvolution. Die sich in S schneidenden Erzeugenden von Φ^2 sind daher die konjugiert komplexen Minimalgeraden durch S in der Scheitelberührebene, die somit die Bildebene Π in deren absoluten Punkten $I_{1,2}$ schneiden. Diese müssen daher auf je einer der beiden durch O gehenden Fernerzeugenden von Φ^2 liegen. m besteht daher aus den beiden Parallelstrahlbüscheln (I_1), (I_2), während der Kegelschnitt $\varkappa$ der Kreis ist, in dem die Bildebene Π von dem lotrechten Drehzylinder geschnitten wird, der dem Böschungsfernkreis u^2 im Polarsystem des Paraboloids entspricht. Damit folgt aus Satz 3 der Satz 1 in § 107: *Die Grundrisse der Böschungslinien auf einem Drehparaboloid mit lotrechter Achse sind Kreisevolventen.*

XIII. Kinematische Differentialgeometrie

§ 113. **Bewegung einer Ebene in sich, Geschwindigkeitsvektor, Momentanpol.** Die Kinematik, jenes Teilgebiet der Mechanik, das von der Bewegung der Körper handelt, ohne auf die dabei beteiligten Massen und Kräfte Bezug zu nehmen, überschneidet sich stark mit der Geometrie, insbesondere mit der Differentialgeometrie. Im folgenden sollen einige grundlegende Begriffe und Sätze behandelt werden, die sich hauptsächlich auf die Ebene beziehen.

Wir betrachten eine Bewegung einer starren Ebene Σ_2 (*bewegte Ebene*) in ihrer Ebene Σ_1 (*ruhende Ebene*). Von den Drehungen um einen festen Punkt und den Schiebungen in einer festen Richtung wird abgesehen.

Zur analytischen Darstellung einer Bewegung beziehen wir Σ_1 und Σ_2 auf kartesische Normalkoordinatensysteme $(O_1;\, x_1, y_1)$, $(O_2;\, x_2, y_2)$. Jede Lage von Σ_2 in Σ_1 läßt sich durch die Koordinaten a, b von O_2 in $(O_1;\, x_1, y_1)$ und durch den Winkel $\sphericalangle\, x_1\, x_2 = \xi$ angeben. Wir nehmen nun a, b, ξ als hinreichend oft differenzierbare Funktionen der Zeit u an und erhalten damit eine „*differenzierbare*" *Bewegung* von Σ_2 in Σ_1. Ein in Σ_2 fester Punkt mit den Koordinaten x_2, y_2 bezüglich $(O_2;\, x_2, y_2)$ beschreibt dabei in Σ_1 eine differenzierbare Kurve c, seine *Bahnkurve* $\mathfrak{x} = \mathfrak{x}(u)$ oder

$$x_1 = x_2 \cos \xi(u) - y_2 \sin \xi(u) + a(u), \quad y_1 = x_2 \sin \xi(u) + y_2 \cos \xi(u) + b(u). \tag{1}$$

Diese Bewegung heißt *zwangsläufig*, weil jeder Punkt von Σ_2 gezwungen ist, eine bestimmte Bahnkurve zu durchlaufen. Sind P und P_1 die Lagen des Punktes P auf c in den Zeitpunkten u und $u + \Delta u$, so heißt der durch den Pfeil $\overrightarrow{PP_1} : \Delta u$ bestimmte Vektor $\mathfrak{v}_m$ der *mittlere Geschwindigkeitsvektor* von P in der Zeitspanne Δu. Für $\Delta u \to 0$ geht $\mathfrak{v}_m$ in den *Geschwindigkeitsvektor*

$$\mathfrak{v} = d\mathfrak{x} : du, \qquad |\mathfrak{v}| = v = ds : du \tag{2$_{1,2}$}$$

über, wenn die Bogenlänge s auf c mit zunehmendem u wächst. v ist die *Geschwindigkeit* von P; die Richtung von $\mathfrak{v}$ ist die *Bewegungsrichtung* von P.

Die Geraden in Σ_1, mit denen eine in Σ_2 feste Gerade g im Verlauf der Bewegung zusammenfällt, umhüllen im allgemeinen eine Kurve h, *die Hüllbahn* von g. Eine Bewegung von Σ_2 ist bestimmt, wenn man zu einem gegebenen Punkt P die Bahnkurve c und zu einer gegebenen Geraden g die Hüllbahn h in Σ_1 vorschreibt. In Abb. 63 ist P auf g angenommen. Wir orientieren $(P\,g)$. Die Bewegung überträgt diese Orientierung auf die benachbarten Lagen von $(P\,g)$, aus denen wir eine $(Q\,g_q)$ herausgreifen. Wenn g und g_q nicht parallel sind, so gibt es eine Drehung, die $(P\,g)$ nach $(Q\,g_q)$ bringt. Ihr Drehzentrum M_q ist der Schnittpunkt der Streckensymmetralen s_c von $P\,Q$ mit der Symmetralen s_h des Nebenwinkels von $\sphericalangle\, g\, g_q$. Der Drehwinkel $\sphericalangle Q M_q P = \Delta\alpha$ ist die Richtungsänderung, die alle Geraden von Σ_2 beim Übergang von $(Q\,g_q)$ nach $(P\,g)$ erfahren. Ist $r_q = M_q Q$, so ist $r_q \Delta\alpha$ die Länge des Bogens $\widehat{PQ}$ auf dem Kreis (M_q, r_q); ist ferner Δu die Zeitdifferenz zwischen den beiden Lagen, so konvergiert für $\Delta u \to 0$ Q gegen P, M_q gegen einen Punkt M und $r_q \to r = M\,P$. Somit ist nach Gl. (2_2)

$$v = r\, d\alpha : du = r\,\omega, \qquad (3)$$

wenn $\omega(u) = d\alpha : du$ die *momentane Winkelgeschwindigkeit* von Σ_2 im Zeitpunkt u ist. Da $M_q = (s_c\, s_n)$ ist, ist M der Schnittpunkt von $\lim s_c$ mit $\lim s_n$. $\lim s_c = n$ ist die Normale von c in P und $\lim s_n = n_1$ ist nach § 75 Satz 1 die Normale von h im Berührpunkt P_1 von g mit h. M heißt *Momentanpol* im Zeitpunkt u.

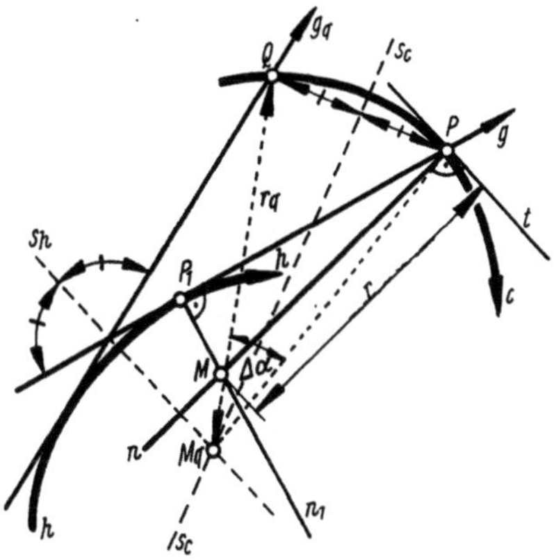

Abb. 63

Bezeichnet man die Normalen der Bahnkurven als *Bahnnormalen* und die Normalen der Hüllbahnkurven als *Hüllbahnnormalen*, so gilt der

Satz 1: *In jedem Zeitpunkt gehen die zugeordneten Bahnnormalen und Hüllbahnnormalen durch den zugeordneten Momentanpol M.*

Die durch M gehenden Geraden heißen *Polstrahlen*. Zur Konstruktion des Momentanpols genügt daher die Kenntnis von zwei Polstrahlen. *In jedem Punkt P ist die Normale zu (M P) die Bahntangente und auf jeder Geraden g ist der Fußpunkt des aus M auf g gefällten Lotes ihr Berührpunkt mit ihrer Hüllbahn.*

Sehen wir von dem Sonderfall ab, daß die Polstrahlen in einem Zeitpunkt parallel sind, so gilt der

Satz 2: *In jedem Zeitpunkt kann die Bewegung von Σ_2 auf Σ_1 im allgemeinen als eine Drehung (Momentandrehung) um den zugehörigen Momentanpol M angesehen werden. Sind die Polstrahlen in einem Zeitpunkt parallel, so ist die Bewegung in diesem Zeitpunkt eine momentane Schiebung in der zu den Polstrahlen normalen Richtung.*

Wir kommen überein, auch die Richtung paralleler Polstrahlen als Momentanpol zu bezeichnen und damit die Momentanschiebung als Grenzfall der Momentandrehung aufzufassen.

Das Tangentensystem einer Hüllbahn kann auch in ein Strahlbüschel mit dem Scheitel H ausarten. Σ_2 führt dann auf Σ_1 eine solche Bewegung aus, bei der eine in Σ_2 feste Gerade g gezwungen ist, stets durch einen in Σ_1 festen Punkt H zu gehen. Vom Fall der Drehung von Σ_2 um H sehen wir ab. Zur Festlegung der Bewegung können wir noch die Bahnkurve c eines auf g festen Punktes P annehmen. Lassen wir c durch H gehen, so ist in dem Zeitpunkt, in dem P sich in H befindet, g die Tangente von c und die Normale von g in H ein Polstrahl. Also gilt:

Satz 3: *Wenn* Σ_2 auf Σ_1 *eine Bewegung ausführt, bei der eine in* Σ_2 *feste Gerade* g *stets durch einen in* Σ_1 *festen Punkt* H *geht, so liegt in jedem Zeitpunkt der Momentanpol auf der Normalen zu* g *in* H.

Durchläuft insbesondere g ein Parallelstrahlbüschel und der auf g feste Punkt P eine Kurve c, dann ist die Bewegung von Σ_2 als *krumme Schiebung* längs c zu bezeichnen, weil sie in jedem Zeitpunkt momentan eine Schiebung in der momentanen Bewegungsrichtung von P auf c ist.

§ 114. **Überlagerung von Bewegungen, relative Bewegungen und Geschwindigkeiten.** Wir denken uns nun drei Ebenen Σ_1, Σ_2, Σ_3 übereinander gelagert. Σ_3 führe gegen Σ_2 eine Bewegung $\mathfrak{B}_{23}$ aus, während Σ_2 gleichzeitig gegen Σ_1 eine Bewegung $\mathfrak{B}_{12}$ ausführe. Σ_3 führt damit auch gegen Σ_1 eine Bewegung aus, die aus $\mathfrak{B}_{12}$ und $\mathfrak{B}_{23}$ durch *Überlagerung* entstandene Bewegung $\mathfrak{B}_{13} = \mathfrak{B}_{12} + \mathfrak{B}_{23}$. Die Lage, die dabei Σ_3 gegenüber Σ_1 nach einer Zeitspanne Δu einnimmt, können wir dadurch gewinnen, daß wir uns zuerst Σ_3 mit Σ_2 fest verbunden denken und auf beide während Δu die Bewegung $\mathfrak{B}_{12}$ ausüben, worauf wir die Verbindung von Σ_3 mit Σ_2 lösen und nachträglich während der gleichen Zeitspanne Δu die Bewegung $\mathfrak{B}_{23}$ von Σ_3 auf der nunmehr festgehaltenen Ebene Σ_2 ausführen lassen. Gelangt ein Punkt P von Σ_2 während des ersten Schrittes aus seiner Anfangslage P in Σ_1 in die Lage Q und der sich mit diesem deckende Punkt von Σ_3 während des zweiten Schrittes in die Lage R, so gehören zu den Pfeilen $\overrightarrow{PQ} : \Delta u$, $\overrightarrow{QR} : \Delta u$, $\overrightarrow{PR} : \Delta u$ die Vektoren der mittleren Geschwindigkeiten $\mathfrak{v}_{m12}$, $\mathfrak{v}_{m23}$, $\mathfrak{v}_{m13}$ der Bewegungen $\mathfrak{B}_{12}$, $\mathfrak{B}_{23}$, $\mathfrak{B}_{13}$ und es ist $\mathfrak{v}_{m13} = \mathfrak{v}_{m12} + \mathfrak{v}_{m23}$, was mit $\Delta u \to 0$ für die Geschwindigkeitsvektoren $\mathfrak{v}_{12}$, $\mathfrak{v}_{23}$, $\mathfrak{v}_{13}$

$$\mathfrak{v}_{13} = \mathfrak{v}_{12} + \mathfrak{v}_{23} \tag{1}$$

liefert. Gl. (1) besagt, daß der momentane Geschwindigkeitsvektor eines beliebigen Punktes für $\mathfrak{B}_{13}$ mittels der Vektoraddition aus den Geschwindigkeitsvektoren für $\mathfrak{B}_{12}$ und $\mathfrak{B}_{23}$ gebildet werden kann. Der beschriebene Vorgang bei der Überlagerung von Bewegungen läßt sich auf beliebig viele Bewegungen $\mathfrak{B}_{12}$, $\mathfrak{B}_{23}$, $\mathfrak{B}_{34}, \ldots, \mathfrak{B}_{n-1,n}$ ausdehnen, wobei Gl. (1) übergeht in:

$$\mathfrak{v}_{1n} = \mathfrak{v}_{12} + \mathfrak{v}_{23} + \mathfrak{v}_{34} + \cdots + \mathfrak{v}_{n-1,n}. \tag{1a}$$

Welche von den bewegten Ebenen als „ruhend" bezeichnet wird, ist eine willkürliche Festsetzung, die vom Standpunkt des Beobachters abhängt. Es ruht immer die Ebene, zu der der Beobachter gehört. Die Bewegung $\mathfrak{B}_{12}$ von Σ_2 auf der festen Ebene Σ_1 erscheint einem zu Σ_2 gehörigen Beobachter als eine Bewegung $\mathfrak{B}_{21}$ von Σ_1 auf der festen Ebene Σ_2. $\mathfrak{B}_{21} = -\mathfrak{B}_{12}$ heißt die *Umkehrung* von $\mathfrak{B}_{12}$ und umgekehrt. Es ist offenbar $\mathfrak{v}_{m12} = -\mathfrak{v}_{m21}$, woraus $\mathfrak{v}_{12} = -\mathfrak{v}_{21}$ folgt. Will man keine der Ebenen als ruhend bezeichnen, so spricht man von den *relativen Bewegungen* der Ebenen zueinander. Aus Gl. (1) folgt $\mathfrak{v}_{23} = \mathfrak{v}_{13} - \mathfrak{v}_{12}$, wofür auch $\mathfrak{v}_{23} = \mathfrak{v}_{21} + \mathfrak{v}_{13}$ gesetzt werden kann. Sind i, j, k die Ziffern 1, 2, 3 in beliebiger Reihenfolge, so gilt

$$\mathfrak{v}_{ij} = \mathfrak{v}_{ik} + \mathfrak{v}_{kj} = \mathfrak{v}_{kj} - \mathfrak{v}_{ki}, \tag{2}$$

da für irgend zwei Marken l, m stets $\mathfrak{v}_{lm} = -\mathfrak{v}_{ml}$ gilt.

Für je zwei Ebenen Σ_l, Σ_m ist die Bewegung in jedem Zeitpunkt nach § 113 eine ihm zugeordnete *Momentandrehung* um den Momentanpol $M_{lm} = M_{ml}$ mit der Winkelgeschwindigkeit ω_{lm} [§ 113 Gl. (3)]. Die Momentanpole M_{lm} heißen auch *relative Drehpole*.

Es soll nun der Drehpol M_{13} konstruiert werden, wenn M_{12}, M_{23}, die Winkelgeschwindigkeiten ω_{12}, ω_{23} und die Drehsinne gegeben sind. In M_{13} ist $\mathfrak{v}_{13} = 0$, also nach Gl. (1) $\mathfrak{v}_{12} = -\mathfrak{v}_{23}$. $\mathfrak{v}_{12}$ und $\mathfrak{v}_{23}$ haben daher gleiche Beträge v_{12}, v_{23} und entgegengesetzte Richtungen. Daraus folgt, daß M_{13} auf der Geraden $(M_{12} M_{23})$ liegen muß. Auf der orientierten Geraden $(\overrightarrow{M_{12} M_{23}})$ sei $\overrightarrow{M_{12} M_{23}} = a > 0$ und $\overrightarrow{M_{12} M_{13}} = r$. Dann ist $\overrightarrow{M_{13} M_{23}} = a - r$ und es gilt für M_{13} die Gleichung $r\,\omega_{12} = (a - r)\,\omega_{23}$, wobei, um eine Fallunterscheidung zu vermeiden, noch zusätzlich festgesetzt wird, daß die Winkelgeschwindigkeiten ω_{ik} positiv oder negativ sein sollen, je nachdem die Drehsinne positiv oder negativ sind. Ist ferner λ das Teilverhältnis $M_{12} M_{13} : M_{23} M_{13} = r : r - a$ von M_{13} bezüglich M_{12}, M_{13}, so ist in allen Fällen, $\omega_{12} + \omega_{23} \neq 0$ vorausgesetzt, auch vorzeichenrichtig

$$\lambda = \frac{M_{12} M_{13}}{M_{23} M_{13}} = \frac{-\omega_{23}}{\omega_{12}}, \qquad r = \frac{a\,\omega_{23}}{\omega_{12} + \omega_{23}}, \qquad \omega_{13} = \omega_{12} + \omega_{23}. \qquad (3_{1,2,3})$$

Gl. (3_1) gestattet eine einfache Konstruktion von M_{13}, die in § 120 Abb. 72 durchgeführt wird. Ferner halten wir noch das Ergebnis fest:

Satz 1: *Wenn drei überlagerte Ebenen $\Sigma_{1,2,3}$ relative Bewegungen ausführen, so liegen in jedem Zeitpunkt die zugehörigen relativen Drehpole M_{12}, M_{23}, M_{31} auf einer Geraden.*

Wenn vier überlagerte Ebenen Σ_1, Σ_2, Σ_3, Σ_4 relative Bewegungen ausführen, so gibt es nach Satz 1 eine Gerade m_1 mit den Drehpolen M_{23}, M_{34}, M_{42}, eine Gerade m_2 mit den Drehpolen M_{34}, M_{41}, M_{13}, eine Gerade m_3 mit den Drehpolen M_{41}, M_{12}, M_{24} und schließlich eine Gerade m_4 mit den Drehpolen M_{12}, M_{23}, M_{31}. Je zwei dieser Geraden m_i, m_k haben den Drehpol M_{lm} gemeinsam, wenn i, k, l, m die Ziffern 1, 2, 3, 4 in einer beliebigen Reihenfolge bedeutet. Es gilt demnach der

Satz 2: *Wenn vier überlagerte Ebenen $\Sigma_{1,2,3,4}$ relative Bewegungen ausführen, so bilden in jedem Zeitpunkt die zugehörigen Drehpole M_{12}, M_{13}, M_{14}, M_{23}, M_{34}, M_{42} die sechs Ecken eines vollständigen Vierseits $m_{1,2,3,4}$; auf jeder Geraden m_i liegen drei Drehpole M_{kl}, M_{lm}, M_{mk}.*

§ 115. Rastpolkurve, Gangpolkurve, kinematische Erzeugung der Ellipse und der Pascalschen Schnecken. Wenn die Bewegung von Σ_2 auf Σ_1 keine Drehung um einen in Σ_1 festen Punkt ist, so erfüllen die Lagen, die der Momentanpol $M = M_1 = M_2$ im Verlauf der Bewegung annimmt, in Σ_1 eine Kurve m_1 und in Σ_2 eine Kurve m_2. m_1 heißt die *Rastpolkurve*, m_2 die *Gangpolkurve*. Wir überlagern Σ_1 und Σ_2 mit einer sich gegen sie bewegenden Ebene Σ_3, der wir bloß die Bedingung auferlegen, daß ein in ihr fester Punkt M_3 sich stets im Momentanpol $M_1 = M_2$ befinde. M_3 hat dann in Σ_1 die Bahnkurve m_1 und in Σ_2 die Bahnkurve m_2. Die Geschwindigkeitsvektoren $\mathfrak{v}_{13}$, $\mathfrak{v}_{23}$ von M_3 in Σ_1 und Σ_2 sind Tangentenvektoren an m_1 bzw. m_2 in $M_1 = M_2$. Der Geschwindigkeitsvektor $\mathfrak{v}_{21}$ von M_1 für die Bewegung von Σ_1 gegen Σ_2 ist Null, da in M_2 nach § 113 Gl. (3) wegen $r = 0$ die Geschwindigkeit $v = 0$ ist. Die Gleichung $\mathfrak{v}_{23} = \mathfrak{v}_{21} + \mathfrak{v}_{13}$ [§ 114 Gl. (2)] lautet daher im Momentanpol $\mathfrak{v}_{23} = \mathfrak{v}_{13}$, d. h. daß sich die Polkurven m_1, m_2 in $M_1 = M_2$ berühren und daß der Momentanpol seine Lage auf den Polkurven m_1, m_2 in jedem Augenblick in derselben Richtung und mit derselben Geschwindigkeit (*Polwechselgeschwindigkeit*) $ds_1 : du = ds_2 : du$ ändert. Es ist also, wenn die Bogenlängen s_1, s_2 auf m_1, m_2 mit der Zeit u wachsend angenommen werden, $ds_1 = ds_2$ und es gilt zusammengefaßt:

Satz 1: *In jedem Zeitpunkt berührt die Gangpolkurve m_2 die Rastpolkurve m_1 im Momentanpol. Wird jedem Punkt von m_1 der Punkt von m_2 zugeordnet, mit dem*

er im Verlauf der Bewegung als Momentanpol zur Deckung kommt, so ist diese Zuordnung $m_1 \longleftrightarrow m_2$ unter Beschränkung auf reguläre Teilbögen längentreu.

Man sagt dafür kurz:

Die Bewegung wird durch das Rollen der Gangpolkurve auf der Rastpolkurve erzeugt.

Beispiele: 1. *Kinematische Erzeugung der Ellipse.* Ein Stab von der Länge l werde so bewegt, daß seine Endpunkte A, B auf festen Geraden g bzw. g_1 gleiten (Abb. 64). Es sei $O = (g\,g_1)$ und $\sphericalangle\, g\,g_1 = \varphi$. Aus den bekannten Bewegungsrichtungen von A und B ergibt sich nach § 113 Satz 1 der Momentanpol M als Schnittpunkt der Normalen zu g in A und zu g_1 in B. Demnach liegen die Punkte O, A, M, B auf einem Kreis m_2 mit dem Durchmesser OM. Sein Radius ist $r = l : 2 \sin \varphi =$ konst. Ist H die Mitte von OM und damit auch die Mitte von m_2, so wird das Dreieck HAB bei der Bewegung des Stabes AB starr mitgeführt. Damit ist in der bewegten Ebene Σ_2, in der AB fest ist, auch H ein fester Punkt und wegen $HM = r =$ konst. ist der Kreis $m_2 = (H, r)$ die *Gangpolkurve*. Wegen $OM = 2\,r =$ konst. ist der Kreis $m_1 = (O, 2\,r)$ die *Rastpolkurve*.

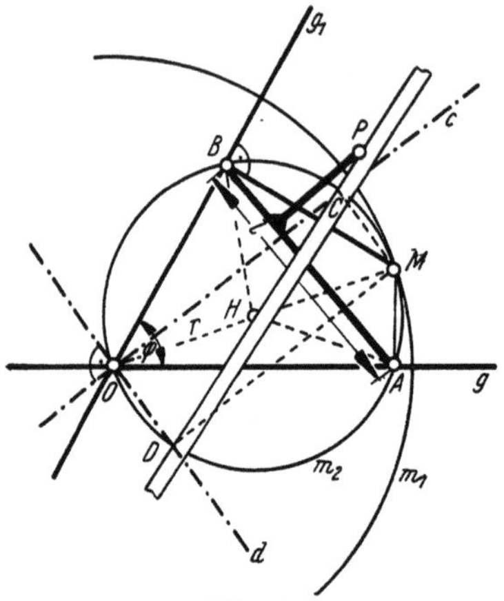

Abb. 64

Wir fragen nun nach der Bahnkurve eines beliebigen mit AB starr verbundenen Punktes P. (PH) schneidet m_2 in den Punkten C, D, die sich aus O durch zwei aufeinander normale Geraden c, d projizieren. Wir legen nun an (HP) den Rand eines Papierstreifens, auf dem wir die Punkte P, C, D einzeichnen. Man halte nun c, d fest und bewege den Papierstreifen so, daß C auf c und D auf d gleitet. Sucht man für die in Abb. 64 eingezeichnete Lage des Papierstreifens den Momentanpol als Schnittpunkt der Normalen zu c und d in C bzw. D, so erhält man wieder den Punkt M. H ist als Mittelpunkt von CD ein auf dem Papierstreifen fester Punkt und wegen $HM = r =$ konst. und $OM = 2\,r =$ konst. sind m_2 und m_1 auch die Polkurven der Bewegung des Papierstreifens. Der Stab AB und der Papierstreifen CD liegen daher in Σ_2 fest. P beschreibt somit dieselbe Bahnkurve, gleichgültig, ob er vom Stab oder vom Papierstreifen mitgeführt wird. Aus der konstruktiven Theorie der Ellipse ist es bekannt, daß die Bahnkurve von P als Punkt des Papierstreifens eine Ellipse mit den Symmetrieachsen c, d ist. Man kann daher sagen:

Satz 2: *Wenn ein Kreis m_2 im Inneren eines doppelt so großen Kreises rollt, so beschreibt jeder Umfangspunkt von m_2 in der festen Ebene einen Durchmesser von m_1 und jeder andere mit m_2 starr verbundene Punkt eine Ellipse.*

Die eben betrachtete Bewegung kann daher als *Ellipsenbewegung* bezeichnet werden.

2. *Kinematische Erzeugungen der Pascalschen Schnecken.* Wenn sich eine Gerade g in der festen Ebene Σ_1 so bewegt, daß ein auf g fester Punkt F eine gegebene Kurve k beschreibt, während g stets durch einen in Σ_1 festen Punkt P geht, so nennt man die Bahn eines beliebigen Punktes S von g eine *Konchoide* von k bezüglich des Poles P. In Abb. 65 wurde k als Kreis (O, ϱ) und P als Umfangspunkt von k gewählt. Die Konchoiden von k bezüglich P heißen dann *Pascalsche Schnecken.* Wir ermitteln zunächst die Polkurven dieser besonderen „*Konchoidenbewegung*“. Da sich F auf k bewegt, liegt für eine gegebene Lage

von g der Momentanpol M auf dem durch F gehenden Durchmesser von k; da g stets durch P geht, liegt M auf der Normalen n zu g durch P (§ 113 Satz 3). M ist daher der zu F gegenüberliegende Punkt von k. Damit ist k als *Rastpolkurve* erkannt. Beachtet man nun, daß F auf g ein fester Punkt ist und daß FM als Durchmesser von k konstante Länge 2ϱ hat, so sieht man, daß der Kreis $m_2 = (F, 2\varrho)$ die *Gangpolkurve* ist.

Werden in Abb. 65 m_1 und m_2 sowie der Punkt S gewählt, so ist P konstruierbar. *Man ersieht daraus, daß beim Rollen von m_2 auf m_1 jeder in der Ebene von m_2 feste Punkt S eine Pascalsche Schnecke beschreibt.*

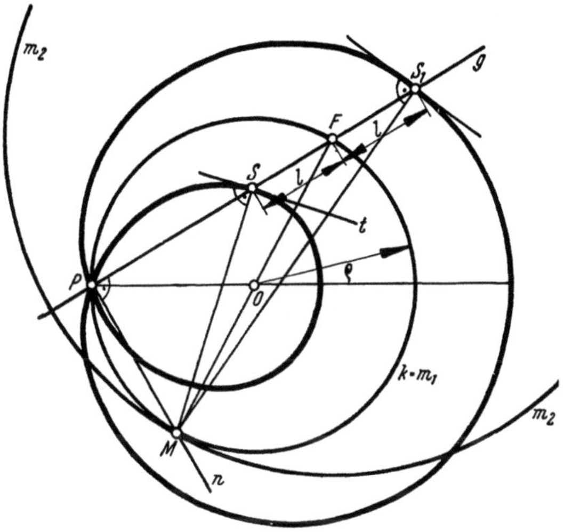

Abb. 65

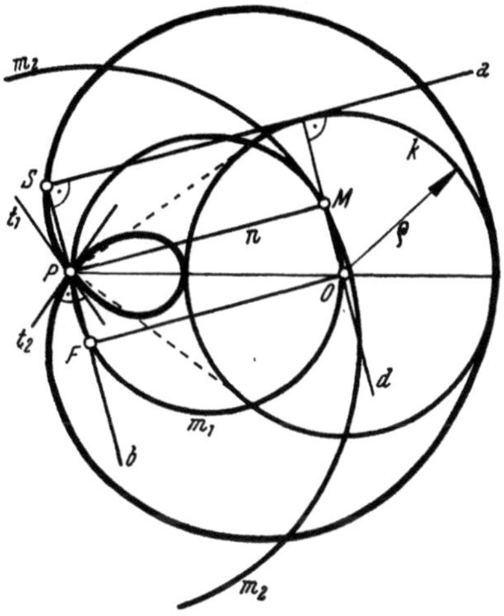

Abb. 66

Der Vergleich der Ellipsenbewegung (Abb. 64) mit der eben betrachteten speziellen Konchoidenbewegung lehrt, daß aus der einen die andere entsteht, wenn man die Rollen der Kreise m_1, m_2 als Gang- bzw. Rastpolkurve vertauscht. Man sagt dafür: Jede Ellipsenbewegung ist die *Umkehrung* einer Konchoidenbewegung der betrachteten Art und umgekehrt.

Es soll nun auf kinematischem Wege gezeigt werden, daß sich die *Pascalschen Schnecken auch als die Fußpunktkurven der Kreise* erklären lassen. Nach dieser Erklärung entsteht eine PASCALsche Schnecke als der Ort der Fußpunkte S der Lote (Abb. 66), die aus einem Punkt P auf die Tangenten a eines Kreises $k = (O\,\varrho)$ gefällt werden können. S ist daher die Bahn des Scheitels S eines rechten Winkels $a\,b$, wenn dieser so bewegt wird, daß a stets k berührt und b stets durch P geht. Nach § 113 Sätze 1, 3 ist für jede Lage des Winkels der zugehörige Momentanpol M der Schnittpunkt des Durchmessers d von k, der durch den Berührpunkt von a mit k geht, mit der Normalen n zu b in P. Somit ist $\sphericalangle PMO = 90°$, woraus sich die *Rastpolkurve* m_1 als der Kreis über dem Durchmesser PO ergibt. Ist F der Fußpunkt des Lotes aus O auf b, so ist $FS = \varrho =$ konst. Somit ist F ein auf b fester Punkt und wegen $FM = PO =$ konst. haben daher die Momentanzentren M in der bewegten Ebene von F den konstanten Abstand OP. Die *Gangpolkurve* ist daher der Kreis $m_2 = (F, \overline{OP})$. Es liegt also die bereits in Abb. 65 untersuchte Bewegung vor. Die Bahn von S ist also tatsächlich eine *Pascalsche Schnecke.*

Die PASCALschen Schnecken zeigen drei wesentlich verschiedene Formen, je nachdem in Abb. 65 $l = FS$ kleiner, gleich oder größer als 2ϱ ist bzw. in

Abb. 66 P außerhalb, auf oder innerhalb k liegt. In diesen Fällen hat die Kurve in P einen Doppelpunkt mit reellen Tangenten, eine Spitze (Kardioide) bzw. einen isolierten Punkt.

In den behandelten Beispielen kann in jedem Punkt P die Tangente an die Bahnkurve angegeben werden, da diese zum Polstrahl durch P normal ist.

§ 116. Gleiten längs einer ebenen Kurve, Traktrix von Huygens und Kettenlinie. Läßt man die Ebene Σ_2 auf der festen Ebene Σ_1 die Bewegung ausführen, bei der ein in Σ_2 festes Linienelement $(P\,t)$ stets Linienelement einer Kurve c in Σ_1 ist, so ist diese Bewegung das *Gleiten von Σ_2 längs c.* c ist zugleich Bahnkurve von P und Hüllbahn von t. Ist in Σ_2 n die Normale zu t in P, so kann die

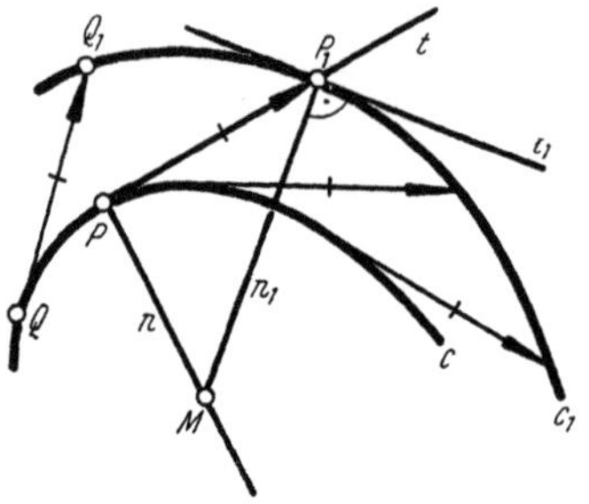

Abb. 67

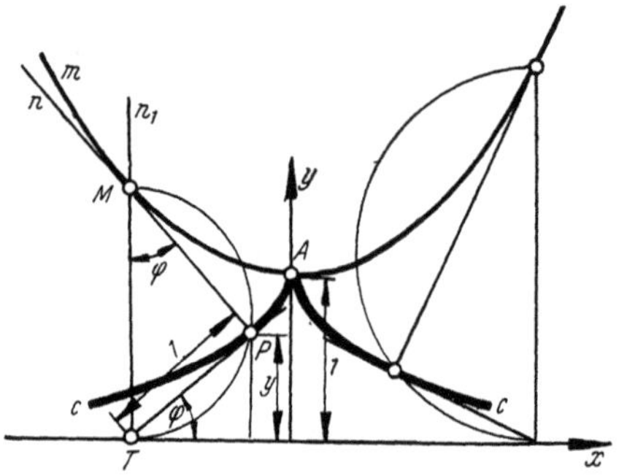

Abb. 68

Bewegung auch durch die Bedingungen erklärt werden, daß P die Kurve c durchläuft, während n stets die zugehörige Normale von c ist. Somit ist die Evolute e von c die Hüllbahn von n. Wir zeigen nun, daß e auch die Rastpolkurve der Bewegung ist. Sind $(P\,n)$ und $(Q\,n_q)$ zwei bestimmte Lagen von $(P\,n)$, so ist (§ 113) der Momentanpol M für $(P\,n)$ die Grenzlage für $Q \rightarrow P$ der Streckensymmetrale s von $P\,Q$ mit der Winkelsymmetrale w des stumpfen Winkels $n_q\,n$. s konvergiert nach n, der Schnittpunkt $(n\,n_q)$ (§ 78 Satz 1) nach der Krümmungsmitte M von P und w nach der Parallelen zu t durch M. Daraus folgt, daß e die Rastpolkurve und n die Gangpolkurve ist. Somit gilt der

Satz 1: *Das Gleiten längs einer Kurve c ist das Rollen ihrer Normalen auf der Evolute von c.*

Aus § 114 Satz 1 folgt für den vorliegenden Fall der Satz 2 in § 78, wonach die Länge des Evolutenbogens eines Kurvenbogens $\widehat{PQ}$ mit monoton veränderlicher Krümmung die Differenz der Krümmungsradien von P und Q ist.

Wenn ein Linienelement $(P\,t)$ einer Kurve c längs c gleitet, so durchlaufen die Punkte von t Bahnkurven c_1, die man *Äquitangentialkurven* von c nennt. c ist dann eine *Traktrix* jeder c_1.

Ist (Abb. 67) c_1 die Äquitangentialkurve von c, die von dem Punkt P_1 durchlaufen wird, so erhält man nach Satz 1 und § 113 Satz 1 für jede besondere Lage der Tangentenstrecke $P\,P_1$ von c die Krümmungsmitte M von c in P als Schnittpunkt der Normalen n von c in P mit der Normalen n_1 von c_1 in P_1 (Konstruktion der Krümmungsmitte von Nikolaides[1]).

Diese Konstruktion liefert einen bemerkenswerten Zusammenhang zwischen der *Traktrix von Huygens* und ihrer Evolute, der *Kettenlinie.* Gemäß § 40 Gl. (9)

[1] Nouv. Ann. Math. (2) (1866), S. 383.

und nach entsprechender Wahl der Einheitsstrecke ist

$$x = \int_0^u \frac{du}{\cos u} - \sin u, \qquad y = \cos u \tag{1}$$

eine Parameterdarstellung der Traktrix von HUYGENS, wobei u zwischen $-\pi/2$ und $+\pi/2$ liegt (Abb. 68). Aus Gl. (1) folgt $dy : dx = -\operatorname{ctg} u = \operatorname{tg} \varphi$, woraus $\varphi = u + \pi/2$ folgt. Die Kurve c hat die x-Achse als Asymptote; für $u = 0$ ($\varphi = \pi/2$) ist der Kurvenpunkt die Spitze A im Abstand 1 von der x-Achse. Ist P ein Punkt von c, T der Schnittpunkt seiner Tangente mit der Asymptote, so ist $TP = y : \sin \varphi$, wofür sich nach obigem $TP = 1 =$ konst. ergibt. Die Traktrix von HUYGENS ist demnach eine Traktrix ihrer Asymptote und die Asymptote eine Äquitangentialkurve der Traktrix. Nach der Konstruktion von NIKOLAIDES ist die Krümmungsmitte $M(\xi, \eta)$ von P der Schnittpunkt der Kurvennormalen n in P mit der Normalen n_1 zur Asymptote in T. Somit ist $\eta = 1 : \sin \varphi = 1 : \cos u$; ferner ist $d\eta : d\xi = -\operatorname{ctg} \varphi = \operatorname{tg} u = \sqrt{\eta^2 - 1}$, woraus durch Integration und Wahl der Konstanten $\xi = ar\,ch\,\eta$, $\eta = ch\,\xi$ folgt. Also ist die *Evolute der Traktrix von Huygens die Kettenlinie.* Das rechtwinklige Dreieck TPM gestattet auch die punktweise Konstruktion der Traktrix, wenn die Kettenlinie gegeben ist.

§ 117. Die Euler-Savarysche Konstruktion der Krümmungskreise der Punktbahnen. m_1, m_2 seien die Polkurven für eine Bewegung von Σ_2 auf Σ_1 (Abb. 69). Ihr Berührpunkt ist der Drehpol M_{12}; ferner seien K_1, K_2 die Krümmungsmitten von m_1, m_2 in M_{12}. Wir überlagern die beiden Ebenen mit einer dritten Σ_3 und bewegen diese gleichzeitig mit Σ_2 so, daß der jeweilige Momentanpol M_{12} und die jeweilige gemeinsame Normale n^* von m_1, m_2 in M_{12} in Σ_3 fest liegen. Nach § 116 Satz 1 gleitet Σ_3 relativ zu Σ_1 längs m_1, womit $M_{13} = K_1$ ist; Σ_3 gleitet aber auch relativ zu Σ_2 längs m_2, womit $M_{23} = K_2$ ist. Wir überlagern nun die drei Ebenen noch mit einer vierten Σ_4 und lassen diese längs der in Σ_1 liegenden Bahnkurve c eines Punktes P von Σ_2 derart gleiten, daß P und die Normale n von c in P in Σ_4 fest sind. Nach dem genannten Satz ist der auf n liegende Drehpol M_{14} die gesuchte Krümmungsmitte K von c in P. Um für K eine weitere Bedingung zu erhalten, machen wir folgende Überlegungen. P wurde als ein in Σ_2 fester Punkt gewählt; beim Gleiten von Σ_4 längs c ist P auch in Σ_4 fest; also ist $P = M_{24}$. Bei der Bewegung von Σ_4 geht aber die in Σ_4 feste Normale n von c in P stets durch M_{12}. Da ferner M_{12} bei der Gleitbewegung von Σ_3 ein in Σ_3 fester Punkt ist, liegt M_{34} nach § 113 Satz 3 auf der Normalen q zu n in M_{12}. Nach § 114 Satz 1 ergibt sich nun M_{34} als der Schnittpunkt von q mit der Geraden ($M_{23} = K_2$, $M_{21} = \cdot P$). Nach demselben Satz liegt aber auch die gesuchte Krümmungsmitte $K = M_{14}$ mit M_{13} und M_{34} auf einer Geraden, womit sich schließlich K als der Schnittpunkt dieser Geraden mit der Bahnnormalen n von P ergibt.

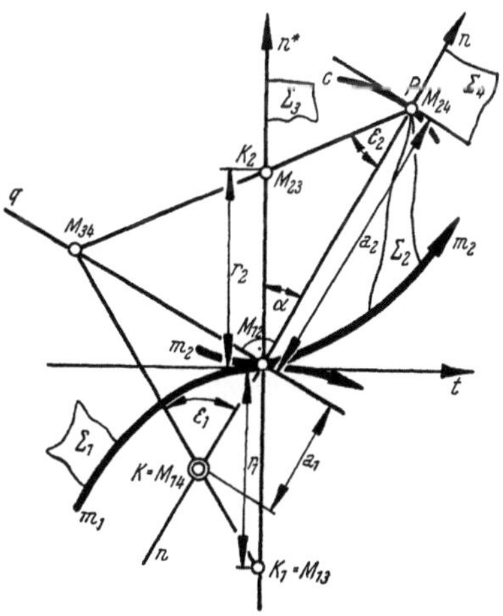

Abb. 69

Aus dieser Konstruktion läßt sich leicht eine Formel für die Lage der Krümmungsmitte K der Bahn c in P gewinnen. Orientiert man m_1 und mittels des positiven Drehsinns um M_{12} die Normalen n, n^* und setzt man $\overrightarrow{M_{12}K_1} = r_1$, $\overrightarrow{M_{12}K_2} = r_2$, $\overrightarrow{M_{12}K} = a_1$, $\overrightarrow{M_{12}P} = a_2$ (mit Vorzeichen), ferner $\alpha = \sphericalangle\, n\, n^*$, $\varepsilon_1 = \sphericalangle\, M_{12} K M_{34}$, $\varepsilon_2 = \sphericalangle\, M_{12} P K_2$, so liefert der auf die Dreiecke $M_{12} P K_2$ und $M_{12} K K_1$ angewandte Sinussatz $a_2 : r_2 = \sin(\varepsilon_2 + \alpha) : \sin \varepsilon_2$ und $a_1 : r_1 = \sin(\varepsilon_1 - \alpha) : \sin \varepsilon_1$, wozu noch $M_{12} M_{34} = a_1 \operatorname{tg} \varepsilon_1 = - a_2 \operatorname{tg} \varepsilon_2$ kommt. Durch Entfernen von ε_1 und ε_2 aus diesen Gleichungen entsteht die gesuchte Gleichung

$$\frac{1}{r_2} - \frac{1}{r_1} = \left(\frac{1}{a_2} - \frac{1}{a_1}\right) \cos \alpha, \qquad (1)$$

worin $r_1 \neq 0$, $r_2 \neq 0$ und $r_2 \neq r_1$ vorausgesetzt wird.

Die Formel (1) stammt von L. EULER[1]. Die in Abb. 69 enthaltene Konstruktion der Krümmungsmitte K der Bahn c wurde erst viel später von F. SAVARY[2] angegeben. Meistens wird sie als *Euler-Savarysche Konstruktion* bezeichnet[3].

Die Konstruktion von K versagt, wenn P ein Punkt von n^* ist. Doch versagt in diesem Fall ($\alpha = 0$) die Formel (1) nicht. Sie lautet dann

$$a_1 - a_2 = k\, a_1\, a_2, \qquad (k = \text{konst.}). \qquad (2)$$

Gl. (2) ist bilinear in a_1 und a_2 und bestimmt daher auf n^* eine Projektivität $n^*(P) \barwedge n^*(K)$ zwischen den Punkten P und K. Für $a_1 = a_2$ ist Gl. (2) eine quadratische Gleichung mit der Doppelwurzel Null. Die Doppelpunkte der Projektivität fallen daher zusammen (parabolische Projektivität). Wählt man P in K_2, also $a_2 = r_2$, so folgt mit $\alpha = 0$ aus Gl. (1) $a_1 = r_1$. Somit ist die Projektivität auf n^* durch das Punktepaar ($P = K_2$, $K = K_1$) und die beiden in M_{12} zusammenfallenden Doppelpunkte bestimmt; damit kann zu jedem P das zugeordnete K auf bekannte Art konstruiert werden.

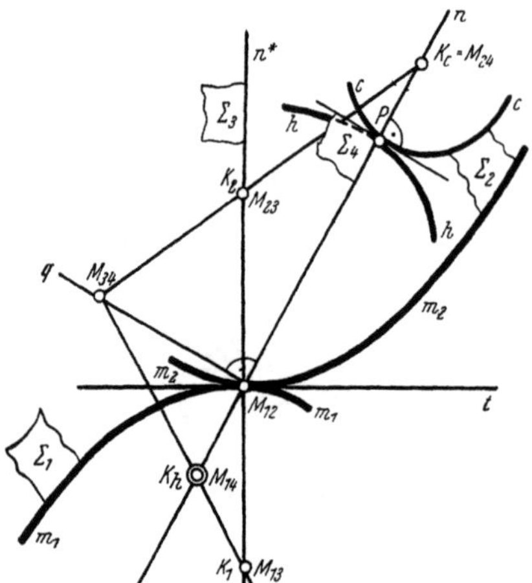

Abb. 70

§ 118. Konstruktion der Krümmungskreise der Hüllbahnen.

Es sei c eine Kurve der Ebene Σ_2, die auf einer Ebene Σ_1 eine Bewegung ausführt. Besitzen die verschiedenen Lagen von c in Σ_1 eine Hüllkurve h, so ist h die *Hüllbahn* von c. Über die Krümmungsmitten von h soll nun der folgende Satz bewiesen werden:

Wenn h die Hüllbahn einer ebenen Kurve c ist, so geht in jedem Zeitpunkt die gemeinsame Normale im Berührpunkt P von h und c durch den zugeordneten Momentanpol; ist ferner K_c die Krümmungsmitte von c in P, so ist die Krümmungsmitte K_h von h in P zugleich die Krümmungsmitte der Bahnkurve von K_c in K_c.

Zum Beweise dieses Satzes ziehen wir ebenso wie beim Beweis der Konstruktion von EULER-SAVARY (§ 117) den Satz in § 114 heran, nach dem die drei rela-

[1] Novi Comm. 21 (1765) Petersburg, S. 207.

[2] J. Math. Gl. (1) 10 (1845), S. 204.

[3] Obige Begründung nach: G. KOENIGS, Bull. Sc. Math. 31 (1907), S. 29, J. KRAMES, Getriebetechnik (Reuleaux-Mitt.) 10 (1942).

tiven Drehpole von drei überlagerten Ebenen in jedem Zeitpunkt auf einer ihm zugeordneten Geraden liegen[1]. Die Bewegung werde durch das Rollen von m_2 auf m_1 (Abb. 70) erzeugt. Wir überlagern nun Σ_1 und Σ_2 mit einer Ebene Σ_4, die sich während der Bewegung von Σ_2 auf Σ_1 so bewege, daß der jeweilige Berührpunkt P von c und h und ihre in P gemeinsame Normale n in Σ_4 fest sind. Σ_4 gleitet damit in bezug auf Σ_1 längs h und in bezug auf Σ_2 längs c. Nach § 116 Satz 1 sind daher die auf n liegenden Krümmungsmitten K_h, K_c von h und c die Drehpole $M_{14} = K_h$ und $M_{24} = K_c$. Nach § 114 Satz 1 muß daher M_{12}, d. i. der Berührpunkt von m_1 und m_2, auch auf n liegen. Damit ist der erste Teil des Satzes bewiesen. Wir überlagern nun die Ebenen Σ_1, Σ_2, Σ_4 noch mit einer vierten Ebene Σ_3 und bewegen diese während der Bewegung so, daß in Σ_3 der Punkt M_{12} und die gemeinsame Normale n^* von m_1 und m_2 in M_{12} fest sind. Σ_3 gleitet dann in bezug auf Σ_1 längs m_1 und in bezug auf Σ_2 längs m_2, so daß M_{13} die Krümmungsmitte K_1 von m_1 in M_{12} und M_{23} die Krümmungsmitte K_2 von m_2 in M_{12} sind. Es ist nun die bereits im vorigen Paragraphen angestellte Überlegung zu wiederholen. Bei der Bewegung von Σ_4 geht die in Σ_4 feste Gerade n stets durch den in Σ_3 festen Punkt M_{12}. Nach § 113 Satz 3 liegt daher M_{34} auf der zu n in M_{12} normalen Geraden q und nach § 114 Satz 1 ist M_{34} der Schnitt punkt von q mit der Geraden $(M_{23} = K_2, M_{24} = K_c)$. Nach demselben Satz liegt der bereits oben als Drehpol M_{14} erkannte Krümmungsmittelpunkt K_h von h auf der Geraden $(M_{34}, M_{13} = K_1)$ im Schnittpunkt mit n. Diese Konstruktion von K_h läßt sich aber mittels der Konstruktion von EULER-SAVARY (Abb. 69) auch als die Konstruktion der Krümmungsmitte der Bahnkurve von K_c in K_c deuten, womit der obige Satz bewiesen ist.

§ 119. Sphärische Bewegungen, Bewegungen im Bündel. Ebenso wie die Ebene ist auch die Kugel in sich frei beweglich. Sie heiße als feste Kugel Σ_1, als bewegte Σ_2. Unter einer Bewegung von Σ_2 auf Σ_1 soll stets eine zwangsläufige Bewegung verstanden werden, d. h. es soll jeder Punkt gezwungen sein, in Σ_1 eine Bahnkurve zu durchlaufen. Von Drehungen um einen in Σ_1 festen Punkt sehen wir im allgemeinen ab. Wird bei der Bewegung von Σ_2 auf Σ_1 mit jedem Punkt von Σ_2 auch sein Kugeldurchmesser mitgenommen, so bestimmt die „*sphärische Bewegung*" eine Bewegung des Raumes in sich, bei der ein Punkt, die Kugelmitte O, fest bleibt. Sie ist als *Bewegung im Bündel* (O) zu bezeichnen.

Wir übertragen nun den in § 113 eingeführten Begriff „Momentanpol" auf die Kugel. Sind $\mathfrak{L}$ und $\mathfrak{L}_1$ die Lagen von Σ_2 gegen Σ_1 in den Zeitpunkten u und $u + \Delta u$, so gibt es nach einem Satz der Elementargeometrie eine Drehung um einen Kugeldurchmesser m', dessen Endpunkte beide mit M' bezeichnet werden, die $\mathfrak{L}$ nach $\mathfrak{L}_1$ überführt. Man kann diese Drehung auch sphärische Drehung mit dem Drehzentrum M' nennen. Da die Bewegung differenzierbar vorausgesetzt wird, konvergiert m' und damit M' für $\Delta u \to 0$ nach einem Durchmesser m mit den Endpunkten M. Man nennt m die *Momentanachse* im Bündel (O), M den *Momentanpol* im Zeitpunkt u.

Sind P und P_1 die beiden Lagen, die ein Punkt P von Σ_2 in den Zeitpunkten u und $u + \Delta u$ hat, so ist der Vektor $\overrightarrow{PP_1} : \Delta u = \mathfrak{v}_m$ der mittlere Geschwindigkeitsvektor von P, während Δu. P, P_1 bilden mit dem Drehzentrum M' ein gleichschenkeliges sphärisches Dreieck, aus dem sich mit $\widehat{PP_1} = \sigma$, $\widehat{M'P} = \widehat{M'P_1} = \varrho'$, $\sphericalangle\, PM'P_1 = \alpha$ und wenn der Kugelradius gleich Eins gesetzt wird, $\sin \sigma/2 = \sin \varrho' \sin \alpha/2$ ergibt. Für $\Delta u \to 0$ entsteht daraus, da α, σ, ϱ' und die Bogenlänge s der Bahnkurve von P Funktionen der Zeit u sind, $ds : du = \sin \varrho \, (d\alpha : du)$,

[1] G. KOENIGS, a. a. O.: R. BRICARD, Leç. cinématique, 1926, S. 210 ff.

worin $\varrho = \lim \varrho'$ die sphärische Entfernung $\widehat{PM}$ ist. $v = ds : du$ ist die *momentane Geschwindigkeit* von P; $d\alpha : du = \omega$ ist die *momentane Winkelgeschwindigkeit*, mit der sich P um M dreht. Für den momentanen Geschwindigkeitsvektor $\mathfrak{v} = \lim \mathfrak{v}_m$, der ein Tangentenvektor von c in P ist, gilt somit

$$|\mathfrak{v}| = v = ds : du = \omega \sin \varrho, \tag{1}$$

worin s mit u wachsend angenommen wird.

Nach dem Gesagten kann jede Bewegung in jedem Zeitpunkt als eine *Momentandrehung* um den zugehörigen Momentanpol M angesehen werden. *In jedem Zeitpunkt gehen die sphärischen Normalen der Bahnkurven der Kugelpunkte (die Normalebenen der „Bahnkegel" der Kugeldurchmesser) durch den zugeordneten Momentanpol M (die Momentanachse m).*

Ebenso wie in der Ebene lassen sich auch auf der Kugel Bewegungen überlagern. Während Σ_2 auf Σ_1 eine Bewegung $\mathfrak{B}_{12}$ ausführt, soll Σ_3 auf Σ_2 eine Bewegung $\mathfrak{B}_{23}$ ausführen. Σ_3 führt dann in bezug auf Σ_1 eine Bewegung $\mathfrak{B}_{13}$ aus, die wir symbolisch $\mathfrak{B}_{13} = \mathfrak{B}_{12} + \mathfrak{B}_{23}$ schreiben wollen. Wie in der Ebene, § 114, zeigt man, daß die Geschwindigkeitsvektoren eines Punktes bezüglich der drei Momentandrehungen die Gleichung $\mathfrak{v}_{13} = \mathfrak{v}_{12} + \mathfrak{v}_{23}$ erfüllen.

Eine Momentandrehung im Raum ist bestimmt durch die Achse m, die Winkelgeschwindigkeit ω und den Drehsinn um m; letzterer kann auch durch einen Orientierungssinn auf m ersetzt werden, wenn man festsetzt, daß er mit dem Drehsinn einen Rechtsschraubsinn bilden soll. Dieser Orientierungssinn bestimmt zusammen mit ω einen Vektor vom Betrag ω, den *Drehvektor*; durch seine Bindung an die Drehachse m entsteht der Begriff *Drehstab* $\mathfrak{d}$.

Wir untersuchen nun, wie sich die Überlagerung von zwei Bewegungen in den zugeordneten Drehstäben auswirkt. Wir lassen die einem Zeitpunkt zugeordneten Drehstäbe $\mathfrak{d}_{12}$, $\mathfrak{d}_{23}$ der Bewegungen $\mathfrak{B}_{12}$, $\mathfrak{B}_{23}$ von der Kugelmitte O ausstrahlen (Abb. 71), M_{12}, M_{23} sind die Momentanpole auf der Kugel. Wenn von den trivialen Fällen, daß die Stäbe gleiche oder entgegengesetzte Richtung haben, abgesehen wird, bestimmen sie eindeutig einen Großkreisbogen $\widehat{M_{12}M_{23}}$ der Einheitskugel, der kleiner als π ist. Man erkennt nun unmittelbar, daß für einen Punkt dieses Bogens die Geschwindigkeitsvektoren $\mathfrak{v}_{12}$, $\mathfrak{v}_{23}$ entgegengesetzt gerichtet sind. Für den Punkt M_{13}, für den sie die Summe Null haben und der dann der Momentanpol von $\mathfrak{B}_{13}$ ist, gilt somit mit $\widehat{M_{12}M_{13}} = \alpha_1$, $\widehat{M_{13}M_{23}} = \alpha_2$ nach Gl. (1)

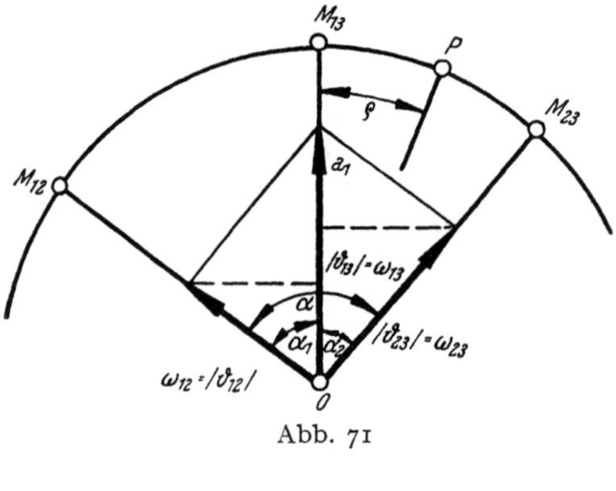

Abb. 71

$$\omega_{12} \sin \alpha_1 - \omega_{23} \sin \alpha_2 = 0. \tag{2}$$

Setzt man $\widehat{M_{12}M_{23}} = \alpha$, so ist $\alpha_2 = \alpha - \alpha_1$, wodurch nach Gl. (2) die Lage von M_{13} bestimmt ist. Der Drehstab $\mathfrak{d}_{13}$ von $\mathfrak{B}_{13}$ ist die Diagonale des Parallelogramms, das (Abb. 71) von $\mathfrak{d}_{12}$ und $\mathfrak{d}_{23}$ aufgespannt wird, wie man durch Anwendung des Sinussatzes auf das Dreieck, das $\mathfrak{d}_{13}$ mit $\mathfrak{d}_{12}$ oder $\mathfrak{d}_{23}$ bildet, und Gl. (2) erkennt. Es ist demnach noch zu zeigen, daß die Länge von $\mathfrak{d}_{13}$ die Winkelgeschwindigkeit ω_{13} ist. Ist $\widehat{M_{13}P} = \varrho$, so ist $\widehat{M_{12}P} = \varrho + \alpha_1$, $\widehat{M_{23}P} = \varrho - \alpha_2$

Nach Gl. (1) ist demnach die Geschwindigkeit von $P\, v_{13} = \omega_{12} \sin(\varrho + \alpha_1) + \omega_{23} \sin(\varrho - \alpha_2)$, woraus mit Gl. (2)

$$v_{13} = (\omega_{12} \cos \alpha_1 + \omega_{23} \cos \alpha_2) \sin \varrho \tag{3}$$

folgt. Somit ist nach Gl. (1)

$$\omega_{13} = \omega_{12} \cos \alpha_1 + \omega_{23} \cos \alpha_2, \tag{4}$$

das ist aber, wie man aus Abb. 71 entnimmt, tatsächlich der Betrag von $\mathfrak{d}_3$. Damit erhalten die Sätze 1 und 2 in § 114 über die Lage der Drehpole von drei bzw. vier überlagerten Ebenen folgende Gegenstücke auf der Kugel (im Bündel):

Satz 1: *Wenn drei überlagerte Kugeln (Bündel) $\Sigma_{1,2,3}$ relative Bewegungen ausführen, so liegen in jedem Zeitpunkt die drei zugehörigen relativen Drehpole (Drehachsen) auf einem Großkreis (in einer Ebene).*

Satz 2: *Wenn vier überlagerte Kugeln (Bündel) $\Sigma_{1,2,3,4}$ relative Bewegungen ausführen, so bilden in jedem Zeitpunkt die sechs zugehörigen relativen Drehpole (Drehachsen) die Ecken (Kanten) eines vollständigen Vierseits von Großkreisen (Vierflachs von Bündelebenen).*

Der Ort aller Momentanpole M_{12} (der Momentanachsen m_{12}) bei einer Bewegung der Kugel (des Bündels) Σ_2 auf Σ_1 ist in Σ_1 die *Rastpolkurve* m_1 (der *Rastachsenkegel* μ_1), der Ort aller M_{12} (m_{12}) in Σ_2 die *Gangpolkurve* m_2 (der *Gangachsenkegel* μ_2). Nach Gl. (1) ist in M_{12} wegen $\varrho = 0$ auch $v = 0$, so daß im zugeordneten Zeitpunkt $\mathfrak{v}_{21} = 0$ ist. Sinngemäß zu § 115 gelangen wir zu dem Satz:

Satz 3: *In jedem Zeitpunkt einer sphärischen Bewegung berührt die Gangpolkurve m_2 die Rastpolkurve m_1 im Momentanpol. Wird jedem Punkt von m_1 der Punkt von m_2 zugeordnet, mit dem er als Momentanpol zur Deckung gelangt, so ist diese Zuordnung unter Beschränkung auf reguläre Teilbögen längentreu.*

Auch hier sagt man wie in der Ebene, daß die Bewegung durch das *Rollen* von m_2 auf m_1 erzeugt wird. Entsprechend kann man für die *Bewegung im Bündel* sagen, daß sie durch das *Rollen des Gangachsenkegels* μ_2 auf dem *Rastachsenkegel* μ_1 erzeugt werden kann. Ordnet man jedem Punkt von μ_1 den Punkt von μ_2 zu, mit dem er zur Deckung gelangt, so ist diese Zuordnung, zumindest stückweise, eine solche Isometrie zwischen μ_1 und μ_2, bei der den Erzeugenden von μ_1 die Erzeugenden von μ_2 entsprechen.

Eine sphärische Bewegung (Bewegung im Bündel) von Σ_2 auf Σ_1, bei der ein in Σ_2 festes sphärisches Linienelement ($P\, t$) [ein Torsalelement ($p\, \tau$) des Bündels] so bewegt wird, daß es stets Linienelement (Torsalelement) einer Kurve c (eines Kegels Γ) von Σ_1 ist, heißt das *Gleiten* längs c (Γ). Auf Grund der Sätze 1 und 3 in § 81 erhält der Satz 1 in § 116 über das Gleiten einer ebenen Kurve seinen entsprechenden für die Kugel (das Bündel):

Satz 4: *Das Gleiten auf einer Kugel (in einem Bündel) längs einer sphärischen Kurve c (eines Kegels Γ des Bündels) ist das Rollen ihrer sphärischen Normalen (seiner Normalebenen) auf ihrer sphärischen Evolute (auf seinem Evolutenkegel).*

In § 117 und § 118 wurde die Konstruktion von Euler-Savary für die Krümmungsmitten der Bahnkurven und der Hüllbahnen auf § 81 Satz 3, § 116 Satz 1, und § 114 Satz 1 gegründet. Durch die voranstehenden entsprechenden Sätze 1, 3 und 4 lassen sich die dort angestellten Überlegungen wörtlich auf die Kugel (ins Bündel) übertragen. Es gilt somit:

Satz 5: *Die Konstruktion der sphärischen Krümmungsmitten (der Achsen der Krümmungskegel) der Bahnkurven und der Hüllbahnen (Bahnkegel und Hüllbahnkegel) bei einer sphärischen Bewegung (Bewegung im Bündel) kann mittels der auf die Kugel (das Bündel) übertragenen Konstruktion von Euler-Savary ausgeführt* *werden, wobei die Großkreise die Rolle der Geraden (die Bündelstrahlen die Rolle der Punkte und die Bündelebenen die Rolle der Geraden) übernehmen.*

§ 120. **Allgemeine Bewegungen im Raum, Überlagerung von Momentanbewegungen.** Wir betrachten nun zwangsläufige, differenzierbare Bewegungen im Raum, die im allgemeinen von Bewegungen um einen festen Punkt, von Drehungen um eine feste Achse und von Parallelverschiebungen verschieden sein sollen. Grundlegend ist der folgende Satz der Elementargeometrie: *Zwei gleichsinnig kongruente Raumfiguren lassen sich stets durch eine bestimmte Schraubung zur Deckung bringen, falls dies nicht durch eine Drehung um eine Achse oder durch eine Parallelverschiebung möglich ist.*

Um im folgenden diese beiden Sonderfälle nicht immer anführen zu müssen, zählen wir sie zu den Schraubungen mit den besonderen Parametern 0 bzw. ∞. Es seien nun $\mathfrak{L}$ und $\mathfrak{L}_1$ die beiden Lagen des bewegten Raumes Σ_2 im festen Σ_1 in den Zeitpunkten u und $u + \Delta u$. Nach dem obigen Satz gibt es dann eine Schraubung, die $\mathfrak{L}$ nach $\mathfrak{L}_1$ überführt. m' sei die Schraubachse, a' die Schiebstrecke und α' der Drehwinkel. Zusammen mit dem Schiebsinn und dem Drehsinn bilden (m', a', α') die *mittlere Schraube;* $a' : \Delta u = \sigma_m$ ist die *mittlere Schiebgeschwindigkeit,* $\alpha' : \Delta u = \omega_m$ die *mittlere Winkelgeschwindigkeit* während der Zeitspanne Δu. Für $\Delta u \to 0$ konvergiert m' nach der *Momentanachse* m, σ_m nach der *momentanen Schiebgeschwindigkeit* σ_{12} und ω_m nach der *momentanen Winkelgeschwindigkeit* ω_{12}. m, ω_{12} und der Drehsinn bestimmen einen Drehstab $\mathfrak{d}_{12}$; σ_{12} und die Schiebrichtung einen Vektor $\mathfrak{v}_{12}$. $(\mathfrak{d}_{12}, \mathfrak{v}_{12})$ fassen wir als *momentane Geschwindigkeitsschraube* zusammen; dabei ist $\mathfrak{v}_{12}$ zu $\mathfrak{d}_{12}$ parallel oder antiparallel. Je nachdem der eine oder andere Fall eintritt, ist die Schraubung eine Rechts- bzw. eine Linksschraubung, was sich durch das Vorzeichen des Schraubparameters $k = \sigma_{12} : \omega_{12}$ unterscheiden läßt. (m, k) heiße die *Momentanschraubung.*

Sind P und P_1 die beiden Lagen, die ein Raumpunkt P in den beiden Zeitpunkten u und $u + \Delta u$ hat, so ist die Gerade $(P\,P_1)$ eine Sehne (Bisekante) der Bahnkurve c von P und zugleich der Bahnschraublinie der mittleren Schraubung. Für $\Delta u \to 0$ geht sie daher in die Tangente von c in P über. Damit ist bewiesen:

Satz 1: *In jedem Zeitpunkt bilden die Bahntangenten der Raumpunkte den Tangentenkomplex der zugehörigen Momentanschraubung.*

Die in P zur Bahntangente in P normalen Geraden sind als Bahnnormalen zu bezeichnen. Nach § 71 gilt somit:

Satz 2: *In jedem Zeitpunkt bilden die Bahnnormalen der Raumpunkte einen linearen Strahlkomplex (im allgemeinen Strahlgewinde).*

Wir betrachten nun Überlagerungen von Bewegungen im Raum. Während Σ_2 in bezug auf Σ_1 die Bewegung $\mathfrak{B}_{12}$ ausführt, soll Σ_3 in bezug auf Σ_2 die Bewegung $\mathfrak{B}_{23}$ ausführen. So entsteht eine Bewegung $\mathfrak{B}_{13}$ von Σ_3 in bezug auf Σ_1, $\mathfrak{B}_{13} = \mathfrak{B}_{12} + \mathfrak{B}_{23}$, ein Verfahren, das sich auf den n-fach überlagerten Raum ausdehnen läßt und als „*Addition*" von Bewegungen bezeichnet werden soll. Der in § 114 in der Ebene eingeführte Begriff der Umkehrung $\mathfrak{B}_{21} = -\mathfrak{B}_{12}$ einer Bewegung $\mathfrak{B}_{12}$ hat im Raum denselben Sinn. Es ist auch $\mathfrak{B}_{12} = \mathfrak{B}_{13} + \mathfrak{B}_{32}$, so daß man $\mathfrak{B}_{12}$ als Überlagerung von $\mathfrak{B}_{11}$ mit $\mathfrak{B}_{32}$ ansehen kann.

Es sollen nun Überlagerungen von Momentandrehungen mit Momentanschiebungen konstruktiv durchgeführt werden; dabei werden die Momentandrehungen durch die in § 119 eingeführten Drehstäbe dargestellt. Dort wurde auch gezeigt (Abb. 71), *daß die Addition von zwei Momentandrehungen* $\mathfrak{d}_{12}$, $\mathfrak{d}_{23}$ *mit sich schneidenden Achsen eine Drehung um eine Achse durch den Achsenschnittpunkt ist, deren Drehstab* $\mathfrak{d}_{13}$ *nach Richtung und Betrag durch die Vektoraddition* $\mathfrak{d}_{13} = \mathfrak{d}_{12} + \mathfrak{d}_{23}$ *hervorgeht.*

Wir betrachten nun die Addition von zwei *Momentandrehungen* $\mathfrak{d}_{12}$, $\mathfrak{d}_{23}$ *mit parallelen Achsen* (Abb. 72). Dabei sind die Bewegungen $\mathfrak{B}_{12}$, $\mathfrak{B}_{23}$, $\mathfrak{B}_{13}$ in jeder zu den Achsen normalen Ebene Π ebene Bewegungen, deren Zusammenhang bereits in § 114 festgestellt wurde. § 114 Gl. (3_1) gestattet die Konstruktion des Drehstabes $\mathfrak{d}_{13}$ von $\mathfrak{B}_{13}$: Man macht $M_{12}A = \omega_{23}$, $M_{23}B = \omega_{12}$, wobei A und B auf verschiedenen Seiten oder derselben Seite der Geraden $(M_{12}\,M_{23})$ liegen sollen, je nachdem $\mathfrak{d}_{12}$ und $\mathfrak{d}_{23}$ gleich bzw. entgegengesetzt gerichtet sind. $(A\,B)$ schneidet $(M_{12}\,M_{23})$ im Drehpol M_{13}. Nach § 114 Gl. (3_3) gilt für die mit den Drehstäben gleich bezeichneten Drehvektoren $\mathfrak{d}_{13} = \mathfrak{d}_{12} + \mathfrak{d}_{23}$, ebenso wie im § 119, wo die Drehachsen einen Schnittpunkt hatten. Wenn man $\mathfrak{d}_{23}$ als Drehstab $\mathfrak{d}_{12}'$ für eine Drehung $\mathfrak{B}_{12}'$ von Σ_2 in bezug auf Σ_1 und $\mathfrak{d}_{12}$ als Drehstab $\mathfrak{d}_{23}'$ für eine Drehung $\mathfrak{B}_{23}'$ von Σ_3 in bezug auf Σ_2 ansieht, so ergibt sich aus der eben erklärten Konstruktion dasselbe $\mathfrak{d}_{13}$, so daß $\mathfrak{B}_{13} = \mathfrak{B}_{12}' + \mathfrak{B}_{23}'$ ist. In diesem Sinn ist die symbolische Summe $\mathfrak{B}_{13} = \mathfrak{B}_{12} + \mathfrak{B}_{23}$ ebenso wie solche Summen mit mehr als zwei Summanden *kommutativ*.

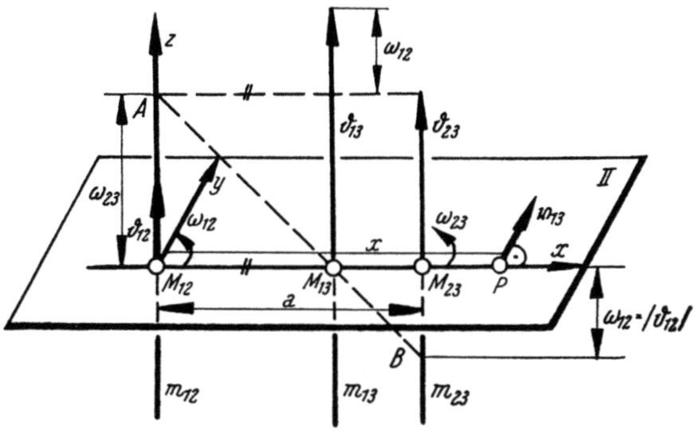

Abb. 72

Wir machen nun in Abb. 72 die von M_{12} nach M_{23} gerichtete Gerade zur x-Achse eines Rechtssystems $(x\,y\,z)$ mit dem Nullpunkt in M_{12}, dessen z-Achse die Richtung von $\mathfrak{d}_{12}$ habe; $M_{12}M_{23}$ sei a. Ein Punkt $P\,(x)$ der x-Achse hat die Geschwindigkeit

$$v_{13} = x\,\omega_{12} + (x - a)\,\omega_{23} = \\ = x\,(\omega_{12} + \omega_{23}) - a\,\omega_{23}, \quad (1)$$

worin man ω_{23} positiv oder negativ einsetzt, je nachdem $\mathfrak{d}_{23}$ zur z-Achse parallel oder antiparallel ist. Je nachdem v_{13} positiv oder negativ ist, ist der Geschwindigkeitsvektor von P zur y-Achse parallel oder antiparallel.

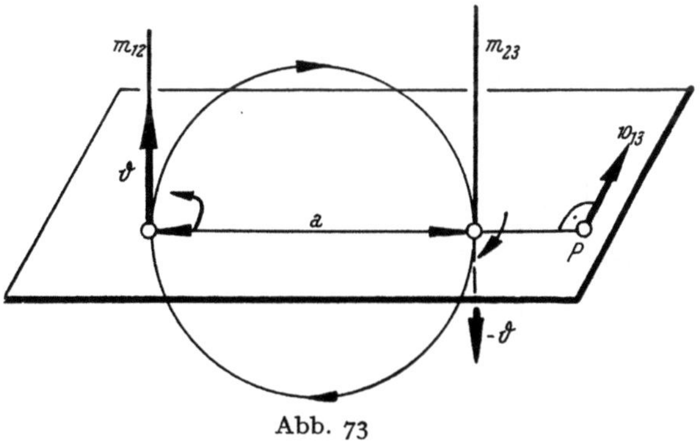

Abb. 73

Wir betrachten nun den wichtigen Sonderfall $\mathfrak{d}_{12} + \mathfrak{d}_{23} = 0$, $|\mathfrak{d}_{12}| = |\mathfrak{d}_{23}| \neq 0$. In diesem Fall bilden $(\mathfrak{m}_{12}, \mathfrak{d}_{12} = \mathfrak{d})$, $(\mathfrak{m}_{23}, \mathfrak{d}_{23} = -\mathfrak{d})$ ein „*Drehpaar*“ (Abb. 73). Gl. (1) liefert wegen $\omega_{12} + \omega_{23} = 0$ die Gleichung

$$v_{13} = -a\,\omega_{23} = a\,\omega_{12} = \text{konst.} \quad (2)$$

Gl. (2) besagt, daß $\mathfrak{B}_{13}$ eine *Momentanschiebung* mit dem durch Gl. (2) bestimmten Geschwindigkeitsvektor $\mathfrak{v}_{13}$, $|\mathfrak{v}_{13}| = a\,\omega_{12}$ ist. Man nennt $a\,\omega_{12}$ das *Moment des Drehpaares*. Ein $\mathfrak{m}_{12}$ und $\mathfrak{m}_{23}$ berührender Kreis bestimmt durch $\mathfrak{d}$ und $-\mathfrak{d}$ einen Drehsinn, den *Drehsinn des Drehpaares*. Nach dem Gesagten gilt der

Satz 3: *Die Überlagerung der Momentandrehungen eines Drehpaares ergibt eine Momentanschiebung mit einem Geschwindigkeitsvektor, dessen Betrag das Moment*

des Drehpaares ist und dessen Richtung den Drehsinn des Drehpaares zu einem Rechtsschraubsinn ergänzt.

Wir betrachten nun die *Überlagerung einer Momentandrehung* $(m, \mathfrak{d})$ *mit einer Momentanschiebung* $\mathfrak{v}$, *deren Richtung zu* m *normal ist.* Mit $\mathfrak{B}_{12}\,(m, \mathfrak{d})$ und $\mathfrak{B}_{23}\,(\mathfrak{v})$ ist $\mathfrak{B}_{13} = \mathfrak{B}_{12} + \mathfrak{B}_{23}$ herzustellen (Abb. 74). Nach Satz 3 können wir $\mathfrak{B}_{23}\,(\mathfrak{v})$ durch ein Drehpaar $\mathfrak{B}_{24} + \mathfrak{B}_{43}$ ersetzen, wobei wir $\mathfrak{B}_{24}$ durch den Drehstab $(m, -\mathfrak{d})$ annehmen. Es läßt dann $\mathfrak{B}_{12} + \mathfrak{B}_{24}\,\Sigma_4$ gegenüber Σ_1 in Ruhe und es ist $\mathfrak{B}_{13} = \mathfrak{B}_{43}$. Aus Satz 3 (Abb. 73) folgt dann der

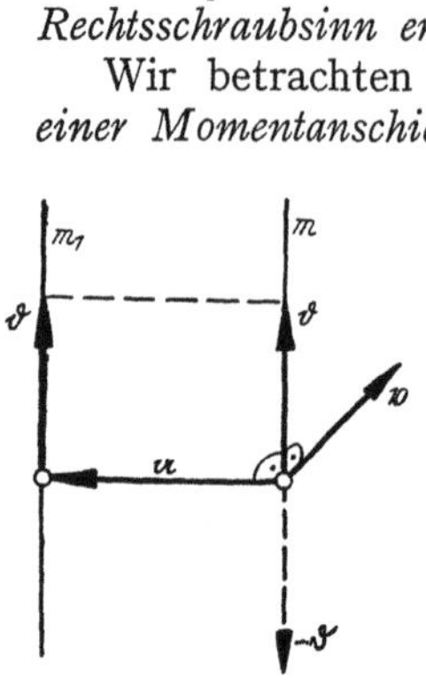

Abb. 74

Satz 4: *Die Überlagerung einer Momentandrehung* $(m, \mathfrak{d})$ *mit einer Momentanschiebung* $\mathfrak{v}$, *deren Richtung zu* m *normal ist, ist eine Momentandrehung* $(m_1, \mathfrak{d})$ *um eine Achse* m_1, *die aus* m *durch Parallelverschiebung mit einem Schiebvektor* $\mathfrak{a}$ *hervorgeht, dessen Betrag* $|\mathfrak{a}| = |\mathfrak{v}| : |\mathfrak{d}|$ *ist und so gerichtet ist, daß* $\mathfrak{v}, \mathfrak{a}, \mathfrak{d}$ *ein Rechtssystem bilden.*

Für die Überlagerung von zwei Momentanschiebungen $\mathfrak{v}_{12}, \mathfrak{v}_{23}$ im Raum gilt wie in der Ebene $\mathfrak{v}_{13} = \mathfrak{v}_{12} + \mathfrak{v}_{23}$.

§ 121. **Die Momentanschraubungen der begleitenden Dreikante der Strahlflächen und Raumkurven.** Wird eine Drehung mit konstanter Winkelgeschwindigkeit ω um eine Achse m durch einen Drehstab $(m, \mathfrak{d})$ mit $|\mathfrak{d}| = \omega$ dargestellt und ist ein Punkt von m der Nullpunkt der Ortsvektoren $\mathfrak{r}$ der Punkte P des Raumes, so ist $\mathfrak{d} \times \mathfrak{r} = \mathfrak{v}$ der Geschwindigkeitsvektor des Punktes $P\,(\mathfrak{r})$, was sich aus der Definition des äußeren Produktes unmittelbar ergibt.

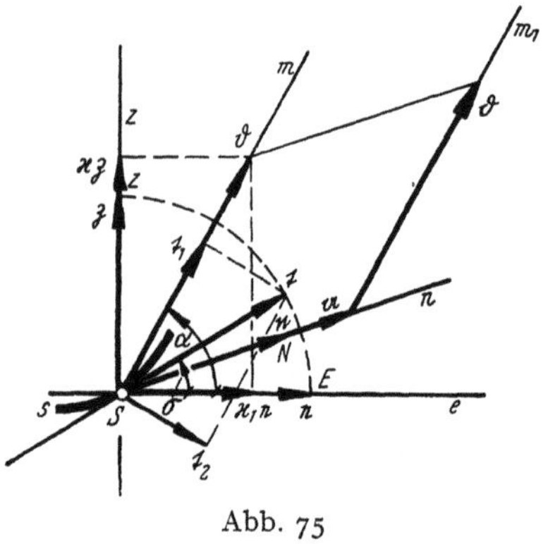

Abb. 75

Es sei $(S\,\mathfrak{e}) = e$, $(S\,\mathfrak{n}) = n$, $(S\,\mathfrak{z}) = z$ das begleitende Dreikant einer Strahlfläche Φ im Punkt S der Striktionslinie s, § 53 (Abb. 75). Mittels des Vektors $\mathfrak{d} = \varkappa_1 \mathfrak{e} + \varkappa\,\mathfrak{z}$ lassen sich, § 54 Gln. (4), (5), die Ableitungen von $\mathfrak{e}, \mathfrak{n}, \mathfrak{z}$ nach der Bogenlänge u der Striktionslinie in der einfachen Form $\mathfrak{e}' = \mathfrak{d} \times \mathfrak{e}$, $\mathfrak{n}' = \mathfrak{d} \times \mathfrak{n}$, $\mathfrak{z}' = \mathfrak{d} \times \mathfrak{z}$ schreiben. Wenn S die Striktionslinie s mit der Geschwindigkeit Eins durchläuft, so ist die Bogenlänge auf s zugleich die Zeit u und $\mathfrak{e}', \mathfrak{n}', \mathfrak{z}'$ sind nach dem eingangs Gesagten die Geschwindigkeitsvektoren der Endpunkte E, N, Z der Pfeile $(S\,\mathfrak{e})$, $(S\,\mathfrak{n})$, $(S\,\mathfrak{z})$ für die Momentandrehung $(P, \mathfrak{d})$, die durch den Vektor $\mathfrak{d}$ bei festem P bestimmt ist; dabei ist $(S\,\mathfrak{d})$ die orientierte Drehachse m und $|\mathfrak{d}| = \sqrt{\varkappa^2 + \varkappa_1^2}$ die Winkelgeschwindigkeit.

Die Bewegung, die das begleitende Dreikant $S\,(\mathfrak{e}, \mathfrak{n}, \mathfrak{z})$ ausführt, wenn S die Striktionslinie mit der Geschwindigkeit Eins durchläuft, ist demnach in jedem Zeitpunkt u die Überlagerung der Momentandrehung $(S\,\mathfrak{d})$ mit der Momentanschiebung, deren Geschwindigkeitsvektor der Tangentenvektor $\mathfrak{t}$ $(|\mathfrak{t}| = 1)$ der Striktionslinie in S ist. Wir zerlegen nun $\mathfrak{t}$ in zwei Komponenten $\mathfrak{t}_1, \mathfrak{t}_2$, von denen $\mathfrak{t}_1$ mit $\mathfrak{d}$ gleich bzw. entgegengesetzt gerichtet ist, während $\mathfrak{t}_2$ zu $\mathfrak{d}$ normal sein soll. Wir können nun die Schiebung $\mathfrak{t}$ als Überlagerung der Schiebungen $\mathfrak{t}_1$ und $\mathfrak{t}_2$ ansehen. Nach § 120 Satz 4 bewirkt die Überlagerung der Drehung $(S\,\mathfrak{d})$ mit der Schiebung $\mathfrak{t}_2$ eine Parallelverschiebung des Drehstabes $(P, \mathfrak{d})$ in der Richtung der Hauptnormalen mit einem Schiebvektor $\mathfrak{a}$, dessen Betrag $|\mathfrak{a}| = |\mathfrak{t}_2| : |\mathfrak{d}|$ ist, wobei $\mathfrak{t}_2, \mathfrak{a}, \mathfrak{d}$ ein Rechtssystem bilden.

Mit $\sphericalangle\, \mathfrak{e}\, \mathfrak{t} = \sigma$ (Striktion § 54), $\sphericalangle\, \mathfrak{e}\, \mathfrak{d} = \alpha$ ist $\sphericalangle\, \mathfrak{t}\, \mathfrak{d} = \alpha - \sigma$; ferner sei $\mathfrak{d}^*$ der durch eine positive Vierteldrehung um $(S\,\mathfrak{n})$ aus $\mathfrak{d}$ hervorgehende Vektor $\varkappa\, \mathfrak{e} - \varkappa_1\, \mathfrak{z}$, womit $\mathfrak{t}_1 = \mathfrak{d} \cos(\alpha - \sigma) : |\mathfrak{d}|$ und $\mathfrak{t}_2 = \mathfrak{d}^* \sin(\alpha - \sigma) : |\mathfrak{d}|$ ist. Somit ist:

$$\mathfrak{t}_1 = \frac{(\varkappa_1\, \mathfrak{e} + \varkappa\, \mathfrak{z})\,(\varkappa_1 \cos\sigma + \varkappa \sin\sigma)}{\varkappa^2 + \varkappa_1^2}, \qquad \mathfrak{t}_2 = \frac{(\varkappa\, \mathfrak{e} - \varkappa_1\, \mathfrak{z})\,(\varkappa \cos\sigma - \varkappa_1 \sin\sigma)}{\varkappa^2 + \varkappa_1^2}. \tag{1_1, 2}$$

Der Betrag des Verschiebungsvektors $\mathfrak{a}$ ist nach § 120 Satz 4 $|\mathfrak{a}| = |\mathfrak{t}_2| : |\mathfrak{d}|$. Damit ist

$$\mathfrak{a} = \frac{\varkappa \cos\sigma - \varkappa_1 \sin\sigma}{\varkappa^2 + \varkappa_1^2}\, \mathfrak{n} \tag{2}$$

auch der Richtung nach, da die Determinante

$$(\mathfrak{t}_2\, \mathfrak{a}\, \mathfrak{d}) = (\varkappa \cos\sigma - \varkappa_1 \sin\sigma)^2 : (\varkappa^2 + \varkappa_1^2) > 0 \tag{3}$$

ist. Nach Gl. (2) ist, wenn die Striktionslinie durch $\mathfrak{s} = \mathfrak{s}(u)$ gegeben ist, die Achse der Drehung $(S, \mathfrak{d})$, die *Momentanachse m*, durch

$$\mathfrak{X} = \mathfrak{s}(u) + \frac{\varkappa \cos\sigma - \varkappa_1 \sin\sigma}{\varkappa^2 + \varkappa_1^2}\, \mathfrak{n} + \lambda\,(\varkappa_1\, \mathfrak{e} + \varkappa\, \mathfrak{z}) \tag{4}$$

für festes u und veränderliches λ dargestellt.

Die Momentanbewegung des begleitenden Dreikants ist demnach die Überlagerung von $(m, \mathfrak{d})$ mit $\mathfrak{t}_1$. Somit gilt:

Satz 1: *Die Momentanbewegung des begleitenden Dreikants einer Strahlfläche ist die Momentanschraube, bestehend aus der Momentanachse Gl.* (4), *dem Drehvektor* $\varkappa_1\, \mathfrak{e} + \varkappa\, \mathfrak{z}$ *und dem Schiebvektor Gl.* (1_1).

Setzt man in Gln. (1), (2), (3), (4) statt $\mathfrak{e}, \mathfrak{n}, \mathfrak{z}$ das begleitende Dreibein $\mathfrak{t}, \mathfrak{h}, \mathfrak{b}$ einer Raumkurve und $\sigma = 0$, so erhält man, § 54 Ende, den

Satz 2: *Die Momentanbewegung des begleitenden Dreikants einer Raumkurve* $\mathfrak{x} = \mathfrak{x}(u)$ *ist die Momentanschraube, bestehend aus der Momentanachse* $\mathfrak{X} = \mathfrak{x} + \frac{\varkappa}{\varkappa^2 + \varkappa_1^2}\, \mathfrak{h} + \lambda\,(\varkappa_1\, \mathfrak{t} + \varkappa\, \mathfrak{b})$, *dem Drehvektor* $\varkappa_1\, \mathfrak{t} + \varkappa\, \mathfrak{b}$ *und dem Schiebvektor* $\varkappa_1\,(\varkappa_1\, \mathfrak{t} + \varkappa\, \mathfrak{b}) : (\varkappa^2 + \varkappa_1^2)$.

§ **122. Rast- und Gangachsenfläche.** Wir betrachten nun eine Bewegung im Raum, die keine Parallelverschiebung ist, aber auch keinen Punkt und keine Gerade dauernd festläßt. Σ_1 sei der „ruhende“, Σ_2 der „bewegte“ Raum. Jedem Zeitpunkt u ist dann in Σ_1 eine *Momentanachse m* (u) (§ 120) zugeordnet, um die Σ_2 eine Momentanschraubung ausführt. Man nennt die von den Momentanachsen m in Σ_1 gebildete Strahlfläche die *Rastachsenfläche* μ_1 und die von ihnen in Σ_2 gebildete Strahlfläche die *Gangachsenfläche* μ_2.

Wir beweisen nun den

Satz 1: *In jedem Zeitpunkt berühren sich die Achsenflächen längs der zugeordneten Momentanachse.*

Zu seinem Beweis können wir ähnlich wie in § 115 bei der Berührung der Polkurven vorgehen. Wir überlagern Σ_1, Σ_2 mit einem dritten Raum Σ_3, wählen ein in Σ_3 festes Linienelement (M, m) und erteilen Σ_3 eine Bewegung $\mathfrak{B}_{13}$ gegen Σ_1, bei der M eine auf μ_1 gewählte Kurve c_1, die alle Erzeugenden schneidet, durchläuft, während m sich stets in der jeweiligen Momentanachse $m_1 = m_2 = m$

befindet. Für die Relativbewegungen der drei Σ_i können wir symbolisch $\mathfrak{B}_{12} = \mathfrak{B}_{13} + \mathfrak{B}_{32}$ schreiben. Wir bezeichnen nun mit $\mathfrak{A}$ die Punktverwandtschaft zwischen μ_1 und μ_2, die jedem Punkt von μ_1 den Punkt von μ_2 zuordnet, mit dem er im Verlauf von $\mathfrak{B}_{12}$ zur Deckung kommt. $\mathfrak{A}$ ordnet jeder Erzeugenden m_1 von μ_1 die Erzeugende m_2 von μ_2 zu, mit der sie einmal Momentanachse wird. Ist nun c_2 die der Kurve c_1 gemäß $\mathfrak{A}$ entsprechende Kurve auf μ_2, so bewegt sich (M, m) gemäß $\mathfrak{B}_{32}$ so, daß M c_2 durchläuft, und m sich stets in der jeweiligen Momentanachse befindet. Für die Geschwindigkeitsvektoren von M für die drei Relativbewegungen gilt $\mathfrak{v}_{12} = \mathfrak{v}_{13} + \mathfrak{v}_{32}$, da der dafür in § 114 geführte Beweis auch für Bewegungen im Raum gilt. $\mathfrak{v}_{13}$ ist Tangentenvektor von c_1 in M, $\mathfrak{v}_{32}$ ist Tangentenvektor von c_2 in M und $(M\, \mathfrak{v}_{12})$ ist die Momentanachse m. Aus der linearen Abhängigkeit der drei Vektoren folgt somit, daß die Berührebene $(M\, \mathfrak{v}_{12}\, \mathfrak{v}_{13})$ von μ_1 in M mit der Berührebene $(M\, \mathfrak{v}_{12}\, \mathfrak{v}_{32})$ von μ_2 in M zusammenfällt. Wegen der willkürlichen Wahl von c_1 auf μ_1 berühren daher tatsächlich μ_1 und μ_2 einander in jedem Punkt der Momentanachse.

μ_2 berührt also μ_1 in jedem Zeitpunkt längs der entsprechenden Momentanachse und macht als in Σ_2 feste Fläche die zugehörige Momentanschraubung mit. Man nennt diese Bewegung von μ_2 das *Schroten* auf μ_1. Es gilt also:

Satz 2: *Eine Bewegung kann im allgemeinen durch Schroten der Gangachsenfläche auf der Rastachsenfläche erzeugt werden.*

Wir betrachten nun die Bewegungen im Raum, bei denen die Schiebgeschwindigkeit $\mathfrak{v}_{12}$ der Momentanschraubungen konstant Null ist, so daß in jedem Zeitpunkt eine *Momentandrehung* um die zugeordnete Momentanachse m stattfindet. Dazu knüpfen wir an die beim Beweis des Satzes 1 entwickelten Begriffe an. Die Gleichung $\mathfrak{v}_{12} = \mathfrak{v}_{13} + \mathfrak{v}_{32}$ der Relativgeschwindigkeiten des Punktes M führt hier wegen $\mathfrak{v}_{12} = 0$ zu $\mathfrak{v}_{13} = \mathfrak{v}_{23}$. Daraus folgt, daß der Punkt M in der Bewegung $\mathfrak{B}_{13}$ die auf μ_1 willkürlich gewählte Kurve c_1 mit derselben Geschwindigkeit durchläuft, wie in $\mathfrak{B}_{23}$ die c_1 auf μ_2 entsprechende Kurve c_2. Die Kurven c_1 und c_2 entsprechen daher einander längentreu in der Punktverwandtschaft $\mathfrak{A}$, die jedem Punkt von μ_2 den Punkt von μ_2 zuordnet, mit dem er im Verlauf der Bewegung $\mathfrak{B}_{12}$ einmal zusammenfällt. $\mathfrak{A}$ ordnet jeder Erzeugenden m_1 von μ_1 die Erzeugende m_2 von μ_2 zu, mit der sie als Momentanachse zusammenfällt. $\mathfrak{A}$ ist daher eine MINDINGsche Isometrie, § 65, zwischen μ_1 und μ_2. Schließlich folgt noch aus $\mathfrak{v}_{13} = \mathfrak{v}_{23}$, daß sich c_1 und c_2 im Punkt M der jeweiligen Momentanachse berühren, was wegen der beliebigen Wahl von c_1 die Berührung von μ_1 und μ_2 längs m nach sich zieht. Nach dem Gesagten ist es sinnvoll zu sagen, daß die durch $\mathfrak{v}_{12} \equiv 0$ bestimmten Bewegungen im Raum durch das *Rollen* von μ_2 auf μ_1 erzeugt werden. Es gilt ganz entsprechend zu § 115 Satz 1 der

Satz 3: *Läßt sich eine Bewegung im Raum durch Rollen der Gangachsenfläche μ_2 auf der Rastachsenfläche μ_1 erzeugen und ordnet man jedem Punkt von μ_1 den Punkt von μ_2 zu, mit dem er im Verlauf der Bewegung einmal zusammenfällt, so ist diese Zuordnung (zumindest stückweise) eine Mindingsche Isometrie.*

Als Anwendungsbeispiel für Satz 2 betrachten wir das Schroten von zwei Drehhyperboloiden μ_1, μ_2 mit den Drehachsen a_1, a_2, den Kehlkreisradien r_1, r_2 und den Winkeln σ_1, σ_2, die die Erzeugenden mit den Kehlkreisen bilden. Da der Kehlkreis eines Drehhyperboloids seine Striktionslinie ist, sind σ_1, σ_2 die Striktionen von μ_1 bzw. μ_2. Wir berechnen nun den für alle Erzeugenden gleichen Drall d eines Drehhyperboloids (a, r, σ) nach der Formel $d = \varrho \sin \sigma$, § 55 Gl. (6), worin ϱ das Verhältnis des Bogendifferentials $du = r\, d\varphi$ des Kehlkreises (φ Drehungswinkel um a) zum Bogendifferential $du_1 = \cos \sigma\, d\varphi$ des sphärischen Bildes der Erzeugenden ist. Somit ist $d = r \operatorname{tg} \sigma$. Damit gilt:

Der Drall der Erzeugenden eines Drehhyperboloids ist gleich der imaginären Halbachse der Meridianhyperbel.

Da μ_1 und μ_2 sich längs m berühren, haben sie gemäß § 92 Gl. (3) in m gleichen Drall und gleichen Windungsinn. Wenn daher für μ_1 und μ_2 die Gleichung $r_1 \operatorname{tg} \sigma_1 = r_2 \operatorname{tg} \sigma_2$ erfüllt ist, kann man μ_1 und μ_2 in solche Lage bringen, daß sie sich längs beliebig vorgegebener Erzeugenden desselben Windungssinnes berühren. Diese Gleichung ist daher auch die notwendige und hinreichende Bedingung, daß μ_2 auf μ_1 schroten kann. Das Lot auf die Momentanachse $m = m_1 = m_2$ im Zentralpunkt M, der beiden Kehlkreisen angehört, trägt die Strecke des kürzesten Abstandes $|r_1 \pm r_2|$ der Drehachsen a_1, a_2 der Drehhyperboloide, der somit während des Schrotens konstant bleibt. Das Pluszeichen entspricht dabei dem Fall, daß M zwischen den Mitten der Kehlkreise liegt. Sind $\alpha_{1,2}$ die Winkel $\pi/2 - \sigma_{1,2}$ der Drehachsen a_{12} gegen die Erzeugenden von μ_1 bzw. μ_2, so bleibt auch der Winkel $\sphericalangle\, a_1, a_2 = |\alpha_1 \pm \alpha_2|$ der Drehachsen konstant. Wenn man daher das Schroten $\mathfrak{B}_{12}$ von μ_2 auf μ_1 von dem Raum Σ_3 aus betrachtet, in dem die Drehachsen $a_{1,2}$ fest sind, so ist die Relativbewegung $\mathfrak{B}_{31}$ die Drehung von μ_1 um a_1 und $\mathfrak{B}_{32}$ die Drehung von μ_2 um a_2. Der in Σ_3 befindliche Beobachter der Schrotung ist daher berechtigt zu sagen, daß die beiden Drehhyperboloide einen Mechanismus bilden, durch den eine Drehung um a_1 in eine Drehung um eine zu a_1 windschiefe Achse a_2 übertragen wird. Die materielle Ausführung der Drehhyperboloide, die noch mit je einem Kranz von Eingriffszähnen auszustatten sind, liefert ein Paar *Hyperboloidräder.*

Namenverzeichnis

Sachverzeichnis

FSC
www.fsc.org
MIX
Papier aus verantwortungsvollen Quellen
Paper from responsible sources
FSC® C105338

If you have any concerns about our products,
you can contact us on
ProductSafety@springernature.com

In case Publisher is established outside the EU,
the EU authorized representative is:
Springer Nature Customer Service Center GmbH
Europaplatz 3, 69115 Heidelberg, Germany

Printed by Libri Plureos GmbH
in Hamburg, Germany